1 Einheimische Pflanzen und ihre Bedeutung im Stoffkreislauf

1.1 Pflanzen – nicht nur Grün

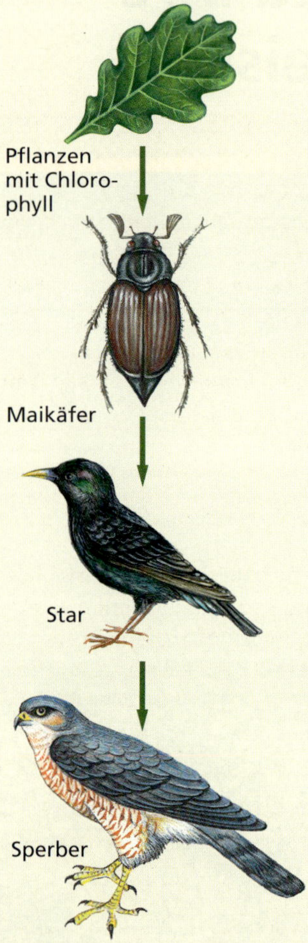

Einzelne Pflanze – aber doch nicht allein

Es gibt zahlreiche unterschiedliche Pflanzen – etwa 275 000 Arten. Sie leben aber nicht unabhängig voneinander, sondern bilden Lebensgemeinschaften – z. B. Pflanzen einer Wiese, des Waldes, der Hecken.

Welche Umweltfaktoren benötigen verschiedene Pflanzenarten?
Wie beeinflussen sie sich gegenseitig?
Welche Beziehungen bestehen zwischen Pflanzen- und Tierarten?

Pflanzen – Grundlage des Lebens aller anderen Organismen

Oft gehen wir achtlos an Pflanzen vorbei. Manche Pflanzen, wie die Große Brennnessel, mögen wir nicht. Aber alle schaffen durch ihre Lebenstätigkeit die Voraussetzung, dass wir und alle anderen Lebewesen täglich Nahrung und Energie haben.

Wie schaffen es Pflanzen, aus einfachen Stoffen komplizierte Stoffe aufzubauen?

Das Pflanzenreich mit seiner unüberschaubaren Anzahl verschiedener Arten – aber man kann Pflanzen ordnen

Geht man spazieren, fällt sofort die Vielfalt verschiedener Pflanzenarten auf. Menschen haben schon lange versucht, diese Vielfalt zu ordnen, um sie besser zu überblicken.

Wie kann man die Pflanzenarten ordnen und wiedererkennen?

Inhaltsverzeichnis

1 Einheimische Pflanzen und ihre Bedeutung im Stoffkreislauf 7

1.1 Pflanzen – nicht nur Grün 8
Vielfalt und Einheitlichkeit der Pflanzen 9
Ordnen von Blütenpflanzen 10
Bau der Blüte und ihre Funktionen 14
Praktikum: Betrachten einer Blüte 15
Einige Familien der Blütenpflanzen 16
Merkmale der Kreuzblütengewächse 16
Bedeutung der Kreuzblütengewächse 17
Merkmale der Lippenblütengewächse 18
Bedeutung der Lippenblütengewächse 19
Merkmale der Schmetterlingsblütengewächse 20
Bedeutung der Schmetterlingsblütengewächse 21
gewusst · gekonnt 22
summa summarum 24

1.2 Wasseraufnahme und -transport in Pflanzen 25
Aufnahme und Leitung von Wasser und Mineralstoffen durch die Wurzeln 26
Der Bau der Wurzel 26
Aufnahme und Leitung von Stoffen durch die Wurzeln 28
Mosaik: Mineralstoffe und ihre Aufnahme 31
Mosaik: Bau und Funktion der Sprossachse 32
Transport von Stoffen in der Sprossachse 34
Mosaik: Dickenwachstum von Sprossachsen 37
Abgabe von Stoffen durch das Laubblatt 38
Bau des Laubblatts 38
Funktionen des Laubblatts 40
Angepasstheit der Pflanzen an unterschiedliche Lebensräume 42
gewusst · gekonnt 44
summa summarum 46

1.3 Fotosynthese – Grundlage des Lebens 47
Fotosynthese – ein lebenswichtiger Prozess 48
Historische Beobachtungen an Pflanzen 48
Praktikum: Beobachtungen an Pflanzen 50
Chloroplasten als Orte der Fotosynthese 51
Der Prozess der Fotosynthese in den Chloroplasten 52
Mosaik: Teilreaktionen beim Ablauf der Fotosynthese – schematisch 53
Bildung weiterer organischer Stoffe 56
Bedeutung der Fotosynthese 57
Biologie im Alltag: Beeinflussung der Fotosynthese durch den Menschen 58
Die Atmung – ein weiterer Lebensprozess chlorophyllhaltiger Organismen 59
Atmen Pflanzen auch? 59
Mosaik: Wissenschaftler, die sich mit der Physiologie der Pflanzen beschäftigten 59
Praktikum: Pflanzen atmen 60
Mitochondrien als Orte der Atmung 61
Der Prozess der Atmung 61
Zentrale Stellung der Pflanzen 64
Der Kohlenstoffkreislauf 65
gewusst · gekonnt 66
summa summarum 68

2 Bau und Leistungen des menschlichen Körpers 69

2.1 Sinneswahrnehmungen – Informationen aus der Umwelt 70
Informationsaufnahme durch Sinneszellen 71
Das Auge – unser Lichtsinnesorgan 72
Schutz- und Hilfseinrichtungen der Augen 72
Bau und Funktionen des Auges 72
Der Sehvorgang 74
Anpassungen des Auges 75
Sehfehler und ihre Korrektur 77
Das Farbensehen 78
Das räumliche Sehen 78
Optische Täuschung 79
Praktikum: Sehen und Verarbeiten 80
Gesunderhaltung und Schutz der Augen 81
Biologie im Alltag: Bedeutung des Tastens für Blinde 83
Das Ohr – unser Hörsinnesorgan 84
Bau des Ohrs und Funktion seiner Teile 84
Was hören wir? 85
Schutz und Gesunderhaltung der Ohren 86
Mosaik: Das Ohr als Gleichgewichtsorgan 87
Praktikum: Sinnesorgan Ohr 88
Mosaik: Sinnesleistungen bei Tieren 90
gewusst · gekonnt 91
summa summarum 93

2.2 **Informationsverarbeitung im Zentralnervensystem** 94
Nervensystem im Überblick 95
Teile des Zentralnervensystems 97
Struktur und Funktion der Nervenzelle 97
Mosaik: Drogen und ihre Wirkung 98
Struktur und Funktionen des Rückenmarks 100
Struktur und Funktionen des Gehirns 101
Informationsaufnahme, -weiterleitung und -verarbeitung 102
Reflexe 104
Unbedingte Reflexe 104
Bedingte Reflexe 105
Gedächtnis und Lernen 106
Lernformen 107
Praktikum: „Versuch – Irrtum – Lernen" 107
Praktikum: Ermitteln der verschiedenen Lerntypen 108
Mosaik: Ohne Gedächtnis sind wir nichts. 110
Biologie im Alltag: Stress – Zusammenwirken von Nerven- und Hormonsystem 111
Erkrankungen und Gesunderhaltung des Nervensystems 112
Erkrankungen des Nervensystems 112
Gesunderhaltung des Nervensystems 113
gewusst · gekonnt 114
summa summarum 116

2.3 **Abwehr von Infektionskrankheiten** 117
Entstehung und Verlauf von Infektionskrankheiten 118
Mosaik: Alte Seuchen – Virusgrippe bei Menschen 122
Mosaik: Neue Risiken – Virusgrippe bei Vögeln 123
Immunität 126
Unspezifische und spezifische Abwehr 128
Aids – erworbene Immunschwächekrankheit 130
Immunisierung 132
Mosaik: Menschenpocken – eine gefährliche Volksseuche 132
Mosaik: Diphtherie – der gefährliche Würgeengel 133
Vorbeugen und Schutz vor Infektionskrankheiten 134
Biologie im Alltag: Gesund und fit? 135
gewusst · gekonnt 136
summa summarum 138

3 Grundlagen der Vererbung 155

3.1 **Zelluläre Grundlagen der Vererbung – Teilung oder Vermehrung** 156
Zelluläre Grundlagen der Vererbung 157
Mosaik: Die Bedeutung des Zellkerns 157
Der Zellkern 158
Chromosomen und Gene 159
Mosaik: Anfertigung eines Karyogramms 161
Mosaik: DNA – Träger der Erbanlagen 163
Mosaik: Vom Gen zum Merkmal 163
Weitergabe der Erbinformation 164
Teilung von Körperzellen (Mitose) 164
Praktikum: Mikroskopische Untersuchung von Mitosestadien 164
Biologie im Alltag:
Von der Zelle zum Klon 166
Bildung von Geschlechtszellen (Meiose) 168
Fehler bei der Verteilung der Chromosomen 171
Praktikum: Arbeiten mit Chromosomenmodellen 172
gewusst · gekonnt 173
summa summarum 174

3.2 **Entwicklung des Menschen – von der Befruchtung bis zum Tod** 175
Befruchtung – Individualität des Lebens 176
Mosaik: Schwangerschaftstest 176
Phasen der vorgeburtlichen Entwicklung 178
Plazenta – Bindeglied zwischen Mutter und Kind 180
Einfluss von Drogen auf die vorgeburtliche Entwicklung 181
Verantwortung für das ungeborene Kind 182
Mosaik: Schwangerschaftsabbruch 182
Geburt – ein besonderes Ereignis 184
Nachgeburtliche Entwicklung 185
Säuglingsalter (1. Lebensjahr) 185
Kleinkindalter (2.–6. Lebensjahr) 186
Schulalter 186
Jugendalter (mit Pubertät) 186
Erwachsenenalter 186
Lebensabend und Tod 186
gewusst · gekonnt 187
summa summarum 188

3.3 Klassische Genetik – Regeln der Vererbung 189
Die Suche nach den Vererbungsregeln. . . . 190
Mosaik: JOHANN GREGOR MENDEL 191
Mendels Kreuzungsexperimente 192
Mendels Vererbungsregeln 194
Praktikum: Erarbeitung der mendelschen Regeln 197
Die 3. mendelsche Regel 198
Biologie im Alltag: Neukombination der Erbanlagen (Gene) und ihre Nutzung 200
gewusst · gekonnt 202
summa summarum 203

3.4 Vererbung beim Menschen – wie die Eltern so die Kinder? 204
Vererbung beim Menschen 205
Vererbung von Merkmalen 206
Vererbung des Geschlechts 206
Vererbung der Blutgruppen 207
Mosaik: Rh-System und Vererbung des Rh-Faktors (dominanter Erbgang) 208
Familienstammbäume 209
Mosaik: Interpretationshilfe zur Analyse von Stammbäumen 209
Vererbung der Rot-Grün-Blindheit 210
Mosaik: Vererbung von Anlagen für psychische Merkmale und Intelligenz. 211
Mutationen – Ursachen für Erbkrankheiten 212
Trisomie 21 – eine Genommutation 212
Humangenetische Beratung und ethische Probleme 214
gewusst · gekonnt 216
summa summarum 218

4 Abstammungslehre 231

4.1 Evolutionstheorien, Evolutionsfaktoren und Evolutionsrichtungen 232
Evolutionstheorien und i hre Grundlagen 233
Das Zeitalter der Entdeckungsreisen. . . . 233
Mosaik: DARWINS Reise mit der Beagle 234
Evolutionstheorien vor DARWIN 235
Begründung der Abstammungslehre durch DARWIN und WALLACE. 236
Fragestellungen der Evolutionslehre 238
Homologe Organe und Homologie. 239
Analoge Organe und Analogie 240
Mosaik: Rückbildungen und rudimentäre Organe – eine besondere Form der Spezialisierung 241
Stammbäume 242
Ursachen der Evolution (Evolutionsfaktoren) 243
Mutationen und Rekombinationen 244
Natürliche Auslese 244
Isolation. 245
Mosaik: Vielfalt und Angepasstheit am Beispiel der Wirkung von Evolutionsfaktoren 247
gewusst · gekonnt 248
summa summarum 249

4.2 Evolution des Menschen – auf der Suche nach unseren Vorfahren 250
Woher kommt der Mensch? 251
Wieso waren die Menschen so erfolgreich?. 251
Mit wem sind wir am engsten verwandt? . 252
Ursprung des Menschen 255
Mosaik: Klimatische Auslese 256
Mosaik: Sexuelle Auslese. 257
Kulturelle Evolution. 258
Wohin führt die Entwicklung? 264
gewusst · gekonnt 265
summa summarum 266

Ziel erreicht. 280
Anhang 285
Register. 292
Bildquellenverzeichnis. 296

Methoden, Basiskonzepte und Wahlbereiche

Methoden
Wie bestimme ich Pflanzen? 12
Wie führe ich ein Experiment durch? 54
Wie präsentiere ich Informationen? 89
Die Expertenmethode 120
Informationen beschaffen 121
Wie lese ich biologische Texte, erfasse ihre wesentlichen Inhalte und lerne dabei 124
Erstellen eines Kreuzungsschemas 196
Das Poster – eine Möglichkeit der Präsentation 230
Vorbereitung auf Prüfungen 262

Basiskonzepte
Systemkonzept
Stoff- und Energieumwandlung in Pflanzen 63
Informationsverarbeitung 103
Organisationsebenen des Trägers der Erbinformation 162

Struktur- und Funktionskonzept
Struktur und Funktion der Nervenzelle 96
Antigen-Antikörper-Reaktion 127
Vielfalt und Angepasstheit 246

Entwicklungskonzept
Fortpflanzung 177
Die Entwicklung des anatomisch modernen Menschen 254
Entwicklung 254

W **Wahlbereich: Bau und Leistungen des menschlichen Körpers 139**
Hormone – die Boten des Körpers 140
Transplantation und Organspende 142
Transplantation 142
Vor der Transplantation liegt die Spende 143
Allergien – Fehlfunktionen des Immunsystems 144
Projekt: Allergien – Krankheiten der Zukunft 146
Verhalten des Menschen – alles erlernt? 148
Angeborenes Verhalten 148
Menschen lernen viel 149
Aggression im Tierreich 150
Gewalt zwischen Menschen 151
Projekt: Gewalt 152
Projekt: Menschliches „Revier- oder Distanzverhalten" 153
Biologie im Alltag: „Instinkte" beim Menschen? 154

W **Wahlbereich: Grundlagen der Vererbung 219**
Krebs – wirklich unheilbar? 220
Behandlungsmöglichkeiten 222
Projekt: Nicht jeder Tumor ist ein Krebs 223
Projekt: Rauchen – ein Auslöser von Lungenkrebs 223
Gentechnik – Grundlagen und Anwendung 224
Bakterien und Plasmide 225
Gentechnik in der Pflanzenzüchtung 226
„Gen-Mais" 227
Transgene Tiere 228
Transgene Lebensmittel 228
Gentechnik in der Medizin 229

W **Wahlbereich: Abstammungslehre 267**
Enstehung der Erde und des Lebens – wie alles begann 268
Vom Urknall zu den Sternen 268
Das Sonnensystem, die Erde und das Leben 269
Mosaik: Experimentanordnung nach MILLER 269
Die Entwicklung der Lebewesen auf der Erde 270
Der lange Weg zum modernen Menschen – Stammbusch statt Stammbaum 272
Die Hormoniden – eine erstaunlich große Vielfalt 274
Mosaik: Die Zwergenfrau von Flores (Homo floresiensis) 279

Vielfalt und Einheitlichkeit der Pflanzen

Wenn von Pflanzen gesprochen wird, denken viele nur an die Pflanzen, die Samen und Blüten ausbilden, wie die Garten-Erbse oder die Rose.

Zu den Pflanzen gehören jedoch sowohl die Samen bildenden Pflanzen als auch die **Moospflanzen** und die **Farnpflanzen** (Abb. 1).

Innerhalb der systematischen Abteilung der **Samenpflanzen** wird weiterhin nach der Ausprägung der Samenanlagen unterschieden. Liegen die Samen frei und unbedeckt, spricht man von **Nacktsamern**, sind die Samen in einem Fruchtblatt oder Fruchknoten (S. 14) fest eingeschlossen, von **Bedecktsamern.**
Da die Bedecktsamer oftmals auffällige Blüten oder Blütenstände haben, werden sie auch als **Blütenpflanzen** bezeichnet. Dazu gehören Bäume, Sträucher, Blumen und Kräuter in einer Vielzahl verschiedener Lebensformen.

Blütenpflanzen unterscheiden sich z. B. in ihrer **Größe:** Die Vielfalt reicht von der wenige Millimeter großen Wasserlinse bis hin zum fast 100 m großen Riesen-Eucalyptusbaum.

Auch die **Lebensdauer** ist unterschiedlich. Einige Blütenpflanzen leben nur für eine kurze Zeit. So lebt z. B. die Garten-Erbse von der Keimung bis zur Samenbildung nur von Frühling bis Herbst. Die Eiche kann dagegen über 1 000 Jahre alt werden.
Auch die **Blätter** sind unterschiedlich geformt und können sehr vielgestaltig sein.
Die **Blüten** unterscheiden sich in Form und Farbe. Manche leuchten auffällig, andere sind unscheinbar. Manche sind glockenförmig gestaltet, andere ähneln einem Schuh.

Aufgabe

Versuche im Schulumfeld je eine Beispielart für ein Moos, eine Farnpflanze, einen Nacktsamer und einen Bedecktsamer zu finden.

1 Übersicht über die Vielfalt der Pflanzen

Ordnen von Blütenpflanzen

Allen Blütenpflanzen ist gemeinsam, dass sie Blüten und Samen ausbilden. Derzeit sind etwa 250 000 Blütenpflanzen bekannt. In Deutschland kommen rund 3 000 Arten vor. Ihre Vielfalt ist nur schwer überschaubar. Deshalb haben Menschen schon vor Jahrhunderten versucht, die vielen verschiedenen Blütenpflanzen zu ordnen.
Um etwas zu ordnen, muss man **Merkmale** finden, die für eine Ordnung genutzt werden können.
Als Merkmal zum Ordnen der Blütenpflanzen wurde zunächst deren Bedeutung für den Menschen herangezogen. So kam es z. B. zu Gruppen wie Getreidepflanzen, Ölpflanzen, Gemüsepflanzen, Obstpflanzen und Heilpflanzen.

CARL VON LINNÉ (1707 - 1778; Abb. 2), ein schwedischer Naturforscher, versuchte auf der Grundlage von Baumerkmalen, eine Ordnung in die Vielzahl der Lebewesen zu bringen. LINNÉ beobachtete die Natur und beschrieb die Lebewesen. Die von ihm beschriebenen über 7 000 Pflanzenarten und über 4 000 Tierarten ordnete er nach wichtigen Merkmalen, z. B. nach dem Bau der Blüte. Er vergab dabei Namen nach einem festgelegten Schema. Jedes Lebewesen bekam einen lateinischen *Gattungs-* und *Artnamen* (z. B. Gattung: *Lamium* = Taubnessel, Art: *album* = weiße: Weiße Taubnessel). Diese Bezeichnung der Lebewesen wird bis heute verwendet.

2 Man sagte von LINNÉ: Gott habe die Welt geschaffen, aber LINNÉ habe sie geordnet.

LINNÉ schuf also eine künstliche Übersicht, um Pflanzen zu ordnen. Man nennt diese Übersicht auch künstliches System. Heute werden zur Ordnung der Blütenpflanzen u. a. die nachfolgenden Merkmale herangezogen (S. 11).

1 Vertreter einiger Familien der Blütenpflanzen

a) Kreuzblütengewächse – Wiesen-Schaumkraut
b) Süßgräser – Weizen
c) Hahnenfußgewächse – Leberblümchen
d) Lippenblütengewächse – Basilikum
e) Rosengewächse – Apfelbaum
f) Korbblütengewächse – Gänseblümchen
g) Schmetterlingsblütengewächse – Besenginster

Nach diesen und anderen Merkmalen werden die Blütenpflanzen **verglichen.** Diejenigen, die in bestimmten Merkmalen übereinstimmen, werden im Ergebnis zu Gruppen zusammengefasst.
So bilden z. B. alle Blütenpflanzen, die bestimmte gemeinsame Merkmale besitzen, eine **Familie** (z. B. **Kreuzblütengewächse,** S. 16, oder **Lippenblütengewächse**, S. 18, und **Schmetterlingsblütengewächse**, S. 20).
Die Familie kann dann in die nächstkleinere Gruppe, die **Gattungen,** und die Gattungen können schließlich in die kleinste Gruppe, die **Arten,** unterteilt werden.

Aufgaben

1. Bereite einen Vortrag über CARL VON LINNÉ vor. Informiere dich vorher im Internet über sein Leben und Schaffen. Unter www.schuelerlexikon.de (Suchwort: LINNÉ) findest du eine ausführliche Biografie, die für deinen Vortrag hilfreich sein wird.

2. Finde heraus, wie die lateinischen Namen der Familien der Kreuzblüten- und Rosengewächse lauten.

Merkmale, die u. a. zur Ordnung der Blütenpflanzen herangezogen werden

Bau des Stängels

Der Stängel kann holzig oder krautig sein.
Bei krautigen Pflanzen kann er z. B. rund (a), gefurcht (b) oder kantig (c) ausgebildet sein.

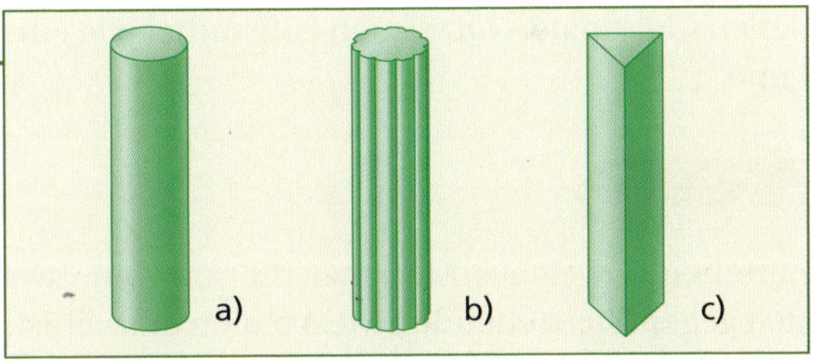

Stellung der Blätter am Stängel

Sie können z. B. gegenständig (a), wechselständig (b) oder quirlständig (c) angeordnet sein.

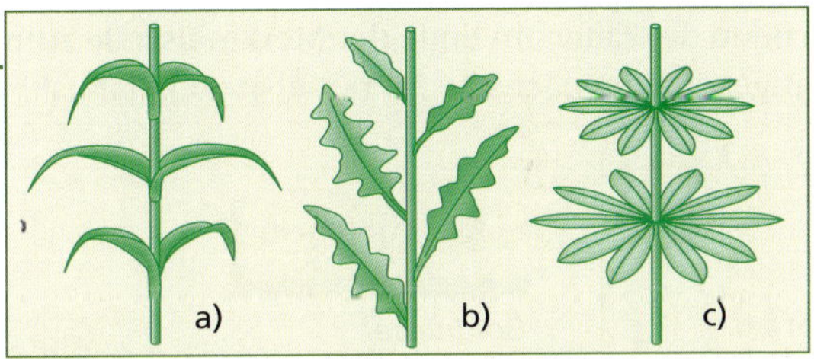

Gestalt der Blätter

Sie können z. B. pfeilförmig (a), nierenförmig (b) oder eiförmig sein. Die Blätter können einfach (d) oder zusammengesetzt (c) sein.
Die Blattränder sind verschieden ausgebildet, z. B. ganzrandig (d), gekerbt (e).

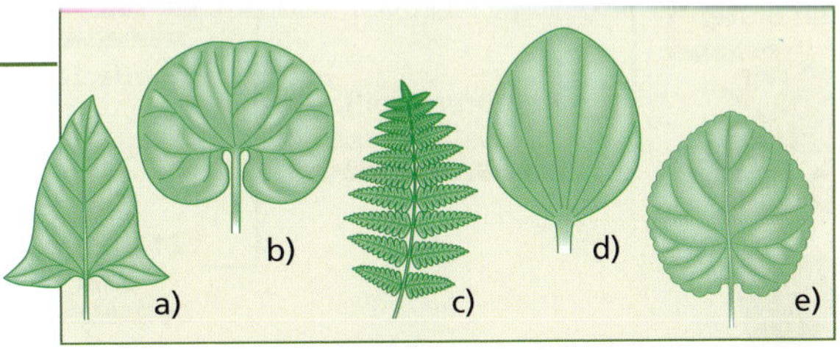

Bau der Blüte

Die Kronblätter können frei (c) oder verwachsen (d) sein. Sie können gleich (a) oder ungleich (c) und verschiedenfarbig sein. Die Blüten können einzeln stehen (a) oder in einem Blütenstand vereint sein (b).

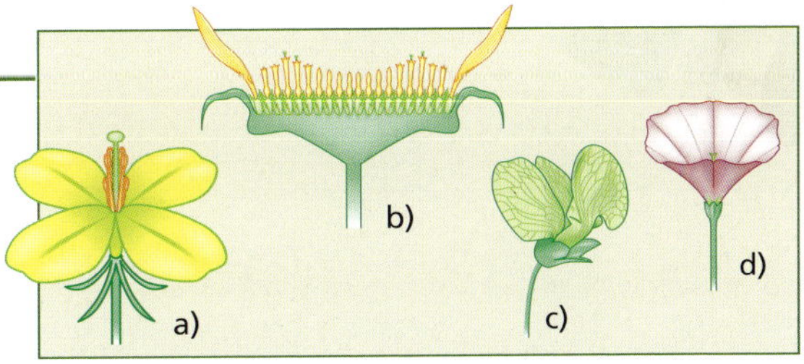

Wie bestimme ich Pflanzen?

Bestimmen ist ein Verfahren, um den Namen einer unbekannten Pflanze zu ermitteln und einer systematischen Gruppe (z. B. einer Familie) zuzuordnen (S. 10).

Beim Bestimmen kannst du in folgender **Schrittfolge** vorgehen:

1. Schritt

Lies im Schema das erste angegebene Merkmalspaar (1 und 1*).

2. Schritt

Betrachte bzw. beobachte genau das zu bestimmende Lebewesen im Hinblick auf die angegebenen Merkmale. Nutze auch Hilfsmittel wie eine Lupe.

3. Schritt

Entscheide, welches Merkmal du von den zwei sich gegenüberstehenden Merkmalen auswählst. Setze die Bestimmung fort, indem du entsprechend der Ziffer am Ende der Merkmalszeile zum angegebenen nächsten Merkmalspaar gelangst.

4. Schritt

Wiederhole diese Schritte mit weiteren Merkmalspaaren so lange, bis du zum Namen des unbekannten Lebewesens gelangst.

5. Schritt

Benenne das Lebewesen mit Gattungs- und Artnamen. Präge dir die typischen Merkmale ein.

Aufgabe

Versuche, mithilfe der Bestimmungsschlüssel im Anhang eine Pflanze zu bestimmen.

Hinweis

In Bestimmungsschlüsseln sind die Merkmalspaare in eine Tabellenform übertragen (S. 13). Das ist platzsparender.

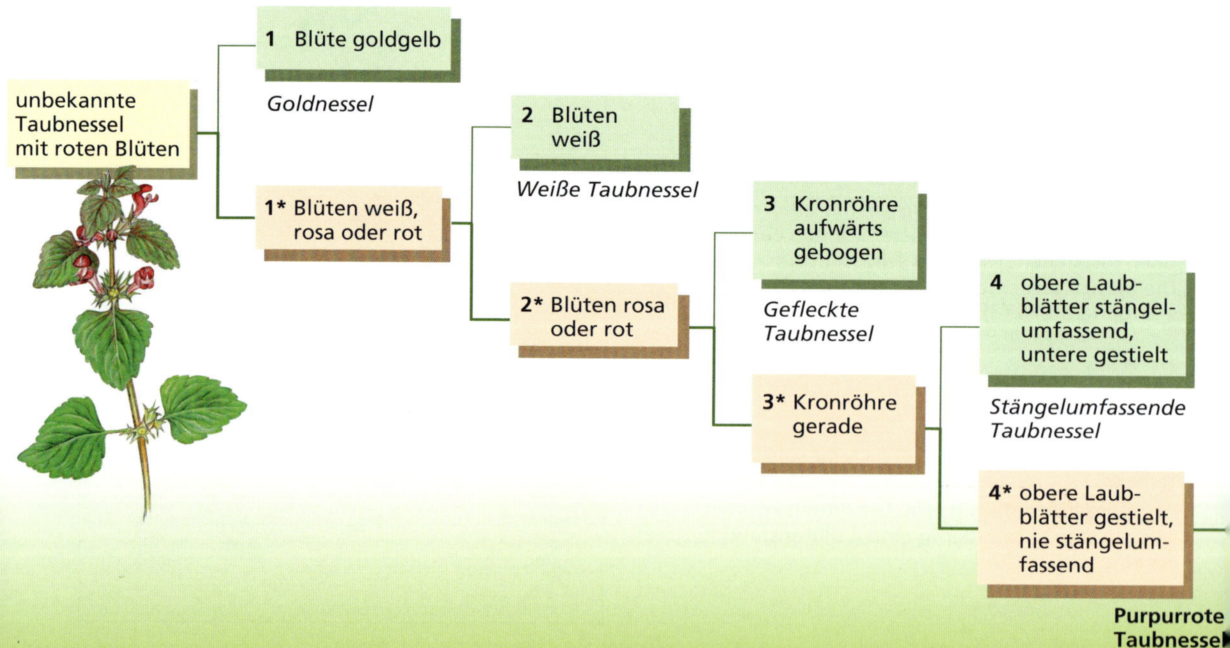

Wir bestimmen einige Taubnesselarten	
entweder 1	• Kronblätter gelb, Unterlippe mit rötlichen Flächen **Goldnessel**
oder 1*	• Kronblätter weiß, rot oder rosa 2
entweder 2	• Kronblätter weiß **Weiße Taubnessel**
oder 2*	• Kronblätter rot oder rosa 3
entweder 3	• Kronröhre aufwärts gebogen **Gefleckte Taubnessel**
oder 3*	• Kronröhre gerade 4
entweder 4	• obere Blätter stängelumfassend, untere Blätter gestielt und tief gekerbt **Stängelumfassende Taubnessel**
oder 4*	• obere Blätter gestielt oder festsitzend, nie stängelumfassend . . . 5
entweder 5	• obere Blätter eiförmig bis dreieckig, untere Blätter rundlich, unregelmäßig gekerbt • Blattstiel der oberen Blätter nur wenig verbreitert **Purpurrote Taubnessel**
oder 5*	• obere Blätter tief eingeschnitten • Blattstiel der obersten Blätter stark verbreitert **Eingeschnittene Taubnessel**

Wenn man z.B. die *Purpurrote Taubnessel* (als unbekannte *Taubnessel*) in der Hand hat, führt der Weg in der Bestimmungstabelle zum Namen über 1* zu 2, von 2* zu 3, von hier zu 3* und über 4* zu 5. Damit ist das Ziel erreicht.

Bau der Blüte und ihre Funktionen

Bei den meisten Blütenpflanzen ist die Blüte sehr auffällig. Sie ist aus Kelchblättern, Kronblättern, Staubblättern sowie ein oder mehreren Fruchtblättern aufgebaut.

Außen ist die Blüte von den meist grünen **Kelchblättern** umgeben. Die **Kronblätter** sind oft auffällig gefärbt. In der Mitte befinden sich die **Fruchtblätter.** Oft sind mehrere Fruchtblätter zu einem Stempel verwachsen. Man kann dann meist drei Abschnitte unterscheiden: Narbe, Griffel und Fruchtknoten. An dem langen Staubfaden des **Staubblatts** befindet sich ein Staubbeutel. Aus den Fruchtblättern der Blüten entstehen Früchte, die **Samen** enthalten.

Die Blüten sind vielgestaltig. Sie unterscheiden sich u. a. in Größe, Form und Farbe (Abb. 1, 2, 3). Bei manchen Pflanzenarten sind die Kronblätter miteinander verwachsen, bei anderen stehen sie frei auf der Blütenachse.

Auch in der **Anzahl** der Kelch-, Kron-, Staub- und Fruchtblätter unterscheiden sich Blüten verschiedener Pflanzenarten. So hat zum Beispiel die Blüte des Apfels fünf, die Blüte des Saat-Mohns nur vier Kronblätter.

Unterschiedlich ist auch die **Anzahl der Blüten,** die an einer Sprossachse zu finden ist. Bei manchen Pflanzenarten trägt die Sprossachse nur einzeln stehende Blüten, bei anderen Pflanzenarten stehen mehrere Blüten dicht beieinander. Die Blüten bilden dann einen **Blütenstand,** z. B. Dolde, Köpfchen, Korb, Traube.

Die Anzahl der Blütenteile ist ein wichtiges Merkmal, um die Pflanzen einer Pflanzengruppe, z. B. einer **Pflanzenfamilie,** zuzuordnen. Aufgrund der Vielfalt der Blütenformen und anderer Merkmale unterscheidet man auch eine Vielzahl von Pflanzenfamilien. Dazu gehören u. a. Schmetterlingsblütengewächse (S. 20), Kreuzblütengewächse (S. 16), Lippenblütengewächse (S. 18), Rosengewächse und Korbblütengewächse.

Die Blüten dienen der Fortpflanzung der Blütenpflanzen. Zunächst erfolgt eine Übertragung des Pollens (u. a. durch Wind, Insekten) auf die Narbe (Bestäubung). Im Pollen, der schlauchförmig in den Fruchtknoten wächst, bilden sich Spermazellen. Im Fruchtknoten werden die Samenanlagen mit den Eizellen gebildet. Die Spermazellen vereinigen sich mit der Eizelle (Befruchtung). Aus der Samenanlage mit der befruchteten Eizelle wird der Samen gebildet. Aus ihm entsteht (wächst) eine neue Pflanze.

1 Gelber Besenginster

2 Glockenblume

3 Safrankrokus

Betrachten einer Blüte

Untersuche eine Blüte und fertige ein Blütendiagramm an.

Materialien:
Pinzette, Lupe, Zeichenpapier, Bleistift, Apfel- oder Kirschblüte

Durchführung:

1. Betrachte die Blüte mit einer Lupe und benenne die einzelnen Blütenteile.

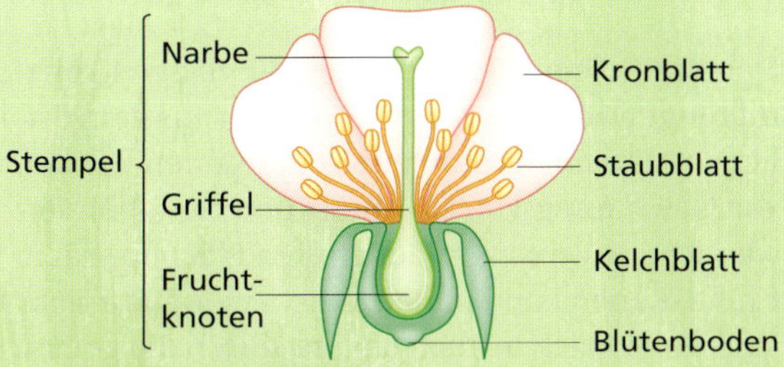

Blüte (schematisch)

2. Fertige ein Legebild an.
   Mit der Pinzette wird die Blüte vorsichtig in ihre Bestandteile zerlegt. Beginne mit den Kelchblättern.
   Lege die Blütenblätter entsprechend ihrer Anordnung in der Blüte auf eine Unterlage. So erhältst du ein Legebild.

Legebild

3. Entwickle aus dem Legebild ein Blütendiagramm.
   Zeichne zunächst fünf ineinander angeordnete Kreise. Dann zeichne die Kelchblätter entsprechend ihrer Anordnung auf den äußeren Kreis. Auf den nach innen folgenden Kreis zeichne nun die Kronblätter. Die Staubblätter werden verteilt auf die nächsten drei Kreise gezeichnet.
   Zeichne in die Mitte des Blütendiagramms den Stempel.

Blütendiagramm

4. Fertige aus dem vorgegebenen Legebild selbstständig ein Blütendiagramm an.

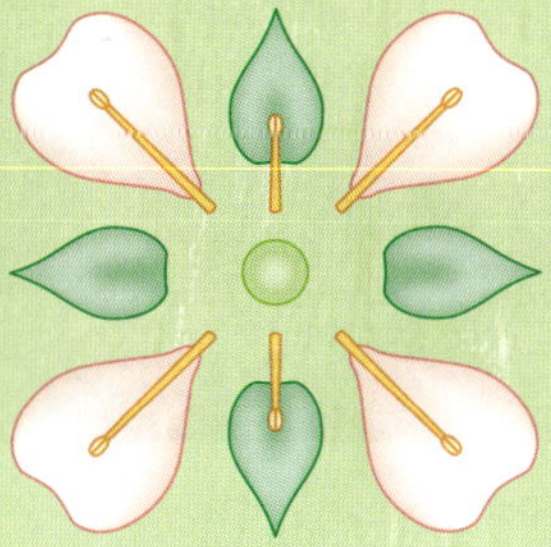

Einige Familien der Blütenpflanzen

Merkmale der Kreuzblütengewächse

Der **Raps** ist eine Blütenpflanze, die zu den **Kreuzblütengewächsen** gehört. Er stammt aus dem östlichen Mittelmeerraum und seine Samen wurden zur Gewinnung von Lampen- und Speiseöl verwendet. Heute wird er auf großen Flächen v. a. in China, Kanada und Indien angebaut. Im Frühjahr sind diese Flächen auch bei uns durch die gelben Blüten unübersehbar (Abb. 3). In Deutschland wird der Raps hauptsächlich für die Produktion von Speiseöl und Biodiesel eingesetzt.

Wenn man sich z. B. die Blüte einer Rapspflanze genauer anschaut, kann man die Merkmale der Kreuzblütengewächse leicht erkennen.
Die **Einzelblüten** beim Raps stehen in einer Traube zusammen.

Jede Einzelblüte (Abb. 2) besitzt:

- vier Kelchblätter, kreuzweise gegenüberstehend,
- vier Kronblätter, kreuzweise gegenüberstehend,
- sechs Staubblätter (zwei kürzere und vier längere),
- Stempel (Narbe, Griffel, Fruchtknoten bestehend aus zwei verwachsenen Fruchtblättern).

Die **Frucht** ist eine Schote, die innen eine Mittelwand besitzt. An ihr befinden sich die Samen. Kurze Schoten, wie beim Hirten-Täschelkraut, werden Schötchen genannt.

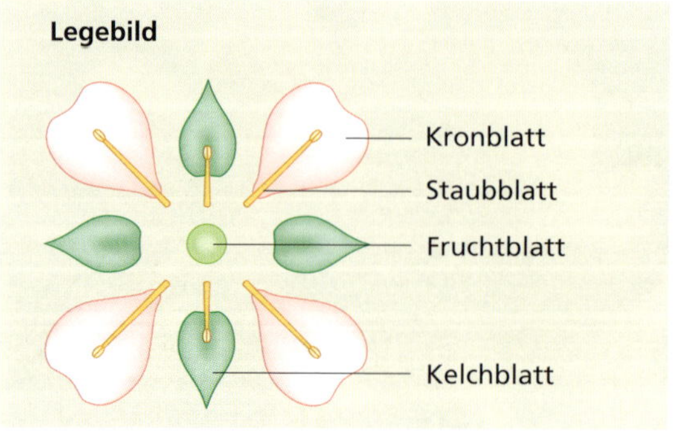

1 Blüte der Kreuzblütengewächse

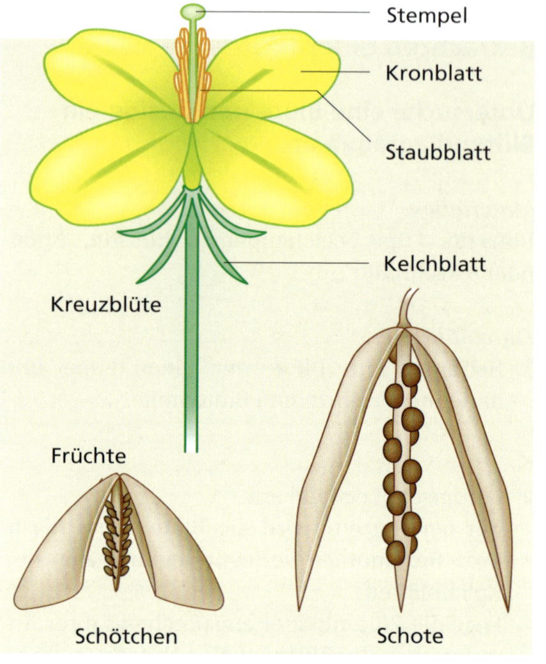

2 Merkmale der Kreuzblütengewächse

Kreuzblütengewächse haben Blüten, bei denen sich vier Kelch- und vier Kronblätter kreuzweise gegenüberstehen. Sie besitzen sechs Staubblätter: vier längere und zwei kürzere. Als Früchte bilden sie Schoten oder Schötchen aus.

Aufgabe

Versuche, drei verschiedene Kreuzblütengewächse zu finden und begründe, warum sie zu dieser Pflanzenfamilie gehören.

3 Blühendes Rapsfeld

Bedeutung der Kreuzblütengewächse

Zu den Kreuzblütengewächsen gehören u.a. auch die verschiedenen Kohlformen als wichtige **Gemüsepflanzen.** Sie wurden aus dem Wildkohl in langen Zeiträumen gezüchtet.

Dabei hat sich die ursprüngliche Gestalt der Laubblätter, der Sprossachse und des Blütenstandes verändert (Abb. 1).

Durch die Zunahme der Anzahl und Zartheit der Laubblätter, die fleischig wurden und sich einrollten, entwickelten sich die Kopfkohle Rotkohl und Weißkohl.

Durch Verkürzung und Verdickung der Sprossachse entstand der Kohlrabi.

Beim Rosenkohl wachsen in den Blattachseln Sprossknospen zu Köpfchen, den „Röschen“, heran.

Durch Fleischigwerden des Blütenstandes entwickelten sich der Blumenkohl und der Brokkoli. Beim Brokkoli sind im Gegensatz zum Blumenkohl die Blütenstände nicht zu einem geschlossenen Kopf zusammengewachsen. Die etwa 4 bis 8 cm großen, dunkelgrünen bis bläulichen Blüten sind auf verzweigten Stielen angeordnet.

Ursprünglich stammt Brokkoli aus Kleinasien oder dem Nahen Osten. Heute ist er v. a. in Italien, aber auch bei uns, ein wichtiger Bestandteil der landestypischen Küche geworden.

Die jüngste Kohlsorte ist der sogenannte Blukoli, eine Kreuzung aus Blumenkohl und Brokkoli, der wie ein grüner, zu klein geratener Blumenkohl aussieht.

2 Meerrettich

Gemüsekohl enthält sehr viel Eiweiß und Vitamin C und ist deshalb ein wichtiger Bestandteil der gesunden Ernährung.

Wichtige **Gewürz- und Gemüsepflanzen** aus der Familie der Kreuzblütengewächse sind auch Meerrettich (Abb. 2) und Radieschen.

Raps gewinnt bei der Biodiesel-Herstellung als **nachwachsender Rohstoff** immer mehr an Bedeutung.

Viele **Wildkräuter** sind ebenfalls Kreuzblütengewächse. Auf Äckern und Schuttplätzen findet man den Hederich und den Ackersenf. Überall, z. B. auch zwischen Pflasterritzen, ist das Gemeine Hirtentäschel zu finden. Auf Wiesen fallen im Frühjahr die rosafarbenen Blüten des Wiesen-Schaumkrautes auf. Auch unter den **Zierpflanzen** gibt es Kreuzblütengewächse, z. B. die Levkoje und den Goldlack.

1 Verschiedene Kohlsorten, die alle aus dem Wildkohl gezüchtet wurden.

Merkmale der Lippenblütengewächse

Wenn man eine Rapspflanze mit einer Weißen Taubnessel vergleicht, findet man Gemeinsamkeiten, aber auch Unterschiede.
Beide Pflanzen sind in **Wurzel** und **Spross** mit Sprossachse, Laubblättern und Blüten gegliedert. Beide Pflanzen bilden vom Fruchtblatt fest umschlossene Samen aus. Deshalb gehören sie auch zu den **Blütenpflanzen.**
Betrachtet man nun die einzelnen Organe beider Pflanzen genauer, fallen die Unterschiede deutlich auf. Blüten, Laubblätter und Sprossachse sind unterschiedlich gestaltet. Deshalb gehören sie verschiedenen **Pflanzenfamilien** an. Der Raps gehört zu den Kreuzblütengewächsen, die Weiße Taubnessel dagegen zu den Lippenblütengewächsen.
Zur Familie der **Lippenblütengewächse** gehören noch etwa 3500 andere Pflanzenarten, z. B. Gemeiner Thymian, Wiesen-Salbei, Wald-Ziest, Goldnessel.
Obwohl sie sich z. B. in der Farbe der Blüten oder in der Größe unterscheiden, stimmen sie in wesentlichen Merkmalen überein. Die **Blüten** sitzen an den Blattachsen als ähren- oder traubenförmige Blütenstände. Jede Blüte besitzt

- fünf Kronblätter. Davon bilden zwei Kronblätter die Oberlippe und drei die Unterlippe. Im unteren Teil sind die fünf Kronblätter zu einer Röhre verwachsen.
- Unterhalb der Oberlippe befinden sich vier Staubblätter, meist zwei längere und zwei kürzere, sowie ein aus zwei Fruchtblättern verwachsener Stempel mit Narbe, Griffel und oberständigem Fruchtknoten. Das Fruchtblatt ist der weibliche Teil der Blüte. Der Fruchtknoten ist viergeteilt. Aus ihm bilden sich später vier Teilfrüchte.
- Die Früchte (Klausen) zerfallen in vier Teilfrüchte mit je einem Samen.
- Die Kelchblätter sind auch miteinander verwachsen. Ihre Spitzen werden als „Zähnchen" bezeichnet.

Aufgrund des Baus der Kronblätter werden die Blüten als Lippenblüten bezeichnet. Pflanzen mit solchen Lippenblüten werden in die Gruppe der Lippenblütengewächse eingeordnet.
Die Blüten und Blütenstände sind meist sehr auffällig gefärbt. Das macht sie für Insekten attraktiv. Diese fliegen die Blüten an und tragen zur **Bestäubung** der Pflanzen bei.

Typisch für Lippenblütengewächse ist weiter, dass die Laubblätter gekreuzt an der Sprossachse gegenüber stehen. Das kann man gut erkennen, wenn man von oben auf die Pflanze schaut. Die **Sprossachse** ist meist deutlich vierkantig.

Aufgaben

1. Erläutere, warum man Blütenpflanzen in Familien einteilen kann.
2. Beschreibe die Form der Lippenblüte.

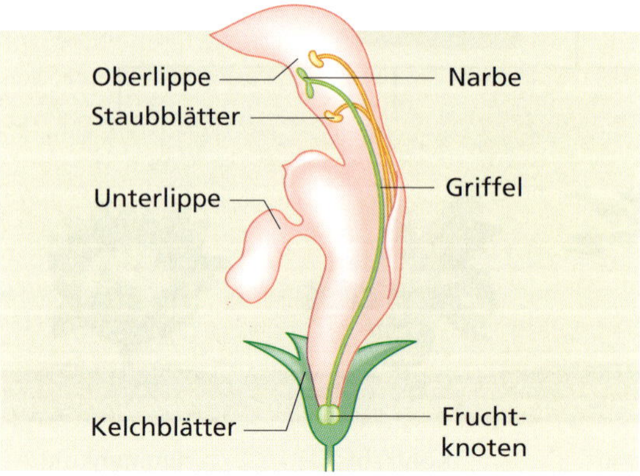

1 Bau der Lippenblüte (Längsschnitt)

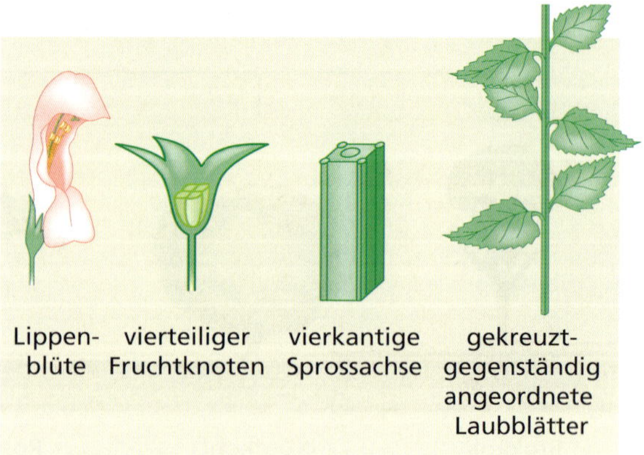

2 Merkmale der Lippenblütengewächse

Bedeutung der Lippenblütengewächse

Viele Lippenblütengewächse riechen sehr aromatisch. Das kommt daher, weil etherische Öle in ihnen enthalten sind. Der Mensch nutzt sie daher als Gewürz-, Heil- und Duftpflanzen.

Als **Gewürzpflanzen** dienen dem Menschen u. a. Basilikum, Bohnenkraut, Majoran, Rosmarin, Thymian, Salbei, Minze und Zitronenmelisse.
Mit Teilen dieser Pflanzen (vorwiegend mit den Blättern) werden Fleisch, Fisch oder andere Gerichte gewürzt. Die Verwendung der Gewürze ist dabei regional unterschiedlich. In Italien beispielsweise würzt man viel mehr Gerichte mit Rosmarin als bei uns (Abb. 2).

Oft haben diese Pflanzen auch eine bestimmte **Heilwirkung.** Beispielsweise wirkt Basilikum (Abb. 1a) appetitanregend, wassertreibend und krampflösend. Tee aus Pfefferminze (Abb. 1d) beruhigt einen nervösen Magen, Thymiantee mit Honig hilft gegen Husten und ist schleimlösend. Auch bei Zahnfleischentzündungen hilft Thymian (Abb. 1b).
Echter Salbei (Abb. 1c) wirkt u. a. bakterien- und entzündungshemmend. Deshalb wird er z. B. bei Halsentzündungen als Gurgelmittel eingesetzt. Aufgrund der Wirkstoffe darf man Echten Salbei in hoher Dosis nicht über einen längeren Zeitraum einnehmen.
Die etherischen Öle, die in vielen Lippenblütengewächsen enthalten sind, werden außerdem auch in der **Kosmetikindustrie** verwendet. Sie sind Bestandteile von Badezusätzen und Parfüms.
Etherische Öle sind Stoffe, die einen angenehmen Duft haben. Als aromatisch bezeichnet man einen Stoff, der einen ganz bestimmten Geruch, z. B. würzig, holzig, oder ganz bestimmten Geschmack hat.
Mit Lavendelblüten werden kleine Kissen gefüllt und als Duftkissen verwendet. Der Geruch hält z. B. Motten im Kleiderschrank fern. Rosmarin ist wichtiger Bestandteil des Kölnischwassers.

Aufgaben

1. Stelle einen Steckbrief eines Lippenblütengewächses auf. Gehe dabei auf den Aufbau und die Verwendung der Pflanzen ein.

2. Informiere dich über die Herstellung von etherischen Ölen. Ordne den verschiedenen Ölen die Vertreter der Lippenblütengewächse und ihre Pflanzenteile zu.

1 a) Basilikum, b) Thymian, c) Salbei, d) Pfefferminze sind Gewürzpflanzen

2 Rosmarin – früher als Heilpflanze begehrt, heute wird sein Öl genutzt.

Merkmale der Schmetterlingsblütengewächse

Garten-Erbse

Vergleicht man die Blüte einer Taubnessel z.B. mit der Blüte der **Garten-Erbse**, fällt auf, dass beide Blüten nicht aus gleichartigen Kronblättern aufgebaut sind. Die Kronblätter der Garten-Erbse sind jedoch nicht verwachsen und in ihrer Gesamtheit ähneln sie einem Schmetterling. Deshalb werden die Garten-Erbse und ihre Verwandten **Schmetterlingsblütengewächse** genannt. Die charakteristischen Merkmale dieser Familie sind:

- Es sind fünf Kelchblätter vorhanden (Abb. 1).
- Die fünf Kronblätter sind unterschiedlich gestaltet: eine Fahne, zwei Flügel, zwei zu einem Schiffchen verwachsene Kronblätter.
- Das Schiffchen umschließt zehn Staubblätter; neun davon sind meist ähnlich einer Röhre verwachsen, das zehnte Staubblatt liegt oben frei.
- Die Röhre der Staubblätter umschließt den Stempel mit länglichem Fruchtknoten, der aus einem Fruchtblatt besteht.
- Die Früchte sind **Hülsen,** die vielgestaltig sein können. Sie haben keine Mittelwand.
- Die Laubblätter sind wechselständig und meist zusammengesetzt, z.B. gefiedert, gefingert, dreizählig (Abb. 2).

2 Lupinen besitzen gefingerte Laubblätter.

- Die Blüten sind meist als Trauben oder Köpfchen angeordnet.

Zu den etwa 10 000 verschiedenen Arten von Schmetterlingsblütengewächsen gehören vor allem Kräuter, aber auch Sträucher (z.B. Gelber Besenginster, Abb. 1, S. 14) und Bäume (z.B. Weiße Robinie).

Aufgabe

Vergleiche die Blüten eines Schmetterlings- und eines Lippenblütengewächses.

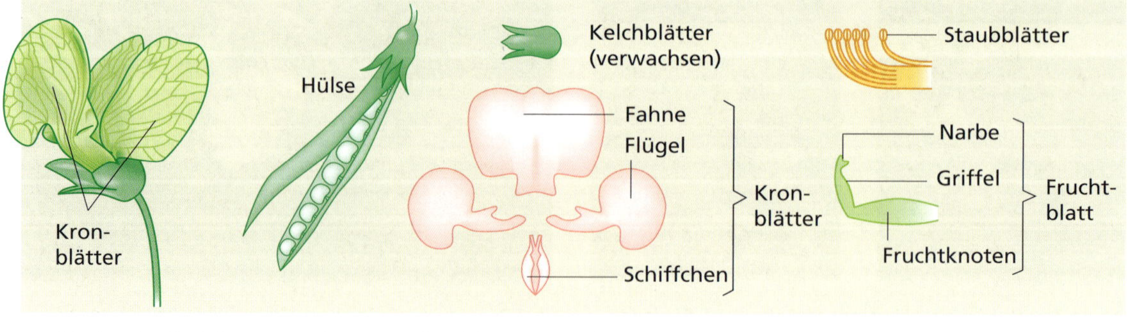

1 Merkmale der Blüten von Schmetterlingsblütengewächsen

Bedeutung der Schmetterlingsblütengewächse

Viele Arten der Schmetterlingsblütengewächse nutzt der Mensch. Die Garten-Erbse beispielsweise ist seit Jahrtausenden eine wichtige **Nutzpflanze.** Sie wird wegen des Gehaltes an Stärke und vor allem an Eiweiß in den Samen angebaut. Als rohes oder gekochtes **Gemüse** ist sie weltweit vom Speisezettel nicht mehr wegzudenken. Ähnlich verhält es sich mit der Garten-Bohne (Abb. 2). Die Samen enthalten ebenfalls viel Eiweiß und werden seit 8000 Jahren für die menschliche Ernährung genutzt.

Auch die Erdnuss (Abb. 4) gehört in diese Pflanzenfamilie. Sie wurde schon vor 3000 Jahren in Brasilien kultiviert. Heute wird sie weltweit in warmen Gebieten angebaut. Die Samen enthalten sehr viel Eiweiß, Öl und außerdem noch Magnesium.

Die Sojabohne wird in China zur menschlichen Ernährung schon seit fast 5000 Jahren genutzt. Erst seit etwa 300 Jahren wird sie wegen ihres hohen Öl- und Eiweißgehaltes auch auf anderen Kontinenten angebaut. Entweder werden die grünen Hülsenfrüchte direkt gegessen oder daraus werden Eiweißprodukte wie z. B. Tofu und Sojasauce hergestellt.

Als **Futterpflanzen** für die Tiere werden z. B. Luzerne (Abb. 3) sowie verschiedene Kleearten, beispielsweise Rot-Klee, Weißklee und Serradella, angebaut. Einige Arten werden aber auch nur angepflanzt, um sie später unterzupflügen. Auf diese Weise wird der Boden gedüngt **(Gründünger).**

Weil die Blüten vieler Schmetterlingsblütengewächse schön und farbenprächtig anzusehen sind, werden die Pflanzen als **Zierpflanzen** genutzt. An den Häuserwänden leuchten im Juni z. B. die blauen Blütentrauben des Blauregens (Abb. 1) und in Gärten die gelben des Goldregens.

Die Früchte des Goldregens sind sehr **giftig**. Deshalb nie in den Mund nehmen oder gar essen!

1 Blauregen – Zierpflanze

3 Luzerne – Futterpflanze

2 Garten-Bohne – Gemüsepflanze

4 Erdnuss – Ölpflanze

gewusst · gekonnt

1. Wiederhole wichtige Begriffe: Blütenpflanzen, Kreuzblütengewächse, Lippenblütengewächse, Schmetterlingsblütengewächse, Nutzpflanzen, Bestimmungsschlüssel.
Lege dazu ein Glossar an. Dabei handelt es sich um ein alphabetisch geordnetes Wörterverzeichnis. Jeder Begriff wird durch eine Definition oder Begriffserläuterung ergänzt. Du kannst dein Glossar auf Karteikarten oder mithilfe des Computers anlegen.

Glossar

Bestimmungsschlüssel:
Blütenpflanzen:

2. Untersuche die Blüte des Acker-Senfs. Klebe die Blütenteile entsprechend ihrer Anordnung auf ein Blatt Papier und ordne den Acker-Senf einer Pflanzenfamilie zu. Begründe deine Wahl.

3. Nenne fünf Arten der Kreuzblütengewächse.

4. Imker stellen ihre Bienenstöcke u. a. in der Nähe von Rapsfeldern auf.
a) Erkläre den Begriff „Bienenweide" im Zusammenhang mit Rapsfeldern.
b) Begründe, warum Bienen Einfluss auf den Ertrag eines Rapsfeldes haben.
c) Nenne Verwendungsmöglichkeiten von Raps. Erkläre dabei den Begriff „nachwachsende Rohstoffe".

5. Nenne die Merkmale und drei Arten der Lippenblütengewächse.

6. a) Zerlege die Blüte einer Taubnessel. Ordne die Blütenteile auf einer Unterlage entsprechend ihrer Anordnung in der Blüte an. Klebe die Blütenteile auf.
b) Begründe die Zuordnung der Taubnessel zu ihrer Pflanzenfamilie.

7. Lippenblütengewächse nutzt der Mensch als Heil- und Gewürzpflanzen.
a) Was versteht man unter den Begriffen?
b) Stelle in einer Übersicht heimische Heil- und Gewürzpflanzen zusammen. Erfasse dabei, welche Teile der Pflanzen verwendet werden.
c) Erforsche mithilfe von Nachschlagewerken und dem Internet die Geschichte einer dieser Pflanzen.

8. Beschreibe die Angepasstheit einer Lippenblüte an die Insektenbestäubung.

9. Wenn man frische Erbsen essen will, kauft man auf dem Gemüsemarkt Erbsenschoten. In so einer Frucht befinden sich einige Erbsen. Aus wissenschaftlicher Sicht ist der Begriff „Schote" für die Früchte der Erbse allerdings nicht richtig.

a) Nenne die wissenschaftlich exakten Namen der Früchte von Kreuzblüten- und Schmetterlingsblütengewächsen.
b) Vergleiche den Bau beider Früchte.

10. a) Lege ein Herbarium mit je zwei Arten der Kreuzblüten-, der Lippenblüten- und der Schmetterlingsblütengewächse an.
b) Stelle in Form einer Tabelle Gemeinsamkeiten und Unterschiede der Blüten, der Blätter und der Sprossachse der herbarisierten Arten zusammen.
c) Erweitere dein Herbar mit drei Arten aus weiteren Familien der Blütenpflanzen.

11. Nenne die Merkmale und drei Arten der Schmetterlingsblütengewächse.

12. Erläutere die Bedeutung der Schmetterlingsblütengewächse für die Ernährung der Menschen und der Tiere.
Wähle geeignete Arten.
Fertige dazu eine Tabelle an.

13. Besuche einen Gemüse- und Obstmarkt.

a) Welche Gewürzpflanzen aus der Familie der Lippenblütengewächse bieten die Händler an?
b) Wie werden die Gewürzpflanzen in der Küche verwendet?
c) Welche Wirkung haben die Pflanzen?

14. Nenne Pflanzen der Kreuzblütengewächse, die du als Gemüse beim Händler kaufen kannst.
a) Erkundige dich, wie sie zubereitet werden können.
b) Probiert gemeinsam in der Klasse oder zu Hause ein Rezept davon aus.

15. Beim Anbau von Kulturpflanzen wird Wert auf ökologischen Landbau gelegt.
Erkläre, was damit gemeint ist.

16. Viele Pflanzenarten sind in ihrem Bestand gefährdet.
a) Nenne Ursachen für die Gefährdung.
b) Beschreibe Maßnahmen zum Schutz einheimischer Pflanzenarten.

17. Erkundige dich, welche Pflanzenarten in deiner Region zu den gefährdeten gehören. Ermittle, ob dazu auch Arten der Lippenblüten- oder der Schmetterlingsblütengewächse gehören.

18. Man schätzt, dass es etwa 250 000 Arten von Blütenpflanzen auf der Erde gibt. Sie werden ca. 450 Pflanzenfamilien zugeordnet, drei kennst du davon.
a) Nenne fünf weitere Pflanzenfamilien.
b) Zerlege die Blüte einer Art aus einer anderen Pflanzenfamilie.
Ordne die Blütenteile auf einer Unterlage entsprechend ihrer Anordnung in der Blüte an. Zeichne ein Blütendiagramm.

19. Bestimme nach dem Bestimmungsschlüssel der Seiten 288/289 die Pflanzen auf den Abbildungen 3*, 8, 10* und 11.

20. Informiere dich über das Leben und die wissenschaftlichen Verdienste von CARL VON LINNÉ (1707–1778). Gestalte ein Poster oder halte einen Vortrag darüber.

21. Informiere dich über das Thema „Nachwachsende Rohstoffe".
a) Erläutere, was darunter zu verstehen ist.
b) Nenne Beispiele für nachwachsende Rohstoffe.
c) Wo können sie eingesetzt werden?
d) Diskutiert in der Klasse, warum nachwachsende Rohstoffe so wichtig sind.

Vielfalt und Ordnen der Blütenpflanzen

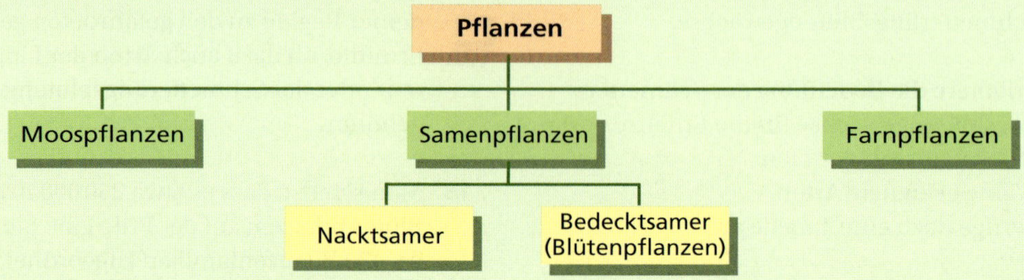

Die Blütenpflanzen werden nach bestimmten Merkmalen (z. B. Blütenform, Stängelform, Blattform) in **Familien, Gattungen, Arten** geordnet.

Beispiele für Familien der Blütenpflanzen

Der Mensch nutzt viele Vertreter der Kreuzblüten-, Lippenblüten- und Schmetterlingsblütengewächse als Kulturpflanzen.

1.2 Wasseraufnahme und -transport in Pflanzen

Die Sprossachse – das „Leitungsorgan" der Pflanzen

Das von der Wurzel aufgenommene Wasser muss entgegen der Schwerkraft von den Wurzeln zu den Blättern transportiert werden – beim Mammutbaum (Abb.) bis über 100 m hoch.

In welchen Teilen des Sprossinneren erfolgt die Leitung von Wasser und organischen Stoffen?
Wie entsteht die „Kraft", die das Wasser in den Baumstämmen so hoch zu transportieren vermag?
Woher haben die riesigen Baumstämme ihre Festigkeit?
Was passiert mit den aufgenommenen Mineralstoffen in den Pflanzen?

Die Spaltöffnungen des Laubblattes – „Verbindungen" zur Umwelt

Von der Zellschicht an der Unterseite der Laubblätter des Alpenveilchens (Abb.) ist es einfach, ein Frischpräparat anzufertigen. Beim Mikroskopieren sind zwischen den Zellen der Blattunterseite Spaltöffnungen zu erkennen.

Welche Aufgabe haben Spaltöffnungen?
Welche Bedeutung haben die Spaltöffnungen für die Lebensprozesse in den Pflanzen?

Die Wurzel – das „Standbein" von Pflanzen

Die Wurzel verankert die Pflanzen im Boden (Abb.). Sie sorgt für die Wasser- und Mineralstoffaufnahme und kann Nährstoffe speichern.

Wie ist die Wurzel im Inneren aufgebaut?
Wie kann die Wurzel Wasser und Mineralstoffe aufnehmen?
Auf welchen physikalischen Gesetzmäßigkeiten beruht die Stoffaufnahme und -leitung?

Aufnahme und Leitung von Wasser und Mineralstoffen durch die Wurzeln

Der Bau der Wurzel

Wurzeln sind in der Regel unterirdische Organe. Sie dienen der Verankerung der Pflanzen im Boden, der Aufnahme von Wasser und Mineralstoffen, deren Weiterleitung zu anderen Pflanzenorganen und gelegentlich auch als Speicherorgane für körpereigene organische Stoffe. Der äußere und der innere Bau der Wurzeln sind optimal auf die Erfüllung dieser Aufgaben abgestimmt.

Alle Wurzeln einer Pflanze bilden ein **Wurzelsystem.** Die meisten Pflanzen, bei deren Keimung des Samens zwei Keimblätter hervorkommen **(Zweikeimblättrige)**, besitzen ein aus Haupt- und Nebenwurzeln bestehendes Wurzelsystem. Die Hauptwurzel dringt tief in den Boden ein und bildet einen festen Anker (Abb. 1).

Bei den meisten Pflanzen mit einem Keimblatt **(Einkeimblättrige)** ist ein Wurzelsystem zu finden, das aus gleichartigen sprossbürtigen Wurzeln hervorgeht (Abb. 2). Bei ihnen stirbt die bei der Keimung des Samens gebildete Wurzel ab und wird durch mehrere aus der Basis der Sprossachse herauswachsende Wurzeln, die sogenannten sprossbürtigen Wurzeln, ersetzt. Wenn man ein Grasbüschel aus dem Boden zieht, kann man dieses aus vielen gleichartigen Wurzeln bestehende System gut erkennen. Es sorgt für eine besonders gute Durchwurzelung der obersten Bodenschichten. Aus diesem Grund sind z. B. Gräser ausgezeichnete Bodenbedecker, die die Bodenerosion verhindern.

Wurzelsysteme haben meist eine beträchtliche Gesamtlänge und können beachtliche Tiefen erreichen, z. B. kann eine Roggenpflanze eine Gesamtlänge des Wurzelsystems von 975 m und eine Wurzeltiefe von 2 m besitzen.

Wachsende Wurzelspitzen zeigen eine charakteristische **Zonierung** einer Wurzel (Abb. 1, S. 27), diese ist an Keimwurzeln gut erkennbar. An der Wurzelspitze befindet sich eine Wurzelhaube. Sie schützt das darunter befindliche Bildungsgewebe. Dieses Bildungsgewebe ist durch Zellteilungen für das Wachstum der Wurzeln im Erdboden verantwortlich. Daran schließt sich die Streckungszone an. Diese kann im Experiment durch das Anlegen einer gleichmäßigen Markierung an Keimwurzeln leicht ermittelt werden (Abb.).

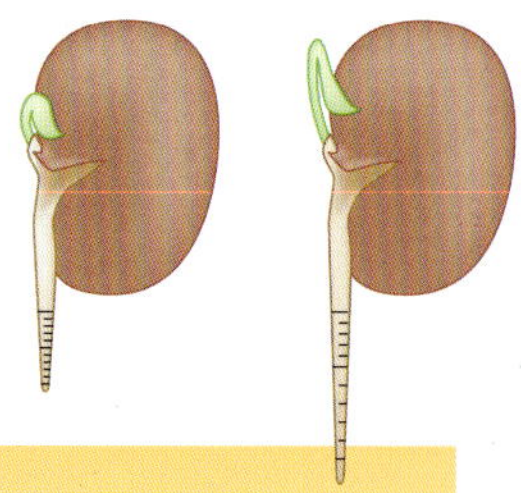

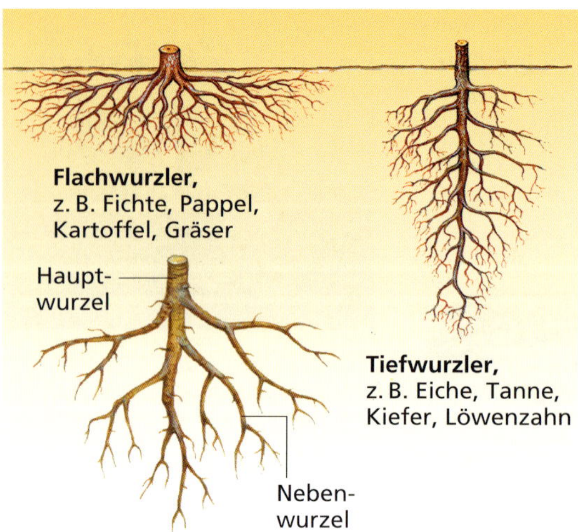

1 Wurzelsysteme mit Haupt- und Nebenwurzeln

2 Sprossbürtige Wurzelsysteme

Dicht hinter der Streckungszone folgt die Wurzelhaarzone. Dort vergrößern viele winzige Wurzelhaare die Wurzeloberfläche. Die wenige Millimeter bis einen Zentimeter langen **Wurzelhaare** bestehen jeweils nur aus einer ausgewachsenen Zelle der Rhizodermis (Abb. 2, S. 28).
Sie tragen in besonderem Maße zur Oberflächenvergrößerung der Wurzelsysteme bei. Nur in dem Bereich der Wurzelhaarzone, der oft nur ein paar Zentimeter lang ist, kann die Pflanze Wasser und Mineralstoffe aufnehmen. Die sehr fein gebauten Wurzelhaare leben nur ein bis wenige Tage und werden mit dem Wachstum neu gebildet.

Obwohl die Wurzeln sehr unterschiedlich aussehen können, stimmt der **innere Bau** weitgehend überein (Abb. 2 u. 3).
Das äußere Gewebe wird **Rhizodermis** (**Wurzelhaut**) genannt und besteht aus einer Zellschicht. Durch das Auswachsen der Rhizodermiszellen zu langen Wurzelhaaren wird die Wasser aufnehmende Oberfläche der Wurzeln enorm vergrößert **(Prinzip der Oberflächenvergrößerung).** Bei Bäumen bedeutet das oft einige hundert Quadratmeter.

Das **Rindengewebe** schließt sich nach innen an. Es bildet den Hauptteil des Wurzelkörpers und füllt den Raum zwischen der Rhizodermis und dem Leitgewebe mit gleichmäßig geformten Grundgewebszellen aus. Das Rindengewebe kann neben Schutz- und Festigungsfunktionen auch Speicherfunktionen erfüllen.

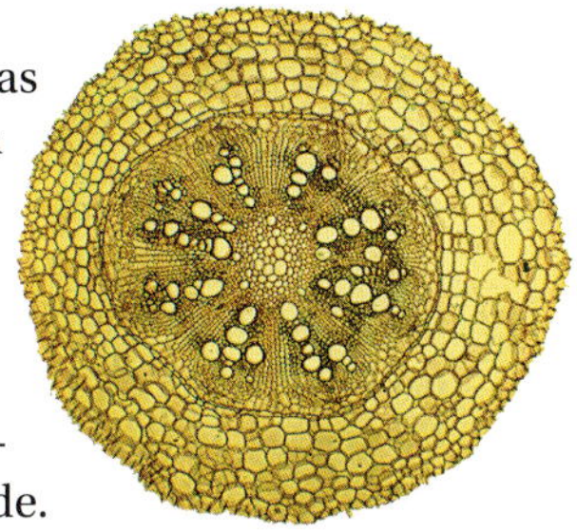

3 Lichtmikroskopisches Bild des Wurzelquerschnitts

Die **Endodermis** ist die innerste Zellschicht der Rinde. Sie umschließt den **Zentralzylinder** mit den **Leitbündeln.** Die Leitbündel bestehen aus Gefäß- und Siebzellen. Die Gefäßzellen dienen der Leitung von Wasser, die Siebzellen transportieren organische Stoffe (Abb. 2, S. 33).
Das Leitgewebe hat neben der Transportfunktion immer auch Stütz- und Festigungsfunktionen zu erfüllen. Die Stützzellen sind an ihrer verstärkten Zellwand zu erkennen.

Aufgaben

1. Betrachte eine Keimwurzel von Senf oder Gartenkresse mit der Lupe. Beschreibe den äußeren Bau. Erläutere die Funktion der Wurzelhaare.

2. ✱ Plane einen Versuch und führe ihn durch, in dem du die Streckungszone der Wurzeln nachweisen kannst.

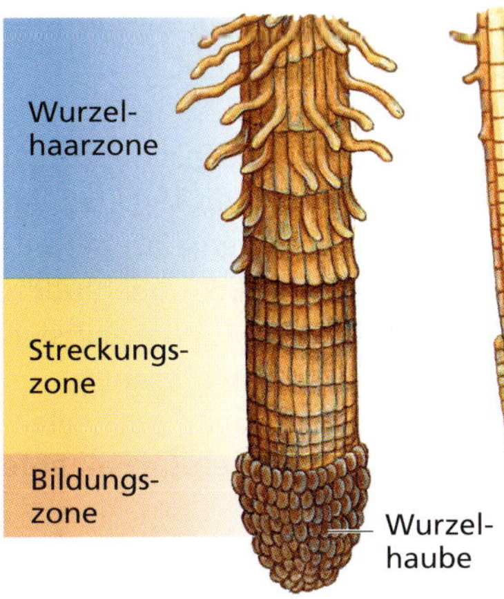

1 Zonierung einer Wurzel

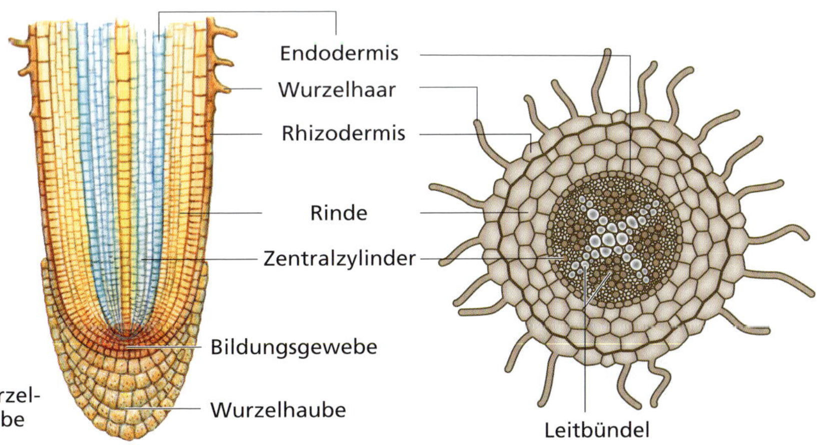

2 Innerer Bau einer jungen Wurzel (Längs- und Querschnitt)

Aufnahme und Leitung von Stoffen durch die Wurzeln

Die Wasseraufnahme der Pflanzen erfolgt durch die Wurzelhaarzellen. Sie beruht auf physikalischen Gesetzmäßigkeiten. Physikalische Gesetze wirken auch außerhalb biologischer Objekte und lassen sich durch **Modellexperimente** veranschaulichen (Abb. 1).

In einem Standzylinder wird Wasser vorsichtig mit einer konzentrierten wässrigen Lösung von Zuckersirup unterschichtet. Zunächst sind beide Flüssigkeiten deutlich voneinander getrennt. Diese Grenze wird allmählich immer undeutlicher und auch breiter, bis sich beide Flüssigkeiten vollständig miteinander vermischt haben. Die Ursache dieser eigenständigen Vermischung der Stoffe Wasser und Zuckersirup ist die Eigenbewegung der Wasser- und Zuckersirupteilchen (der Moleküle).

Durch die Eigenbewegung der Teilchen (Wasser- und Zuckerteilchen) kommt es entlang dem Konzentrationsgefälle zu einem Konzentrationsausgleich zwischen den beiden Lösungen unterschiedlicher Konzentration (Abb. 1). Dieser physikalische Vorgang der Durchmischung heißt **Diffusion.**

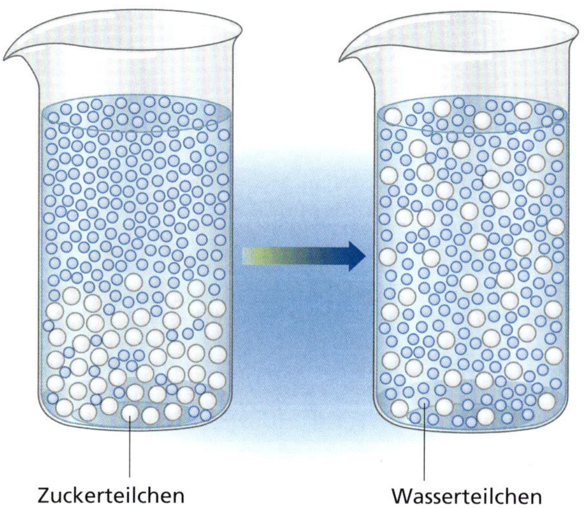

1 Modellexperiment zur Diffusion

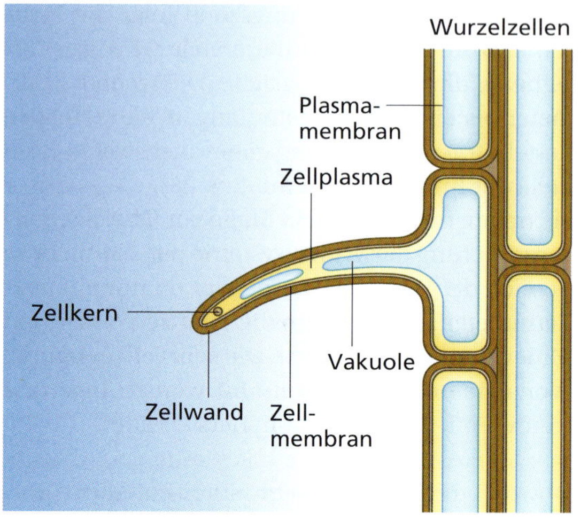

2 Bau einer Wurzelhaarzelle

Die Diffusion ist ein physikalischer Vorgang, bei dem aufgrund der Eigenbewegung der Stoffteilchen in Lösungen und Gasgemischen ein Konzentrationsausgleich entlang dem Konzentrationsgefälle erfolgt.

Bei der Pflanze erfolgt die Aufnahme der Wasserteilchen zunächst von den Wurzelhaaren der Rhizodermis. Die Wurzelhaarzellen (Abb. 2) sind dünnwandige, schlauchförmige lebende Zellen. Von der Zellwand und der Zellmembran umschlossen, befindet sich das Zellplasma mit Zellkern und großen Vakuolen (Zellsafträumen), in denen verschiedene Stoffe gelöst sind.

Die Vakuolen sind ebenfalls vom Zellplasma durch dünne **Membranen** abgegrenzt. Die Membranen besitzen sehr kleine Poren. Während Wasserteilchen (Wassermoleküle) die Poren ungehindert durchdringen können, sind diese für die gelösten Stoffteilchen nicht passierbar. Membranen, die für verschiedene Stoffe unterschiedlich (selektiv) durchlässig sind, nennt man **semipermeable (halbdurchlässige) Membranen.**

Um diese Verhältnisse an einem **Modellexperiment** zu veranschaulichen, wird das Diffusionsexperiment etwas variiert (S. 29).

In einem Modellversuch werden Wasser und eine konzentrierte Lösung durch eine semipermeable Membran voneinander getrennt. Als semipermeable Membran verwendet man z. B. einen **Kunstdarm**. An einem Ende zugebunden, wird er mit einem Steigrohr versehen und mit angefärbter **konzentrierter Zuckerlösung** gefüllt. Diese Apparatur wird an einem Stativ in ein Becherglas mit Wasser gehängt (Abb. 1).
Das im Becherglas befindliche **Wasser** stellt das Bodenwasser dar, das von der Wurzel aufgenommen werden soll. Der Kunstdarm symbolisiert die Biomembranen, die das Zellplasma und die Vakuolen einschließen. Die konzentrierte Zuckerlösung entspricht dem Zellplasma und den in den Vakuolen gelösten Stoffen.

In der Versuchsanordnung kann man nach wenigen Minuten ein Ansteigen des Flüssigkeitspegels im Steigrohr beobachten. Das erfolgt entgegengesetzt zur Schwerkraft. Angefärbtes Zuckerwasser lässt sich dagegen nicht im Becherglas nachweisen.

Der **Konzentrationsausgleich** zwischen dem Wasser und der Zuckerlösung wird durch die semipermeable Membran behindert. Die Zuckerteilchen werden durch die semipermeable Membran zurückgehalten. Die Wasserteilchen können die Membran ungehindert passieren und diffundieren in die Zuckerlösung. Durch diese Wasseraufnahme steigt der Flüssigkeitsstand im Steigrohr. Die konzentrierte Zuckerlösung wird durch die Wasseraufnahme verdünnt.

Wenn ein Konzentrationsausgleich zwischen zwei Lösungen durch eine Membran erfolgt, bezeichnet man dies als **Osmose**. Die Membran ist nur für die Lösungsmittelmoleküle durchlässig nicht für den gelösten Stoff.

Die **Wasseraufnahme** aus dem Boden in die Wurzelhaarzelle erfolgt durch Osmose. Im Zellplasma und in den Vakuolen der Wurzelhaarzellen ist die Konzentration der gelösten Stoffteilchen groß, in der Bodenlösung geringer.

Die Osmose ist ein physikalischer Vorgang, bei dem die Diffusion durch eine semipermeable Membran erfolgt, die für die gelösten Stoffteilchen nicht durchlässig ist.

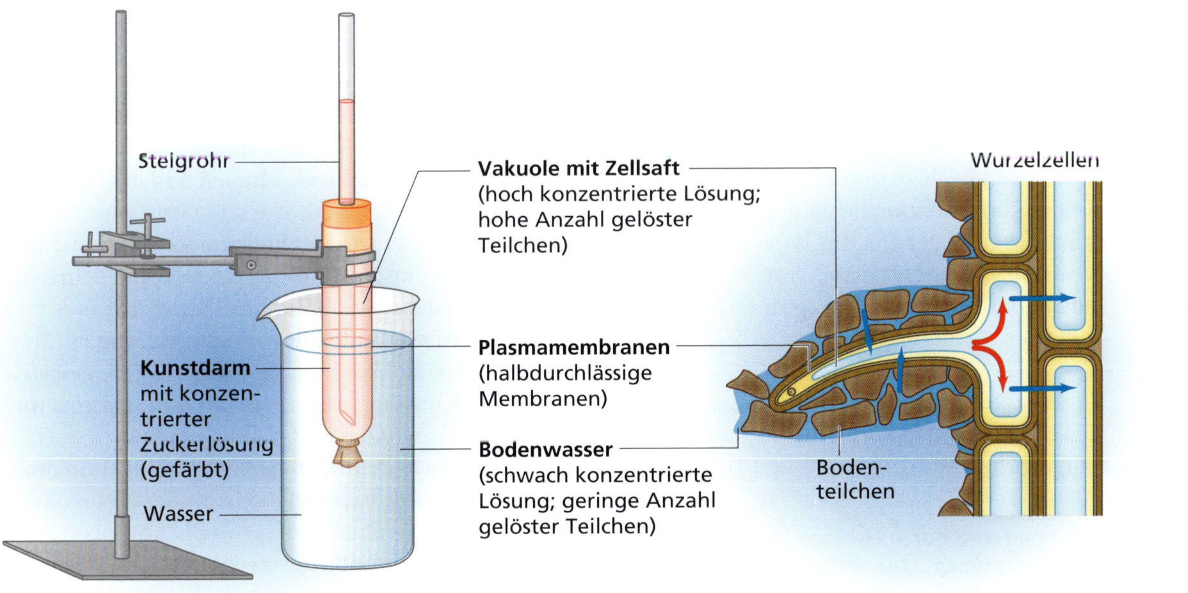

1 Modellexperiment zur Osmose und zur Aufnahme des Wassers in das Wurzelhaar (→ Osmose)

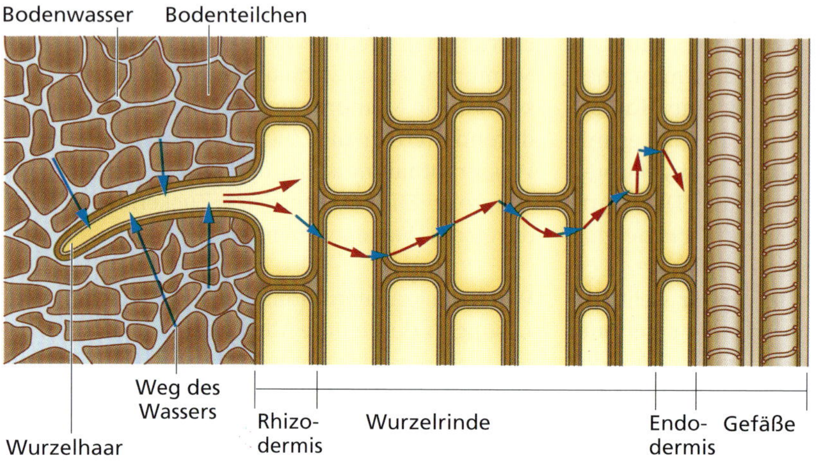

Der **Transport des Wassers** erfolgt bis in die Gefäße des Zentralzylinders:

- Verteilung des Wassers innerhalb der Zellen durch **Diffusion** (→),
- Transport des Wassers in der Rinde von Zelle zu Zelle durch **Osmose** bis in die Endodermis (→).

1 Wasseraufnahme durch das Wurzelhaar (→); Transport des Wassers bis zum Leitgefäß (→ →)

Zellplasma und Vakuolen einerseits und Bodenwasser andererseits sind durch semipermeable (halbdurchlässige) Membranen voneinander getrennt. Deshalb wird das Wasser aus dem Boden **osmotisch** in die Wurzelhaarzellen aufgenommen.
Die Verteilung des Wassers innerhalb der Zellen der Wurzelrinde erfolgt durch **Diffusion.**
Zwischen den Zellen, auch denen verschiedener Gewebe, erfolgt die Wasserleitung durch Osmose, weil semipermeable Membranen, z. B. Zellmembranen und Plasmamembranen, zu passieren sind (Abb. 1).

Die Vakuolen der inneren Zellen der Wurzel haben im Vergleich zu den Rhizodermiszellen eine höhere Konzentration an gelösten Stoffteilchen. Durch Osmose gelangt das Wasser entsprechend dem Konzentrationsgefälle von der Wurzelhaarzelle in das Innere die Wurzelrinde bis in die Endodermis.

Der Weitertransport in den Zentralzylinder ist ein aktiver Prozess, bei dem Stoffwechselenergie benötigt wird.

Wasser wird durch Osmose in das Wurzelhaar aufgenommen. Die Zellmembran wirkt als halbdurchlässige Membran.

Aufgaben

1. Vergleiche die physikalischen Vorgänge der Diffusion und der Osmose tabellarisch. Gehe dabei auf folgende Kriterien ein:
a) beruht auf Eigenbewegung der Teilchen,
b) es liegen unterschiedlich konzentrierte Lösungen oder Gase vor,
c) es ist eine undurchlässige Membran vorhanden.
Fertige dazu eine Tabelle an.

2. In einen Kunstdarm oder Dialyseschlauch wird eine Stärkelösung gegeben. Der Darm wird verschlossen und in ein Becherglas mit Wasser gelegt. Dem Wasser wird vorher eine Iod-Kaliumiodidlösung zugefügt, bis das Wasser leicht gelb gefärbt ist.
a) Stelle eine Hypothese auf, was zu beobachten sein wird.
b) Überprüfe deine Hypothese durch das Experiment.
c) Notiere den Versuchsaufbau und die Beobachtungen in einem Protokoll.
d) Vergleiche deine Beobachtungen mit deiner Ausgangshypothese. Hat sich deine Hypothese bestätigt?
e) Interpretiere deine Beobachtungen.

Mosaik

Mineralstoffe und ihre Aufnahme

Mineralstoffe sind im Boden enthalten, z. B. als Phosphate, Nitrate und Carbonate. Der Mineralstoffgehalt des Bodens ist abhängig von den Bodeneigenschaften, der Vegetation, dem Klima und der Bewirtschaftung durch den Menschen. Als nährstoffreichste und damit ertragreichste Böden gelten die Schwarzerdeböden.

Zu **Mineralstoffverlusten** kommt es, wenn die Mineralstoffe mit dem Sickerwasser (Bodenwasser) ausgewaschen werden. Die Mineralstoffe können von der Pflanze nur in gelöster Form aufgenommen werden. Da die Zellmembranen für die gelösten Mineralstoffe weitgehend undurchlässig sind, können diese nicht durch den Wasserstrom mittransportiert werden.
Die Mineralsalze werden an ein Trägerteilchen der Membran gebunden und von diesem unter Energieverbrauch aktiv in Form von Ionen in das Zellinnere transportiert.

Zum Aufbau körpereigener organischer Substanzen brauchen die Pflanzen Mineralstoffe. Für ihre optimale Entwicklung benötigen Samenpflanzen die zehn Hauptelemente (C, O, H, N, S, P, K, Ca, Fe, Mg) sowie Spurenelemente (Mn, Cu, Mo, B, Zn).
Die **Mineralstoffzufuhr** erfolgt in der Landwirtschaft und im Gartenbau vor allem durch anorganische (mineralische) und organische **Düngung.**
Topfpflanzen können u. a. durch Düngerstäbchen mit Mineralstoffen versorgt werden. Um Hydrokulturen mit Mineralstoffen zu versorgen, werden dem Gießwasser Nährsalzlösungen beigefügt. Wenn diese Stoffe nicht zugeführt werden, fehlen sie für die pflanzliche Ernährung. Die Ernteerträge in Landwirtschaft und Gartenbau werden entsprechend geringer.
Fehlen den Pflanzen bestimmte Mineralstoffe, kann man bei ihnen **Mangelerscheinungen** feststellen. Stickstoffmangel wirkt sich z. B. negativ auf die Chlorophyllbildung bei den Pflanzen aus. Äußerlich ist das an dem Vergilben und Absterben älterer Blätter und einem nur spärlichen Wuchs erkennbar.
Phosphatmangel beeinträchtigt den Stoffwechsel der Pflanzen. Sie reagieren mit absterbendem Blattgewebe und dem Abwerfen der Blätter, vermindertem Wuchs und kümmerlicher Fruchtausbildung.
Calciummangel führt zum Absterben der Vegetationspunkte an den Wurzeln und am Spross. Die Missbildung junger Blätter ist ein Anzeichen dafür.
Dass sich die pflanzlichen Erträge in der Landwirtschaft durch **Zusatzdüngung** erhalten und auch steigern lassen, wurde von JUSTUS VON LIEBIG (1803–1873) durch seine Mineralstofftheorie wissenschaftlich begründet.
JUSTUS VON LIEBIG schuf die heute noch gebräuchliche Einteilung der anorganischen Düngemittel nach ihren Hauptnährelementen und unterschied z. B. Stickstoff-, Phosphor-, Kaliumdünger. Diese werden heute größtenteils als **Mischdünger** angeboten.
Auch organische Stoffe, z. B. Stallmist oder Gülle, können zur Mineralstoffversorgung der Pflanzen genutzt werden. Durch die Tätigkeit der Zersetzer (Destruenten) wie Bakterien und Pilze können aus ihnen die anorganischen Mineralstoffe erschlossen werden.

1 Dünger wird auf das Feld aufgebracht.

Mosaik

Bau und Funktion der Sprossachse

Das von der Wurzel aufgenommene Wasser und die Mineralstoffe müssen zur weiteren biochemischen Umwandlung von der Sprossachse zu den Blättern transportiert werden.

Die Sprossachse verbindet Blätter und Wurzeln miteinander und sorgt für den Stofftransport zwischen ihnen. Wasser und gelöste Mineralstoffe werden von den Wurzeln zu den Blättern transportiert und die in den Blättern gebildeten Stoffe können über die Sprossachse in alle anderen Pflanzenteile gelangen. Als Träger der Blätter und Blüten hat die Sprossachse auch die Aufgabe, diese möglichst günstig, z. B. zum Licht, zu positionieren. Diese Aufgaben bedingen den Aufbau der Sprossachse.

2 Sprossachse des Bambus

Die Sprossachsen sind vielfältig in ihrer **Gestalt** und **Form.** Sie können krautig (z. B. Sonnenblume) oder holzig (z. B. Bäume oder Sträucher) sein. Die Sprossachsen unterscheiden sich in der Wuchsform (z. B. aufrecht, liegend, kletternd, windend) sowie in Verzweigungen (z. B. in verzweigte und in unverzweigte).

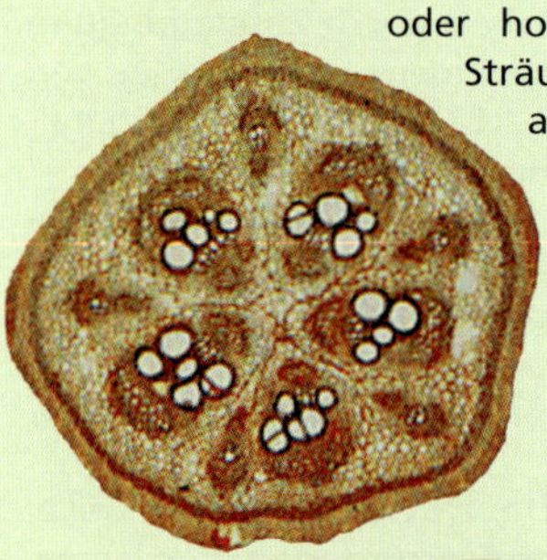

Unabhängig von der äußeren Mannigfaltigkeit stimmen die jungen Sprossachsen in ihrem **inneren Bau** weitgehend überein. In dem mikroskopischen Bild eines Sprossachsenquerschnitts findet man die Epidermis, das Rindengewebe, die Leitbündel und das Mark, oftmals mit einer Markhöhle (Abb. 1).

Viele dieser Gewebe treten auch am Wurzelquerschnitt auf und haben dort ähnliche Funktionen zu erfüllen.

Die **Stängelepidermis** ist meist einschichtig und hat Schutz- und Abschlussfunktion nach außen. Die **Rindenzellen** haben Festigungsfunktionen und können auch Stoffe speichern.

Die **Leitbündel** enthalten Gefäße und Siebröhren (Abb. 1 u. 2, S. 33). Die Gefäße dienen der Leitung von Wasser und den darin gelösten Mineralstoffen aus der Wurzel in andere Teile der Pflanze. In den Siebröhren werden die in den Laubblättern der Pflanze gebildeten organischen Stoffe in die Speicherorgane und Wurzeln geleitet und auch umgekehrt.

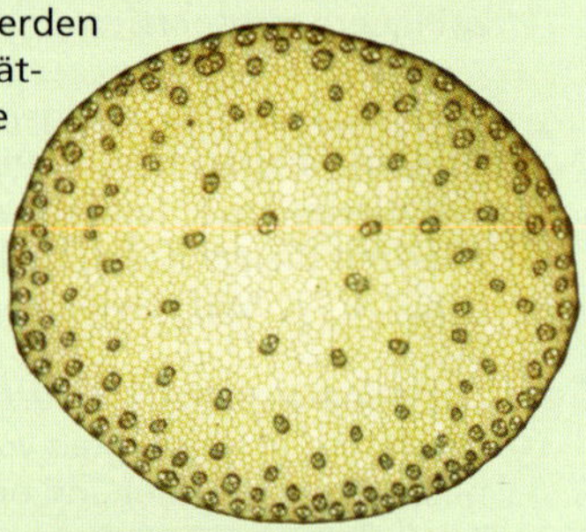

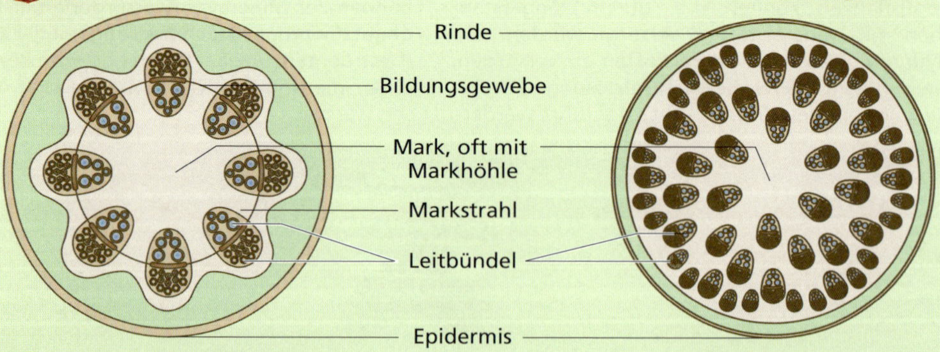

a) Zweikeimblättrige Pflanzen (z. B. Pfeifenstrauch)

b) Einkeimblättrige Pflanzen (z. B. Mais)

1 Innerer Bau (Querschnitt) von jungen Sprossachsen verschiedener Typen (a, b)

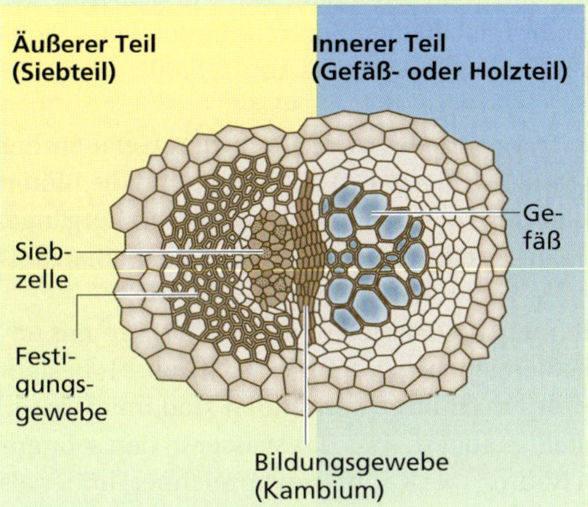

1 Querschnitt durch ein Leitbündel

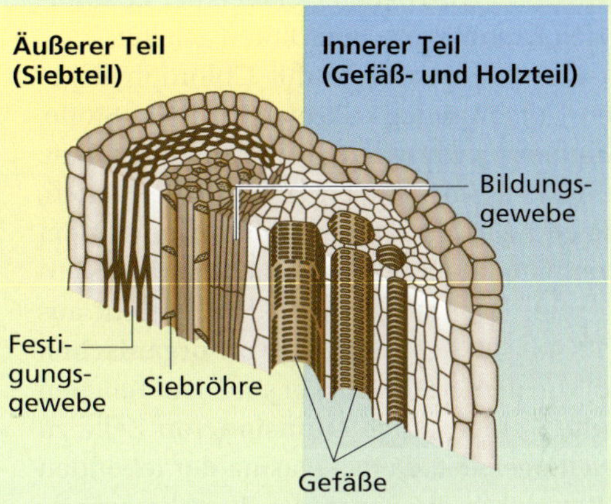

2 3-D-Modell eines Leitbündels

Betrachtet man mithilfe eines Mikroskops den Längsschnitt eines Leitbündels, so ist gut zu erkennen, dass die Gefäße aus lang gestreckten verholzten Röhren bestehen. Es sind tote Zellen, teilweise ohne Querwände. Innen sind die Wände durch ringförmige oder schraubige Verdickungen verstärkt. Die Gesamtheit der Gefäße bildet den **Gefäßteil (Holzteil)** des Leitbündels (Abb. 2).
Der äußere Teil des Leitbündels enthält Siebröhren, er wird deshalb **Siebteil** genannt. Die Siebröhren haben ihren Namen erhalten, weil ihre Querwände durch Poren wie ein Sieb durchlöchert sind und dadurch den Stofftransport ermöglichen. Es sind lebende Zellen mit Zellplasma.

Zwischen den Sieb- und Gefäßzellen liegt u. a. bei zweikeimblättrigen Pflanzen ein als Kambium bezeichnetes Bildungsgewebe (Abb. 1). Es besitzt teilungsfähige Zellen und bildet bei jeder Zellteilung nach innen und außen neue Zellen. Auf diese Weise erfolgt das Dickenwachstum der Sprossachse. Die Siebzellen werden von Festigungsgewebe umgeben. Das Festigungsgewebe besteht aus Zellen mit verdickten Zellwänden und verleiht der Sprossachse die erforderliche Stabilität.

Im Inneren der Sprossachse befindet sich das **Mark** (Abb. 1, S. 32). Es besteht aus Grundgewebezellen, die Speicherfunktion haben können. Über den Markstrahl erfolgt der Stoffaustausch zwischen Mark und Rinde.
Betrachtet man die Sprossachsenquerschnitte von Blütenpflanzen (Ein- und Zweikeimblättrige), fallen uns Gemeinsamkeiten und Unterschiede auf. Gemeinsam ist den Sprossachsen, dass sie aus denselben Geweben bestehen. Die Stängelepidermis, die Rinde, die Leitbündel und das Mark findet man bei allen Blütenpflanzen, z. B. bei Kreuzblütengewächsen, bei Korbblütengewächsen und Gräsern.

Trotz ihrer prinzipiellen Übereinstimmung lassen sich auch bei den Sprossachsenquerschnitten Unterschiede feststellen. Am auffälligsten sind die Unterschiede bei der Anordnung der Leitbündel (Abb. 1, S. 32). Während die Leitbündel bei zweikeimblättrigen Pflanzen im Kreis angeordnet sind, findet man sie bei einkeimblättrigen Pflanzen über den ganzen Sprossachsenquerschnitt verstreut.
Der weitgehend gleiche Bau der Sprossachsen beruht auf denselben Grundfunktionen, die sie zu erfüllen haben.

Aufgabe
Ergänze tabellarisch zu den in der Abbildung 1, Seite 32, beschrifteten Geweben einer Zweikeimblättrigen Pflanze deren jeweilige Funktion.

Transport von Stoffen in der Sprossachse

In der Sprossachse werden verschiedene Stoffe geleitet. Wasser wird in den Gefäßen der Leitbündel zu den Laubblättern und Blüten geleitet.
Die in den Pflanzenzellen mit Chlorophyll gebildeten organischen körpereigenen Stoffe, z. B. Traubenzucker, werden in Organe geleitet, die kein Blattgrün besitzen, z. B. in die Samen, Früchte und Wurzeln. Dieser Stofftransport findet in röhrenbildenden Zellen der Leitbündel (Siebzellen) statt. Der transportierte Saft besteht aus einer 10- bis 30 %igen **Lösung von organischen Stoffen**, von denen 96 % Zucker sind. Die Teilchen der Stoffe werden durch **Diffusion** von Zelle zu Zelle weitergeleitet, da das Plasma der lebenden Siebzellen durch die Poren der Zwischenwände miteinander in Verbindung steht.
Die Versorgung der oberirdischen Pflanzenteile mit dem von den Wurzeln aufgenommenen **Wasser** und den darin gelösten **Mineralstoffen** gehört zu den wichtigsten Lebensprozessen der Pflanzen. Die Pflanzen leisten dabei Erstaunliches, denn das Wasser muss entgegen der Schwerkraft, z. B. bei Bäumen, in oft beträchtliche Höhen und in großen Mengen transportiert werden (Abb. 1). Dabei steht ihnen für den Wassertransport keine Flüssigkeitspumpe zur Verfügung!

Der Wassertransport in den Gefäßen der Leitbündel ist von den Pflanzen kein aktiv geförderter Prozess. Er beruht auf **physikalischen Gesetzmäßigkeiten.**
Lediglich beim Übergang des Wassers von der Endodermis in den Zentralzylinder wird Stoffwechselenergie benötigt (Abb. 1, S. 30).

Der Transport des Wassers in den Gefäßen der Sprossachse bis in die Laubblätter und die Blüten erfolgt durch andere biophysikalische Vorgänge. Um die Vorgänge zu erkennen, kann man folgenden **Versuch** durchführen:
Füllt man ein Glasgefäß, das aus Röhren mit unterschiedlichem Durchmesser (Abb. 2) besteht und dessen Röhren verbunden sind, mit Wasser, so stellt man fest, dass das Wasser in den sehr engen Röhren (als **Kapillaren** bezeichnet) höher als in den weiten Röhren steigt.

Ursache dafür ist das Wirken von Anziehungskräften zwischen den Teilchen des Wassers und des Glases. **Adhäsionskräfte** bewirken z. B. das Haften von Kreide an der Tafel, von Farben an Wänden und auf Bildern. Auch die Wirkungsweise aller Klebstoffe basiert auf Adhäsion.
Adhäsionskräfte wirken auch in den Gefäßzellen der Pflanze zwischen den Teilchen des Wassers und der Gefäßwand.

Die Sprossachse leitet Wasser und Mineralstoffe in die Laubblätter sowie umgekehrt die in den Laubblättern gebildeten Stoffe in alle Teile der Pflanze.

1 Der Wassertransport erfolgt bis in die höchste Spitze des Baumes.

Die Anziehungskräfte zwischen den Teilchen verschiedener Stoffe werden als Adhäsionskräfte bezeichnet.

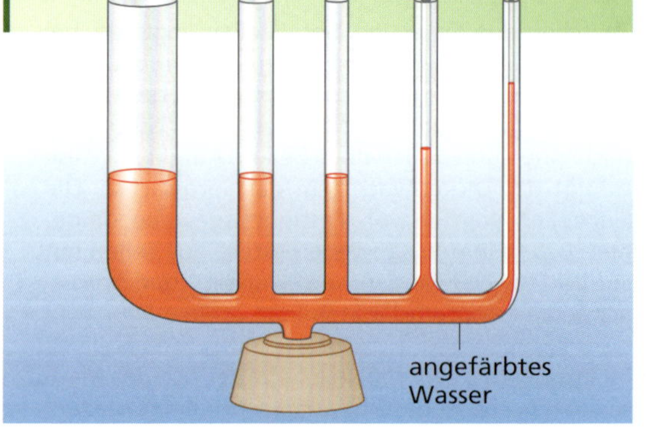

2 Versuch zum Wassertransport: Wasser steigt in englumigen Gefäßen höher als in weitlumigen.

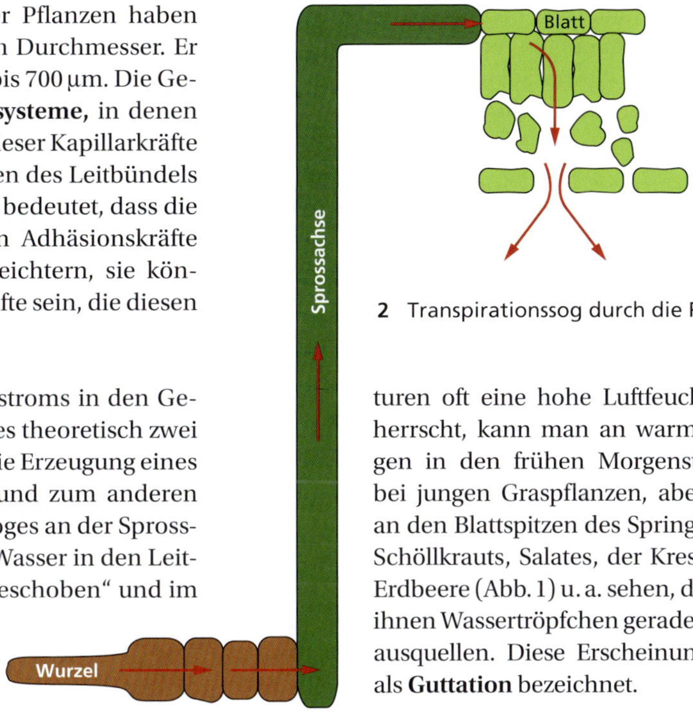

2 Transpirationssog durch die Pflanze

Die Gefäßzellen verschiedener Pflanzen haben einen unterschiedlich geringen Durchmesser. Er beträgt je nach Pflanzenart 40 bis 700 µm. Die Gefäßzellen wirken wie **Kapillarsysteme,** in denen das Wasser aufsteigt. Mithilfe dieser Kapillarkräfte kann das Wasser in den Gefäßen des Leitbündels etwa 4 bis 7 cm aufsteigen. Das bedeutet, dass die in den Gefäßzellen wirkenden Adhäsionskräfte zwar den Wassertransport erleichtern, sie können aber nicht die einzigen Kräfte sein, die diesen Prozess bewirken.

Für die Erzeugung des Wasserstroms in den Gefäßzellen des Leitbündels gibt es theoretisch zwei Möglichkeiten: einmal durch die Erzeugung eines Druckes von der Wurzel her und zum anderen durch die Entwicklung eines Soges an der Sprossspitze. Im ersten Fall wird das Wasser in den Leitgefäßen von der Wurzel her „geschoben" und im zweiten Fall von den Blättern her „gezogen". Beide Möglichkeiten sind in der Pflanze verwirklicht.

Durch den **Wurzeldruck** wird der Wassertransport auch aufrechterhalten, wenn es z. B. bei hoher Luftfeuchtigkeit keinen Transpirationssog gibt. Dies lässt sich an intakten Pflanzen beobachten. Da vor allem nachts bei niedrigeren Temperaturen oft eine hohe Luftfeuchtigkeit herrscht, kann man an warmen Tagen in den frühen Morgenstunden bei jungen Graspflanzen, aber auch an den Blattspitzen des Springkrauts, Schöllkrauts, Salates, der Kresse, der Erdbeere (Abb. 1) u. a. sehen, dass aus ihnen Wassertröpfchen geradezu herausquellen. Diese Erscheinung wird als **Guttation** bezeichnet.

1 Durch die Guttation kann die Pflanze den Wasser- und Mineralstofftransport bei hoher Luftfeuchtigkeit aufrechterhalten.

Beim Vorgang der **Transpiration** (S. 41) geben die Pflanzen über die Spaltöffnungen der Blätter Wasser in Form von Wasserdampf ab. Das liegt daran, dass in der Luft meist viel weniger Wassermoleküle enthalten sind als in den Zellzwischenräumen (S. 39).
Der durch die Transpiration hervorgerufene Wasserverlust erzeugt einen Sog, der Wasser aus den Blattzellen, den Blattnerven und -stielen und letztlich aus der Sprossachse und den Wurzeln nachzieht. Diesen Sog nennt man **Transpirationssog** (Abb. 2). Durch den geringen Wassergehalt der Atmosphäre wird ein Transpirationssog erzeugt. Die Aufnahmefähigkeit der Atmosphäre für Wassermoleküle erhöht sich durch die Sonnenenergie und der damit verbundenen Erwärmung der Atmosphäre.

Der Transpirationssog entsteht durch den unterschiedlichen Wassergehalt der Laubblätter und der sie umgebenden Luft. Er beruht auf den physikalischen Gesetzmäßigkeiten der Diffusion.

Der Transpirationssog bedeutet, dass in den Wasserleitungsbahnen ein erheblicher Unterdruck herrscht. Die Wasserfäden reißen aber nicht ab, da die Wasserteilchen durch Kohäsionskräfte aneinander haften.

Die Anziehungskräfte zwischen den Teilchen gleicher Stoffe werden als Kohäsionskräfte bezeichnet.

Die in den Laubblättern gebildeten **organischen Stoffe,** z. B. Zucker, werden in den Siebröhren in alle anderen Pflanzenorgane, z. B. in die Wurzeln, Samen und Früchte, geleitet.

Wasser und **Mineralstoffe in gelöster Form** werden in den Gefäßen von der Wurzel bis in die Laubblätter transportiert. Wichtigste Transportkraft ist der Transpirationssog, der dadurch zustande kommt, dass die Atmosphäre nicht wasserdampfgesättigt ist. Außerdem spielen aktive Transportmechanismen an Zellmembranen eine Rolle, insbesondere beim Übergang von der Endodermis in den Zentralzylinder der Wurzel.

Die Kohäsionskräfte zwischen den Wassermolekülen und die Adhäsion an den Gefäßwänden sorgen dafür, dass die Wasserfäden trotz hoher Saugspannung auch bei hohen Bäumen nicht abreißen.

Diffusion, Osmose, Adhäsion, Kohäsion, Wurzeldruck und Transpirationssog bewirken den Wassertransport und den Transport der Mineralstoffe in gelöster Form in den Gefäßen der Pflanze.

Aufgabe

Gibt man einen Tropfen Wasser auf einen Objektträger, kann man einschätzen, dass die Adhäsionskräfte kleiner sind als die Kohäsionskräfte zwischen Wasser und Glas.
Durch welche Beobachtungen ist diese Einschätzung gerechtfertigt?

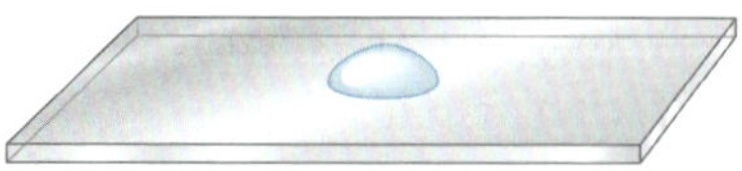

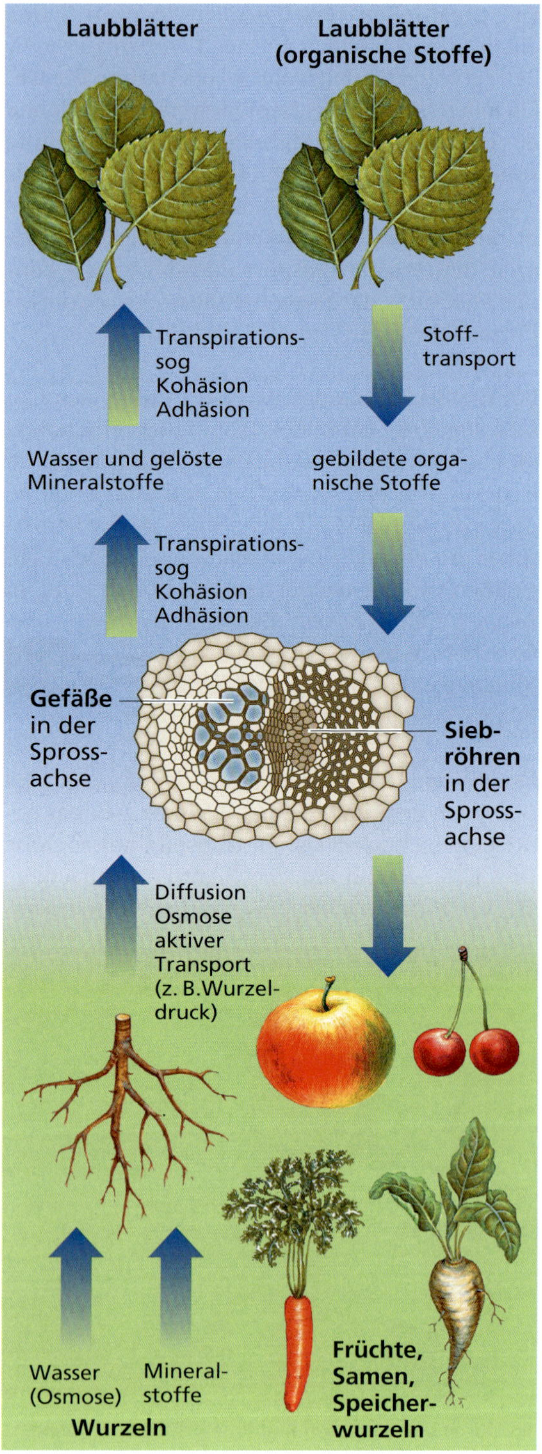

1 Wasser- und Stofftransport in der Sprossachse

Mosaik

Dickenwachstum von Sprossachsen

Bäume und Sträucher sind **Holzpflanzen.** Sie besitzen eine verholzte Sprossachse. Ihre Wurzeln und Sprossachsen (Stamm, Äste, Zweige) nehmen durch **Dickenwachstum** an Umfang (Dicke) zu.
Das Dickenwachstum findet nur in der äußeren Rindenschicht statt und beruht auf der Tätigkeit eines **Bildungsgewebes (Kambium Abb. 1, S. 33),** das oft in Sprossachse und Wurzel als geschlossener Kambiumring vorliegt.
Durch Zellteilung werden von diesem Bildungsgewebe Zellen sowohl nach innen als auch nach außen abgegeben (Abb. 2).

Die nach innen abgegebenen Zellen bilden **Gefäßzellen (Holzzellen),** die Wasser von den Wurzeln bis zu den Laubblättern transportieren. Sie verholzen durch Einlagerung von Holzstoff (Lignin) und dienen deshalb auch der Festigung.

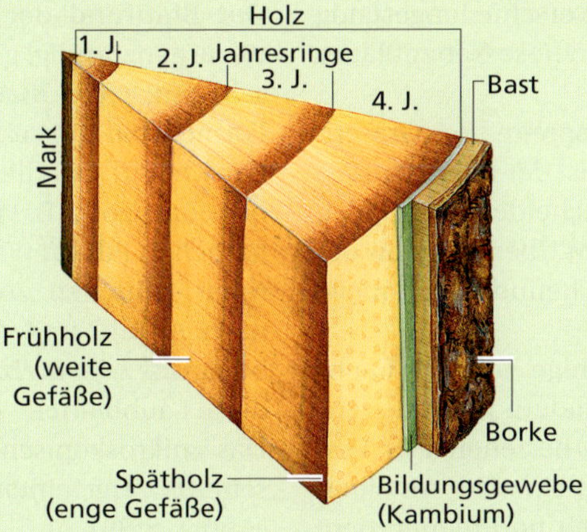

2 Ausschnitt aus einem Kiefernstamm

Im Frühjahr werden weitlumige und dünnwandige Holzzellen gebildet, da zu Beginn der Wachstumsperiode große Mengen von Wasser benötigt werden **(helles Frühholz).** Im Spätsommer entstehen kleinere und dickwandige Holzzellen **(dunkles Spätholz).** Durch den Wechsel in der Bildung weiter und enger Gefäßzellen (helles Frühholz und dunkles Spätholz) entstehen in den Bäumen die **Jahresringe** (Abb. 2).

Alle weiter nach innen liegenden Gefäßzellen (Holzzellen) der Vorjahre sterben nach und nach ab und bilden das **Holz** der Bäume und Sträucher mit den Jahresringen.
Aus den von dem Bildungsgewebe nach außen abgegebenen Zellen entstehen **Siebröhrenzellen.** Sie leiten die in den Laubblättern gebildeten organischen Stoffe (z. B. Traubenzucker) von den Laubblättern bis in die Wurzeln. Darüber hinaus bilden sie **Rindenzellen,** die durch Einlagerung von Bastfasern die Festigkeit erhöhen. Beide – die Siebröhrenzellen und Rindenzellen – werden als **Bast** bezeichnet.
Der äußere abgestorbene Teil der Rinde ist die mit eingelagerten Korkzellen versehene **Borke.** Sie schützt die Rinde vor mechanischen und klimatischen Einflüssen. Sie wächst nicht mit, sondern reißt auf und bildet schuppenartige Borkenstücke (z. B. Kiefer, Eiche; Abb. 3) oder blättert ab (z. B. Platane; Abb. 1).
Bast und Borke bilden die **Rinde** der Holzpflanzen (Abb. 2).

Durch das Dickenwachstum nehmen die Sprossachsen und Wurzeln an Umfang (Dicke) zu. Ermöglicht wird das Dickenwachstum durch ein Bildungsgewebe (Kambium), das zwischen Rinde (außen) und Holz (innen) liegt.

1 Stamm einer Platane mit Rinde (blattartige Borkenstücke)

3 Stamm einer Wald-Kiefer mit Rinde (schuppenartige Borkenstücke)

Abgabe von Stoffen durch das Laubblatt

Bau des Laubblatts

Ein Laubblatt besteht aus Blattspreite mit Blattadern, Blattstiel und Blattgrund (Abb. 1). Laubblätter verschiedener Pflanzenarten unterscheiden sich in Größe und Gestalt sowie in ihrer Stellung an der Sprossachse.
Der **Blattgrund** ist die Ansatzstelle des Blattstiels an der Sprossachse. Er kann verschiedengestaltig sein und wie bei der Erbse und Rose Nebenblätter bilden.
Der **Blattstiel** trägt die Blattspreite. Bei Gräsern fehlt ein Blattstiel. Bei ihnen ist der Blattgrund zu einer röhrenförmigen Blattscheide umgebildet, die den Halm umschließt. Am Übergang von der Blattscheide zur Blattspreite befindet sich meist ein Blatthäutchen (Abb. 2).
Die **Blattspreite** ist der flächige Teil des Laubblatts. Sie wird von den Blattadern (Blattnerven) durchzogen. Die Blattadern bestehen aus Festigungsgewebe und Leitbündeln. Sie verleihen dem Blatt die nötige Festigkeit und dienen dem Stofftransport.

Die **Anordnung der Leitbündel** ist ein wichtiges Unterscheidungskriterium von ein- und zweikeimblättrigen Pflanzen. Während die Blattadern bei Einkeimblättrigen meist **parallel** verlaufen, sind sie bei Zweikeimblättrigen **netzartig** verzweigt. Von einem Hauptstrang, auch als Mittelrippe bezeichnet, zweigen Nebenstränge ab, die sich untereinander zu einem Netzwerk verbinden (Abb. 1).

Die Form der Laubblätter, die Ausbildung des Blattrands und die Stellung der Laubblätter an den Sprossachsen sind von enormer Vielfalt. Sie ermöglichen in vielen Fällen eine genaue Bestimmung von Pflanzenarten.
Der **Blattrand** der Laubblätter kann beispielsweise ganzrandig, gebuchtet, gesägt oder gezähnt sein. Auch die **Blattfläche** besitzt verschiedene Formen. So gibt es schildförmige (z. B. Kapuziner-Kresse), rundliche (z. B. Schwarz-Erle) oder herzförmige (z. B. Winter-Linde) Laubblätter. Bei manchen Pflanzen sind die Laubblätter aus mehreren Blättchen zusammengesetzt. So gibt es, nach Anzahl und Anordnung der Teilblättchen benannt, z. B. dreizählige, gefingerte und gefiederte Laubblätter.
Das mikroskopische Bild eines Laubblattquerschnitts zeigt einen typischen Schichtenaufbau (Abb. 1, S. 39).
Die **Epidermis der Blattoberseite** ist meist einschichtig. Ihre Zellen sind fugenlos aneinandergefügt und haben in der Regel keine Chloroplasten. Die äußeren Zellwände der oberen Epidermis sind oft verdickt und von einer wachsähnlichen Schicht, der **Kutikula,** überzogen.

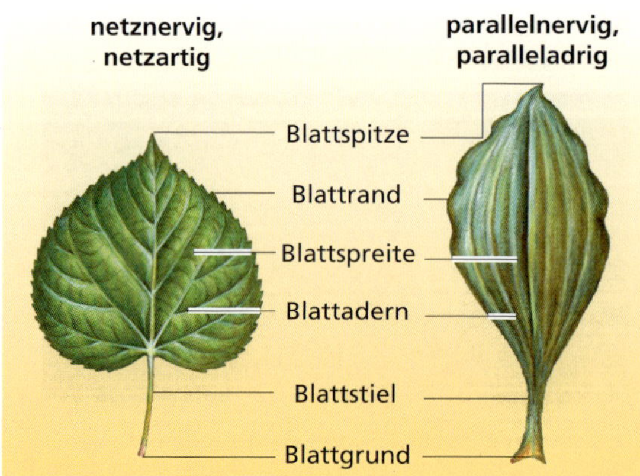

1 Bau des Laubblattes

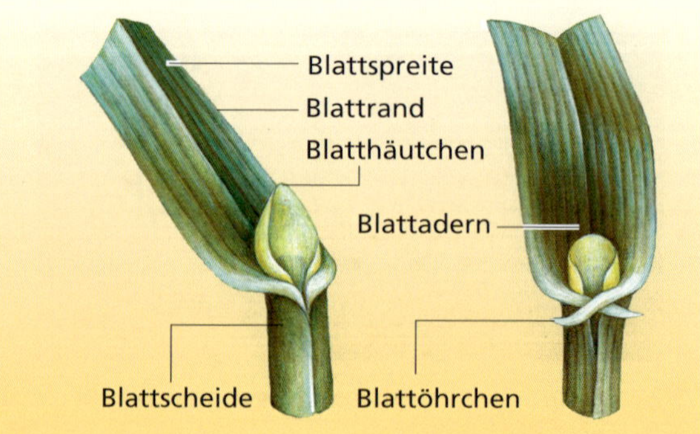

2 Laubblatt bei Gräsern

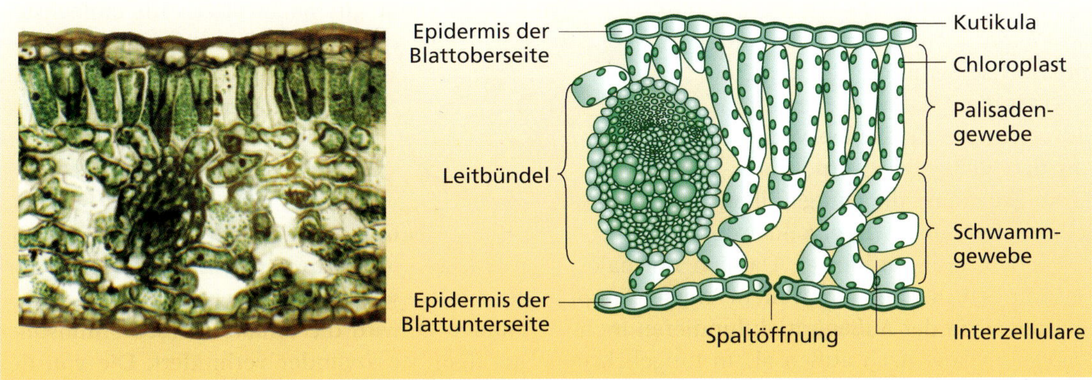

1 Querschnitt durch ein Laubblatt (mikroskopisches Bild und schematische Zeichnung)

Durch die Kutikula wird die obere Epidermis fast undurchlässig für Wasserdampf und andere Gase. Neben dem Schutz vor mechanischer Beschädigung schützt die obere Epidermis die Blätter vor Infektion durch Mikroorganismen.

Unter der oberen Epidermis befindet sich das **Palisadengewebe.** Es besteht aus säulenförmigen Zellen, die senkrecht zur Blattoberfläche stehen und etwa 80 % der Chloroplasten enthalten.

In den Chloroplasten finden Stoffwechselprozesse (z. B. Fotosynthese) statt. Dabei werden mithilfe von Lichtenergie energiearme anorganische Stoffe, z. B. Wasser, Kohlenstoffdioxid, in energiereiche organische Stoffe, z. B. Traubenzucker, umgewandelt. Sauerstoff wird abgegeben.

Unterhalb des ein- oder mehrschichtigen Palisadengewebes befindet sich das **Schwammgewebe.** Die Zellen des Schwammgewebes sind in einem lockeren Verband angeordnet und enthalten ebenfalls Chloroplasten.

Die zum Teil recht großen **Interzellularen** (**Zellzwischenräume**) bewirken, dass das Schwammgewebe eine beträchtliche innere Oberfläche erreicht. Die Interzellularen erfüllen eine wichtige Funktion beim Gasaustausch des Laubblatts mit der Umwelt.

Kohlenstoffdioxid gelangt durch die Interzellularen zu den Zellen des Schwamm- und Palisadengewebes. Der Wasserdampf kann in umgekehrter Richtung an die Umgebung abgegeben werden.

Die **Epidermis der Blattunterseite** ist wie die Epidermis der Blattoberseite das Schutz- und Abschlussgewebe des Blattes. Sie erfüllt bei den meisten Pflanzen zwei entgegengesetzte Aufgaben. Einmal schützt sie die Pflanze durch ihre geschlossene Zellschicht vor Austrocknung. Zum anderen ermöglicht und reguliert sie den Gasaustausch mit der Außenluft. Dieser Regelung von Transpiration und Gasaustausch dienen **Spaltöffnungen** aus zwei meist bohnenförmigen Schließzellen. Sie umschließen eine spaltförmige Öffnung, die in Abhängigkeit von den Umweltbedingungen geschlossen und geöffnet werden kann (Abb. 1, S. 41).

Aufgaben

1. Mikroskopiere einen Laubblattquerschnitt und skizziere einen Ausschnitt des Bildes.
   a) Beschrifte die Zeichnung mithilfe des Lehrbuches.
   b) Entwickle eine tabellarische Übersicht über die verschiedenen Blattgewebe und deren Funktionen.

2. Stelle durch Abziehen der Epidermis der Blattunterseite eines Laubblattes ein Präparat her.
   Zeichne und beschrifte das mikroskopische Bild.

Funktionen des Laubblatts

Das Wasser wird in den Gefäßen der Sprossachse bis in die Blätter geleitet. Über die Gefäße der Blattadern wird es in die Blattzellen verteilt. Von den Blattzellen werden Wassermoleküle in die luftgefüllten Zellzwischenräume (Interzellularen) abgegeben, also verdunstet. Da sich normalerweise in den Interzellularen mehr Wasserdampf befindet als in der Außenluft, diffundieren mehr Wassermoleküle nach außen als in umgekehrte Richtung. Die Wasserdampfabgabe wird durch die **Spaltöffnungen** reguliert.

Das Öffnen und Schließen der Spaltöffnungen erfolgt durch die zwei meist bohnenförmigen Schließzellen mit großen Vakuolen (Abb. 1). Wenn die Wasserversorgung der Pflanzen gesichert ist, vergrößert sich der Zellinnendruck der Schließzellen und die Öffnung des Spaltes erweitert sich. Der Wasserdampf wird an die Außenluft abgegeben. Bei Wassermangel erschlaffen die Schließzellen und der Spalt zwischen ihnen wird geschlossen (Abb. 1, S. 41). Diese Vorgänge innerhalb der Schließzellen beruhen auf den physikalischen Gesetzmäßigkeiten der **Osmose.** Dem Austrocknen der Pflanze wird damit entgegengewirkt.
Diese regulierte Wasserdampfabgabe der Pflanze durch die Spaltöffnungen bezeichnet man als **Transpiration.**

Die Transpiration lässt sich **experimentell** gut nachweisen. Im einfachsten Fall kann eine Topfpflanze unter eine Glasglocke gestellt werden. Ein Beschlagen der Wandung des Glasbehälters würde die Wasserdampfabgabe anzeigen.

Um die Transpiration mengenmäßig zu erfassen, wird ein Spross in einen Messzylinder mit Wasser gestellt. Durch die Zugabe einiger Tropfen Öl wird die direkte Wasserverdunstung aus dem Messzylinder verhindert. Die von der Pflanze in einer bestimmten Zeit abgegebene Wassermenge kann an dem Messzylinder direkt abgelesen werden (Abb. 2, S. 41).
Das Schließen der Spaltöffnungen verhindert zwar, dass die Pflanzen bei hoher Sonneneinstrahlung zu viel Wasser abgeben und „verdursten“. Das Schließen der Spaltöffnungen bewirkt aber auch, dass sie durch den geschlossenen Spalt kein Kohlenstoffdioxid mehr für ihre Ernährung aufnehmen können und „verhungern“.

Pflanzen benötigen zum Leben u. a. **Kohlenstoffdioxid** und **Sauerstoff.** Durch Diffusion gelangen beide Stoffe über die Spaltöffnungen sowohl in das Blattinnere als auch wieder in die Außenluft. Der Vorgang der Aufnahme von Kohlenstoffdioxid und von Sauerstoff sowie die Abgabe dieser Stoffe durch die Spaltöffnungen wird **Gasaustausch** genannt.

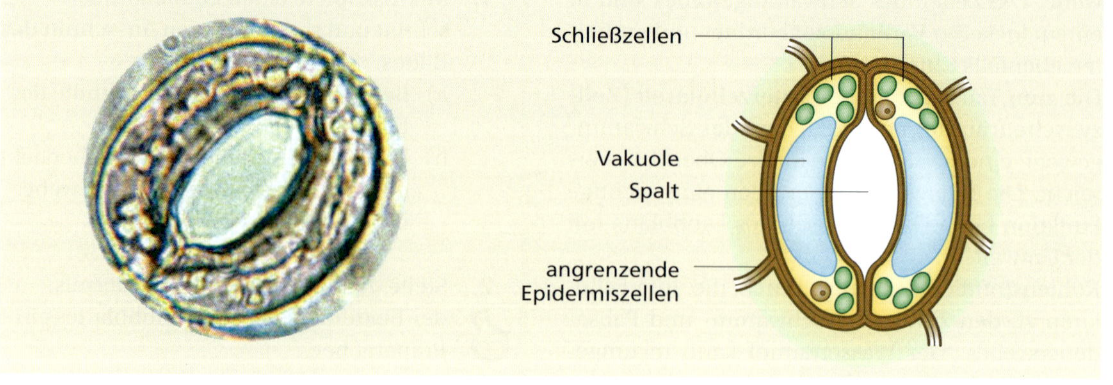

1 Bau der Schließzellen (mikroskopisches und schematisches Bild)

Die Transpiration wird von **Umweltfaktoren,** z. B. Temperatur, Luftbewegung (Wind) und Luftfeuchtigkeit, beeinflusst. Die entscheidende Ursache ist der Unterschied zwischen dem Gehalt an Wasserteilchen in den Interzellularen der Laubblätter und der umgebenden Außenluft. Durch hohe Außentemperaturen wird die Diffusion beschleunigt. Luftbewegung verhindert, dass sich an den Blättern Zonen mit höherer Wasserdampfkonzentration bilden.
Eine niedrige Luftfeuchtigkeit, hohe Temperaturen und eine starke Luftbewegung sind deshalb Umweltfaktoren, die die Transpiration **fördern.** Niedrige Temperaturen, eine hohe Luftfeuchtigkeit und eine geringe Luftbewegung hingegen **hemmen** die Transpiration.
So gibt zum Beispiel eine Birke mit 200 000 Laubblättern an einem sonnigen, windigen Tag 300 Liter Wasser, an einem kühlen, regnerischen Tag nur 60 Liter Wasser über die Laubblätter ab.

Die Menge des durch Transpiration abgegebenen Wassers ist also recht beachtlich. Man hat bei Messungen in einem Buchenwald beispielsweise festgestellt, dass etwa 60 % des jährlichen Niederschlags wieder als Transpirationswasser an die Umgebung abgegeben wurden.

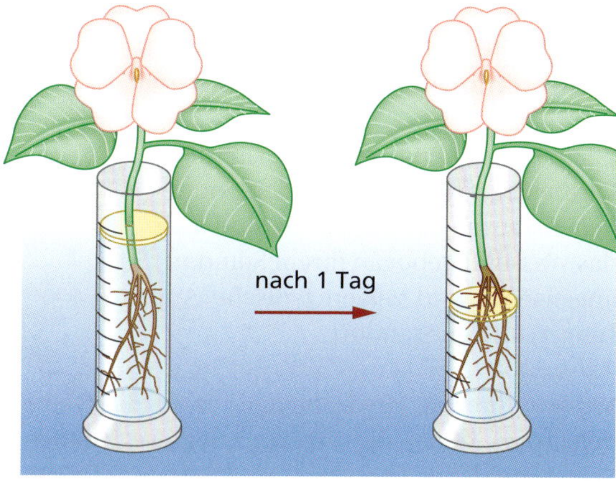

2 Nachweis der Transpiration

Durch die Spaltöffnungen der Laubblätter findet ein Gasaustausch statt.
Die Transpiration wird von Umweltfaktoren (Temperatur, Luftbewegung, Luftfeuchtigkeit) beeinflusst.

Aufgabe

Plane ein Experiment zum Nachweis der Transpiration. Notiere dazu im Protokoll: Material, Versuchsaufbau und Durchführung, Auswertung. Notiere dein Messergebnis.

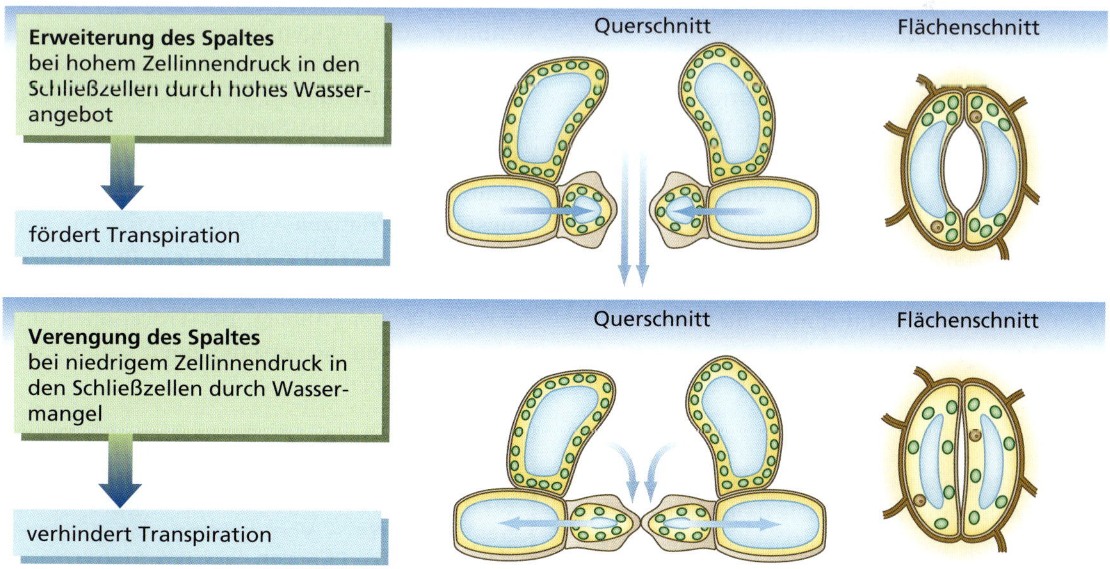

1 Öffnen und Schließen des Spaltes durch die Bewegung der Schließzellen (→ Weg des Wassers)

Angepasstheit der Pflanzen an unterschiedliche Lebensräume

Pflanzen können nicht wie Tiere durch Fortbewegung Wasserquellen oder Lebensräume aufsuchen. Sie sind auf das Wasserangebot an ihrem Standort angewiesen und zeigen typische Anpassungen an den Standort.

1 Fliederstrauch als Tropophyt

Wasserpflanzen (Hydrophyten), z. B. die Gelbe Teichrose oder die Weiße Seerose, haben Schwimmblätter (Abb. 1, 2, S. 43). Andere haben sehr zarte, untergetauchte Blätter, die stark aufgeteilt sein können, z. B. Hornkraut, Tausendblatt. An ihrem Blattquerschnitt sind Luftkammern erkennbar, die ihnen Auftrieb geben. Während untergetauchte Blätter meist keine Spaltöffnungen tragen, sitzen sie bei den Schwimmblättern in der oberen Epidermis (Abb. 2, S. 43).
Im Innern des Blattes sind große Interzellularräume. Luftkanäle und Durchlüftungsgewebe sind auch im Blattstiel vorhanden. Bei Seerosen unterstützen sie das Schwimmen der Blätter auf der Wasseroberfläche und versorgen die kräftigen, im Bodenschlamm liegenden Erdsprosse mit Sauerstoff. Durch die gesamte Oberfläche erfolgt die Aufnahme von gelöstem Kohlenstoffdioxid und Sauerstoff sowie Mineralstoffen.

In Anpassung an feuchte Standorte entwickeln **Feuchtpflanzen** (Hygrophyten), z. B. das Springkraut (Abb. 3, S. 43), dünne, weiche und großflächige Blätter, die die Transpiration fördern.
Im Blattquerschnitt von Feuchtpflanzen erkennt man die geringe Dicke und die herausragenden Spaltöffnungen (Abb. 4, S. 43).
Die Epidermis ist dünnwandig, die Kutikula oft sehr dünn. Die Wasser- und Mineralstoffaufnahme erfolgt vorrangig durch meist flache Wurzelsysteme.

Für **Trockenpflanzen** (Xerophyten) sind ledrig-derbe Laubblätter typisch. Die damit angestrebte Verringerung der Transpiration kann auch durch eine kleine Blattfläche, z. B. beim Oleander (Abb. 5, S. 43), Sanddorn, Mauerpfeffer und Heidekraut, erreicht werden. Die Epidermis ist mehrschichtig, oft mit dicker Kutikula (Abb. 6, S. 43).

Tote Blatthaare an der Epidermis (z. B. bei der Königskerze) und vertieft liegende Spaltöffnungen (Abb. 6, S. 43) sind weitere Anpassungen an trockene Standorte und setzen die Transpiration herab. Die Verringerung der transpirierenden Oberfläche kann bei Pflanzen sehr trockener Standorte zum völligen Verlust der Blätter und schließlich zu einem mehr oder weniger kugelförmigen Wuchs führen, wie z. B. bei Kakteen, Euphorbien, lebenden Steinen).
Die Pflanzen, die wechselfeuchte Standorte der gemäßigten Zone besiedeln, nennt man **wandlungsfähige Pflanzen** (Tropophyten). Sie sind mit ihren Merkmalen zwischen Feucht- und Trockenpflanzen einzuordnen, z. B. die Rot-Buche oder der Flieder (Abb. 1). Bei Trockenheit und in Anpassung an die verschiedenen Jahreszeiten zeigen sie Laubfall.

Pflanzen besitzen in Anpassung an den Wasserfaktor spezifische Einrichtungen, die z. B. die Transpiration regulieren (Pflanzen trockener Standorte – Verringerung der Wasserdampfabgabe; Pflanzen feuchter Standorte – Erhöhung der Wasserdampfabgabe).

1 Schwimmblätter der Seerose

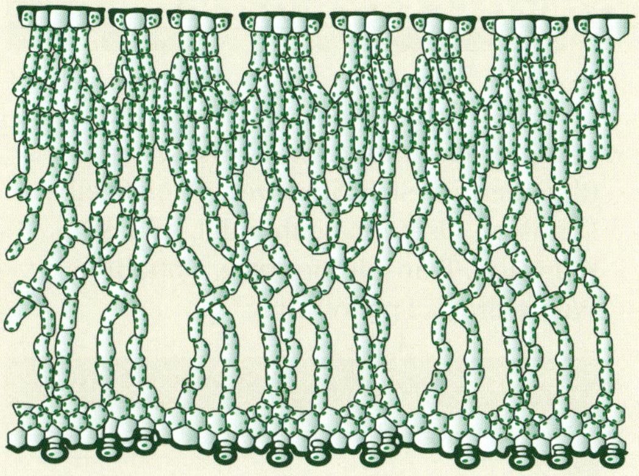

2 Schwimmblatt (quer) einer Seerose

3 Große, dünne Blätter beim Springkraut

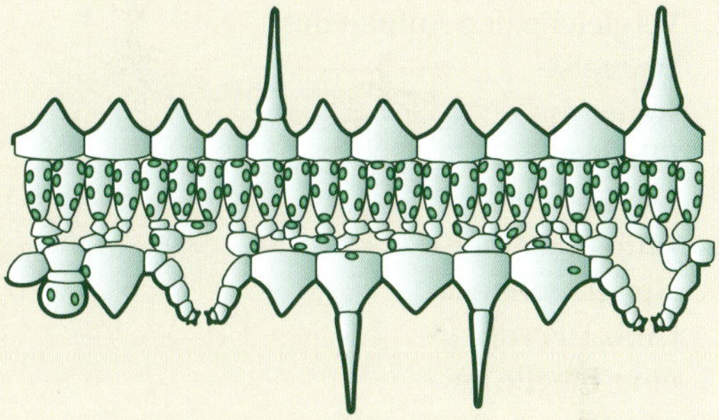

4 Dünnes Blatt (quer) einer Feuchtpflanze

5 Kleine, schmale Blätter beim Oleander

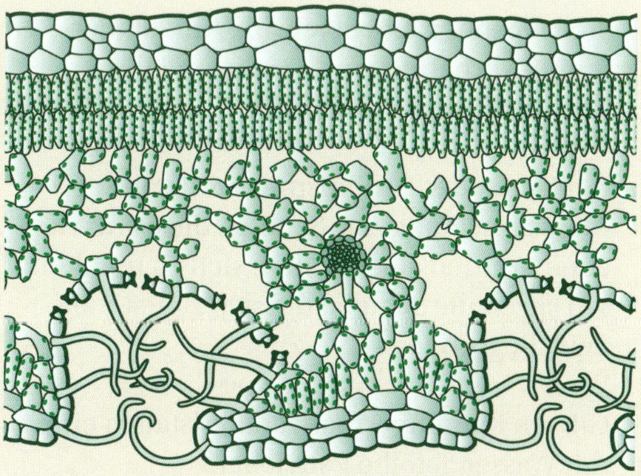

6 Blatt (quer) einer Trockenpflanze

gewusst · gekonnt

1. Erweitere dein Glossar durch folgende Begriffe: Speicherorgan, Wurzelsystem, Rhizodermis, Siebröhrenzelle, Gefäßzelle, Diffusion, Osmose, Leitbündel, Adhäsion, Kohäsion, Transpirationssog, Guttation, Wurzeldruck, Spaltöffnung.

Glossar

Adhäsion:
Diffusion:

2. Vergleiche den Aufbau des Wurzelsystems von Pflanzen, z. B. von Löwenzahn und einer Getreidepflanze (Abb.). Fertige eine Tabelle an.

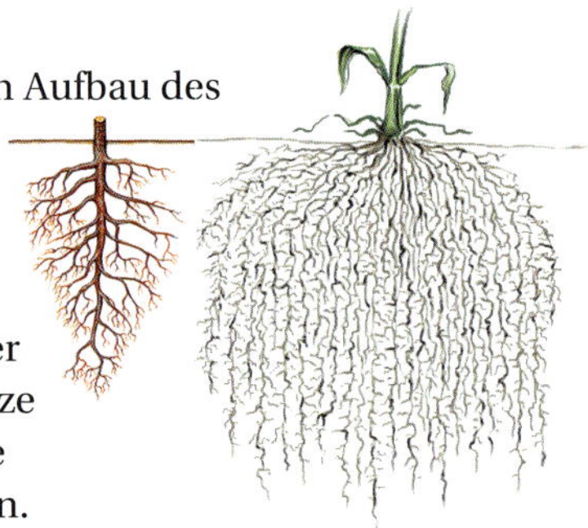

3. Mikroskopiere einen Wurzelquerschnitt. Zeichne einen Ausschnitt des mikroskopischen Bildes. Vergleiche deine Zeichnung mit den Lehrbuchabbildungen 2 und 3 auf Seite 27 und beschrifte sie.
Stelle in einer Tabelle die im Wurzelquerschnitt vorhandenen Gewebe und ihre Funktionen zusammen.

4. Ein Deo- oder Parfümspray wird vor der Klasse zerstäubt. Alle Schüler, die etwas riechen, werden aufgefordert, sich zu melden. Wo sitzen die Schüler, die sich zuerst melden? Begründe.

5. Gib ein Kaliumpermanganatkristall in eine mit Wasser gefüllte Petrischale.
Beschreibe deine Beobachtung und erkläre sie.

6. Ordne die folgenden Prozesse den physikalischen Vorgängen Diffusion und Osmose zu: Süßen von Tee, Saftbildung beim Salzen von Gurkenscheiben, Wassertransport von einer Wurzelhaarzelle zu einer benachbarten Zelle der Rindenschicht, Wassertransport innerhalb einer Zelle, Verdünnen einer Säure, Platzen der Kirschen im Regen.
Begründe deine Zuordnung.

7. Beschreibe anhand der Abbildung 1 auf der Seite 29 den Aufbau des Modellexperimentes zur Osmose.
Erkläre den Vorgang der Osmose.

8. Bei der Düngung mit Mineralsalzen ist es nicht ratsam, nach dem Prinzip „Viel hilft viel" zu verfahren.
Begründe diesen Sachverhalt.

9. Beim Zuckern von Erdbeeren tritt nach längerem Stehen Fruchtsaft aus, die Erdbeeren erdschlaffen und schrumpfen.
Erkläre diese Erscheinung.

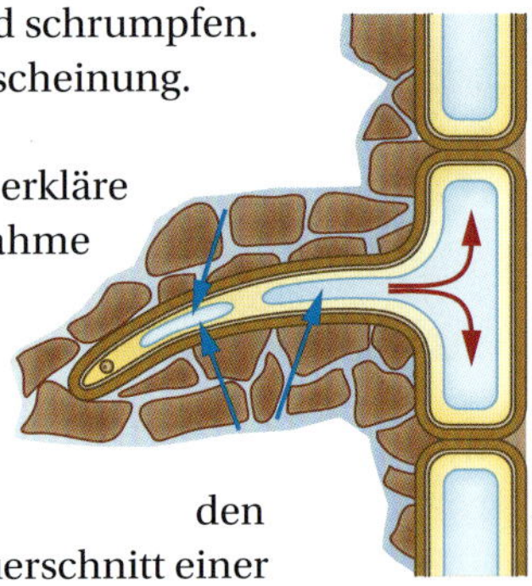

10. Beschreibe und erkläre die Wasseraufnahme durch die Wurzelhaarzelle (Abb.).

11. Mikroskopiere den Sprossachsenquerschnitt einer zweikeimblättrigen Pflanze.
Zeichne das mikroskopische Bild.
Beschrifte es.

12. Zwei gleich große Zweige mit der gleichen Anzahl von Laubblättern werden in je ein Gefäß mit Wasser gestellt. Die Blattunterseiten des einen Zweiges werden mit Vaseline bestrichen.
Die Wasseroberfläche in beiden Gefäßen wird mit Öl abgedichtet.
Stelle eine Hypothese auf, welche Beobachtung zu erwarten ist.
Begründe deine Aussagen.

13. Mikroskopiere den Sprossachsenquerschnitt einer einkeimblättrigen und einer zweikeimblättrigen Pflanze.
Vergleiche die Ergebnisse der Beobachtungen und stelle wesentliche Gemeinsamkeiten und Unterschiede in einer Tabelle dar.

14. Erkläre die Entstehung eines Transpirationssoges und beschreibe seine Bedeutung für den Wassertransport durch die Sprossachse.

15. Vergleiche den inneren Bau der Wurzel mit dem der Sprossachse.
Fertige dazu eine Tabelle an.

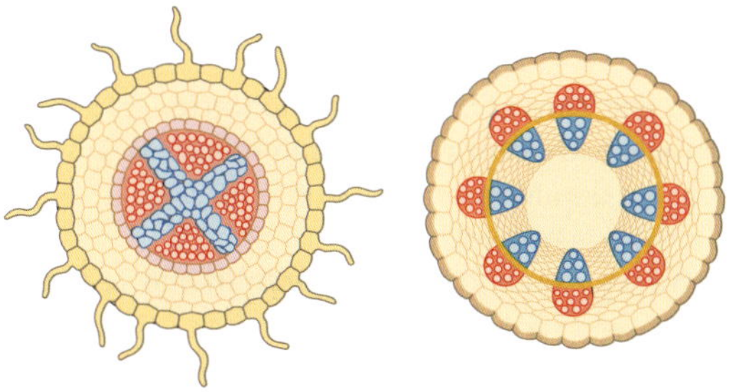

16. Mikroskopiere ein Leitbündel mit möglichst starker Vergrößerung.
Welche Zell- und Gewebetypen kannst du erkennen?
Fertige eine Skizze des mikroskopischen Bildes an und beschrifte sie.
Ermittle mithilfe des Lehrbuches die Funktionen der verschiedenen Gewebe.

17. Erkläre die Regulation der Wasserdampfabgabe (Transpiration) durch die Schließzellen der Spaltöffnungen.

18. Erkläre die physikalischen Ursachen des Wassertransportes in den Gefäßzellen.

19. Beschreibe ein Experiment, mit dem man das Wirken von Kohäsionskräften beim Wassertransport nachweisen kann.

20. Die abgebildete Versuchsserie dient zum Nachweis der Abhängigkeit der Transpiration von äußeren Faktoren.
a) Beschreibe die Versuchsdurchführung.
b) Erkläre die zu erwartenden Versuchsergebnisse.

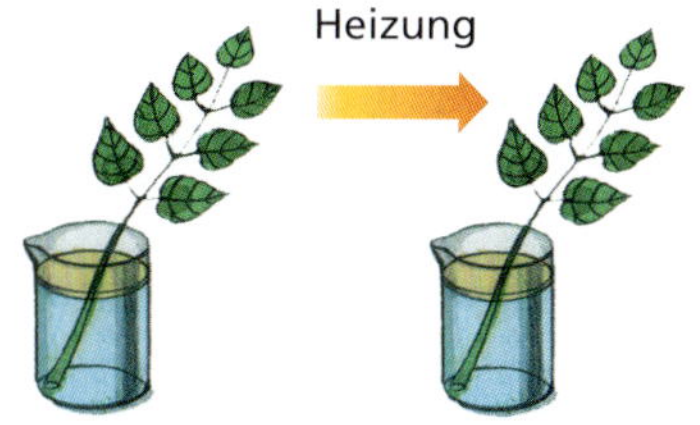

Pflanze unter normalen Bedingungen | Pflanze, der Wärme ausgesetzt

Pflanze, erhöhter Luftfeuchtigkeit ausgesetzt | Pflanze, der Luftbewegung ausgesetzt

21. Erläutere an selbst gewählten Beispielen die Angepasstheit des Baues der Laubblätter an den Wasserfaktor.

22. Wasser ist ein unentbehrlicher Stoff für die Pflanzen.
Erläutere diesen Sachverhalt an einem selbst gewählten Beispiel.

23. Pflanzen nehmen unter den Lebewesen und in Ökosystemen eine zentrale Stellung ein, sie stehen beispielsweise immer am Anfang von Nahrungsketten (Abb. unten).
Welche Eigenschaft der Pflanzen bedingt diese Tatsache?
Erläutere.

Aufnahme und Transport von Wasser und anderen Stoffen in Blütenpflanzen

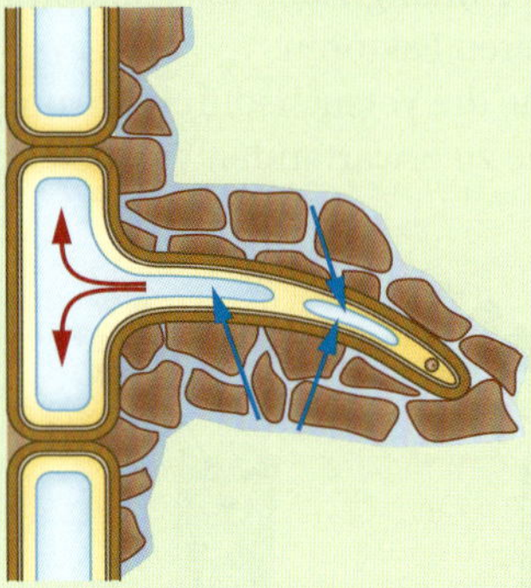

Die **Aufnahme des Wassers in das Wurzelhaar** erfolgt durch Osmose. Die Wasserteilchen wandern von dem Ort, an dem sie in hoher Anzahl vorhanden sind (Bodenwasser), zum Ort, an dem sie in geringer Anzahl vorliegen (Zellsaft der Vakuole). Die Zellmembranen sind halbdurchlässig.

Der **Transport des Wassers** erfolgt ins Wurzelinnere bis zur Endodermis durch Diffusion und Osmose.

Der **Transport des Wassers und der Mineralstoffe** von der Wurzel bis in die Laubblätter erfolgt durch Gefäße des Leitbündels. Es wirken mehrere physikalische Vorgänge zusammen, z. B. Diffusion, Osmose, Kohäsion, Adhäsion, Transpirationssog. An den Membranen sind außerdem aktive, Stoffwechselenergie umsetzende Transportvorgänge notwendig.
Die in den Laubblättern gebildeten **organischen Stoffe** werden in den Siebröhren in alle Teile der Pflanze geleitet.

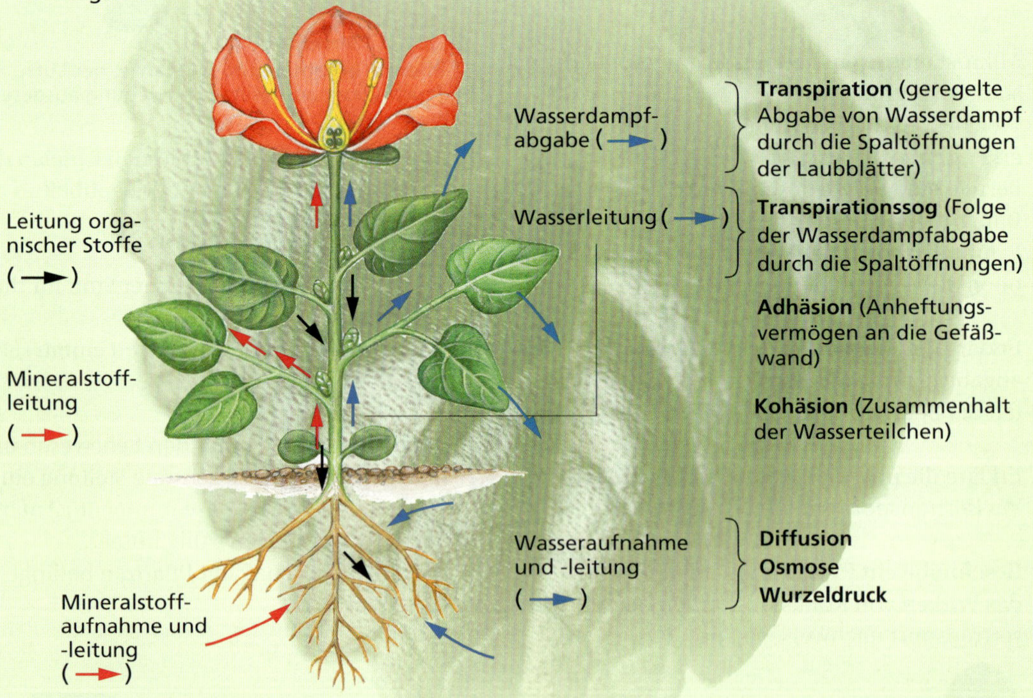

1.3 Fotosynthese – Grundlage des Lebens

Ein Prozess, der in den Chloroplasten abläuft

Pflanzen, Algen und einige Bakterien mit Chlorophyll sind in der Lage, Lichtenergie für ihre Lebensprozesse zu nutzen. Die Fotosynthese ist ein komplizierter Prozess, der schrittweise in den Chloroplasten abläuft.

Wie kann die Energie des Lichts in chemische Energie umgewandelt werden?
Was haben die Chloroplasten damit zu tun?

Grundlage allen Lebens auf der Erde

Pflanzen nehmen als Gruppe unter den Lebewesen und damit im Ökosystem eine zentrale Stellung ein. Durch die Fotosynthese wird u. a. der Vorrat organischer Stoffe auf der Erde immer wieder erneuert und damit die Nahrungsgrundlage für nahezu alle heterotroph lebenden Organismen erhalten.

Welche Stoffe liefern die Pflanzen?
Wieso sind diese Stoffe lebensnotwendig für Tiere und Menschen?

Mitochondrien – Kraftwerk in den Zellen

Organische Stoffe wie Kohlenhydrate, aber auch Fette und Eiweiße werden in den Mitochondrien mithilfe von Sauerstoff in anorganische Stoffe umgewandelt. Dabei wird Energie frei.

Was läuft in den Mitochondrien ab?
Was passiert mit der Energie?

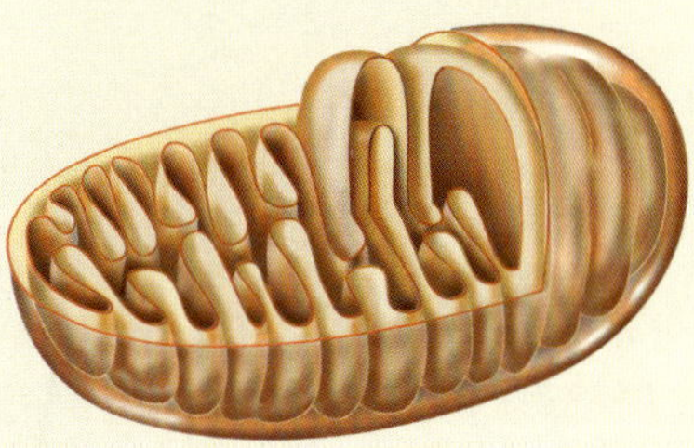

Fotosynthese – ein lebenswichtiger Prozess

Historische Beobachtungen an Pflanzen

Wie sich Pflanzen und andere Lebewesen, die Chlorophyll besitzen, ernähren, war lange ein Geheimnis. Fast 2000 Jahre lang glaubte man, dass Pflanzen aus Humus entstehen. Erst um 1600 führte JOHANN BAPTIST VAN HELMONT (1577–1644) erste Versuche durch. Er pflanzte eine Weide von 2,25 kg in ein Gefäß mit 91 kg Erde und begoss sie täglich. Nach fünf Jahren stellte er fest, dass die Weide 77 kg wog, während die Erde nur 57 g verloren hatte. Da er weder die Rolle des Kohlenstoffdioxids der Luft noch die der Mineralstoffe kannte, zog er den Schluss, dass die Pflanzenmasse auf Kosten des Wassers entstanden sei, das er täglich der Weide zuführte.

Eine weitere wichtige Beobachtung gelang JOSEPH PRIESTLEY (1733 -1804) bei einem Versuch mit lebenden Mäusen und Pfefferminzpflanzen.
Dazu nutzte er einen luftdicht abgeschlossenen Glasbehälter (Abb. 1).

a) Er stellte fest, dass eine lebende Maus, die er in den luftdicht abgeschlossenen Glasbehälter setzte, nach kurzer Zeit starb (Abb. 1 a).
b) Eine Pfefferminzpflanze, die er in einen zweiten luftdicht abgeschlossenen Glasbehälter gestellt hatte, entwickelte sich dagegen gut (Abb. 1 b).

2 JOHANN BAPTIST VAN HELMONT (1577–1644)

3 JOSEPH PRIESTLEY (1733–1804)

c) Diese Beobachtung brachte ihn auf die Idee, Maus und Pflanze gemeinsam in einem Behälter unterzubringen.
Nun zeigte sich, dass die Maus auch nach längerer Zeit noch am Leben war und die Pflanze sich gut entwickelte (Abb. 1 c).

Aus dem Ergebnis schlussfolgerte er, dass die Pflanze „verbrauchte Luft" wieder in „gute Luft" verwandelt. Damit war ihm eine wesentliche Erkenntnis gelungen.

Aber den wirklichen Zusammenhang konnte er damals nicht erklären. Erst später wurde klar, dass dieses Ergebnis auf dem Zusammenhang von Fotosynthese und Atmung beruht.

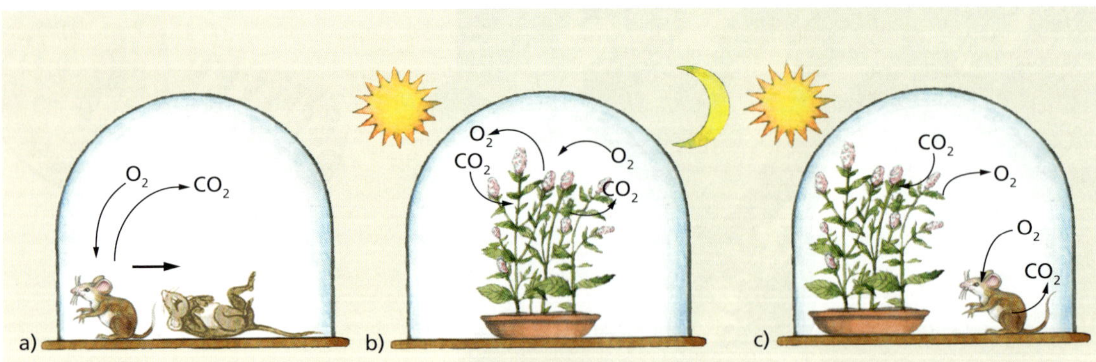

1 Historische Versuche von J. PRIESTLEY

Auf den Versuchen von VAN HELMONT und J. PRIESTLEY aufbauend, erfolgten weitere Untersuchungen, die Licht in das Dunkel brachten.
Ein niederländischer Forscher, JAN INGENOUSZ (1730–1799), entdeckte schließlich, dass Pflanzen Kohlenstoffdioxid aus der Luft aufnehmen. Er war es auch, der beobachtete, dass Pflanzen bei Lichteinwirkung gleichzeitig Sauerstoff abgeben (Experimente, S. 50). Damit war geklärt, dass Pflanzen anorganische Stoffe (Wasser und Kohlenstoffdioxid) als Nahrung aufnehmen und Sauerstoff abgeben. Damit gab es auch erste Erklärungen für die Beobachtungen von J. PRIESTLEY (Abb. 1, S. 48).
Ungeklärt blieb aber lange Zeit, was mit diesen Stoffen in den Zellen geschieht.
Bei der Klärung dieser Frage war eine Beobachtung wichtig, die JULIUS SACHS (1832–1897) an Pflanzen machte. Er erkannte, dass unter Lichteinwirkung in Laubblättern, die Chloroplasten mit Chlorophyll besitzen, **Stärke** gebildet wird (Abb. 1).

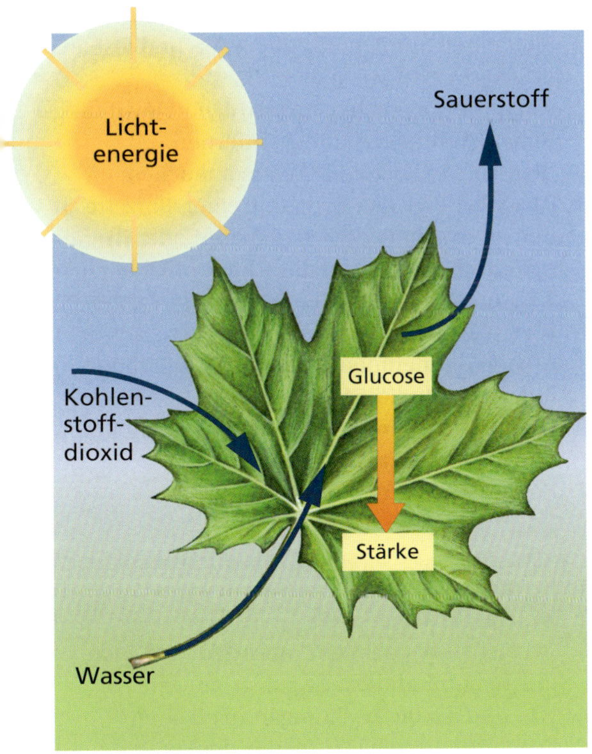

1 Ausgangsstoffe und Produkte der Fotosynthese

2 JULIUS SACHS (1832–1897)

3 JAN INGENHOUSZ (1730–1799)

Damit war klar, dass außer Chlorophyll die **Lichtenergie** (Strahlungsenergie) bei der Umwandlung der aufgenommenen energiearmen anorganischen Stoffe (Wasser und Kohlenstoffdioxid) in energiereiche organische Stoffe eine entscheidende Rolle spielt.

Da der Prozess der Umwandlung anorganischer Stoffe nur bei Lichteinwirkung (Zufuhr von Lichtenergie) erfolgt, wird er **Fotosynthese** genannt (Abb. 1).

Damit waren wichtige Fortschritte bei der Aufklärung der Fotosynthese erreicht worden. Was aber im Inneren der Zellen vor sich geht, konnte erst im 20. Jahrhundert nach detaillierten Untersuchungen schrittweise geklärt werden.

Die Umwandlung der von den Pflanzen aufgenommenen energiearmen anorganischen Stoffe in energiereiche organische Stoffe erfolgt nur unter Lichteinwirkung mithilfe des Chlorophylls. Dabei wird Sauerstoff gebildet und an die Umwelt abgegeben.

Aufgabe

Führe die Experimente nach der Anleitung auf Seite 50 durch, notiere die Ergebnisse und interpretiere sie.

Beobachtungen an Pflanzen

Pflanzen benötigen Kohlenstoffdioxid

Materialien:

2 Glasglocken, Blumentöpfe mit jungen Kressepflanzen, 1 Korken, 2 Schalen Wasser, 1 größere Schale mit Calciumhydroxidlösung

Durchführung und Beobachtung:

1. Experiment nach den Abbildungen anordnen:

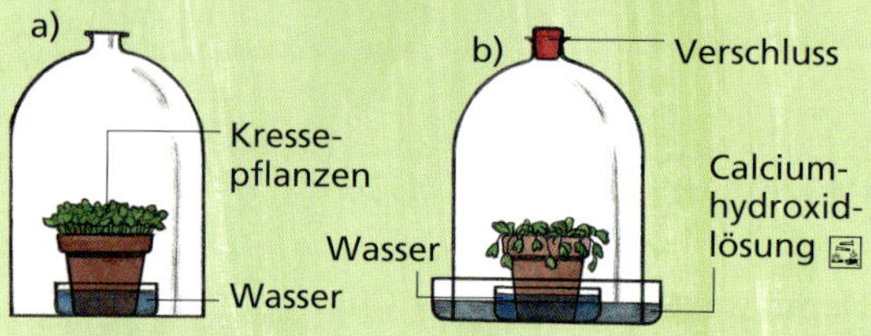

Beachte: Das Calciumhydroxid bindet das im Gefäß vorhandene Kohlenstoffdioxid.

2. Gefäße bei Zimmertemperatur an einen belichteten Ort stellen.
3. Das Wachstum der Kressepflanzen in beiden Gefäßen einige Tage beobachten.
4. Beobachtungsergebnisse notieren.

Auswertung:

Waren Unterschiede zu beobachten?
Wenn ja, worauf sind sie zurückzuführen?

Pflanzen geben bei Lichteinwirkung Sauerstoff ab

Materialien:

2 Bechergläser, 2 Trichter, 2 Reagenzgläser, Wasser, Karton zum Abdunkeln, Sprosse, z.B. der Wasserpest

Durchführung und Beobachtung:

1. Experimentieranordnung entsprechend den Abbildungen aufbauen:

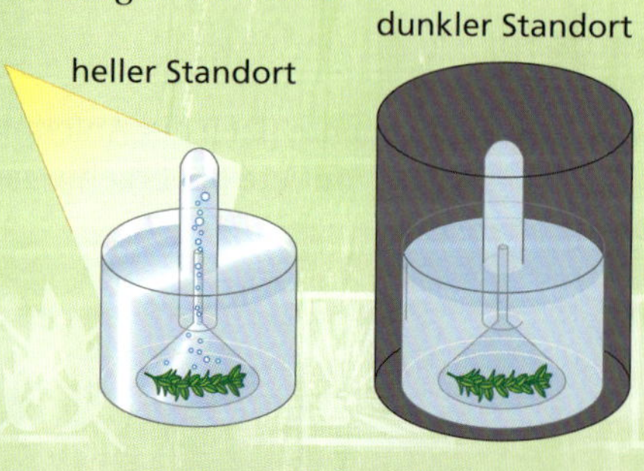

2. Eine Versuchsanordnung dem Licht aussetzen, die andere mithilfe des Kartons abdunkeln.
3. Einige Tage beobachten.
4. Beobachtungsergebnisse notieren.

Auswertung:

1. Beschreibe deine Beobachtungen und formuliere eine Vermutung über die Ursachen.
2. Überlege, welche Möglichkeit es gibt, die Vermutung experimentell zu überprüfen.
3. Falls du eine Möglichkeit gefunden hast, führe sie mit Unterstützung deines Lehrers aus.

Bildung von Stärke in belichteten Laubblättern (Iodprobe nach Julius Sachs)

Materialien:

Pflanze mit gesunden Laubblättern, Aluminiumfolie, Wasser, Alkohol, Iod-Kaliumiodidlösung, Kochtopf, Kocher

Durchführung und Beobachtung:

1. Um ein an einer Pflanze befindliches Laubblatt einen Streifen Alufolie legen und fest andrücken.
2. Nach fünf bis sechs Stunden Lichteinwirkung Blatt abnehmen, Alufolie entfernen.
3. Blatt kurz in kochendes Wasser tauchen.
4. Anschließend das Blatt mit einer Pinzette in heißen Alkohol (70%iges Ethanol oder Brennspiritus) legen, um das Chlorophyll herauszulösen.
5. Blatt nach kurzer Zeit mit der Pinzette aus dem Alkohol entnehmen und etwa 30 Sekunden in Iod-Kaliumiodidlösung legen.
6. Danach Blatt mit einer Pinzette entnehmen und in klares Wasser legen.
7. Beobachtungsergebnisse notieren.

Auswertung:

1. Betrachte das Blatt nach Schritt 4 genau.
2. Welche Farbe hat es?
3. Was ist zu beobachten, nachdem das Blatt in Iod-Kaliumiodidlösung gelegt wurde?
4. Wie sind die Beobachtungen zu erklären? Beachte dabei die Darstellung der Fotosynthese auf der Seite 52.

Chloroplasten als Orte der Fotosynthese

Schon im 19. Jahrhundert erkannte man, dass die **Chloroplasten** die Zellorganelle sind, in denen die Prozesse der Fotosynthese ablaufen. In ihnen werden energiearme anorganische Stoffe (Wasser, Kohlenstoffdioxid) in energiereiche organische Stoffe umgewandelt. Dies erfolgt unter Nutzung der Energie des Lichts mithilfe des **Chlorophylls**. Wie sich herausstellte, entsteht dabei als erster organischer Stoff Glucose (Traubenzucker), ein Einfachzucker, und Sauerstoff wird frei (Fotosynthese).

Die Chloroplasten bei Moos-, Farn- und Samenpflanzen sind meist linsenförmige Zellorganellen (Abb. 1), die sich gehäuft in den Zellen des Palisaden- und Schwammgewebes, aber z. B. auch in der Außenschicht der Stängel von Kräutern befinden. Bei Algen haben die Chloroplasten sehr unterschiedliche Formen. So sind beispielsweise die Chloroplasten von Chlorella und der Hüllengeißelalge becherförmig und im Durchmesser 10 µm groß.

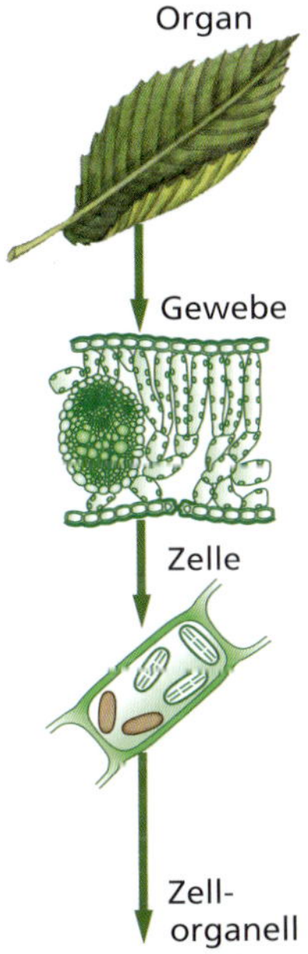

Bei den meisten Pflanzen beträgt der Durchmesser der Chloroplasten 4 bis 6 µm. Mithilfe des Mikroskops sind sie gut zu sehen (Abb. 1).

Eine Zelle kann 15 bis 20 Chloroplasten enthalten. Um den Feinbau zu erkennen, ist ein Elektronenmikroskop notwendig. Man sieht dann, dass die Chloroplasten von einer Hülle umgeben sind, die aus zwei Membranen besteht. Im Innern befindet sich eine farblose Grundsubstanz. Das Chlorophyll ist in die innere Membran, die zu Stapeln angeordnet ist, eingelagert (Abb. 1).

Chlorophyll besitzt eine sehr komplizierte chemische Struktur. Es ist der **grüne Blattfarbstoff der Pflanzen** und kommt außerdem in Algen sowie in einigen Bakterien vor.

Chloroplasten sind Zellbestandteile, die von einer Hülle abgegrenzt sind und Chlorophyll enthalten. In ihnen erfolgt die Fotosynthese. Chlorophyll ist ein grüner, kompliziert aufgebauter organischer Stoff.

Aufgabe

Betrachte mithilfe des Mikroskops nach der Anleitung von Seite 66 Aufgabe 2 Chloroplasten von Moosblättchen.
Beschreibe deine Beobachtung.

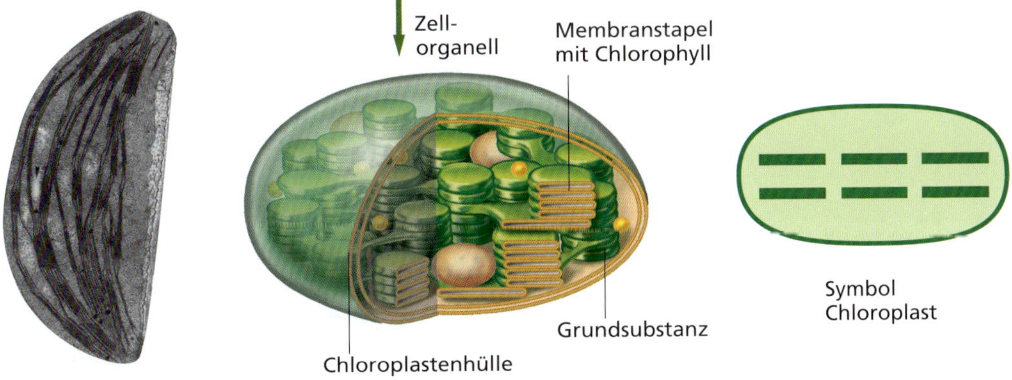

1 Chloroplast (elektronenmikroskopische Aufnahme und schematische Darstellung)

Der Prozess der Fotosynthese in den Chloroplasten

Die **Fotosynthese** ist ein komplizierter biochemischer Prozess, der in schrittweisen Reaktionen abläuft. Die einzelnen Schritte werden durch Enzyme vermittelt. Um das Wesentliche zu verstehen, ist es angebracht, die Ausgangsstoffe und Endprodukte zu vergleichen.

Wasser und Kohlenstoffdioxid als Ausgangsstoffe sind energiearme anorganische Stoffe, flüssig bzw. gasförmig. Das erste Endprodukt Glucose ist ein energiereicher organischer Stoff mit ganz anderen Eigenschaften. Das bedeutet, dass eine Stoffumwandlung erfolgt ist.

Da das Endprodukt energiereicher ist, muss offensichtlich eine **endotherme Reaktion** abgelaufen sein. Endotherme Reaktionen verlaufen unter Energiezufuhr. Die Fotosynthese läuft nur bei Lichteinwirkung ab. Es ist daher anzunehmen, dass die notwendige Energie die Lichtenergie liefert.

Nur die Algen und Pflanzen sowie einige Bakterien mit **Chlorophyll** sind in der Lage, **Lichtenergie** für ihre Lebensprozesse zu nutzen. Wir können uns z. B. stundenlang in die Sonne legen; die Sonnenenergie können wir trotzdem nicht für die Aufrechterhaltung unserer Lebensprozesse nutzen. Die meisten Lebewesen ohne Chlorophyll können nur chemische Energie verwerten, die in energiereichen organischen Stoffen enthalten ist. Die Lichtenergie ist aber Strahlungsenergie. Im Verlauf der Fotosynthese müssen die Pflanzen, Algen und chlorophyllhaltigen Bakterien daher in der Lage sein, Strahlungsenergie, z. B. der Sonne, in **chemische Energie** umzuwandeln. Dies ist ohne den Farbstoff Chlorophyll nicht möglich.

Energieumwandlungen und **Stoffumwandlungen** sind bei der Fotosynthese eng verknüpft. Die in chemische Energie umgewandelte Strahlungsenergie wird für die Stoffumwandlung genutzt und ist letztlich in der Glucose enthalten.

Glucose ist ein lösliches Kohlenhydrat. Um es vorübergehend in den Zellen z. B. der Laubblätter zu speichern, wird es in die unlösliche **Stärke** umgewandelt.

Vor allem nachts wird Stärke wieder in Glucose oder andere lösliche Zucker umgewandelt, die dann in den Siebröhren überall dorthin transportiert werden, wo sie gebraucht werden. Nicht sofort benötigte Glucose wird wieder in Stärke umgewandelt und in dieser Form in Speicherorganen gespeichert (z. B. Knollen, Samen, Wurzelstöcke).

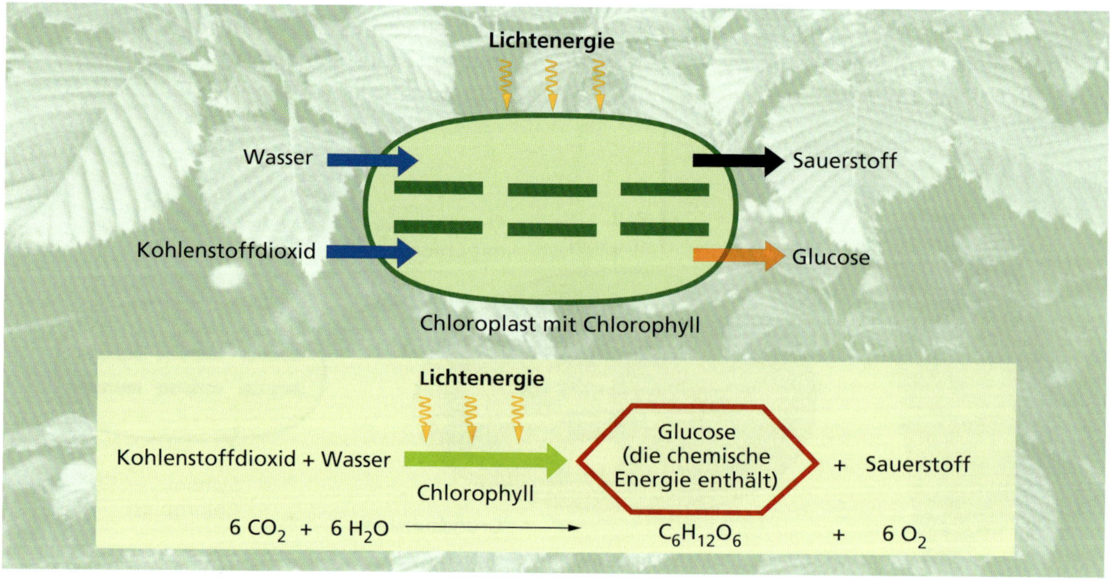

1 Stoff- und Energieumwandlungen während der Fotosynthese

Dieser komplizierte Prozess der Fotosynthese kann in vielfältiger Weise von der **Umwelt beeinflusst** werden (Abb. 1).
Steht z. B. zu wenig Wasser zur Verfügung, ist die Fotosyntheseleistung gering. Eine Erhöhung des Kohlenstoffdioxidgehalts der Luft, z. B. in Gewächshäusern, auf etwa 0,08 % fördert die Fotosynthese (S. 58). Großen Einfluss haben auch Schadstoffe, die in die Luft bzw. in den Boden oder in Gewässer gelangen. Sie können für die Fotosynthese wichtige Strukturen (z. B. Laubblätter, Wurzeln, Chloroplasten) zerstören. Manche Schadstoffe wirken sich direkt hemmend auf den Fotosyntheseprozess aus. Der Schutz der Umwelt ist daher eine lebenswichtige Aufgabe für uns alle.

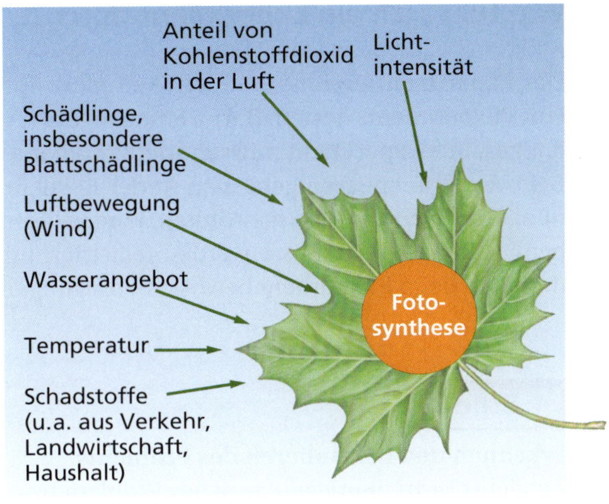

1 Beeinflussung der Fotosynthese durch die Umwelt

Ort der Fotosynthese sind die Chloroplasten. Bedingungen für den Ablauf sind Lichtenergie und Chlorophyll. Ausgangsstoffe sind Wasser und Kohlenstoffdioxid, Reaktionsprodukte sind Glucose und Sauerstoff.

Aufgabe

Erläutere anhand der Reaktionsgleichung auf Seite 52 in Abbildung 1 den Zusammenhang zwischen Stoff- und Energieumwandlung während der Fotosynthese.

Mosaik

Teilreaktionen beim Ablauf der Fotosynthese – schematisch

NADP: wasserstoffbindendes Enzym
$NADPH_2$: enzymatisch gebundener Wasserstoff
ATP = Adenosintriphosphat: Träger chemischer Energie (ADP = Adenosindiphosphat)
Ⓟ: Phosphat-Abspaltung bei Energieabgabe

Aufgabe

Interpretiere mithilfe von Fachliteratur dieses Schema. Nutze es zur Präsentation der Licht- und Dunkelreaktion der Fotosynthese.

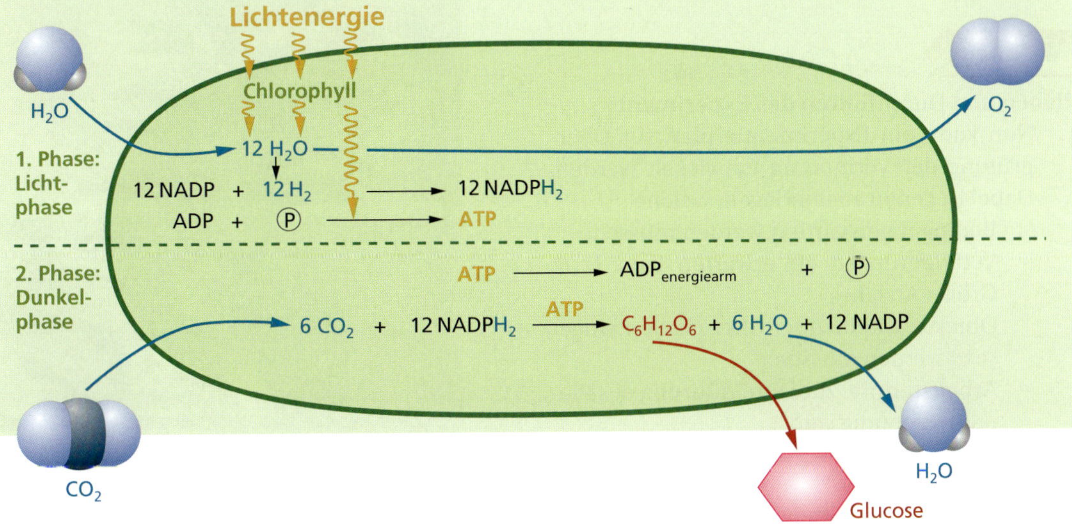

Wie führe ich ein Experiment durch?

Das **Experimentieren** ist eine sehr komplexe Tätigkeit, die dem Lösen von Problemen dient. Das Ziel eines Experiments besteht darin, eine Frage an die Natur zu beantworten. Die Bedingungen und damit das gesamte Experiment müssen wiederholbar sein.
Beim Experimentieren geht man in der Regel in bestimmten Schritten vor. Dabei wird eine Erscheinung der Natur unter ausgewählten, kontrollierten, wiederholbaren und veränderbaren Bedingungen beobachtet, die Ergebnisse werden registriert und bewertet. Im Unterschied zur Beobachtung verändert man beim Experiment bewusst Bedingungen.

1. Schritt

Erkennen und Formulieren des Problems
Zunächst ist zu überlegen, welches Problem bzw. welche Frage mithilfe des Experiments beantwortet werden soll.

2. Schritt

Aufstellen einer Vermutung
Dabei ist es sinnvoll, bisherige Kenntnisse, z. B. Gesetzmäßigkeiten, zum Formulieren einer Vermutung bzw. einer vorläufigen Antwort auf die formulierte Frage, heranzuziehen.

3. Schritt

Ableiten einer experimentell überprüfbaren Folgerung
Es muss ein wirklich prüfbarer Gedanke entwickelt werden, eine experimentell überprüfbare Folgerung.

4. Schritt

Planen und Durchführen des Experiments

1. Nun kann ein Experimentierplan zur Überprüfung der Vermutung entwickelt werden. Dabei ist genau zu überlegen, welche
   - Bedingungen variiert werden müssen;
   - Veränderungen zu erwarten sind (z. B. Größe, Anzahl);
   - Objekte, Geräte oder Chemikalien eingesetzt werden müssen;
   - Arbeitsschritte zur Durchführung des Planes notwendig sind.
2. Das Experiment wird genau nach den geplanten Vorgaben durchgeführt. (Je besser vorüberlegt und geplant wurde, desto genauer sind die zu erwartenden Ergebnisse.)
3. Alle zu beobachtenden Erscheinungen sind genau zu notieren.

5. Schritt

Auswerten und Lösen des Problems bzw. der Frage

1. Die protokollierten Messwerte und Beobachtungen werden ausgewertet. Dazu können Diagramme angefertigt, Berechnungen durchgeführt oder Aufnahmen gemacht werden.
2. Die vermutete Lösung wird mit den festgestellten Ergebnissen verglichen.
3. Beschreiben der Lösung des Problems/der Frage; Erklären der festgestellten Ergebnisse.

Aufgabe
Weise die Ausscheidung von Sauerstoff bei der Fotosynthese in Abhängigkeit von der Beleuchtungsstärke nach.

Formulieren des Problems
Wie wirkt sich eine höhere Lichtintensität auf die Fotosyntheseleistung aus?

Vermutung
Pflanzen benötigen zur Fotosynthese Licht. Wird die Lichtintensität erhöht, wird auch die Fotosyntheseleistung gesteigert.

Experimentell überprüfbare Folgerung
Die Menge des gebildeten Sauerstoffs müsste steigen, wenn die Lichtintensität erhöht wird. Diese Tabelle deutet auf eine höhere Fotosyntheseleistung hin.

Planung und Durchführung des Experiments
Bedingungen, die variiert werden:
Lichtintensität

Materialien:
Sprosse der Wasserpest, zur Beschwerung des Wasserpest-Sprosses z. B. kleines Glasrohrstück, Wasser, Reagenzgläser, Reagenzglasständer, Zusatzleuchte (200 bzw. 500 Watt)

Arbeitsschritte:
1. Fülle drei Reagenzgläser mit Wasser, beschicke sie jeweils mit einem gleich langen Sprossende der Wasserpest und beschwere diese, indem du die Sprosse in ein Glasrohrstückchen steckst.
2. Setze ein Reagenzglas mit Wasserpest in Fensternähe dem direkten Sonnenlicht aus, zähle die Anzahl der aufsteigenden Bläschen je Minute.
3. Setze ein Reagenzglas mit Wasserpest einer Zusatzbeleuchtung aus. Zähle die Anzahl der aufsteigenden Bläschen je Minute.
4. Stelle ein Reagenzglas mit Wasserpest im Klassenraum so auf, dass es nur wenigem Licht ausgesetzt ist. Zähle die Anzahl der aufsteigenden Bläschen je Minute.
5. Trage die Beobachtungsergebnisse in eine Tabelle ein.
6. Wiederhole mehrere Male das Experiment und errechne den Mittelwert.

Beobachtung

Beobachtungsergebnisse					
Lichteinwirkungen	**Anzahl der Sauerstoffbläschen in 1 min**				**Mittelwert**
direktes Sonnenlicht	56	74	64	56	62,5
Zusatzbeleuchtung (200- bis 500-W-Leuchte)	32	40	34	30	34
wenig Licht (Klassenraum)	10	8	10	9	9,25

Auswertung des Experiments
1. *Vergleiche die Anzahl der aufsteigenden Bläschen in den drei Reagenzgläsern.*
2. *Welcher Zusammenhang besteht zwischen der Anzahl der Sauerstoffbläschen und der unterschiedlichen Belichtung? Erkläre.*

Die aufgestellte Vermutung hat sich bestätigt. Es besteht ein Zusammenhang zwischen Lichtintensität, Fotosyntheseleistung und Sauerstoffmenge. Die Fotosynthese ist abhängig vom Licht. Eine steigende Lichtintensität hat eine Erhöhung der Menge des gebildeten Sauerstoffs zur Folge. Das deutet auf eine größere Fotosyntheseleistung hin.

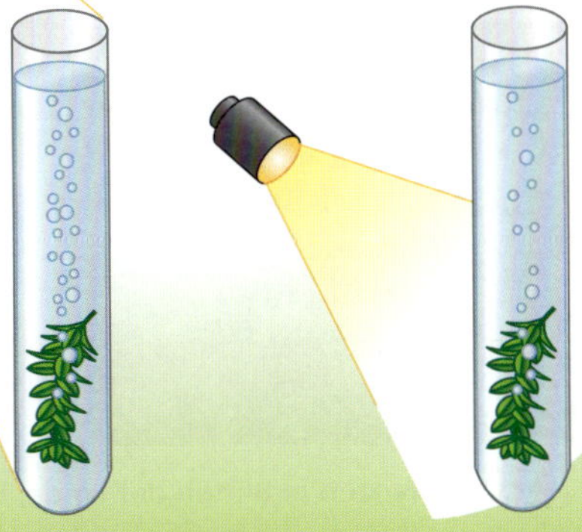

Bildung weiterer organischer Stoffe

In den Pflanzen werden bekanntlich zahlreiche weitere organische Stoffe gebildet – z. B. Fette, Eiweiße, Vitamine. Grundlage dafür ist – direkt oder indirekt – Glucose, die als erster energiereicher organischer Stoff während der Fotosynthese entsteht.

Stärke und **Cellulose** sind praktisch eine Aneinanderreihung von Glucosemolekülen. Cellulose ist Voraussetzung für den Aufbau der Zellwände der Pflanze. Stärke hat als Speicherstoff große Bedeutung und kann in manchen Pflanzen bzw. Pflanzenteilen (z. B. Knollen, Wurzelstöcken) gehäuft vorkommen. Als Nahrungs- bzw. Futtermittel hat sie große wirtschaftliche Bedeutung.

Für die Bildung anderer organischer Stoffe (z. B. **Eiweiß**) reicht Glucose allein nicht aus. Glucose besteht nur aus Kohlenstoff, Wasser- und Sauerstoff. Eiweiße z. B. enthalten dagegen auch noch Stickstoff und Schwefel. Diese Elemente werden in Form von Mineralstoffen aufgenommen. Eiweiß ist der wichtigste Bestandteil des Zellplasmas. Wird gebildetes Eiweiß in das Zellplasma eingelagert, nimmt dessen Menge zu, die Zelle wächst.

Arzneipflanzen und deren Nutzung

Pflanzen	Stoff	Wirkung
Fingerhut	Digitoxin	Anwendung bei Herzerkrankungen
Tollkirsche	Atropin	krampflösend
Schlafmohn	Alkaloide (u. a. Morphin)	schmerzlindernd (wird u. a. bei Krebserkrankungen eingesetzt)
Linde	Schleimstoffe	schleimlösend

Auf der Grundlage von Glucose werden weiterhin **Fette** gebildet, die häufig in Samen in größerer Menge gespeichert sind, z. B. in Hasel- und Walnüssen, und die wie die Eiweiße unentbehrliche Nährstoffe für alle heterotroph lebenden Organismen sind.

Vitamine sind wichtige Ergänzungsstoffe. Andere Stoffe finden als **Arzneimittel, Gewürze** oder **Genussmittel** Anwendung. Manche Pflanzen bilden gefährliche **Giftstoffe** (z. B. Stechapfel, Tollkirsche, Schierling).

1 Arzneipflanzen a) Blüten der Linde, b) Tollkirsche, c) Schlafmohn, d) Fingerhut

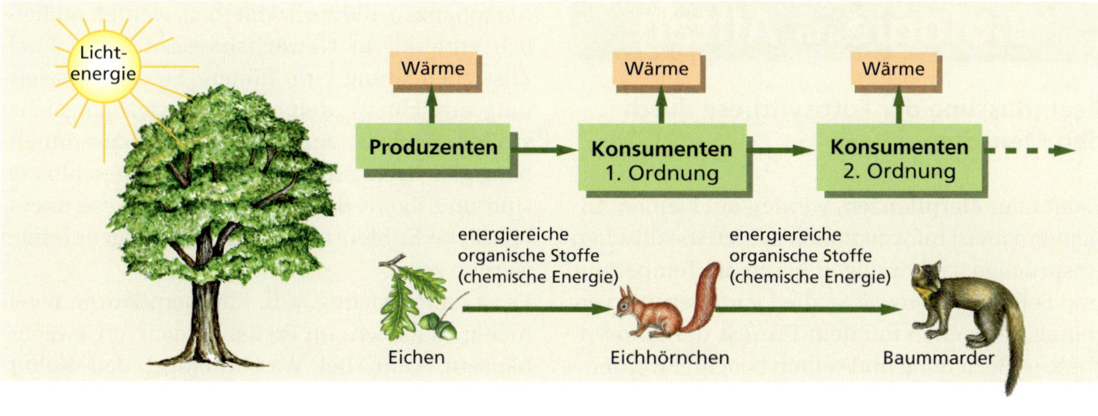

1 Beispiel für eine Nahrungskette

Bedeutung der Fotosynthese

Pflanzen, Algen und fotosynthetisch aktive Bakterien nehmen unter den Lebewesen und damit im Ökosystem eine zentrale Stellung ein:

Erstens sind alle Konsumenten (heterotrophe Lebensweise) außer auf Wasser und einige andere anorganische Stoffe auf energiereiche organische Stoffe als **Nahrung** angewiesen. Die organischen Stoffe werden primär durch Blaugrüne Bakterien, Algen und Pflanzen während der Fotosynthese gebildet. Ohne deren ständige Neubildung wäre der Vorrat an organischen Stoffen auf der Erde bald aufgebraucht und die Existenz heterotroph lebender Organismen (einschließlich des Menschen) nicht mehr möglich.
Ausgehend von den fotosynthetisch aktiven Lebewesen kommen Nahrungsketten bzw. Nahrungsnetze zustande. Sie durchlaufen von Pflanzen- zu Fleischfressern verschiedene Stufen (Abb. 1). Dabei werden die jeweils aufgenommenen organischen Stoffe zwar immer wieder umgewandelt, sie bleiben aber organische Stoffe. Abgesehen von der Atmung und den Ausscheidungen erfolgt erst mit dem Tod der Organismen bzw. von Teilen von ihnen wieder deren Abbau zu anorganischen Stoffen.
Zweitens konnte sich erst durch den **Sauerstoff,** der beim Prozess der Fotosynthese freigesetzt wird, eine Erdatmosphäre mit einem Sauerstoffanteil von etwa 21 % herausbilden. Damit konnten sich Organismen entwickeln, die atmen und damit ständig Sauerstoff verbrauchen. Dieser Verbrauch wird heute durch die Fotosynthese ständig ausgeglichen. Damit wird die Voraussetzung für die Atmung erhalten.
Drittens ist für die Aufrechterhaltung von Lebensprozessen **Energie** erforderlich. Lebewesen können Energie nicht „selbst schaffen“, sondern nur vorhandene chemische Energie nutzen.
Sonnenenergie ist zwar reichlich vorhanden, es handelt sich aber um Strahlungsenergie, die in dieser Form von Lebewesen nicht genutzt werden kann. Sie muss erst in chemische Energie umgewandelt werden. Dazu sind **nur chlorophyllhaltige Lebewesen** wie Algen, Pflanzen sowie einige Bakterien in der Lage.
Von besonderer wirtschaftlicher Bedeutung sind die Lagerstätten aus fossilen Energieträgern (Erdöl, Steinkohle, Braunkohle), bei denen es sich um die energiereichen Ablagerungen von Organismen früherer Erdepochen handelt. In ihnen wurde die damals durch Fotosynthese gebundene Sonnenenergie „konserviert“.

Aufgaben

1. Erläutere die Rolle der Fotosynthese für das Leben auf der Erde.
2. In einem Ökosystem gibt es keinen Energiekreislauf, sondern nur einen Energiefluss. Erkläre diesen Sachverhalt.

Biologie im Alltag

Beeinflussung der Fotosynthese durch den Menschen

Kauft man **Zierpflanzen,** werden auf kleinen Anhängern meist Informationen u. a. zu spezifischen Ansprüchen der jeweiligen Art an die Temperatur und Feuchtigkeit sowie an die Lichtintensität vermittelt. Sie stehen mit dem Prozess der Fotosynthese in Beziehung und sollten beachtet werden.
Es ist zwar so, dass der Prozess der Fotosynthese ablaufen kann, wenn die Ausgangsstoffe und Bedingungen gegeben sind. Die Ansprüche an diese Voraussetzungen sind aber von Pflanzenart zu Pflanzenart unterschiedlich. Manche Arten vermögen z. B. mit weniger Licht auszukommen (Schattenpflanzen). Solche Zierpflanzen eignen sich daher für die Nordseite in Wohnungen bzw. für schattige Stellen im Garten. Andere wiederum sind sehr lichtbedürftig und benötigen daher sonnige Standorte (Lichtpflanzen). Bei Lichtmangel wachsen Pflanzen meist in Richtung der Lichtquelle schneller. In der **Forstwirtschaft** wird dies bei Neuanpflanzungen ausgenutzt. Die Setzlinge (Jungpflanzen) werden sehr dicht gepflanzt, wodurch die einzelne Jungpflanze Lichtmangel hat und schneller in die Höhe wächst. Diejenigen Jungpflanzen, die zurückbleiben, werden schließlich entfernt. In **Gewächshäusern** kann durch Zusatzbelichtung eine höhere Fotosyntheseleistung erreicht werden. Auch Wassermangel hat großen Einfluss, zumal in diesem Zusammenhang gleichzeitig die Spaltöffnungen geschlossen sind und damit das für die Fotosynthese unentbehrliche Kohlenstoffdioxid nicht aufgenommen werden kann.
Es ist daher wichtig, z. B. Zimmerpflanzen regelmäßig zu gießen. Im Freiland, auch in Gewächshäusern, kann bei Wassermangel den Kulturpflanzen durch Bewässerung bzw. Beregnung (Abb. 1) zusätzlich Wasser zur Verfügung gestellt werden. In Gewächshäusern ist es zudem möglich, durch Erhöhung des Kohlenstoffdioxidgehaltes der Luft bis auf 0,08 % die Fotosyntheseleistung zu steigern (Abb. 2).
Generell kann man beobachten, dass der Anbau von vielen Gemüsepflanzen (z. B. Tomaten, Gurken) und Zierpflanzen (z. B. Gerbera) zunehmend in Gewächshäusern erfolgt. In diesen Anlagen ist es möglich, für die Fotosynthese dieser Pflanzen optimale Bedingungen zu schaffen und dadurch wesentlich höhere Erträge als im Freiland zu erzielen. Der Nachteil ist aber oft, dass unter diesen künstlichen Zuchtbedingungen viele chemische Stoffe zur Schädlingsbekämpfung eingesetzt werden müssen.

1 Beregnungsanlagen

2 Kohlenstoffdioxid-Tank in einem Gewächshaus

Die Atmung – ein weiterer Lebensprozess chlorophyllhaltiger Organismen

Atmen Pflanzen auch?

Tiere und auch der Mensch atmen ständig. Dabei wird Sauerstoff aufgenommen und zu den Zellen transportiert. Dort findet der eigentliche Atmungsprozess statt. Dabei wird Kohlenstoffdioxid gebildet, das aus dem Körper heraustransportiert und an die Umwelt abgegeben wird. Außerdem wird dabei auch Wärme frei.
Die Frage ist nun, ob auch Pflanzen atmen. Wenn dies der Fall ist, müssten sie Sauerstoff aufnehmen und Kohlenstoffdioxid abgeben. Dies erfolgt tatsächlich, was sich durch ein Experiment nachweisen lässt. Ebenso einfach ist es nachzuweisen, dass lebende Pflanzen dabei Wärmeenergie (S. 60) und Wasser an die Umwelt abgeben.

Schwieriger ist es zu erkennen, dass Pflanzen auch Sauerstoff aufnehmen. J. INGENHOUSZ gelang dieser Nachweis bereits im 18. Jahrhundert. Er war der Erste, der erkannte, dass auch Pflanzen Tag und Nacht atmen. Damit gelang es ihm, die Fotosynthese und die Atmung als zwei grundlegend verschiedene Lebensprozesse zu unterscheiden (Abb. 1).

Wie alle Tiere, der Mensch, die meisten Pilze und viele Bakterien atmen auch lebende Algen und Pflanzen Tag und Nacht. Dabei wird ebenfalls Sauerstoff aufgenommen und Kohlenstoffdioxid sowie Wärme abgegeben.

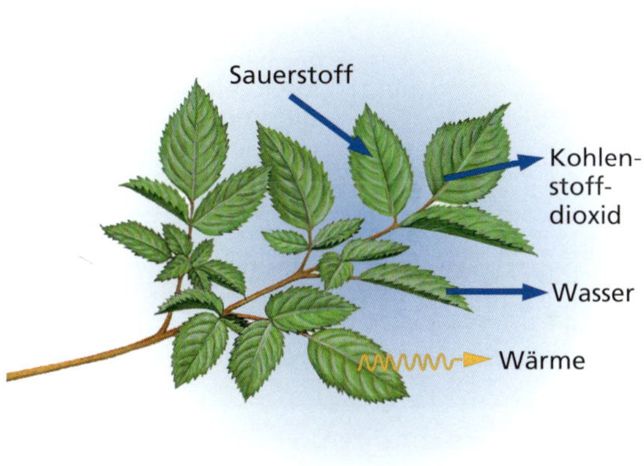

1 Aufnahme und Abgabe von Stoffen und Wärme bei der Atmung der Pflanzen

Mosaik

Wissenschaftler, die sich mit der Physiologie der Pflanzen beschäftigten

JAN INGENHOUSZ (1730–1799)

Niederländischer Arzt, Naturforscher und Botaniker. Vielseitige Forschungen, u. a. auch Arbeiten zur Pockenschutzimpfung; führte das Deckglas in die Mikroskopie ein; entdeckte, dass grüne Pflanzen nur unter Lichteinwirkung Sauerstoff abgeben; grenzte Atmung und Fotosynthese als unterschiedliche Prozesse voneinander ab.

Bedeutendes Werk:
„Über Ernährung der Pflanzen und Fruchtbarkeit des Bodens“ (1796)

JULIUS ROBERT MAYER (1814–1878)

Deutscher Arzt und Naturforscher. Bekannt durch seine Untersuchungen zu Energieformen; formulierte 1845 das Gesetz von der Erhaltung und Umwandlung der Energie; erkannte, dass dieses Gesetz auch für Lebewesen gilt; entdeckte als Erster, dass während der Fotosynthese Strahlungsenergie (Lichtenergie) in chemische Energie umgewandelt wird.

Bedeutendes Werk:
„Ueber die organische Bewegung in ihrem Zusammenhang mit dem Stoffwechsel“ (1845)

Pflanzen atmen

Pflanzen atmen und geben dabei CO_2 ab

Materialien:
2 Petrischalen mit Deckel, Wasser, Calciumhydroxidlösung (), junge Kressepflanzen

Durchführung und Beobachtung:

1. Baue das Experiment entsprechend der Abbildung auf.

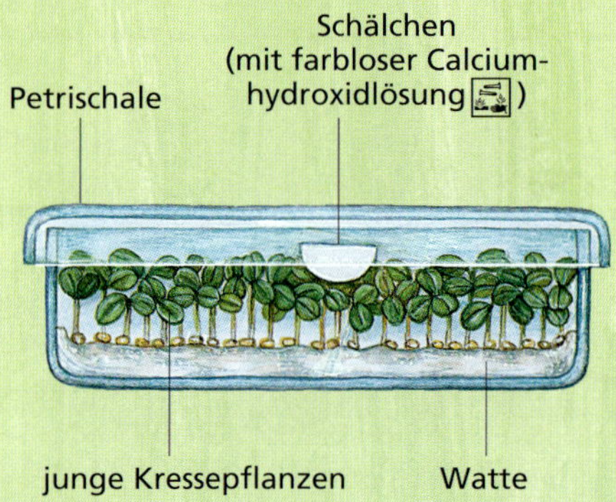

2. Baue eine Vergleichsprobe ohne Kressepflanzen auf.
3. Beobachte die Veränderungen der Calciumhydroxidlösung in beiden Petrischalen.
4. Notiere deine Beobachtungsergebnisse.

Auswertung:

1. Welche Veränderungen der ursprünglich farblosen Calciumhydroxidlösung konnten in der Petrischale mit Kressepflanzen festgestellt werden?

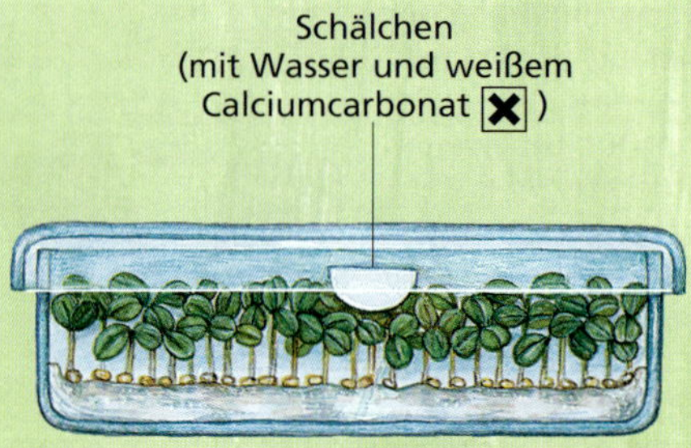

2. Worauf deuten die Veränderungen hin?

Geben lebende Pflanzen Wärme ab?

Materialien:
2 Thermosgefäße, 2 Thermometer, trockene Samen von Erbsen, Watte, Wasser

Durchführung und Beobachtung:

1. Baue das Experiment entsprechend der Abbildung auf.

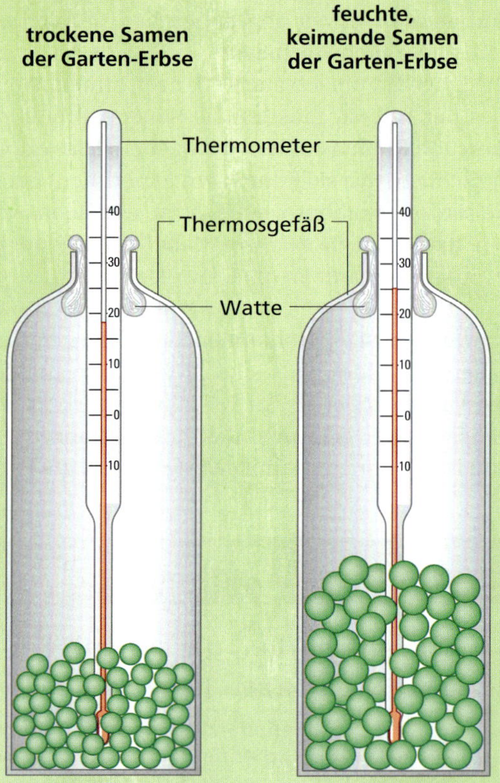

2. Beobachte die Veränderungen der Temperatur in den Thermosgefäßen mithilfe der Thermometer über zwei bis vier Tage.
3. Notieren deine Beobachtungsergebnisse.

Auswertung:

1. Beschreibe die festgestellten Veränderungen.
2. Wie sind die festgestellten Veränderungen zu erklären?
3. Begründe anhand der Versuchsergebnisse, dass auch Pflanzen atmen.

Mitochondrien als Orte der Atmung

Die Fotosynthese erfolgt in den Chloroplasten (mit Chlorophyll) und läuft nur unter Lichteinwirkung ab. Die Atmung dagegen erfolgt ständig, Tag und Nacht, also auch im Dunkeln, und zwar in allen lebenden Zellen, also z. B. auch in den Zellen der Wurzeln. Folglich muss der Ort der Atmung in den Zellen ein anderer als der der Fotosynthese sein. Es stellte sich heraus, dass die **Mitochondrien** diese Funktion erfüllen.

Mitochondrien sind in großer Anzahl in lebenden Zellen vorhanden. Sie besitzen eine stäbchenförmige Gestalt und sind etwa 1 bis 8 µm lang. Abgegrenzt werden sie wie die Chloroplasten von einer Hülle aus zwei Membranen. Der Innenraum ist mit Plasma ausgefüllt.

Die innere Membran bildet zahlreiche Einstülpungen, wodurch eine große innere Oberfläche (Abb. 1) entsteht. An der inneren Membran laufen die Atmungsprozesse ab.

Die Atmung der Zellen erfolgt in den Mitochondrien. Es sind stäbchenförmige Zellbestandteile (Organellen), die durch eine Hülle aus zwei Membranen abgegrenzt sind.

Der Prozess der Atmung

Wie bei der Fotosynthese sind auch im Prozess der Atmung Stoff- und Energieumwandlungen eng verknüpft.

Ausgangsstoffe der Atmung sind Glucose und Sauerstoff; **Endprodukte** sind Kohlenstoffdioxid und Wasser.

Die energiereichen organischen Stoffe, vor allem Glucose, aber auch Fette und Eiweiße, werden unter Beteiligung von Sauerstoff in den Mitochondrien zu den energieärmeren anorganischen Stoffen Kohlenstoffdioxid und Wasser umgewandelt. Dabei wird ein Teil der chemischen Energie der Ausgangsstoffe in thermische Energie umgewandelt. Der andere Teil wird in Energie umgewandelt, der für die Erhaltung der Lebensprozesse der Organismen zur Verfügung steht.

Durch Atmung erfolgt also eine Umwandlung energiereicher organischer Stoffe in energieärmere anorganische Stoffe - die Ausgangsstoffe der Fotosynthese.

Durch die Atmung wird die Energie freigesetzt, die der Organismus für die Aufrechterhaltung der Lebensprozesse benötigt.

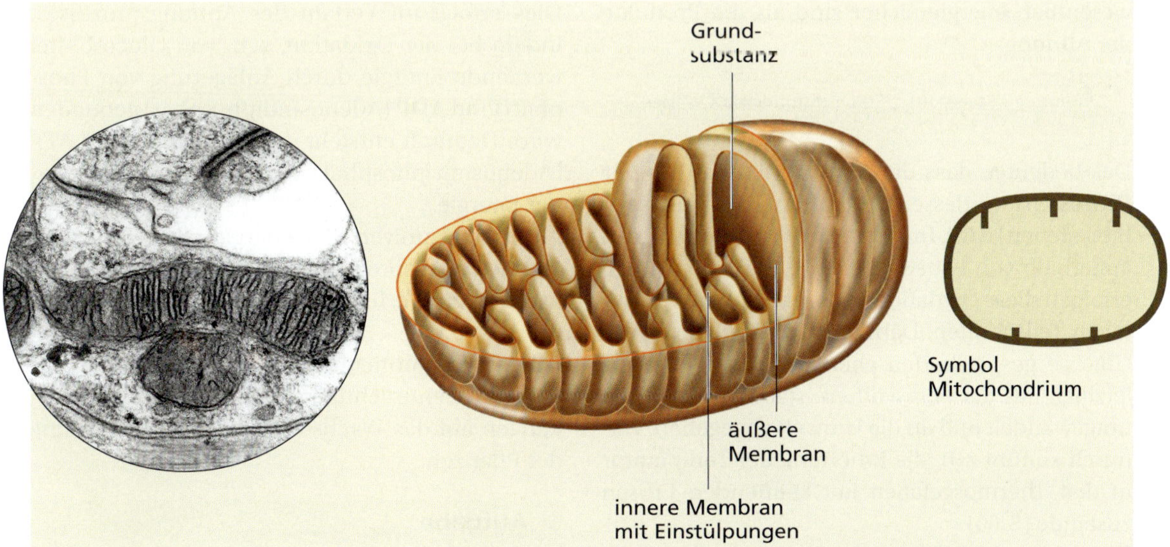

1 Mitochondrium (elektronenmikroskopische Aufnahme und schematische Darstellung)

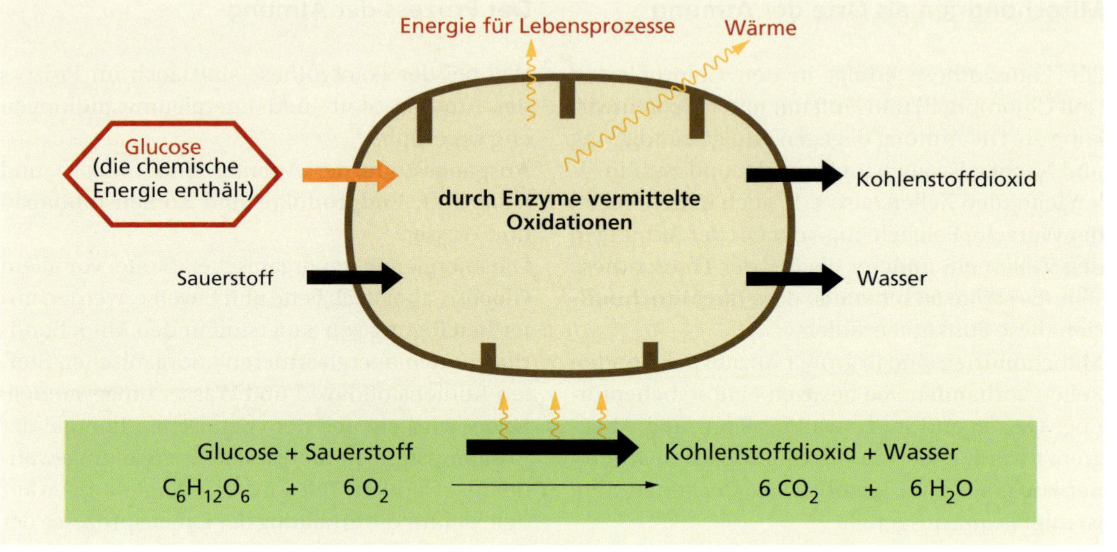

1 Stoff- und Energiewechselprozesse während der Atmung

Chemisch handelt es sich um Oxidationen. Dabei werden zahlreiche Zwischenprodukte gebildet, bis schließlich unter Sauerstoffverbrauch die anorganischen Endprodukte gebildet werden.
Einen Hinweis auf **Energieumwandlungen** während der Atmung gibt ein Vergleich des Energieinhalts (E) der Ausgangsstoffe und Endprodukte. Dieser Vergleich zeigt, dass die Ausgangsstoffe wesentlich energiereicher sind als die Produkte der Atmung:

$$E_{(\text{Glucose + Sauerstoff})} > E_{(\text{Kohlenstoffdioxid + Wasser})}$$

Das bedeutet, dass die Atmung ein **exothermer Prozess** ist, in dessen Verlauf Energie freigesetzt (abgegeben) wird. Im Unterschied zu Oxidationen außerhalb von Lebewesen (z. B. Verbrennungen) erfolgen diese Oxidationen durch Enzyme vermittelt in Teilschritten. Dabei wird ein Teil der in der Glucose gespeicherten chemischen Energie, die letztlich aus der Fotosynthese stammt, in Wärme umgewandelt und an die Umwelt abgegeben. Dadurch kommt z. B. die Erhöhung der Temperatur in den Thermosgefäßen mit keimenden Erbsen zustande (S. 60).
Der andere Teil der in der Glucose enthaltenen chemischen Energie wird in Energie umgewandelt, die für Lebensprozesse (z. B. Bildung von Zellplasma, Bewegung) genutzt werden kann.

Die **Bedeutung** der Atmung besteht darin, die in organischen Stoffen (insbesondere der Glucose) enthaltene (gespeicherte) Energie so umzuwandeln, dass sie für die Aufrechterhaltung der Lebensprozesse genutzt werden kann.
Dies erfolgt im Verlauf des Atmungsprozesses, indem bei der Oxidation, z. B. von Glucose, frei werdende Energie durch Anlagerung von Phosphat Ⓟ an ADP (Adenosindiphosphat) gebunden wird. Dadurch entsteht das energiereichere ATP (Adenosintriphosphat) mit chemisch gebundener Energie.
ATP ist ein „universeller Energieträger" und steht für alle Lebensprozesse des Organismus (z. B. Bewegung) zur Verfügung.

Schadstoffe können die Atmung der Pflanzen erheblich beeinträchtigen. Dies hat dann Auswirkungen auf das Wachstum und die Entwicklung der Pflanzen.

Aufgabe

Beschreibe den „Sinn" der Atmung.

Stoff- und Energieumwandlung

Lebewesen brauchen Energie für alle Lebensvorgänge. Die notwendige Energie müssen sie aus der Umwelt aufnehmen und in nutzbare Energie umwandeln. Tiere und Menschen nehmen chemische Energie (energiereiche Nährstoffe) auf. Diese werden von Pflanzen bei der Fotosynthese und bei nachfolgenden Stoffwechselprozessen unter Nutzung des Sonnenlichtes hergestellt. Beim Abbau von energiereichen Stoffen wird die lebensnotwendige Energie freigesetzt. Bei Pflanzen und Tieren geschieht das durch die Atmung.

Stoff- und Energieumwandlung in den Pflanzen

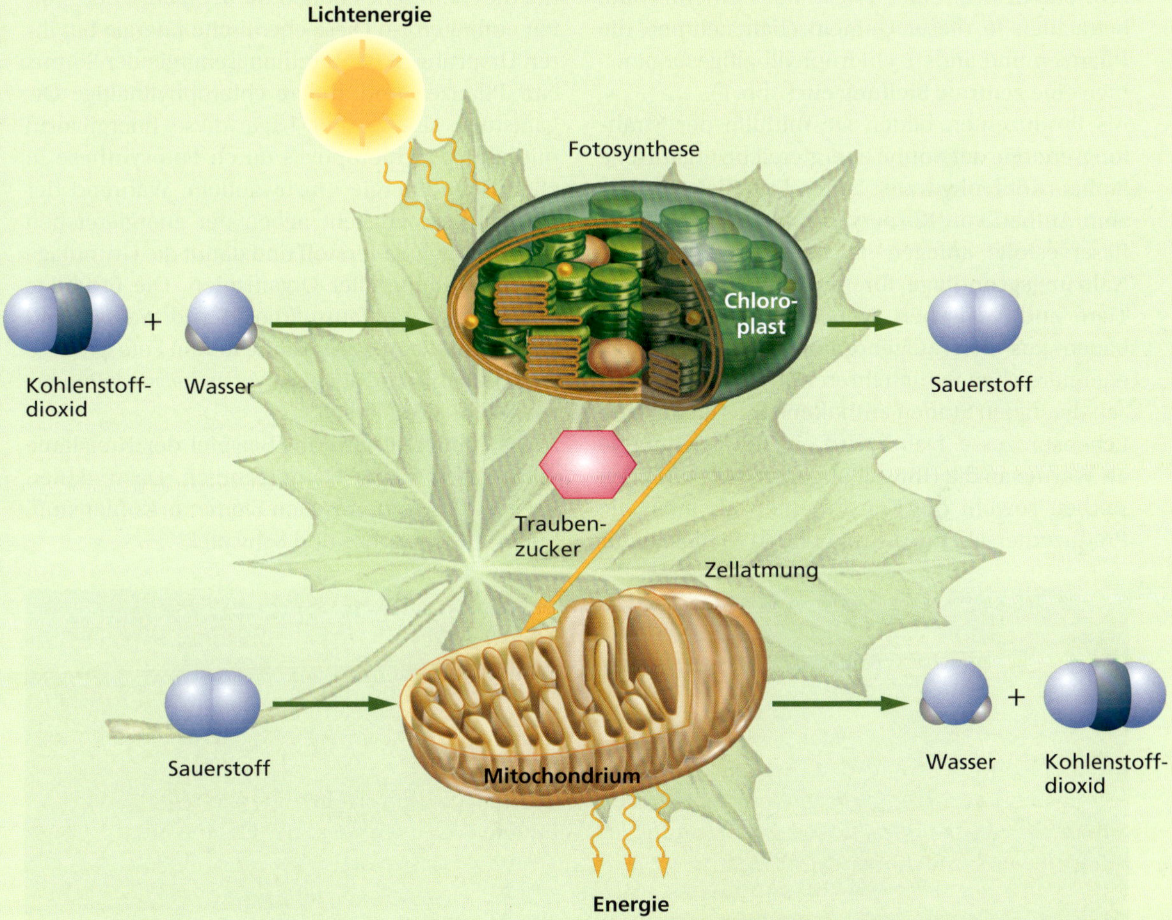

Kohlenstoffdioxid + Wasser + Energie $\underset{\text{Zellatmung}}{\overset{\text{Fotosynthese}}{\rightleftharpoons}}$ Traubenzucker + Sauerstoff

Vergleiche die Stoff- und Energieumwandlung in den Pflanzen mit der Stoff- und Energieumwandlung im menschlichen Körper.

Zentrale Stellung der Pflanzen

Der Stoff- und Energiewechsel ist ein wesentliches Kennzeichen aller Lebewesen, damit auch der Pflanzen. Er umfasst die Aufnahme von Stoffen und Energie aus der Umwelt, ihre vielfältige Umwandlung in den Zellen der Organismen sowie die Abgabe von Stoffen und Energie an die Umwelt. Das wird augenfällig, wenn man das Zusammenleben verschiedener Arten in einem Ökosystem, z. B. einem See, einer Wiese oder einem Wald, betrachtet. In dieser Gemeinschaft nehmen die **Pflanzen** und andere chlorophyllhaltige Organismen eine **zentrale Stellung** ein (Abb. 1).
Als Produzenten bilden sie mithilfe der Strahlungsenergie der Sonne energiereiche organische Stoffe (Kohlenhydrate, Fette, Eiweiße), die sie zum Aufbau von Körpersubstanz, aber auch als Reservestoffe anlegen. Diese Stoffe bilden die **Nahrungsgrundlage** für die Konsumenten, die Tiere und Menschen. Konsumenten wiederum bauen aus den aufgenommenen organischen, energiereichen Stoffen ihren Körper auf und nutzen die in den Stoffen enthaltene Energie für ihre Lebensprozesse. Dabei wird ein Teil der Energie als Wärme an die Umwelt abgegeben. Schließlich sterben sowohl die Konsumenten als auch die Produzenten ab. Ihre Körper bilden wiederum für die Destruenten, wie Pilze, Bakterien und im Boden lebende Organismen, die Nahrungsgrundlage. Sie bauen diese abgestorbenen Körper ab, bis wieder anorganische Stoffe (Wasser, Kohlenstoffdioxid, Nitrate, Sulfate, Phosphate u. a.) entstehen. Diese anorganischen Stoffe werden wiederum von den Produzenten genutzt.

Zur Aufrechterhaltung der Lebensprozesse benötigen alle Lebewesen **Energie.** Nutzen können sie nur die chemische Energie, die in organischen Stoffen enthalten ist. Diese chemische Energie hat ihren Ursprung in der Strahlungsenergie der Sonne. Nur Pflanzen und andere chlorophyllhaltige Organismen sind in der Lage, diese Energieform mithilfe des Chlorophylls durch **Fotosynthese** in chemische Energie umzuwandeln. Während der Fotosynthese entsteht neben der energiereichen Glucose auch **Sauerstoff** und damit die Grundlage für die Atmung aller Organismen. Die Produkte der Atmung, Kohlenstoffdioxid und Wasser, sind wiederum die Ausgangsstoffe für die Fotosynthese (S. 63). Damit sind auch die Versuche von J. PRIESTLEY (S. 48) zu erklären.
Diese Ganzheit wird am Beispiel der Kreisläufe von Stoffen in der Natur deutlich. Dazu zählen Kreisläufe der chemischen Elemente Kohlenstoff, Stickstoff, Phosphor und Schwefel.

1 Ohne Pflanzen wäre Leben, wie wir es heute kennen, nicht möglich.

Der Kohlenstoffkreislauf

Einen vereinfachten Überblick über den Weg des Kohlenstoffs in der Biosphäre gibt die Abbildung 1. Der Kohlenstoff gelangt durch Fotosynthese über das in der Luft enthaltene Kohlenstoffdioxid (CO_2), in chlorophyllhaltige Organismen, die **Erzeuger.** In der Nahrungskette nimmt er seinen Weg von den Erzeugern in den Körper von **Verbrauchern,** z. B. der Bakterien, der Pilze, der Tiere, des Menschen. Bereits durch die Atmung der meisten Organismen wird ein Teil wieder als CO_2 freigesetzt. Nach dem Tode der Organismen erfolgt der Abbau der organischen Stoffe durch die **Zersetzer,** wobei der Kohlenstoff als CO_2 wieder frei wird und erneut in den Kreislauf eingehen kann. Im Verlaufe der Erdgeschichte hat sich so ein Gleichgewicht zwischen CO_2-Produktion und CO_2-Verbrauch durch Organismen eingestellt, sodass der CO_2-Gehalt der Luft nahezu konstant bleibt. Dieses Gleichgewicht kann durch **menschliche Tätigkeit** erheblich gestört werden. So werden u. a. durch Verbrennung fossiler Stoffe (z. B. Öl, Kohle), die auf Lebensprozesse von Organismen in früheren Erdperioden zurückgehen und große Mengen Kohlenstoff enthalten, ungeheure Mengen Kohlenstoffdioxid freigesetzt und an die Atmosphäre abgegeben. Gleichzeitig wird Sauerstoff verbraucht. Das führt zur Erhöhung des CO_2-Gehaltes der Luft und bewirkt u. a. den **Treibhauseffekt.** Deshalb ist es wichtig, alle menschlichen Aktivitäten so zu gestalten, dass möglichst wenig CO_2 freigesetzt wird. Hierbei sind in Deutschland schon gewisse Erfolge erzielt worden, doch das Potenzial zum Einsparen ist noch sehr groß.

Aufgabe

Diskutiert, welche Möglichkeiten zur Verringerung der CO_2-Freisetzung bestehen. Informiert euch im Internet unter den Stichworten: Klimawandel, CO_2-Einsparung, Treibhausgase.

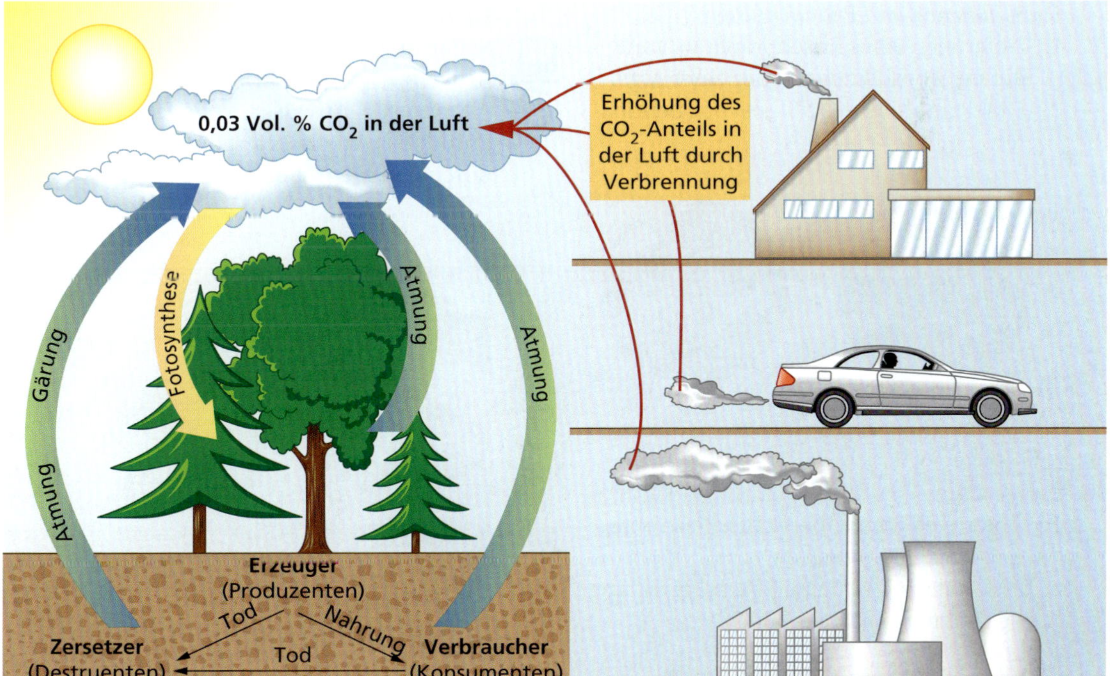

1 Der Kreislauf des Kohlenstoffs in der Natur und die Einflüsse menschlicher Tätigkeiten auf den natürlichen Kohlenstoffkreislauf

gewusst · gekonnt

1. Ergänze dein Glossar durch folgende Begriffe: Fotosynthese, Chloroplasten, Glucose, Zellatmung, Sauerstoff, Kohlenstoffdioxid, Kohlenstoffkreislauf.

Glossar

Chloroplasten:
Fotosynthese:

2. Führe folgende Beobachtungen an Chloroplasten durch:

Materialien:
Mikroskop, Objektträger, Deckgläschen, Wasser, Blättchen einer Moospflanze bzw. einer Alge

Durchführung und Beobachtung:
1. Anfertigen eines Frischpräparats von einem Moosblättchen oder einer Alge.
2. Objekt mithilfe des Mikroskops betrachten.

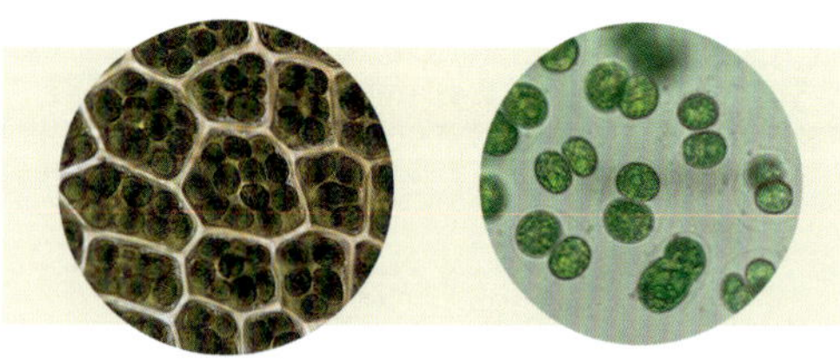

3. Beobachtungsergebnisse beschreiben.

Auswertung:
1. Anfertigen einer Übersichtsskizze einer Zelle mit Chloroplasten.
2. Anfertigen einer detaillierten Zeichnung des mikroskopischen Bildes.

3. Welche Bedeutung hat der Prozess der Fotosynthese für das Leben auf der Erde? Beschreibe anhand von Beispielen.

4. Die entscheidende Besonderheit der Pflanzen mit Chlorophyll ist die Fotosynthese. Nur sie, Algen und einige Bakterien mit Chlorophyll sind in der Lage, diesen Prozess durchzuführen.

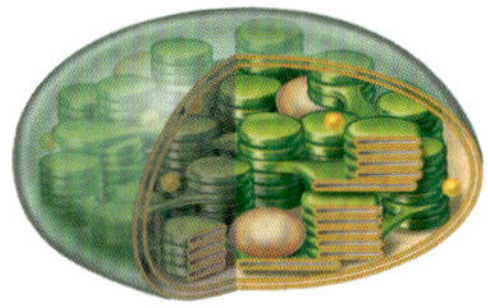

a) In welchen Zellorganellen erfolgt die Fotosynthese?
b) Beschreibe deren Bau. Formuliere die Summengleichung der Fotosynthese und erläutere die Begriffe „Ausgangsstoffe“, „Produkte“ und „Bedingungen“ für die Fotosynthese.
c) Wie verläuft der Prozess der Fotosynthese? Welches ist seine wichtigste Funktion?

5. Die Kenntnisse über die Fotosynthese werden von den Menschen in vielfältiger Weise genutzt.
Beschreibe, welche Möglichkeiten es gibt, in Gewächshäusern die Fotosyntheseleistung zu fördern.
Suche im Internet nach entsprechenden Artikeln.
Analysiert in Arbeitsgruppen einen Artikel gründlich und diskutiert die Einflussnahme durch den Menschen.

6. Erläutere, wie der Prozess der Fotosynthese gehemmt bzw. gefördert werden kann.

7. Alle Lebewesen benötigen zur Aufrechterhaltung ihrer Lebensprozesse Energie. Nutzen können sie nur chemische Energie, die in organischen Stoffen gespeichert ist.
a) Wie gelangen die Algen und Pflanzen zu dieser Energie? Erkläre.
b) Wie gelangen die meisten Bakterien, die Pilze, die Tiere und der Mensch zu dieser Energie? Erkläre.

8. Erläutere, wie der Prozess der Atmung durch Umweltfaktoren beeinflusst werden kann.

9. Für den Prozess der Nutzbarmachung von Energie, die in organischen Stoffen gespeichert ist, sind die Mitochondrien der Zellen von zentraler Bedeutung.

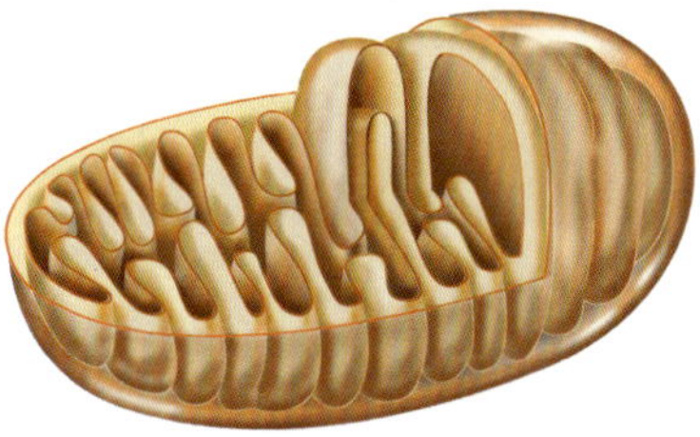

a) Beschreibe den Aufbau eines Mitochondriums.
b) Erläutere die Funktion dieser Zellorganelle.

10. Zuckerrüben werden nach der Ernte möglichst schnell von den Zuckerfabriken in der sogenannten „Zuckerrübenkampagne" verarbeitet. Begründe.

11. Erläutere den engen Zusammenhang zwischen Fotosynthese und Atmung. Fertige dazu ein Fließschema an.

12. Die Fotosynthese (und damit die Bildung organischer Stoffe) erfolgt nur in Zellen, die Chloroplasten mit Chlorophyll besitzen. Viele Zellen der Pflanzen haben keine Chloroplasten (z. B. Wurzelzellen). Erläutere, wie diese Zellen mit den für sie unentbehrlichen organischen Stoffen versorgt werden.

13. Samen, Früchte (z. B. Äpfel), Knollen (z. B. Kartoffeln) sind lebende Teile von Pflanzen.

a) Plane ein Experiment mit Samen (z. B. Samen der Garten-Bohne) mit dem Ziel zu überprüfen, ob die obige Aussage stimmt.
b) Führe das Experiment durch und protokolliere das Ergebnis.

14. Knollen der Kartoffeln oder Äpfel, die längere Zeit gelagert werden, verlieren an Gewicht und schrumpfen.

a) Erkläre diese Erscheinung.
b) Erläutere, wie man das zu Hause oder in Lagerhallen verhindern kann.
c) Plane ein entsprechendes Experiment, z. B. mit Äpfeln. Führe es durch, protokolliere die Ergebnisse und interpretiere sie.

15. Neben der Atmung gibt es noch eine weitere Form der Energienutzung, die Gärung. Informiere dich, welche Lebewesen diese Form nutzen und wie der Prozess abläuft. Nutze das Internet.

16. Erkläre den Energiefluss in einer selbst gewählten Nahrungskette mit mindestens fünf Gliedern. Begründe, warum man hier nicht von einem Energiekreislauf sprechen kann.

Licht-energie

Fotosynthese

Die wichtigste Besonderheit der Algen und Pflanzen sowie einiger Bakterien ist, dass sie in der Lage sind, aus energiearmen anorganischen Stoffen unter Nutzung der **Energie des Lichts** mithilfe des **Chlorophylls** energiereiche organische Stoffe aufzubauen, wobei Sauerstoff entsteht. Die Fotosynthese läuft in den **Chloroplasten** ab.

Lichtenergie

Wortgleichung: Kohlenstoffdioxid + Wasser → (Chlorophyll) Glucose + Sauerstoff

Reaktionsgleichung: $6\ CO_2 + 6\ H_2O \longrightarrow C_6H_{12}O_6 + 6\ O_2$

Prozess der Fotosynthese

- Umwandlung der Ausgangsstoffe Kohlenstoffdioxid und Wasser in die Produkte Glucose und Sauerstoff → **Stoffumwandlung**
- Umwandlung von Lichtenergie in chemische Energie der Glucose → **Energieumwandlung**

Bedeutung der Fotosynthese für das Leben auf der Erde

- **Bildung organischer Stoffe**
- **Sauerstofffreisetzung**
- **Umwandlung von Lichtenergie**

Atmung

Zur Aufrechterhaltung ihrer Lebensprozesse benötigen Pflanzen Energie. Genutzt werden kann nur chemische Energie, die in energiereichen organischen Stoffen gespeichert ist. Sie wird durch Zellatmung in den Mitochondrien nutzbar gemacht.

Energie

Wortgleichung: Glucose + Sauerstoff → Kohlenstoffdioxid + Wasser

Reaktionsgleichung: $C_6H_{12}O_6 + 6O_2 \longrightarrow 6\ CO_2 + 6\ H_2O$

Prozess der Atmung

- Umwandlung der Ausgangsstoffe Glucose und Sauerstoff in die Produkte Kohlenstoffdioxid und Wasser → **Stoffumwandlung**
- Umwandlung der chemischen Energie der Glucose in
  - für die Lebensprozesse nutzbare Energie
  - thermische Energie (Ausgabe als Wärme an die Umwelt)

  → **Energieumwandlungen**

2 Bau und Leistungen des menschlichen Körpers

2.1 Sinneswahrnehmungen – Informationen aus der Umwelt

Sinnesorgane – „Tore" zur Umwelt

Mit den Sinnesorganen nehmen wir die verschiedensten Umwelteinflüsse auf. Wir erfreuen uns z. B. am Duft der Blüte oder an der Farbenpracht einer blühenden Wiese.
Welche Bedeutung hat das Auge für uns als Lichtsinnesorgan? Wie kommt es, dass wir Erscheinungen in unserer Umwelt „sehen" können?

Das Ohr – ein wichtiges Kommunikationsorgan

Beim Besuch von Musikveranstaltungen kann man Sprachen aus verschiedenen Ländern hören. In Diskoveranstaltungen ist die Musik so laut, dass ein Sprechen miteinander unmöglich wird.
Welche Bedeutung hat das Ohr für uns als Hör- und Gleichgewichtssinnesorgan? Wie verläuft der Hörvorgang?

Lichtsinnesorgan Auge

Mit Hilfe des Auges nehmen wir die Vielfalt der Farben, besondere Formen eines Bauwerks oder interessante Gesichter wahr.
Wie ist das möglich?

Informationsaufnahme durch Sinneszellen?

Reizbarkeit ist die Fähigkeit von Lebewesen, auf **Reize** (Informationen aus der Umwelt und dem Körperinneren) zu reagieren. Das setzt voraus, dass diese Informationen aufgenommen und verarbeitet werden können. Auf welche Art und Weise das geschieht, hängt u. a. von den informationsaufnehmenden **Sinnesorganen** und der Informationsverarbeitung im **Nervensystem** ab. Dabei werden Sinneszellen in unseren Sinnesorganen jeweils von ganz bestimmten Reizen erregt (Tab.).

Überblick über Sinne und Reizarten

Sinne	Reizarten	Sinneszellen	Empfindungen
Gesichtssinn	Licht (optische Reize)	Sinneszellen in der Netzhaut des Auges 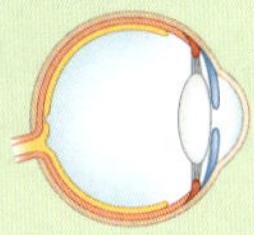	Unterscheiden von Hell und Dunkel; Farben-, Bewegungs-, Bildsehen; räumliches Sehen
Geruchssinn 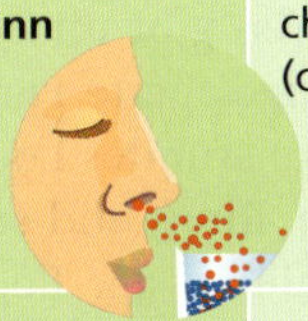	chemische Stoffe (chemische Reize)	Sinneszellen im Riechfeld der Nasenschleimhaut 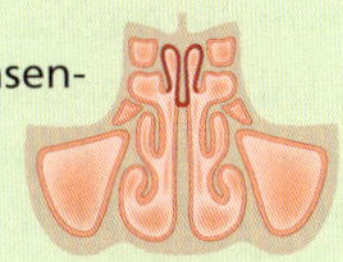	Unterscheiden von Geruchsqualitäten, z. B. rauchig, würzig, faulig, fruchtig, blumig
Gehörsinn	Schall (akustische Reize)	Sinneszellen im Innenohr (Schnecke) 	Wahrnehmen von Tonhöhen und Lautstärken
Gleichgewichtssinn 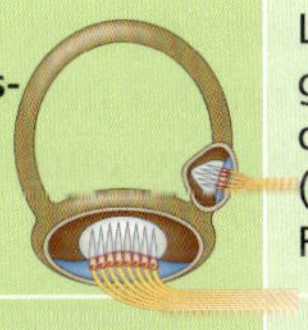	Lage- und Bewegungsänderungen des Körpers (mechanische Reize)	Sinneszellen im Innenohr (Lagesinneszellen im Vorhof, Bewegungssinneszellen in den Bogengängen)	Feststellen der Lage des Körpers, der Körperhaltung und -bewegung
Geschmackssinn	chemische Stoffe (chemische Reize)	Sinneszellen in den Geschmacksknospen der Zunge und des Gaumens 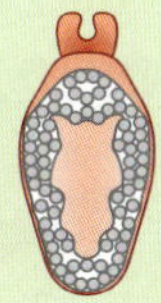	Unterscheiden von Geschmacksqualitäten, z. B. sauer, süß, bitter, salzig
Temperatursinn	Wärme und Kälte, Veränderung der Temperatur (Temperaturreize)	Sinneszellen und freie Nervenendigungen in der äußeren Haut und der Schleimhaut 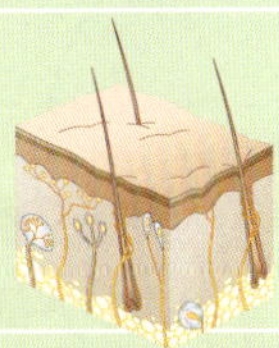	Feststellen von Temperaturunterschieden und -veränderungen, Wärme- und Kälteempfindung
Druck- und Berührungssinn 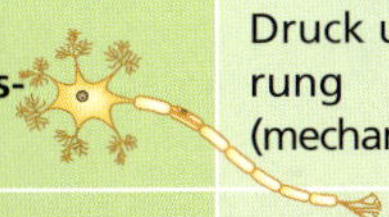	Druck und Berührung (mechanische Reize)	Sinneszellen und freie Nervenendigungen in der Haut und den inneren Organen	Feststellen von Druck und Berührung
Schmerzsinn	alle Reize	freie Nervenendigungen	Schmerz

Das Auge – unser Lichtsinnesorgan

Schutz- und Hilfseinrichtungen der Augen

Die fast kugeligen Augen liegen geschützt im Schädel, jedes in einer knöchernen **Augenhöhle** (Abb. 1). Die Knochen und Fettpolster schützen die Augen vor zu starkem Druck, Erschütterungen und Beschädigungen. Die **Augenbrauen** verhindern, dass Schweiß in die Augen fließt und zum „Brennen" der Augen führt.

Die **Augenlider** und **Wimpern** schließen sich sofort, wenn Fremdkörper in die Nähe der Augen gelangen, und verhindern so das Eindringen der Fremdkörper in die Augen.

Die in den **Tränendrüsen** (Abb. 2) produzierte Tränenflüssigkeit gelangt auf die Hornhaut. Durch Lidschlag wird sie gleichmäßig über Hornhaut und Bindehaut verteilt. Im inneren Augenwinkel fließt sie durch Tränenkanälchen in den Tränensack und weiter in die Nasenhöhle. Die Tränenflüssigkeit verhindert ein Austrocknen von Hornhaut und Bindehaut. Auch Fremdkörper, z. B. Staubteilchen, werden herausgespült.

Zu den **Hilfseinrichtungen** des Auges gehören die Augenmuskeln (Abb. 1). Sie setzen am äußeren Augapfel an und bewirken die gleichsinnige Bewegung unserer Augen.

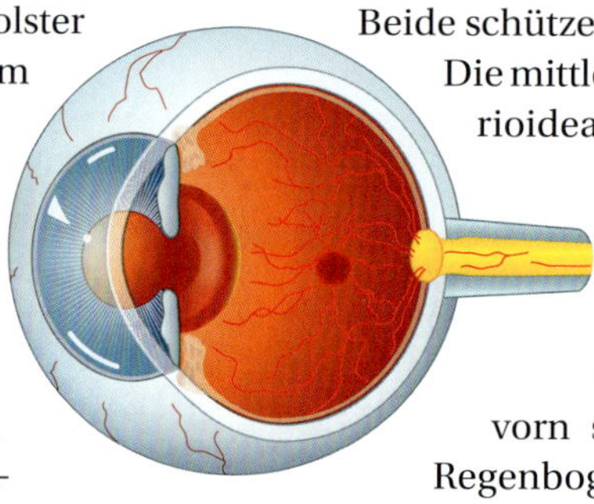

Bau und Funktionen des Auges

Die Augenwand ist aus drei Schichten aufgebaut (Abb. 2, S. 73). Die äußere weiße und feste Schicht ist die **Lederhaut** (Sklera). Nach vorne geht sie in die vorgewölbte durchsichtige **Hornhaut** über. Beide schützen die inneren Teile des Auges.

Die mittlere Schicht ist die **Aderhaut** (Chorioidea). Sie wird von zahlreichen Blutgefäßen durchzogen und dient der Versorgung der Augenteile mit Nährstoffen und Sauerstoff sowie dem Abtransport von Stoffwechselendprodukten. Nach vorn schließen sich Ziliarkörper und Regenbogenhaut an.

Die **Regenbogenhaut** (Iris) gibt unseren Augen die Farbe. Sie enthält eingelagerte Farbstoffe. In ihrer Mitte lässt sie ein kreisrundes Loch frei, das Sehloch oder die Pupille. Ring- und strahlenförmig angeordnete **Muskeln** in der Regenbogenhaut bewirken durch Kontraktion eine Verengung oder Erweiterung der Pupille. Dadurch wird die einfallende Lichtmenge geregelt (Abb. 2, S. 75).

Der hinter der Regenbogenhaut liegende **Ziliarkörper** besteht aus einem **Ringmuskel** (Ziliarmuskel) und Linsenbändern, die mit der Linse verbunden sind. Der Ziliarmuskel umgibt wie ein Ring die farblose, durchsichtige und bikonvexe **Linse.**

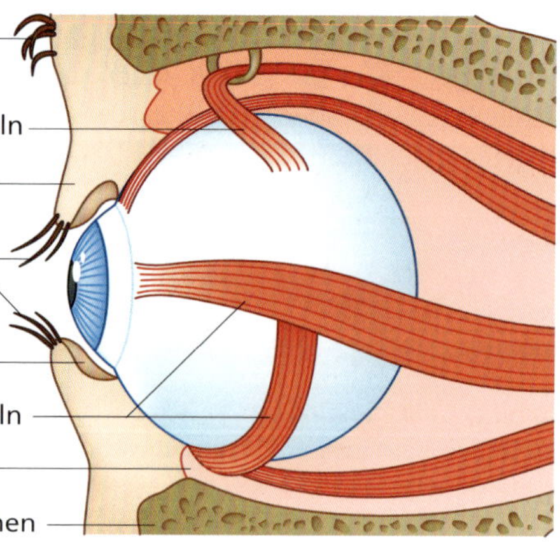

1 Schutz- und Hilfseinrichtungen des Auges

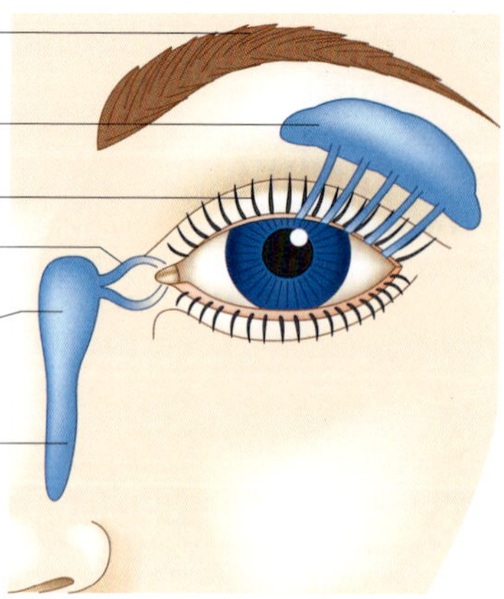

2 Auge mit Tränendrüse und ableitenden Kanälen

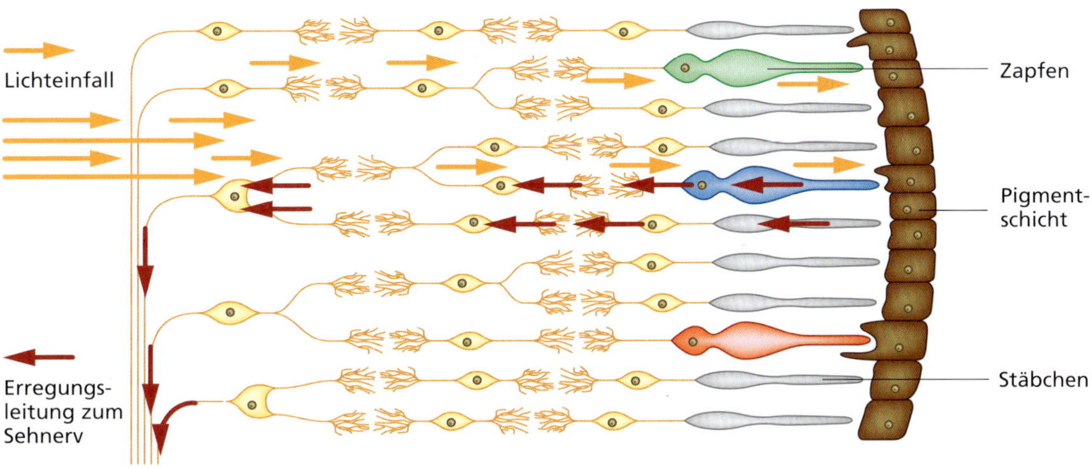

1 Bau der Netzhaut, Lichteinfall ( ) und Erregungsleitung ( )

Die **Linse** ist durch strahlenförmig vom Linsenrand abgehende Fasern an dem Ziliarkörper befestigt. Durch Kontraktion und Entspannung des ringförmigen Ziliarmuskels kann die elastische Linse gewölbt bzw. abgeflacht werden (Abb. 1, S. 76).

Die Räume zwischen Hornhaut und Regenbogenhaut sowie zwischen Regenbogenhaut und Linse heißen vordere bzw. hintere **Augenkammer.** Sie sind mit einer klaren Flüssigkeit gefüllt, dem Kammerwasser. Das Kammerwasser dient u. a. der Aufrechterhaltung des Augeninnendrucks.

Die innere Augenschicht besteht aus zwei Teilen. Außen liegt die schwärzliche **Pigmentschicht.** Sie ist fest mit der Aderhaut verwachsen und fungiert als Lichtfilter. Die aufliegende Netzhaut (Retina) ist mit der mittleren Augenhaut nur im Bereich der Iris und des Sehnerven fest verbunden. Sie enthält die Lichtsinneszellen **(Stäbchen und Zapfen)** sowie verschiedenartige Nervenzellen mit ihren Fortsätzen. Die netzartig untereinander verbundenen Nervenzellen vereinen sich zum **Sehnerv** (Abb. 1).

An der Stelle, wo der Sehnerv das Auge verlässt, befinden sich keine Lichtsinneszellen. Diese Stelle ist der **blinde Fleck,** die Stelle des Nichtsehens.

Etwas seitlich der Austrittsstelle des Sehnervs befinden sich in einer Vertiefung der Netzhaut gehäuft Lichtsinneszellen (nur Zapfen). Es ist die Stelle des schärfsten Sehens, der **gelbe Fleck.** Das Innere des Auges füllt der fast kugelige, durchsichtige, gallertartige **Glaskörper** (Abb. 2) aus. Er bewirkt durch Druck von innen, dass das Auge seine Form behält.

Das nahezu kugelige Auge besteht aus drei Augenhautschichten, der Linse und dem Glaskörper.

Aufgaben

1. Zähle Schutzeinrichtungen des Auges auf. Was bewirken sie jeweils?

2. Übertrage die Teile des Auges in eine Tabelle und benenne dazu jeweils ihre Funktion.

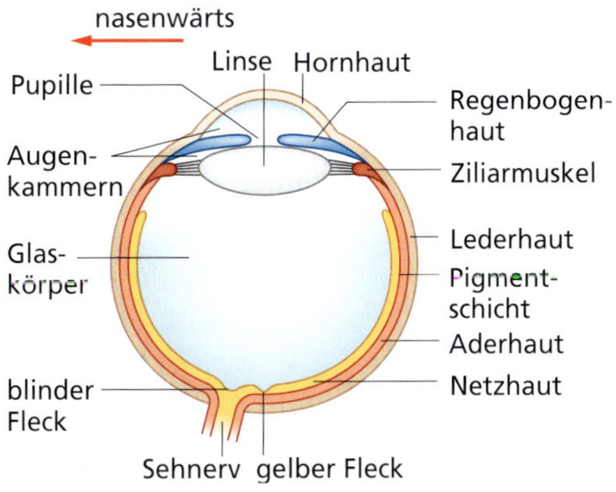

2 Bau des Auges (Längsschnitt)

Der Sehvorgang

Hornhaut, Kammerflüssigkeit, Linse und Glaskörper des Auges bilden ein **optisches System**, das wie eine Sammellinse wirkt. Durch Sammellinsen wird das Licht eines Gegenstandspunkts vor der Linse wieder in einem Bildpunkt hinter der Linse gesammelt.
Die Regenbogenhaut wirkt als Blende, sie begrenzt den seitlichen Lichteinfall. Durch die Sammellinsenwirkung der durchsichtigen Augenteile wird auf die Netzhaut ein **umgekehrtes, verkleinertes, reelles Bild** der Umgebung projiziert (Abb. 1). Das funktioniert ähnlich, wie man es mit einer Lupe auf ein Blatt Papier werfen kann.

Die lichtempfindlichen Sinneszellen in der Netzhaut, die Stäbchen und Zapfen, werden durch das Licht gereizt. Dadurch kommt es zur Erregungsbildung. Die in den Lichtsinneszellen durch den Lichtreiz ausgelösten Erregungen werden über den Sehnerv zum Sehfeld der Großhirnrinde geleitet, dort verarbeitet und gespeichert.
Erst durch diese **Verarbeitung** des Erregungsmusters **im Gehirn** kommt es zur eigentlichen Sehwahrnehmung.

Die **Netzhaut** jedes Auges enthält bis zu 130 Millionen Lichtsinneszellen, bis zu 125 Millionen längliche und schlanke Stäbchen sowie etwa 5 Millionen dickere Zapfen (Abb. 1, S. 73). Die **Stäbchen** werden schon durch schwaches Licht angeregt, sodass sie auch noch das Sehen in der Dämmerung ermöglichen. Die **Zapfen** benötigen etwas stärkeres Licht. Sie ermöglichen das Farbensehen (S. 78).
Für die Erregung der Lichtsinneszellen ist der Farbstoff **Sehpurpur** (Rhodopsin) verantwortlich, der aus einer farbgebenden Komponente und einem Protein besteht. Dieser Farbstoff zerfällt durch Licht. Dabei entstehen elektrische Impulse, die als Erregung weitergeleitet werden. Anschließend wird der Sehpurpur wieder neu aufgebaut. Dazu wird Vitamin A gebraucht. Fehlt Vitamin A in der Nahrung, kommt es zur Einschränkung der Sehfähigkeit, die sich zuerst nachts bemerkbar macht **(Nachtblindheit).**

Auf der Netzhaut entsteht ein verkleinertes, umgekehrtes, reelles Bild des betrachteten Gegenstands.
Erst im Gehirn nehmen wir ein Abbild des betrachteten Objekts in natürlicher Lage und Gestalt wahr.

Aufgaben

1. Beschreibe die Bildentstehung anhand der Abbildung 1.

2. Die Farbe der Regenbogenhaut hat nichts mit dem Farbensehen zu tun. Erkläre.

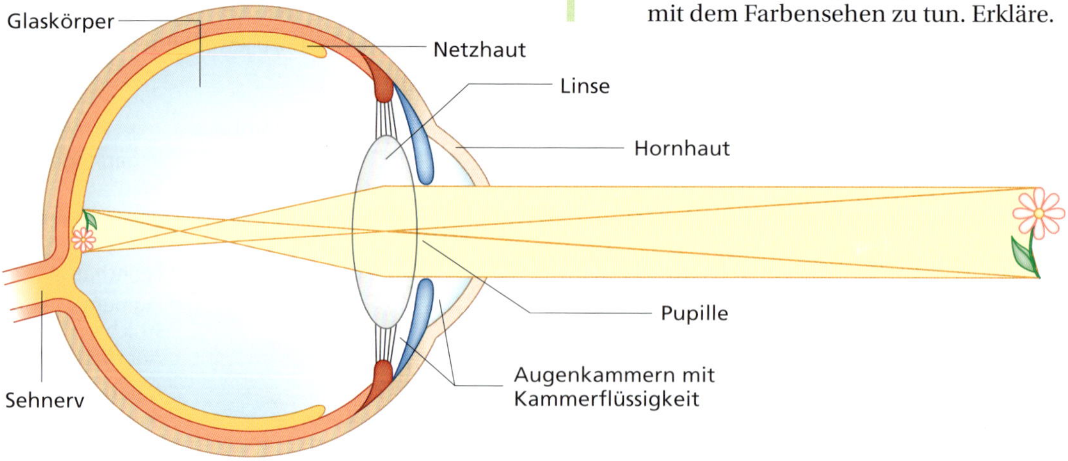

1 Sehvorgang – Bildentstehung in der Netzhaut

Anpassungen des Auges

Pupillenadaptation

Das ist jedem schon einmal passiert: Man war an einem sonnigen Tag lange draußen und betritt dann einen relativ dunklen Raum. Man sieht eine Weile nichts! Umgekehrt ist es nicht ganz so schlimm, aber das einfallende Licht blendet im ersten Moment sehr.

Würden wir in diesem Augenblick unsere Augen im Spiegel betrachten, könnten wir eine Veränderung der **Pupillen** feststellen. Bei starkem Lichteinfall verengen sie sich, in der Dämmerung öffnen sie sich weit.

Diese unwillkürliche Reaktion wird **Pupillenreflex** genannt (S. 102). Damit passt sich unser Auge an die Menge des einfallenden Lichts, also an die unterschiedliche Beleuchtungsstärke an. Diese Anpassung des Auges wird **Pupillenadaptation** genannt.

Die Veränderung der Pupillenweite beruht auf der Kontraktion bzw. dem Erschlaffen der ring- und strahlenförmig angeordneten Muskeln in der Regenbogenhaut (Abb. 1).

Pupillenadaptation ist die Anpassung des Auges an die unterschiedliche Beleuchtungsstärke durch Erweiterung oder Verengung der Pupille.

Aufgaben

1. Schaue eine Weile mit geöffneten Augen in den Lichtkegel einer Lampe. Betrachte deine Augen anschließend sofort im Spiegel. Nun schließe beide Augen. Öffne sie wieder und betrachte sie sofort im Spiegel. Was konntest du jeweils beobachten? Erkläre die unterschiedlichen Reaktionen der Augen.

2. Pupillen können mithilfe von Augentropfen erweitert werden. Beschreibe, wofür das sinnvoll ist. Leite aus deinen Überlegungen ab, wann das praktiziert wird.

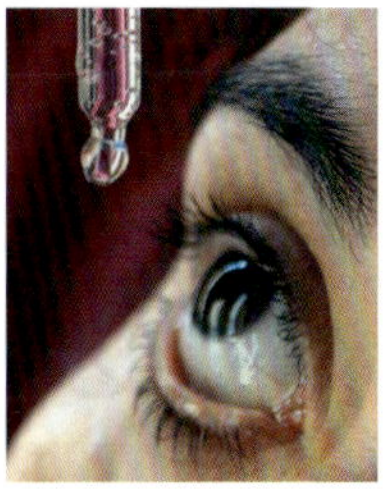

Pupille im grellen Licht

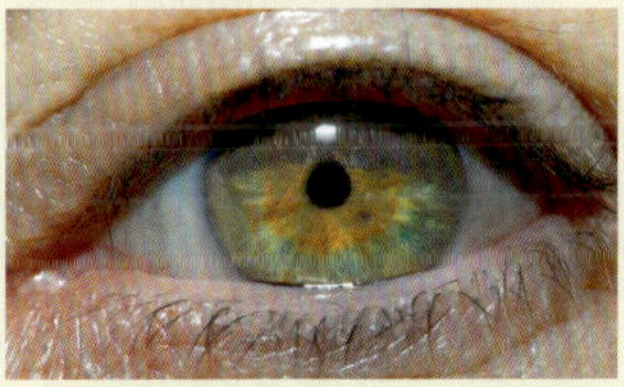

Verengung der Pupille

durch Kontraktion der Ringmuskeln der Regenbogenhaut – Verringerung der Menge des einfallenden Lichtes

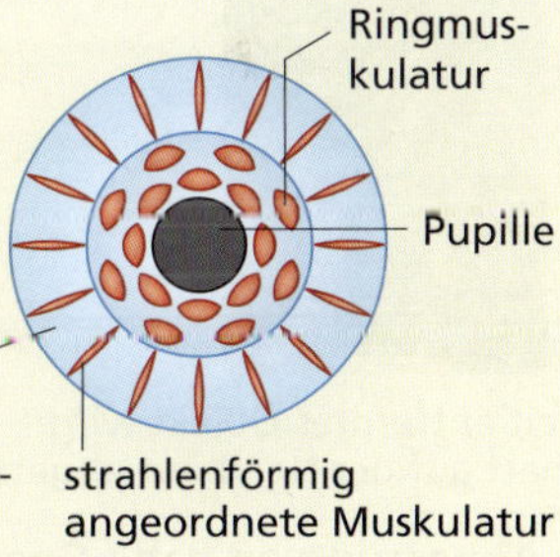

Pupille im Dunkeln

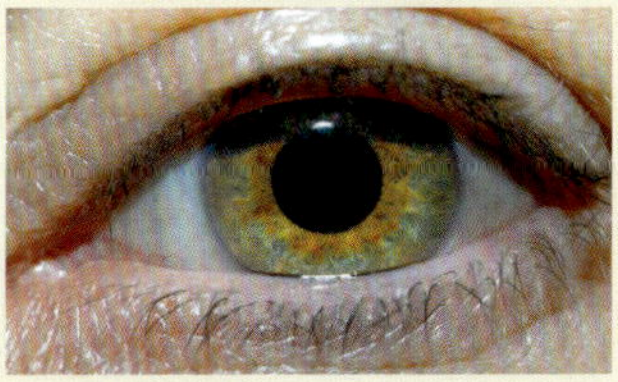

Erweiterung der Pupille

durch Kontraktion der strahlenförmig angeordneten Muskeln – Erhöhung der Menge des einfallenden Lichtes

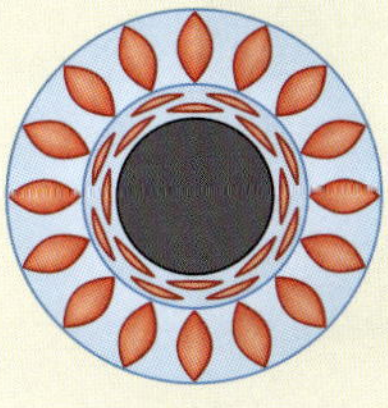

1 Anpassung des Auges an die unterschiedliche Beleuchtungsstärke – Pupillenadaptation

Akkommodation

Wir können mit unseren Augen nicht zugleich nahe und ferne Gegenstände scharf sehen.
Betrachten wir ferne Gegenstände, sehen wir die nahen Gegenstände unscharf; betrachten wir nahe Gegenstände, sehen wir die fernen Gegenstände unscharf (Abb. 1).
Das Auge passt sich an die unterschiedliche Entfernung der betrachteten Gegenstände an. Diesen Vorgang nennt man **Akkommodation.** Die Akkommodation beruht auf der unterschiedlichen Krümmung der elastischen Augenlinse. Die Linse hängt mit Linsenbändern am ringförmigen Ziliarmuskel.

Betrachten wir z. B. **ferne Gegenstände,** so fällt das Licht fast parallel auf die Linsen. Die Ziliarmuskeln sind entspannt, die Linsenbänder werden straff gespannt.
Dadurch werden die elastischen Linsen abgeflacht. Ihre Brechkraft ist geringer, sodass die entfernten Gegenstände auf der Netzhaut scharf abgebildet werden (Abb. 1a).
Beim **Nahsehen** wird das Licht durch die Linsen stärker gebrochen. Dazu werden die Ziliarmuskeln kontrahiert. Dadurch entspannen sich die Linsenbänder, und die Linsen nehmen - bedingt durch ihre eigene natürliche Elastizität - eine stark gekrümmte, fast kugelige Form an.
Damit erreichen sie eine höhere Brechkraft, sodass die nahen Gegenstände auf der Netzhaut scharf abgebildet werden (Abb. 1b).

Akkommodation ist die Anpassung des Auges an die unterschiedliche Entfernung der zu betrachtenden Gegenstände durch Änderung der Linsenkrümmung.

Aufgabe

Beschreibe den Zusammenhang von Bau und Funktion am Beispiel der Pupillenadaptation und der Akkommodation.

a) Anpassung an ferne Gegenstände – Fernakkommodation

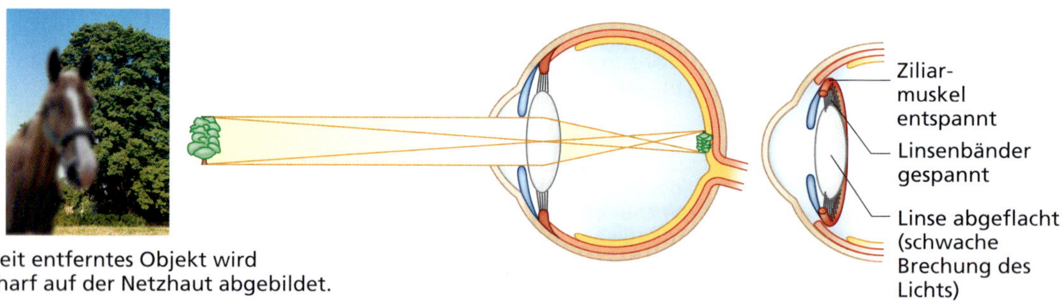

Weit entferntes Objekt wird scharf auf der Netzhaut abgebildet.

b) Anpassung an nahe Gegenstände – Nahakkommodation

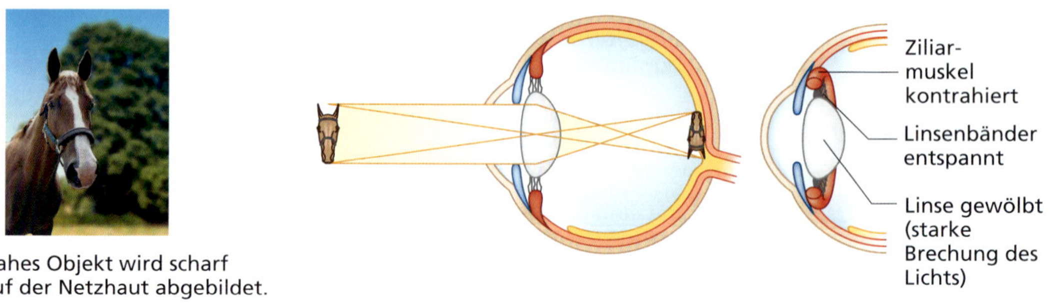

Nahes Objekt wird scharf auf der Netzhaut abgebildet.

1 Anpassung des Auges an die unterschiedliche Entfernung der betrachteten Gegenstände – Akkommodation

Sehfehler und ihre Korrektur

Normalerweise passt sich die Linsenkrümmung automatisch an die Entfernung des betrachteten Gegenstands an. Beim Blick in die Ferne entsteht auf der Netzhaut ebenso ein scharfes Bild wie bei der Betrachtung eines nahen Gegenstands.

Altersweitsichtigkeit

Bei jungen Menschen ist die Linse besonders elastisch. Eine Naheinstellung auf Objekte bis ca. auf 8 cm Entfernung ist problemlos möglich. Mit zunehmendem Alter lässt die Elastizität der Linse jedoch kontinuierlich nach. Mit 40 Jahren kann man noch Gegenstände in 17 bis 20 cm Entfernung scharf sehen, mit 50 Jahren liegt der Nahpunkt in der Regel bei ca. 50 cm, mit 70 Jahren schon bei 1 m.

Diese Altersweitsichtigkeit macht sich zuerst beim Lesen bemerkbar. Mit einer Brille, die leichte **Sammellinsen** enthält („Lesebrille"), kann sie ausgeglichen werden.

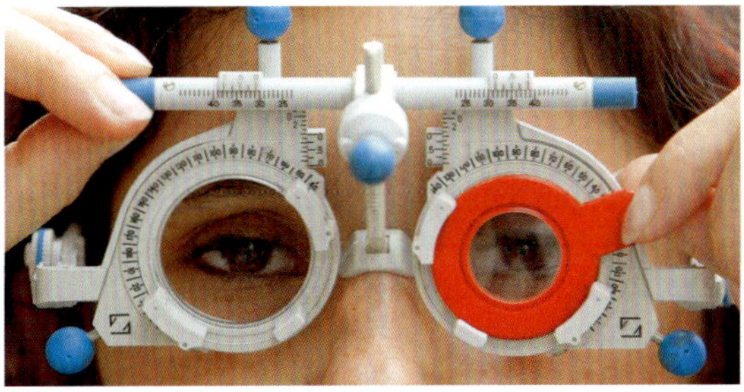

2 Beim Augenarzt kann die benötigte Linsenstärke zur Augenkorrektur bestimmt werden.

Angeborene Sehfehler

Ist der Augapfel etwas zu lang, kann man sehr nahe Gegenstände scharf, entfernte Gegenstände jedoch nur verschwommen wahrnehmen. Diese **Kurzsichtigkeit** kann man durch **Zerstreuungslinsen** ausgleichen (Abb. 1). Das bedeutet bei starker Kurzsichtigkeit allerdings auch eine deutliche Einengung des Gesichtsfelds. **Weitsichtigkeit** durch einen verkürzten Augapfel kann durch **Sammellinsen** ausgeglichen werden (Abb. 1).

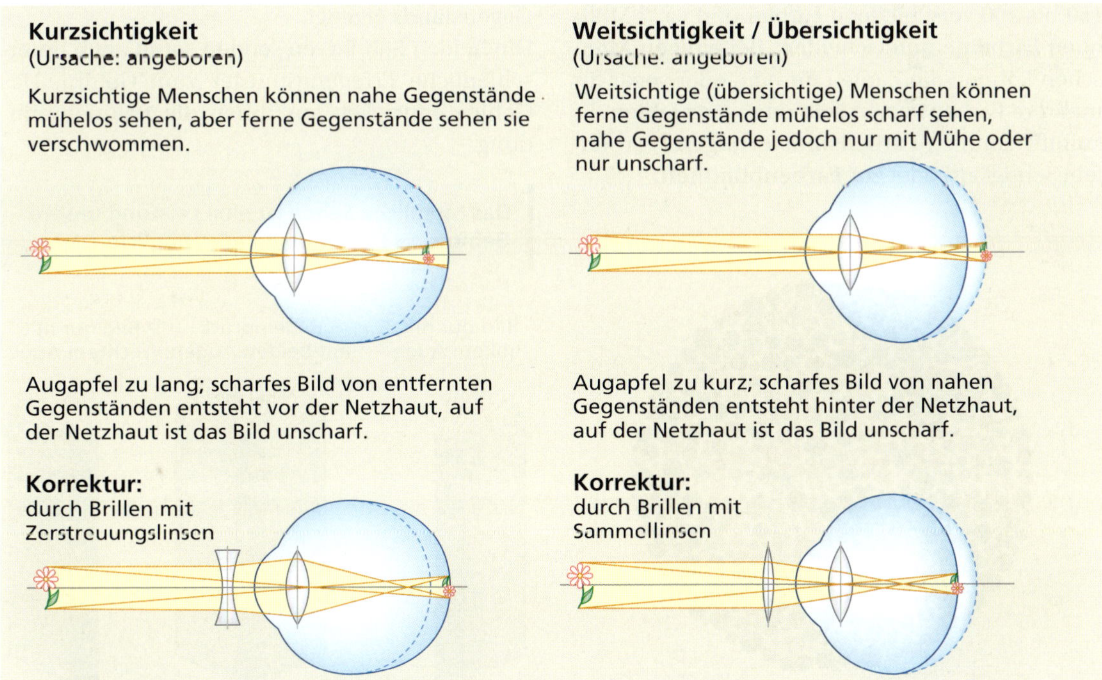

1 Sehfehler und ihre Korrektur

Das Farbensehen

Licht besteht aus elektromagnetischen Wellen. Das Spektrum des sichtbaren Lichts umfasst die Wellenlängen von 390 nm (violett) bis 780 nm (rot). Noch längere Lichtwellen (Infrarot) bzw. noch kürzere Lichtwellen (ultraviolett) können vom Menschen nicht wahrgenommen werden.
In der Netzhaut gibt es drei **verschiedene Zapfentypen.** Jeder Zapfentyp besitzt einen spezifischen Sehfarbstoff. Diese werden durch Licht der Wellenlängen für die Grundfarben Rot, Grün bzw. Blau erregt. Eine gleich starke Erregung aller drei Zapfentypen ruft den Eindruck Weiß hervor. Werden die Zapfen nur durch Wellenlängen für rotes und grünes Licht erregt, sehen wir die Farbe Gelb. Spektralfarben können also gemischt werden. Durch **Mischen der Grundfarben** Rot, Grün und Blau erhält man alle Farben (Abb.).

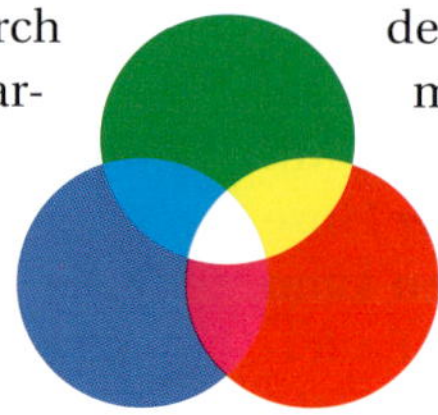

In unserem Auge wird jede Farbe durch ein für sie typisches Erregungsverhältnis der drei Zapfentypen widergespiegelt. Dadurch kann unser Auge 150 bis 200 verschiedene Farben und ca. 7 Millionen Farbtöne unterscheiden. Bei einigen Menschen können die Zapfen für eine oder sogar für mehrere Farben gestört sein oder ganz fehlen. Es kommt dann zu **Farbensinnstörungen** (Farbenfehlsichtigkeit) oder zur **Farbenblindheit.**

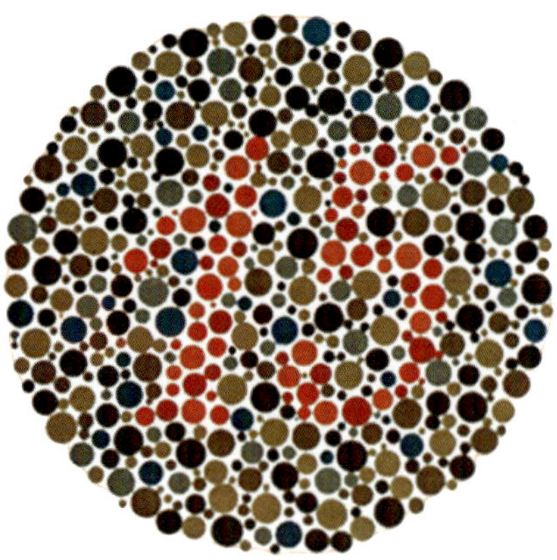

1 Testbild zur Prüfung der Rotgrünsehschwäche

Das räumliche Sehen

In jedem Auge entsteht ein flächiges Bild des betrachteten Gegenstands. Wir sehen aber nicht zwei getrennte Bilder des Gegenstands, sondern ein einziges räumliches Bild.
Dies ist eine **Leistung unseres Gehirns.** Vergleicht man nämlich das Netzhautbild des rechten und linken Auges miteinander, dann stellt man fest, dass sie sich deutlich voneinander unterscheiden. Das rechte Auge sieht den Gegenstand mehr von rechts, das linke mehr von links. Mit beiden Augen wird der Gegenstand, z.B. ein Buchrücken, vollständig gesehen, weil im Gehirn beide Bilder zu einem räumlichen Bild vereinigt werden (Abb. 2).

Das **räumliche Sehen** ist für die räumliche Tiefenwahrnehmung unabdingbar. Das ist z.B. beim Autofahren notwendig. Da jedes Auge einen Gegenstand aus einem anderen Blickwinkel wahrnimmt, wird auf der Netzhaut jedes Auges demzufolge auch ein anderes Halbbild des gesehenen Gegenstands erzeugt.
Die beiden Sehnerven senden somit auch unterschiedliche Erregungsmuster zum Gehirn. Das Gehirn entwickelt aus ihnen die Raumempfindung.

Das räumliche Sehen ist eine Leistung unseres Gehirns. Es ist nur beidäugig möglich.

2 Räumliches Sehen eines Buchrückens

Optische Täuschung

Dass unser Gehirn beim Sehen beteiligt ist, können wir an weiteren Beispielen verdeutlichen. Betrachtet man die Abbildung 1 genau, so scheint die Person im Hintergrund größer als die im Vordergrund zu sein. Ein Nachmessen zeigt aber, dass beide Personen gleich groß sind. Dies ist eine **optische Täuschung.** Sie entsteht, weil die Straße einen räumlichen und perspektivischen Eindruck erweckt. Im Gehirn ist die Erfahrung gespeichert, dass der hintere Gegenstand größer sein müsste als der vordere. Daher erscheinen die Personen unterschiedlich groß.

Die optische Täuschung wird noch größer, wenn man ein Auge schließt. Einige sehen auf der Abbildung 2 b ein junges Mädchen, andere eine alte Frau, obwohl auf der Netzhaut aller Betrachter das gleiche Bild entsteht. Die junge Frau ist links im seitlichen Profil zu erkennen. Wenn man die Wimpern und die Nase der jungen Frau zuhält, sieht man das nach unten gerichtete Gesicht einer alten Frau, das Kinn im Pelzmantel versteckt. Auch bei der Auswertung dieses Bilds werden die gespeicherten Erfahrungen im Gehirn unbewusst bei der Sehwahrnehmung mit verarbeitet.

Bei der Betrachtung der Abbildung 2 a erscheinen die inneren Kreise unterschiedlich groß, obwohl sie den gleichen Durchmesser besitzen. Die Ursache dieser optischen Täuschung liegt darin, dass die Flächen in unserem Gehirn immer in Bezug zu ihrer Umgebung (kleinere Kreise, größere Kreise) wahrgenommen werden. Dabei wirken größere Figuren neben kleinen Figuren besonders groß.

Auge und Gehirn arbeiten beim Sehen zusammen. Einige optische Täuschungen beruhen darauf, dass das Gehirn Gesehenes nach der Erfahrung deutet.

Aufgaben

1. Sieh dir die Abbildung 1 auf Seite 78 an. Betrachte das Bild. Was kannst du erkennen? Vergleiche dein Ergebnis mit dem anderer Mitschüler. Konnte jemand die Motive nicht erkennen? Wenn ja, ermittle mithilfe des Internets oder geeigneter Literatur die Ursachen.

2. Erkläre, wie optische Täuschungen zustande kommen.

1 Entferntere Gegenstände wirken erfahrungsgemäß eigentlich kleiner als nahe.

2 a Die inneren Kreise erscheinen unterschiedlich groß.
b Einige sehen eine junge Frau, andere eine alte.

Sehen und Verarbeiten

Betrachte die Spitze des Bleistifts.

Material:
spitzer Bleistift

Durchführung und Beobachtung:
1. Halte deinem Mitschüler einen spitzen Bleistift ca. 40 cm vor das Gesicht. Er soll ein Auge schließen und versuchen mit dem Zeigefinger die Bleistiftspitze zu berühren. Was stellst du fest?
2. Anschließend wiederhole den Versuch mit geöffneten Augen. Was stellst du dieses Mal fest?

Auswertung:
- Vergleiche die Ergebnisse von 1 und 2.
- Versuche eine Begründung zu finden.

Weise den blinden Fleck im Auge nach.

Material:
Testbild (Abb. unten)

Durchführung:
1. Welche Beobachtung erwartest du bei folgender Vorgehensweise?
   Halte dein linkes Auge zu. Halte die untere Abbildung in Armeslänge vor dein rechtes Auge und schaue genau auf das linke Dreieck. Nähere nun langsam die Abbildung deinem Auge.
2. Führe den Versuch durch. Hat sich deine Vermutung bestätigt?

Auswertung:
Erkläre deine Beobachtung.

Ermittle Sinnestäuschungen.

Materialien:
verschiedene Testbilder (Abb.)

Durchführung und Beobachtung:
Betrachte die verschiedenen Testbilder.

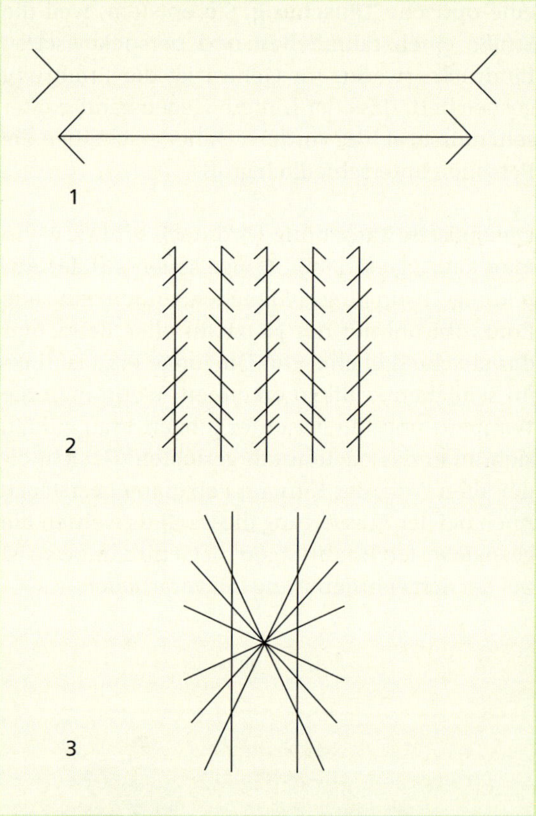

Auswertung:
- Was konntest du auf den Testbildern erkennen? Welche Linie in 1 ist länger? Laufen die senkrechten Linien in 2 und 3 parallel? Beschreibe.
- Miss die Figuren aus und vergleiche mit deinen Wahrnehmungen. Was stellst du fest? Erkläre.

Gesunderhaltung und Schutz der Augen

Mit den Augen nehmen wir viele Informationen aus der Umwelt auf. Deshalb ist es wichtig, sie zu schützen.
Beim Ausführen aller Tätigkeiten, sei es Lesen, Schreiben, Kochen, Sticken, ist auf **ausreichende Beleuchtung** zu achten.
Allerdings ist sehr helles Licht, auch grelles Sonnenlicht, schädlich für die Augen. Deshalb sollte eine **Sonnenbrille** getragen werden.
In vielen Berufen sind die Augen durch **Schutzbrillen** (Abb.) zu schützen, z.B. beim Schleifen, Schweißen, Drehen gegen Funkenflug oder abspringende feste Teilchen, beim Motorradfahren gegen Wind und Fremdkörper, beim Arbeiten mit ätzenden Flüssigkeiten wie Säuren und Basen gegen ätzende Spritzer. Nicht zuletzt sind deshalb auch bei einigen Laborexperimenten in der Schule Schutzbrillen aufzusetzen.

Viele Leute arbeiten heute am Computer. Um die Augen nicht zu überanstrengen, sollte man den Blick nach einiger Zeit in die Ferne richten. Denn die Linsenkrümmung verringert sich beim **In-die-Ferne-Sehen,** das Auge ruht sich aus. Dies gilt auch beispielsweise beim Lesen eines Buches.
Zu beachten ist auch der **Abstand zwischen Auge und Arbeitsgegenstand.** Beim gesunden Auge eines Erwachsenen zwischen 40 und 50 Jahren beträgt er etwa 25 bis 35 cm.

1 Beim Kauf einer Sonnenbrille ist nicht nur das Design entscheidend, sondern zuerst einmal der UV-Schutz.

Kann man den Arbeitsgegenstand nicht mehr scharf sehen, muss ein Arzt aufgesucht werden.

Am Auge leidet bei Schädigungen der verschiedensten Art häufig zunächst die außen liegende Bindehaut. Die Symptome der **Bindehautentzündung** sind bekannt: Die Augen erscheinen deutlich gerötet (Abb. 1, S. 82), Tränen laufen die Wangen hinab und die Lider blinzeln, vor allem bei hellem Licht. Brennen und Jucken verführen überdies dazu, kräftig zu reiben, wodurch sich die Entzündung verschlimmert.
Betroffen sind meist beide Augen, weil die Ursachen in der Regel das Augenpaar gemeinsam erreichen. Kälte und Wind, Sonnenstrahlen und Rauch, Chemikalien und viele andere Auslöser kommen infrage. Häufig schwellen die Bindehäute auch bei Heuschnupfen und sonstigen Allergien an. Daneben treten zahlreiche Bakterien und Viren als Krankheitserreger auf.

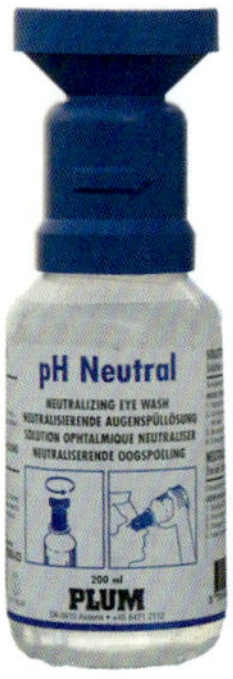

Ob sich die Entzündung auf die Bindehäute beschränkt oder ob auch andere Teile, wie die Hornhaut, mit betroffen sind, kann nur der Facharzt feststellen. Denn Entzündungen der Bindehaut neigen dazu, sich chronisch festzusetzen und hartnäckig wiederzukehren.

Verletzungen des Auges sind stets vom Arzt zu behandeln. Bereits winzige Fremdteilchen führen im Auge zu heftigen Schmerzen, denn jeder Lidschlag scheuert über die Hornhaut. Häufig lässt sich der Eindringling sogleich beseitigen, behutsam und stets in Richtung des Tränenflusses zur Nase hin. Bei jeder ernsteren Schädigung ist unverzüglich ein Augenarzt aufzusuchen.

Auf dem Weg dorthin sollte die Verletzung möglichst steril abgedeckt sein. Gerade bei Arbeits- und Verkehrsunfällen dringen Glas- und Metallsplitter leicht in den Augapfel ein. Es entstehen inwendige Blutungen, und durch eingeschleppte Keime folgt meist eine schwere Infektion. Wird die notwendige Behandlung verzögert, ist das Auge oft nicht mehr zu retten. Auch Narben und Eintrübungen können, trotz Heilung, den völligen Sehverlust bedeuten.

Besonderen Wert erhält die richtige Hilfe vor Ort bei chemischen Verätzungen des Auges. Ob Säuren oder Basen, am Arbeitsplatz oder im Haushalt: sofort das Auge ausspülen und zwar von innen nach außen! Am besten eignet sich klares, fließendes Wasser direkt aus der Leitung mindestens zehn Minuten lang. Wichtig ist, dass die Chemikalie vollständig aus dem Auge entfernt wird, weil sonst die Verätzung weiter fortschreitet. Besonders gefährlich ist in dieser Hinsicht Kalkstaub.

Alle Arten von Verätzungen erfordern schnellstmöglich ärztliche Hilfe. Andernfalls drohen schlimme Vernarbungen der vorderen Augenhäute und damit Erblindung.

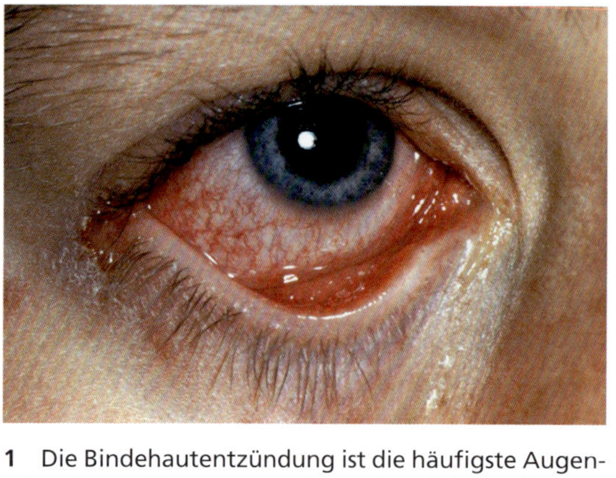

1 Die Bindehautentzündung ist die häufigste Augenerkrankung. Sie muss vom Arzt behandelt werden.

Die Augen sind sehr empfindliche Sinnesorgane, deshalb muss man sie schützen. Entzündungen und Verletzungen müssen unbedingt vom Arzt behandelt werden.

Aufgaben

1. Erläutere, warum bei vielen Laborexperimenten Schutzkleidung getragen werden muss.
2. Bei Verätzungen des Auges muss von innen nach außen gespült werden. Erläutere diese Aussage.
3. Erkläre, warum die Lampe am Arbeitsplatz eines Rechtshänders links stehen muss.

4. Erkläre, warum dunkle Brillen ohne UV-Schutz eine hohe Gefahr für die Augen darstellen.

Biologie im Alltag

Bedeutung des Tastens für Blinde

In der Haut des Menschen befinden sich etwa 640 000 Tastpunkte. Die Anzahl der Tastkörperchen ist besonders groß an den Fingerspitzen, der Fußsohle, den Lippen und in der Handfläche.
Mithilfe der Tastkörperchen kann man ertasten, ob ein Gegenstand glatt, rau, spitz, stumpf, eckig oder rund ist. Da die Anzahl der Tastkörperchen in den Fingerspitzen besonders groß ist, können blinde Menschen mit ihren Fingern die **Blindenschrift** ertasten.
Die Blindenschrift (Abb. 2) ist eine Punktschrift, die von Blinden abgetastet („gelesen") und eingedrückt („geschrieben") werden kann. Sie beruht auf einer zwölfpunktigen, von CHARLES BARBIER (1767–1841) geschaffenen Grundform. Der blinde LOUIS BRAILLE (1809–1852) vereinfachte die Grundform durch das Sechspunktgrundzeichen (Abb. 2 a). Damit begründete er die international eingeführte Blindenschrift, die nach ihm benannte braillesche Schrift oder Brailleschrift. Bei den gedruckten Materialien für Blinde werden die brailleschen Zeichen durch Druckpressen als abtastbare, etwas vom Papier erhabene Punkte in das Papier gedrückt (Abb. 2 b).
Jeder Buchstabe wird durch eine bestimmte Anzahl von Punkten sowie durch ihre Anordnung zueinander gekennzeichnet (Abb. 2 a).

Damit sich blinde Menschen zeitlich orientieren können, gibt es **Blindenuhren** (Abb. 3). Diese Uhren besitzen auf den Zeigern und dem Zifferblatt braillesche Zeichen. Durch Abtasten dieser Zeichen können die blinden Menschen die Uhrzeit feststellen.
Der Tastsinn ist also besonders bei Blinden ausgeprägt. Sie finden sich mit seiner Hilfe in ihrer Umgebung zurecht.

1 Blinde Schülerin am Computer

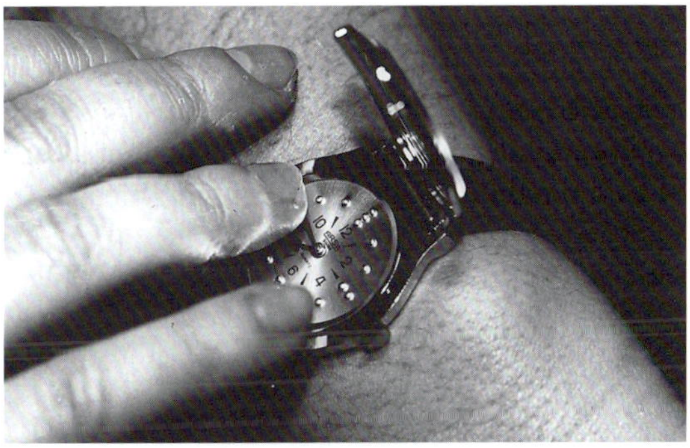

3 Blindenuhr mit ertastbarem Relief

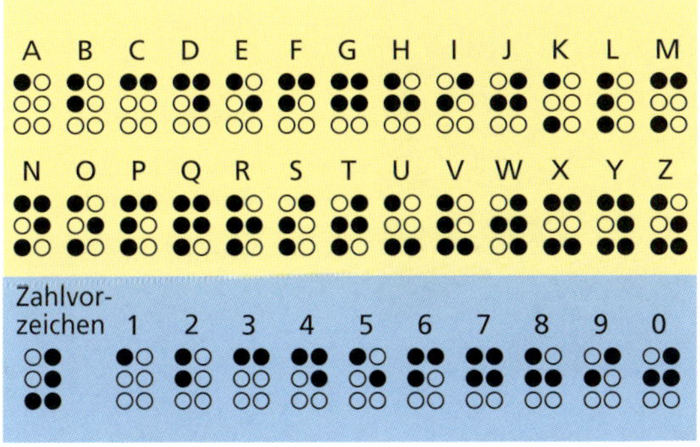

2 a Blindenschrift (Schema)

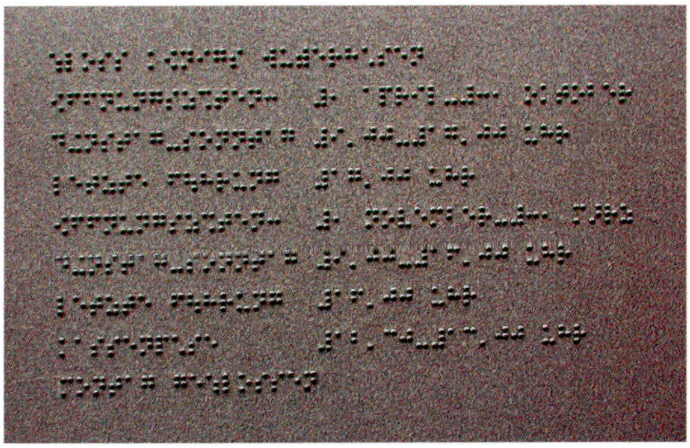

2 b Blindenschrift (Original)

Das Ohr – unser Hörsinnesorgan

Bau des Ohrs und Funktion seiner Teile

Alles, was wir hören können, z. B. Sprache, Musik, Lärm, wird als Schall bezeichnet. Schall sind sich ausbreitende Schwingungen (Schallwellen). Unser Ohr ist das Sinnesorgan, welches der Aufnahme, Übertragung und Umwandlung dieser Schallwellen dient.

Es wird in drei Abschnitte unterteilt. Zum **äußeren Ohr** gehört die Ohrmuschel, die aus einem elastischen Knorpel besteht. Der anschließende Gehörgang ist durch Ohrenschmalz ausgekleidet, welches eine Schutzschicht darstellt.

Das äußere Ohr ist durch das Trommelfell vom **Mittelohr** getrennt. Es besteht neben dem Trommelfell aus der Paukenhöhle mit den Gehörknöchelchen (Hammer, Amboss, Steigbügel) und der Ohrtrompete (eustachische Röhre).

Die Ohrtrompete stellt eine Verbindung mit der Rachenhöhle her. Sie dient dem Druckausgleich zwischen beiden Räumen. Das hat jeder bestimmt schon einmal selbst bei schnell fahrenden Fahrstühlen oder beim Start eines Flugzeugs erlebt. Durch Schlucken ist es möglich, die Luftdruckunterschiede von Mittelohr und Mundhöhle auszugleichen.

Das **Innenohr** wird von der Schnecke (Cochlea, Hörsinnesorgan) sowie dem Vorhof und den Bogengängen (Gleichgewichtsorgan) gebildet. Die Schnecke mit ihren zweieinhalb Windungen enthält etwa 14 000 Hörsinneszellen. Das Innenohr ist mit Ohrlymphe ausgefüllt. Alle Teile liegen geschützt im knöchernen Schädel (Abb. 1).

Schallwellen aus der Umwelt werden von der Ohrmuschel aufgenommen und im Gehörgang bis zum Trommelfell geleitet, das in Schwingungen gerät. Die Schwingungen werden im Mittelohr von den Gehörknöchelchen über ein dünnes Häutchen, das ovale Fenster, auf die Flüssigkeit (Lymphe) des Innenohres übertragen. Diese Schwingungen der Ohrlymphe stellen für die Hörsinneszellen in der Schnecke einen Reiz dar. Die in den Hörsinneszellen entstehenden Erregungen werden über den Hörnerv zum Hörzentrum des Gehirns geleitet und dort verarbeitet. **Wir hören.**

Das Außenohr dient der Schallaufnahme und -weiterleitung, das Mittelohr der Übertragung der Schwingungen. In den Hörsinneszellen des Innenohrs entstehen Erregungen, die über den Hörnerv zum Gehirn geleitet werden.

Aufgabe

Die Gehörknöchelchen übertragen die Schwingungen im Mittelohr. Recherchiere in Internet und Fachliteratur, welche weitere Funktion die Gehörknöchelchen besitzen.

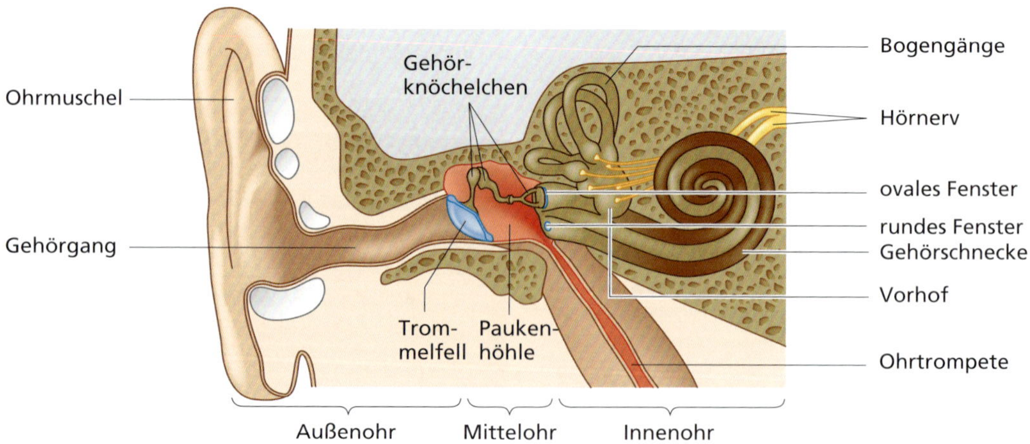

1 Bau des Ohrs als Hör- und Gleichgewichtsorgan

Was hören wir?

Der Mensch kann unterschiedliche Töne zwischen 16 Hz und 20 000 Hz wahrnehmen. Mit zunehmendem Alter verschlechtert sich das Hören besonders der hohen Töne. Während bei einem Kleinkind die obere Hörgrenze bei 20 000 Hz liegt, ist sie beim 35-Jährigen bei 15 000 Hz, beim 50-Jährigen bei 12 000 Hz und beim 70-Jährigen bei etwa 5 000 Hz erreicht. Ältere Menschen können hohe Töne wie Fahrradklingeln oder Kinderstimmen also schlecht wahrnehmen.
Der Mensch kann aber nicht nur hohe und tiefe Töne unterscheiden, sondern auch laute und leise. Je höher der Ton, desto größer ist die Frequenz. Die Frequenz ist die Anzahl der Schwingungen pro Sekunde und wird in Hertz (Hz) angegeben.
Die Lautstärke wird in Dezibel (dB) angegeben und als maximale Auslenkung der Schwingung (Amplitude) gemessen. Eine Erhöhung um 10 dB wird als doppelt so laut empfunden.
Eine Unterhaltung, die wir mit jemandem führen, hat eine Lautstärke von ungefähr 50 dB. Laute Töne können unser Ohr schädigen. Wirkt eine sehr hohe Lautstärke ab 120 dB längere Zeit auf unser Ohr, empfinden wir dies als schmerzhaft. Diese Geräusche können sogar körperliche Schäden verursachen (Tab.).
Es gibt keinen festen Wert für die Schwelle der Lärmempfindung. Dennoch kann man Lärm als Schall beschreiben, der den Menschen belästigt oder sogar gesundheitlich schädigt. Um zu beurteilen, ob Lärm das Gehör schädigt, muss man ihn messen.

Aufgaben

1. Lärm ist ein gesundheitsschädigender Risikofaktor.
   a) Ermittle in deiner Umgebung verschiedene Lärmquellen und leite mögliche Schutzmaßnahmen ab.
   b) Ziehe Schlussfolgerungen für dein eigenes Verhalten.

2. Wiederhole aus dem Physikunterricht die Eigenschaften von Schwingungen.

Geräusch- und Lärmquellen	Lautstärke in Dezibel (dB)	Lärmauswirkungen
Flugzeugstart; Niethammer	130	Schmerzgrenze
Presslufthammer, 1 m entfernt; Diskomusik	120	Schwerhörigkeit durch Schädigung des Innenohrs
Düsenflugzeug, 200 m entfernt	115	
Kreissäge, 1 m entfernt; Liveband	110	
Autohupe	100	
vorbeifahrender LKW; Gewitter	90	Störung des Nervensystems, Veränderung von Puls und Blutdruck, Schlafstörungen
Motorrad, 7 m entfernt	85	
Auto, 7 m entfernt	80	
Straßenverkehr	70	
laute Unterhaltungsgespräche, 1 m entfernt; Staubsauger	65	
Geräusche im Klassenzimmer	50–80	
Radio bei Zimmerlautstärke	50	Beeinträchtigung von Schlaf, Konzentrationsstörung
leises Gespräch	40	
Flüstern; Blätterrauschen	30	
Gehen auf weichem Teppich	20	vollkommen ungefährlich
Computer; Atemgeräusch	10	

Schutz und Gesunderhaltung der Ohren

Dauerlärm kann zu Hörschäden führen (Tab. S. 85). In einigen Berufen ist es erforderlich, einen **Hörschutz** zu tragen, z. B. bei Schmiedearbeiten, Arbeiten mit einem Presslufthammer, bei der Prüfung von Motoren, beim Einweisen von Flugzeugen, beim Fahren mit einem Traktor, in einer Spinnerei.

Personen, die in lärmgefährdeten Berufen tätig sind, müssen sich regelmäßig untersuchen lassen, damit eine beginnende **Lärmschwerhörigkeit** frühzeitig erkannt werden kann. Lärmschwerhörigkeit ist eine anerkannte Berufskrankheit.

Bedenklich ist, dass junge Menschen ihr Gehör bei Disko-Besuchen, durch Tragen von Walkmen, im Verkehrslärm oder im Beruf überanstrengen. Das kann zu akuten Hörstörungen, insbesondere zum plötzlichen **Gehörverlust (Hörsturz),** führen. Dieser muss schnellstens ärztlich untersucht werden, um bleibende Schwerhörigkeit zu vermeiden.

Mit fortschreitendem Alter tritt zudem in der Regel eine Veränderung des Hörvermögens ein, wobei vor allem die höheren Töne schlechter oder nicht mehr wahrgenommen werden. Alte Menschen hören oft Klingeln (Fahrrad, Telefon, Wecker) nicht, verstehen Telefongespräche wesentlich schlechter, vermögen mehreren Stimmen in einer Unterhaltung nicht mehr zu folgen u. a. m. Diese **Altersschwerhörigkeit** ist unterschiedlich stark ausgeprägt und kann zur Verordnung von Hörgeräten führen.

1 Ein dauerhaftes Tragen von Kopfhörern überanstrengt das Gehör.

Heute bietet die **Hörgerätetechnik** eine große Auswahl an modernen Hörgeräten an, vom bewährten Hinter-dem-Ohr-Gerät über Hörbrillen bis hin zum winzigen Gerät, das im Gehörgang getragen wird.

Unsere Ohren sind auch gegen **Zugluft** zu schützen. Entzündungen des Gehörgangs können zur **Mittelohrentzündung** führen, ebenso eindringende Krankheitserreger. Relativ häufig kommt es vor, dass spielende Kinder **Fremdkörper in das Ohr** einführen (Murmeln!), die sich dann nicht mehr entfernen lassen. Es ist falsch, tief in den Gehörgang eingedrungene Fremdkörper selbst wieder entfernen zu wollen. Jeder Versuch des Fassens mit einer Pinzette u. Ä. treibt den Fremdkörper tiefer in das Ohr. Es können dabei durchaus Trommelfellverletzungen ausgelöst werden.

Ähnlich wie Fremdkörper kann auch **verhärtetes Ohrenschmalz** wirken. Es kann die Ursache für eine Hörverschlechterung sein. Keinesfalls darf hierbei mit Haarnadeln, Streichhölzern oder ähnlichem „untauglichem Werkzeug" eingegriffen werden. Eine Ohrspülung durch den Arzt mit lauwarmem Wasser entfernt oft auch fest haftendes Ohrenschmalz.

Die Ohren sind wichtige Sinnesorgane. Sie sind zu schützen und gesund zu erhalten.

Aufgaben

1. In lärmintensiven Betrieben muss in bestimmten Zeitabständen eine Lärmmessung durchgeführt werden. Begründe.

2. Erläutere den Zusammenhang des Hörvermögens und der Sicherheit im Straßenverkehr anhand älterer Menschen.

Mosaik

Das Ohr als Gleichgewichtsorgan

Besonders junge Menschen haben Spaß an zackigen, schnellen Bewegungen und dem damit verbundenen „Nervenkitzel“. Darum sind schnell fahrende Karussells auch so beliebt. Jedoch nicht jeder verträgt solche Fahrten. Neben einem Schwindelgefühl kann es auch zu Übelkeit kommen.

Das Schwindelgefühl entsteht durch widersprüchliche Informationen, die das Gehirn von den Sinneszellen der unterschiedlichen Sinnesorgane erhält (der Augen, des Gleichgewichtsorgans im Innenohr, der Muskeln und Gelenke). Die korrekte Verarbeitung dieser Informationen im Gehirn ermöglicht uns so komplizierte Bewegungen wie das Tanzen.

Entscheidende Bedeutung für die Bestimmung der Lage im Raum hat die Information aus dem Gleichgewichtsorgan im Innenohr. Es besteht aus den drei Bogengängen mit den Ampullen und dem Vorhof. Die Bogengänge sind wie ein räumliches Koordinatensystem in die drei Richtungen des Raums angeordnet. In den Ampullen der Bogengänge befinden sich Sinneszellen, die auf Lageveränderungen und im Vorhof Sinneszellen, die auf Beschleunigungen ansprechen.

Die Bogengänge sind mit Ohrlymphe gefüllt. Bei jeder Bewegung des Körpers und somit des Kopfs wird auch diese Flüssigkeit in Bewegung versetzt, damit verändert sich die Lage der feinen Härchen der Sinneszellen, die Sinneszellen werden gereizt (Abb. 2). Entsprechend wird in den Sinneszellen eine Erregung ausgebildet und über Nerven zum Gehirn geleitet. Dort erfolgt die Verarbeitung und der Vergleich mit den Informationen, die beispielsweise vom Auge stammen. Durch die Lagebestimmung im Raum kann gegebenenfalls eine Korrektur erfolgen. Daher können wir laufen, springen, Fahrrad fahren, tanzen und vieles mehr – normalerweise ohne hinzufallen.

3 Schnell fahrende Karussells sind besonders bei jungen Menschen sehr beliebt.

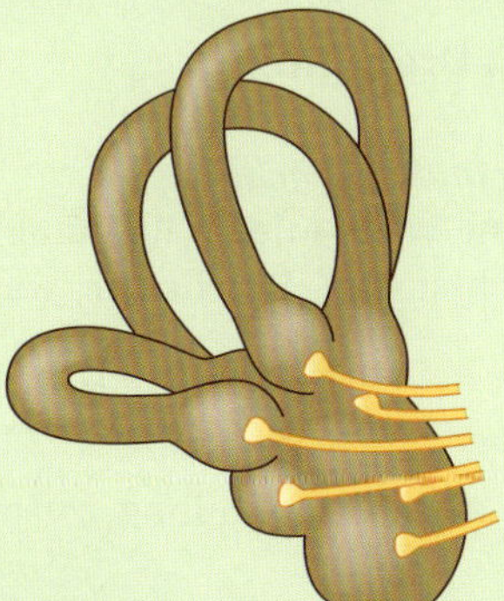

1 Bogengänge

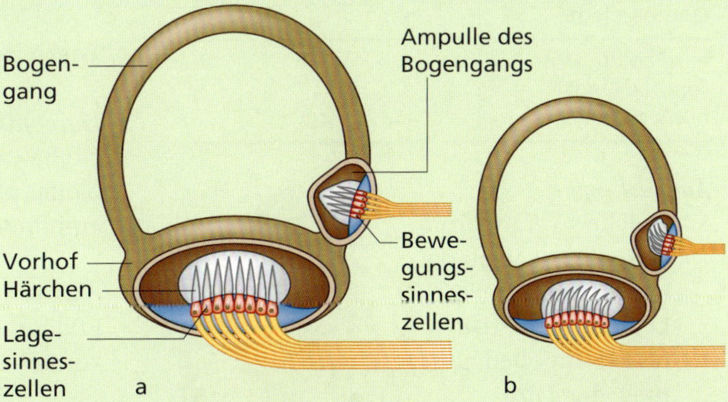

2 Sinneszellen im Ohr a) in Ruhe b) nach Lageveränderung

Sinnesorgan Ohr

1. Ermittle die Bedeutung der Ohrmuscheln.

Materialien:
Wecker auf Teller, Papierblatt

Durchführung und Beobachtung:
1. Führe folgende Untersuchungen durch und achte dabei auf die Lautstärke des Schalls vom Ticken des Weckers:
   - Ohrmuscheln nach hinten an den Kopf drücken.
   - Ohrmuscheln rechtwinklig nach vorne drücken.
   - Beide Handflächen muschelförmig hinter die Ohren legen.
   - Ein aus Papier gedrehtes „Hörrohr“ in eine Ohröffnung stecken.
2. Notiere jeweils das Ergebnis der Untersuchung.

Stellung der Ohrmuscheln	empfundene Lautstärke
Ohrmuscheln nach hinten an Kopf gedrückt	
Ohrmuscheln rechtwinklig nach vorne gedrückt	
Handflächen hinter Ohren gelegt	
aus Papier „Hörrohr“ in Ohröffnung gesteckt	

Auswertung:
1. Welche Veränderungen der Lautstärke hast du festgestellt?
2. Leite aus den Ergebnissen die Bedeutung der Ohrmuscheln für das Hören ab.

2. Teste das Richtungshören.

Materialien:
Schlauch, Stab

Durchführung und Beobachtung:
Die Mitte des Schlauches wird gekennzeichnet und wie auf dem Foto gehalten. Mit dem Stab wird auf den Schlauch geklopft.
Notiere, wann (mit welcher Entfernung von der Mittelmarkierung) die Testperson erkennt, ob das Geräusch von links oder rechts kommt oder genau die Mitte angetippt wurde.

Auswertung:
a) Erläutere, wodurch das Richtungshören ermöglicht wird.
b) Vergleiche die Fähigkeit des Richtungshörens des Menschen mit der anderer Wirbeltiere (z. B. Vögel und Säugetiere). Was stellst du fest?

3. Teste deinen Drehsinn.

Durchführung und Beobachtung:
Drehe dich eine Weile in eine Richtung und bleibe plötzlich stehen. Beschreibe, was du empfindest.

Auswertung:
Erkläre, wie diese Empfindung zustande kommt.

Wie präsentiere ich Informationen?

Ergebnisse deiner Arbeit zu einem Thema oder Ergebnisse, die ihr in einer Gruppe erarbeitet habt, sollen allen Mitschülern vorgestellt werden. Das kann z. B. durch einen Vortrag, eine Wandzeitung oder eine Internetseite geschehen.

Vorbereiten und Halten eines Vortrags

Wenn du einen Vortrag halten oder als Teamsprecher die Ergebnisse der Gruppenarbeit vortragen sollst, sind folgende Tipps hilfreich.

1. Schritt

Vorbereiten eines Vortrags

- Überlege dir, was alles zum Thema gehört. Nutze dazu verschiedene Informationsquellen.
- Gliedere den Vortrag in Abschnitte.
- Schreibe dir Schwerpunkte in Kurzform (in Stichwörtern) auf.
- Überlege dir, was du an die Tafel oder auf Folien schreibst.
- Bereite Versuchsaufbauten vor und stelle Geräte bereit.

2. Schritt

Halten eines Vortrags

- Nenne und zeige die Gliederung (Tafel, Folie).
- Wecke am Anfang des Vortrags Interesse und Neugier und nenne das Thema.
  (Beginne beispielsweise mit „Wusstet ihr überhaupt, dass ...?“ oder „Hättet ihr gedacht, dass ...?“)
- Leite neue Absätze deutlich ein, z. B. mit „Ein weiterer Punkt ist ...“ oder „Als nächstes ...“.
- Sprich in kurzen Sätzen.
- Fasse kurz und knapp zusammen.
- Verwende nur Fachbegriffe, die du auch selbst erklären kannst.
- Bemühe dich, laut, langsam und deutlich zu sprechen. Schaue deine Zuhörer an.
- Achte auf die Zeit. Schließe den Vortrag mit einer kurzen Zusammenfassung ab.

Sinnesorgan Ohr

1. Überblick über die Sinnesorgane des Menschen
2. Sinnesorgan Ohr
   2.1 Bau des Ohres
   2.2. Sinnesleistungen, die durch das Ohr realisiert werden
3. Experimente
   3.1 Ermitteln der Bedeutung der Ohrmuschel
   3.2 Testen des Richtungshörens
   3.3 Testen des Drehsinns
4. Zusammenfassung

Informationsquellen

- elektronische Medien
  - Film
  - Fernsehen
  - CD-ROMs
- Literatur
  - Lexika
  - Sachbücher
  - Zeitschriften
- Schulbücher
  - Lehrbücher
  - Tabellenwerke
  - Schülerlexika
- Internet
  - Suchmaschinen
  - Direktsuche, z.B. www.schuelerlexikon.de

Mosaik

Sinnesleistungen bei Tieren

Auch wenn unsere Haustiere mit uns zusammen in derselben Umgebung leben, sie nehmen die Welt ganz anders wahr als wir.

Hunde orientieren sich hauptsächlich über ihre Nase in der Umgebung. Die Riechschleimhaut weist im Durchschnitt etwa 220 Millionen Riechzellen auf. Beim Menschen sind es nur etwa fünf Millionen. Zudem sind die entsprechende Zentren zur Verarbeitung („Riechhirn") im Gehirn verhältnismäßig größer. Hunde riechen eine Million mal besser als der Mensch und entnehmen einem Geruch viel mehr Informationen als ein Mensch (Abb. 1). Außerdem riechen sie räumlich, ähnlich wie wir räumlich sehen. Sie können unterscheiden, ob ein Geruch von links oder rechts kommt. Das ermöglicht ihnen, den Verlauf und die Richtung einer Duftspur wahrzunehmen. Von den Menschen werden sie aufgrund dieser Sinnesleistung als Such- und Spürhund z. B. zum Aufspüren von Drogen eingesetzt.
Das Hörvermögen eines Hundes ist ebenfalls besser als das des Menschen. Er besitzt mehr Sinneszellen und kann daher zehnmal genauer als der Mensch Geräusche lokalisieren und aus einer viermal weiteren Entfernung hören als der Mensch
Farben werden von Hunden ganz anders wahrgenommen als von uns. Sie sehen ein anderes Farbspektrum, da sie andere Zapfen besitzen.

Katzen orientieren sich ebenfalls über ihr Gehör und ihren Geruchssinn in ihrer Umgebung. Das Gehör ist besonders gut ausgebildet. Tiefe Töne hören Katzen ähnlich gut wie der Mensch. Höhere Töne nehmen sie jedoch viel besser wahr. Das ist auch notwendig, da ihre Beutetiere (z. B. Mäuse) oft sehr hohe Töne von sich geben.
Ähnlich wie Hunde können Katzen Rottöne schlecht erkennen. Sie sehen blaue Farbtöne besser. Es werden also ganz andere Färbungen der Gegenstände wahrgenommen. In der Dämmerung kann eine Katze aber bedeutend besser sehen als der Mensch, weil sie in der Netzhaut viel mehr Stäbchen aufweist. Außerdem liegt hinter der Netzhaut eine Licht reflektierende Zellschicht, sodass auftreffendes Licht noch einmal die Sinneszellen anregen kann. Aufgrund dieser Schicht leuchten Katzenaugen im Dunkeln, wenn plötzlich Licht auf sie trifft.
Ganz erstaunlich ist der Gleichgewichtssinn der Katzen. Bei einem Sturz aus einem Fenster oder von einem Baum gelingt es ihnen fast immer, auf die Pfoten zu fallen. Sie können so den Aufprall abfedern. Dadurch verletzen sie sich seltener bzw. nicht so schwer.
In der Tierwelt gibt es zudem noch ganz andere Sinne als der Mensch sie besitzt: Fledermäuse und Delfine „sehen" mit den Ohren (Abb. 2). Vögel orientieren sich am Magnetfeld der Erde.

1 Der Hund „erriecht" jeden Tag die Neuigkeiten seiner Umgebung. Das hat für ihn in etwa die Bedeutung wie für uns das Zeitungslesen.

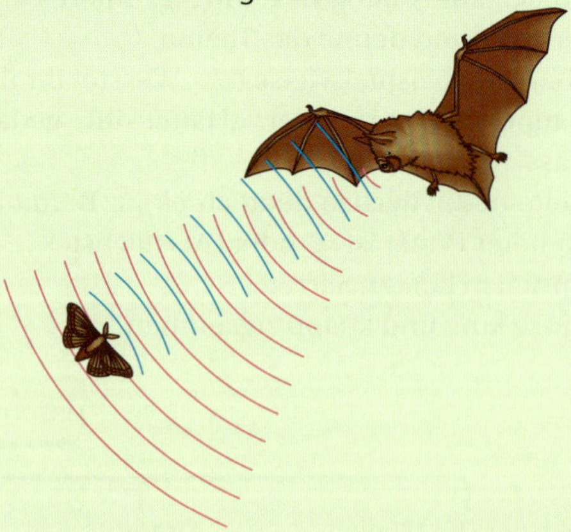

2 Fledermäuse stoßen Utraschallwellen aus und nehmen die reflektierten Wellen durch ihre Ohren auf. So können sie Hindernisse und Beutetiere „erhören".

gewusst · gekonnt

1. Wiederhole wichtige Begriffe mithilfe deines Glossars: Akkommodation, Pupillenadaptation, Sinneszelle, Stäbchen, Zapfen, Bogengänge, Schnecke, Lärm.

Glossar

Akkomodation:
Pupillenadaptation:

2. Erläutere, wie der Mensch sich in seiner Umwelt orientieren kann.

3. Nenne Schutz- und Hilfseinrichtungen des Auges und beschreibe deren Funktion.

4. Beschreibe den Sehvorgang. Betrachte dazu die Abbildung 1 auf Seite 74.

5. Wenn du weinst, „läuft" dir die Nase. Begründe diese Aussage.

6. a) Beschreibe den Verlauf der Lichtstrahlen durch eine Sammellinse. Verwende dazu deine Kenntnisse aus dem Physikunterricht.
   Nutze auch im Internet die Suchmaschine www.schuelerlexikon.de
   b) Vergleiche den Strahlengang im Auge und in der Kamera (Abb. unten).

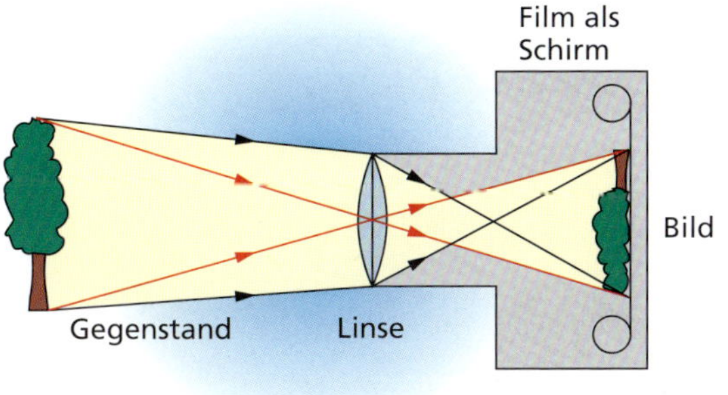

7. Beschreibe anhand der Abbildungen die Anpassung unserer Augen an die unterschiedliche Beleuchtung.

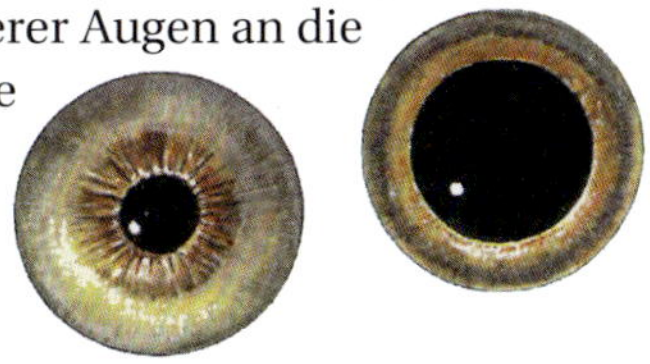

8. Du kannst nahe und ferne Gegenstände nicht gleichzeitig deutlich sehen. Wie nennt man diese Anpassung deiner Augen? Beschreibe diesen Sachverhalt an folgenden Fotos.

9. Ein weitsichtiger Mensch sieht nahe Gegenstände unscharf. Begründe.

10. Viele ältere Menschen tragen erst seit ihrem 45. Lebensjahr eine Brille. Begründe.

11. Blinde Menschen können mit den Fingern „sehen". Erläutere diese Aussage.

12. Die Augen müssen vor Beeinträchtigungen und Verletzungen geschützt werden. Gib Beispiele an. Tust du genug für die Gesunderhaltung deiner Augen?

13. Beim Lesen soll der Abstand vom Buch etwa 30 cm betragen. Begründe diese Aussage.

14. Waldkauz und Igel sind als Nachttiere fast farbenblind. Zauneidechse und Haushuhn sind als Tagtiere fast „nachtblind". Erläutere diesen Sachverhalt.

15. Trifft unverhofft grelles Licht deine Augen, verschließt du sie. Beschreibe und begründe diese Reaktion deiner Augen.

16. Wahrnehmung ist ein subjektiver Vorgang. Begründe diese Aussage.

17. Nenne die Teile des Ohrs und gib deren Funktion an. Fertige dazu eine Tabelle an.

18. Beschreibe den Hörvorgang. Suche dazu Informationen im Internet.

19. Es kommt vor, dass ein Mensch mit gesunden Ohren doch nicht hören kann. Begründe.

20. Beim Aufwärtsfahren mit dem Fahrstuhl in einem Hochhaus empfindet man Druck in den Ohren. Begründe diese Aussage.

21. Schall, den wir hören, sind sich ausbreitende Schwingungen. Schwingungen besitzen eine bestimmte Frequenz und eine bestimmte Amplitude. Diese Eigenschaften können gemessen werden und haben Einfluss auf das was wir hören.

a) Nenne die Auswirkung von Frequenz und Amplitude auf einen Ton, den wir hören.

b) Vergleiche die Abbildungen A, B und C unter diesem Aspekt miteinander.

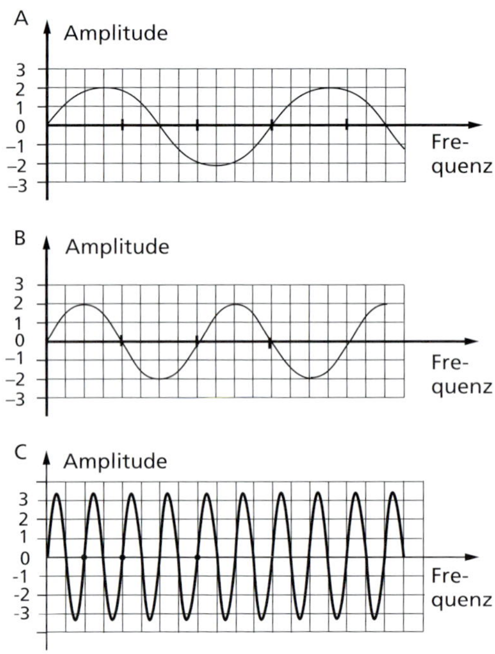

22. Wird durch einen spitzen Gegenstand das Trommelfell zerstört, führt diese Verletzung zur Beeinträchtigung deiner Hörfähigkeit. Begründe.

23. Um unsere Ohren gesund zu erhalten, sollten die aufzunehmenden Geräusche eine bestimmte Lautstärke nicht überschreiten. Erläutere diesen Sachverhalt an einigen Beispielen.
Nutze dazu die Tabelle auf Seite 85 und das Internet unter www.schuelerlexikon.de.
Ziehe daraus Schlussfolgerungen für dein eigenes Verhalten.

24. Musik gehört zu den schönen Dingen des Lebens. Doch Musik kann ganz unterschiedlich empfunden werden. Was für den Einen angenehm und entspannend ist, kann für den Anderen zur Belastung werden. Musik wird so zum Lärm.

a) Fertige ein umfassendes (!) Protokoll über die Musikbeschallung im Verlauf deines Tages an.

b) Inwiefern haben die Musikart, die Lautstärke und weitere Faktoren Auswirkungen
- auf eigene Tätigkeiten (z. B. Anfertigung von Hausaufgaben),
- auf die eigene Befindlichkeit (z. B. schlechte Laune) sowie
- auf die Befindlichkeit anderer (z. B. sich gestört fühlen)?

25. Informiere dich über das Sinnesorgan Haut. Erarbeite einen Vortrag. Nutze dazu Seite 89.

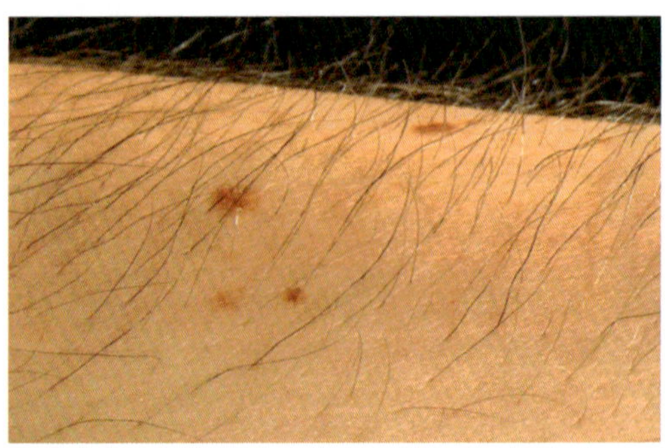

Reizbarkeit ist die Fähigkeit von Lebewesen, auf Reize aus der Umwelt oder aus dem Körperinneren zu reagieren. Durch die Verarbeitung der aufgenommenen **Informationen,** die über die unterschiedlichen Sinneszellen vermittelt werden, können wir uns in unserer Umwelt orientieren und auf Reize reagieren.

Sehvorgang

Der **Lichtreiz** wird von unserem Auge aufgenommen. Er bewirkt in den Lichtsinneszellen der Netzhaut eine Erregung, die über den Sehnerv ins Gehirn geleitet wird. Dort erkennen wir das betrachtete Objekt in seiner Größe und Gestalt.

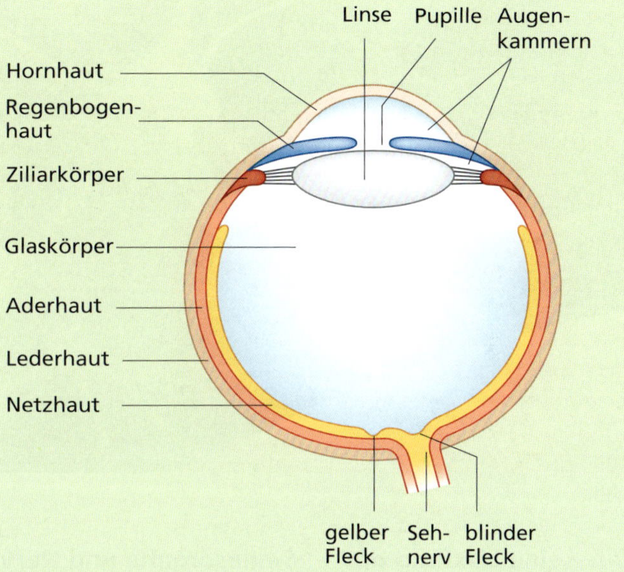

Hörvorgang

Schallwellen sind Luftschwingungen. Sie werden von unserem Ohr aufgenommen, weitergeleitet und in Schwingungen der Lymphe des Innenohrs umgewandelt. Sie bewirken dort eine Erregung von Sinneszellen, die über den Hörnerv ins Gehirn geleitet wird. Dort erfolgt die Verarbeitung.

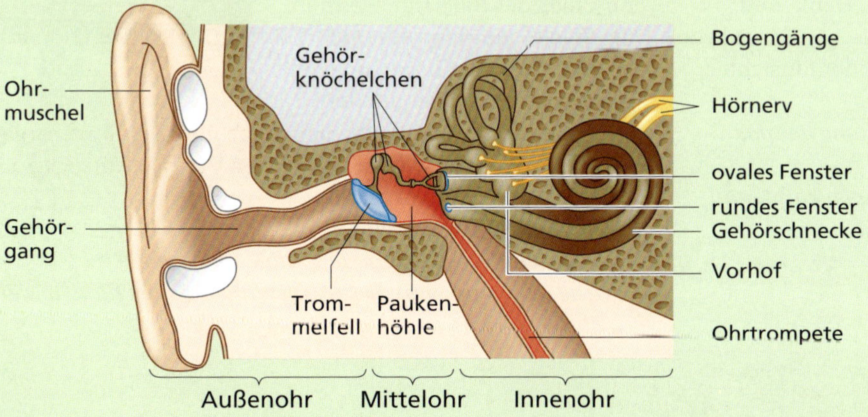

2.2 Informationsverarbeitung im Zentralnervensystem

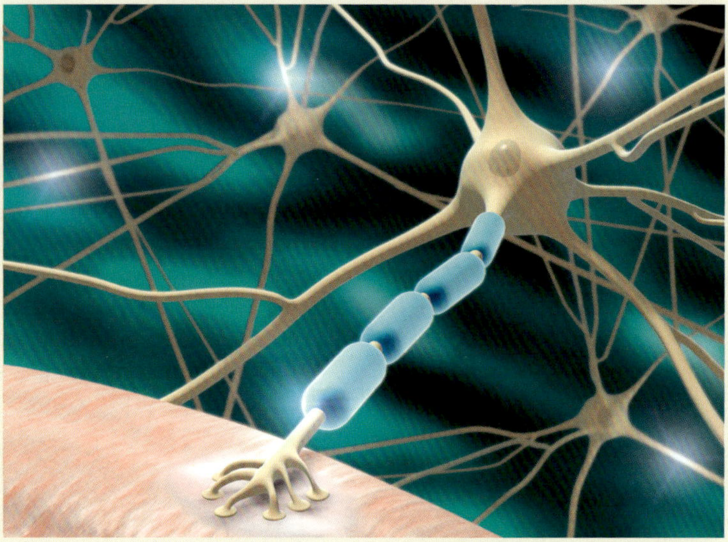

500 000 km Nervenfasern

Würde man alle Nervenfasern im Großhirn zusammenlegen, käme man auf eine Gesamtlänge von 500 000 km. Als Verbindungsstellen zwischen den einzelnen Nervenzellen im Gehirn wirken 100 000 000 000 000 Synapsen.

Was sind Synapsen?

Wozu brauchen wir so viele Nervenfasern?

Lernen – eine Leistung des Gehirns

Lernen können alle höheren Tiere. Der Mensch und mit Einschränkungen Menschenaffen können sich Kenntnisse und Fähigkeiten aneignen sowie Einstellungen, Denk- und Verhaltensweisen aufgrund von Erfahrungen oder Einsichten entwickeln.

Welche Bedeutung hat das Lernen?

Welche Lerntypen kann man unterscheiden?

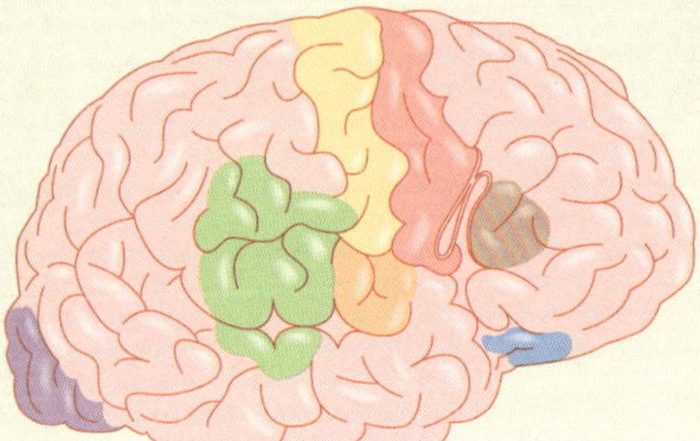

Sinnesorgane und Nerven – ein eng verknüpftes „Paar"

Unsere Sinnesorgane ermöglichen uns im Zusammenwirken mit dem Nervensystem die Orientierung in der Umwelt. Auch beim Volleyball gelingt der Abschlag des Balls nur, wenn die Spieler aufmerksam und konzentriert jede Bewegung der gegnerischen Spieler auf dem Volleyballfeld beobachten. Sie müssen dann blitzschnell reagieren, um die gezielten Bälle über das Netz zu schlagen.

Wie wirken Nervensystem und Sinne zusammen?

Welche Bedeutung hat dieses Zusammenwirken für den Menschen?

Nervensystem im Überblick

Das Nervensystem durchzieht den ganzen Körper (Abb 1). Es besteht aus zwei strukturellen Einheiten.

- Das **Zenralnervensystem** (Gehirn, Rückenmark) verarbeitet die Erregungen, sodass wir unsere Umwelt wahrnehmen.
- Das **periphere Nervensystem** umfasst die Nerven, die vom Gehirn und Rückenmark ausgehen und das Nervengeflecht für Haut und Muskeln von Hals, Nacken, Rumpf und Gliedmaßen bilden. Die Erregungen werden von Sinneszellen oder freien Nervenendigungen in der Haut aufgenommen und über Empfindungsnerven (sensible Nerven) zum Zentralnervensystem geleitet. Dort werden sie auf die Bewegungsnerven (motorische Nerven) übertragen, die die entsprechenden Organe zur Reaktion anregen.

Einen funktionell wichtigen Abschnitt des Nervensystems bildet das **vegetative Nervensystem** (Eingeweidenervensystem). Es umfasst die Nerven, die zu den inneren Organen und von ihnen weg führen. Sie steuern die Tätigkeit des Herzens, der Drüsen und der glatten Muskulatur in den inneren Organen, z. B. für Atmung, Blutkreislauf, Verdauung, Ausscheidung.

Das vegetative Nervensystem ist kaum von unserem Willen beeinflussbar. Es arbeitet selbstständig, ist aber auch mit dem Zentralnervensystem verknüpft. Zwei gegensätzlich wirkende Nervenstränge bilden das vegetative Nervensystem – der Sympathikus und der Parasympathikus (Abb. 2).

Das Nervensystem besteht aus dem Zentralnervensystem (Gehirn, Rückenmark), dem peripheren Nervensystem (Empfindungs- und Bewegungsnerven) und dem vegetativen Nervensystem (Symphathikus und Parasympathikus als Gegenspieler).

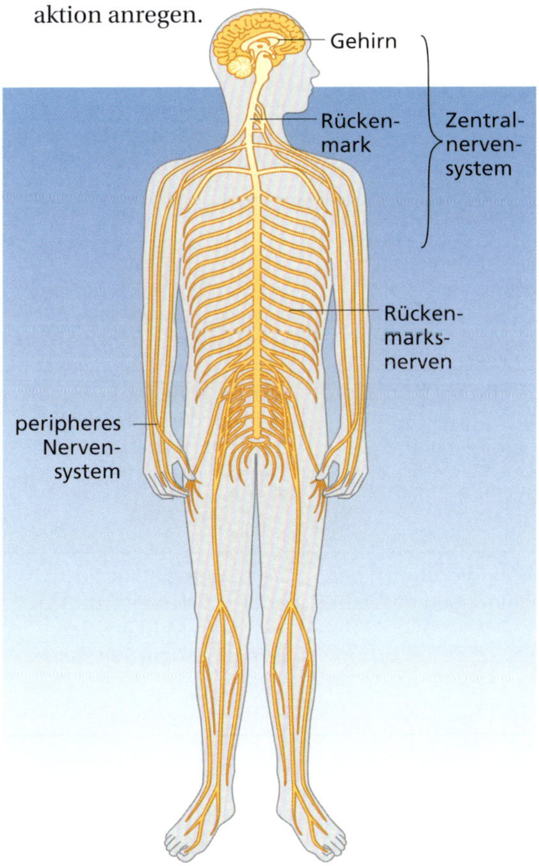

1 Zentralnervensystem und peripheres Nervensystem

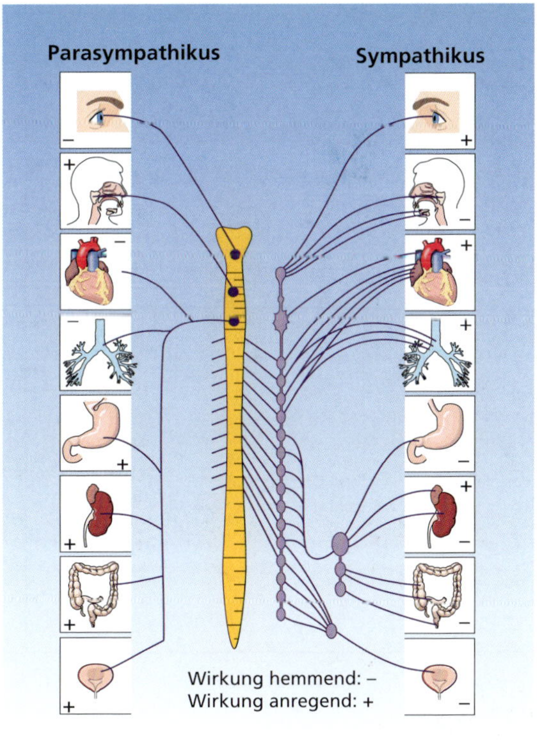

2 Parasympathikus (a) und Sympathikus (b)

Struktur und Funktion

Lebewesen sind faszinierend. Sie bewegen sich und pflanzen sich fort. Sie wachsen und entwickeln sich. Pflanzen und Tiere atmen. Alle Lebewesen nehmen Informationen auf, verarbeiten sie und reagieren.
Dazu müssen alle Teile des Körpers funktionieren. Es ist verblüffend, wie gut z. B. Zellen ihre Funktion erfüllen. Das wird durch eine spezielle Struktur ermöglicht. Es besteht immer ein Zusammenhang zwischen Struktur (Wie?) und Funktion (Wozu?).

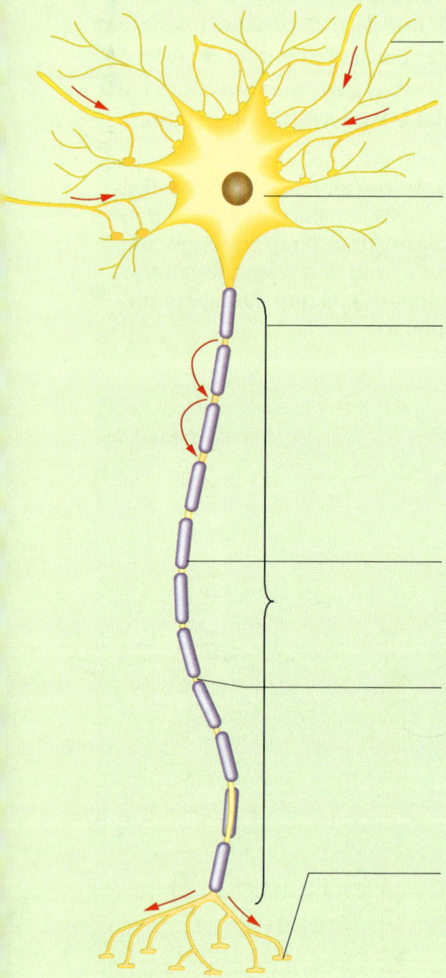

	Struktur	**Funktion**
Dendrit	baum- oder strauchartig verzweigte Fortsätze	Verbindung zu anderen Nerven- oder Sinneszellen; Erregungsaufnahme
Zellkörper	beinhaltet alle Zellbestandteile, z. B. Zellkern	realisiert die Funktionsfähigkeit der Zelle
Axon (Neurit)	sehr langer Nervenzellfortsatz (z. T. meterlang), am Ende verzweigt	Verbindungsfaser zu anderen Nerven-, zu Drüsen- oder Muskelzellen; Erregungsleitung in Form elektrischer Impulse (–70 mA)
schwannsche Zelle	stückweise Ummantelung des Axons	Isolierung des Axons; werden bei der Erregungsleitung im Axon übersprungen
ranvierscher Schnürring	nicht isoliertes Stück des Axons	saltatorische Erregungsleitung, dadurch Erhöhung der Leitungsgeschwindigkeit um das Zehnfache
Synapse (Endknöpfchen)	kleine Verdickung an den Verzweigungen des Axons	Verbindungsstelle zu anderen Nerven-, zu Drüsen- oder Muskelzellen; Erregungsübertragung

Wende das Struktur- und Funktionskonzept auf eine pflanzliche Zelle mit ihren Bestandteilen an.

Teile des Zentralnervensystems

Struktur und Funktion der Nervenzelle

Die Nervenzelle (Neuron) ist das **kleinste Bauelement** des Zentralnervensystems sowie **des gesamten Nervensystems.** Ihre Struktur ist durch den Nervenzellkörper mit Dendriten und Axon mit Synapsen gekennzeichnet. Diese spezielle Struktur ermöglicht die Funktion der Nervenzelle (S. 96).

Die Nervenzellen stehen untereinander in Verbindung. Jede Nervenzelle ist über die Endknöpfchen des Axons in Kontakt mit den Dendriten der darauffolgenden Zelle (Abb. 1). Diese Kontaktstellen bezeichnet man als **Synapsen.**
Es handelt sich dabei nicht um feste Verbindungen. Zwischen dem Endknöpfchen und dem Dendriten der folgenden Zelle bleibt ein winziger Spalt, der synaptische Spalt, sodass sich die Zellen nicht berühren. Die elektrischen Nervenimpulse gelangen bis ins Endknöpfchen. Bei der Überbrückung des Spaltes helfen **Überträgerstoffe (Transmitter,** z. B. Acetylcholin, Abb. 1). Sobald ein **elektrischer Impuls** eintrifft, werden vom Endknöpfchen Transmitter abgegeben. Sie diffundieren durch den synaptischen Spalt und können auf der Seite der Empfängerzelle neue elektrische Impulse auslösen. Die Information wurde übertragen. Danach werden die Transmitter im Spalt abgebaut, vom Endknöpfchen der Sendezelle wieder aufgenommen und dort zu neuen Transmitterstoffen verarbeitet (Abb. 2).
Dieser Mechanismus kann durch Synapsengifte wie Botulinumtoxin (Botox®), Kokain und Insektizide (z. B. BI 58®) gestört werden. Botox® z. B. verhindert die Abgabe des Transmitters in den synaptischen Spalt. Das führt zu einer Lähmung der betroffenen Muskulatur.
Synapsen wirken wie Ventile. Da nur die Endknöpfchen der Neuriten die Überträgerstoffe enthalten, können die Nervenimpulse nur in eine Richtung weitergeleitet werden.
Eine motorische Nervenzelle des Rückenmarks besitzt etwa 10 000 Synapsen. Die Verknüpfung jeder Nervenzelle mit vielen anderen ermöglicht die Verarbeitung von Informationen im Gesamtnervensystem.

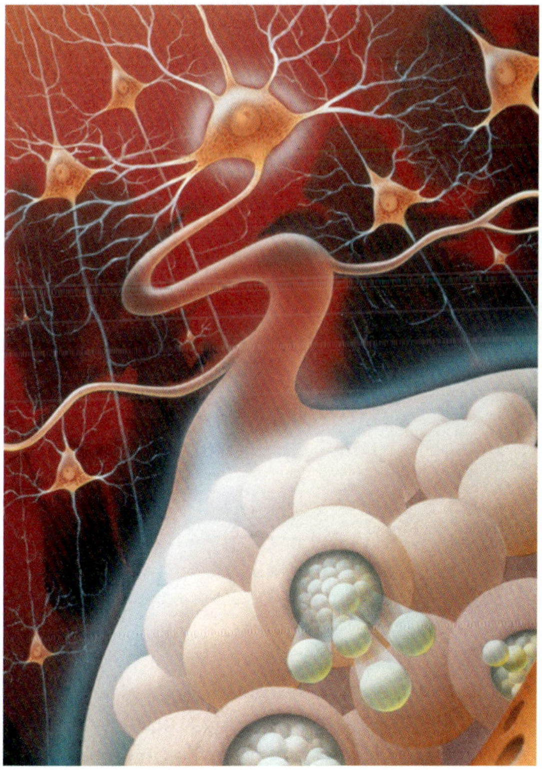

1 Abgabe von Überträgerstoffen (Transmittern)

Die Nervenzelle besteht aus dem Nervenzellkörper mit Dendriten und dem Axon (Neurit). Sie dient der Aufnahme, Weiterleitung und Übertragung von Nervenimpulsen.
Durch Synapsen sind Nervenzellen untereinander und mit Sinnes- oder Muskelzellen verbunden. Transmitter übertragen die Informationen von Zelle zu Zelle.

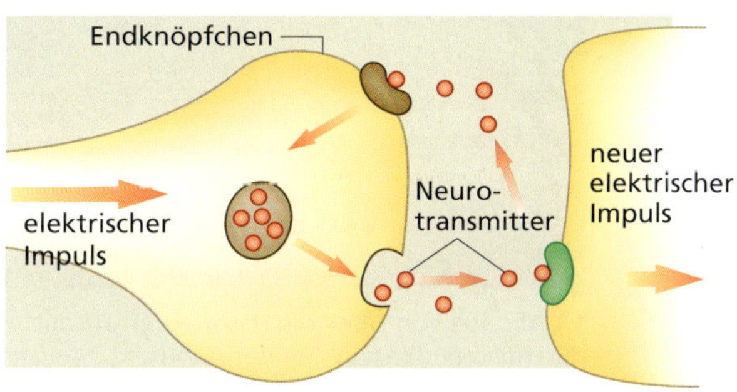

2 Synapse und Erregungsübertragung

Mosaik

Drogen und ihre Wirkung

Drogen sind Stoffe, die in natürliche Lebensprozesse des Körpers eingreifen und Wahrnehmungen, Gefühle und Stimmungen des Körpers beeinflussen.
So rufen die Wirkstoffe aus Haschisch und Marihuana gute Laune bis hin zur Hochstimmung hervor. Sinneseindrücke werden mit größerer Intensität wahrgenommen. Die Schmerzempfindlichkeit nimmt ab und das Zeitgefühl verändert sich. In dieser oder ähnlicher Form erleben Konsumenten häufig die unmittelbaren Wirkungen dieser und vieler anderer Drogen.
Schon diese Beschreibung weist darauf hin, dass Drogen wie **Marihuana, Haschisch, Opiate, Kokain, Ecstasy, LSD** u.a. auf unser Nervensystem einwirken.
Ihre Wirkung beruht darauf, dass sie eine ähnliche chemische Struktur aufweisen, wie Neurotransmitter.
Zurzeit sind etwa 100 Neurotransmitter bekannt (u.a. Dopamin, Serotonin und Endorphine). Mithilfe dieser Substanzen wird die Übertragung der Information von Sinneszelle zu Nervenzelle, von Nervenzelle zu Nervenzelle und von Nervenzelle zu Muskelzelle realisiert (S.96). An der Empfängerzelle befinden sich spezielle Rezeptoren für die entsprechenden Substanzen.
Die Neurotransmitter verbinden sich mit diesen Rezeptoren nach dem Schlüssel-Schloss-Prinzip, was in der Empfängerzelle zur Ausbildung elektrischer Impulse führt.

Heute weiß man beispielsweise, dass sich im Gehirn des Menschen spezielle Rezeptoren befinden, die passend sind für die Opiate **Morphium** und **Heroin**. Daraus erklärt sich die Wirksamkeit der Drogen (Herabsetzung des Schmerzempfindens, Ausschaltung von Hungergefühl, Euphorie).
Natürlich waren die Forscher zuerst einmal verblüfft über die Tatsache, dass im menschlichen Organismus Rezeptoren für pflanzliche Stoffe existieren.
Das Rätsel wurde gelöst, als man in den 1970er-Jahren **Endorphine** entdeckte. Endorphine sind körpereigene Opiate („endogene Morphine"), die bei schweren Verletzungen, starkem Stress und starken Schmerzen als Reaktion des Organismus im Gehirn freigesetzt werden.

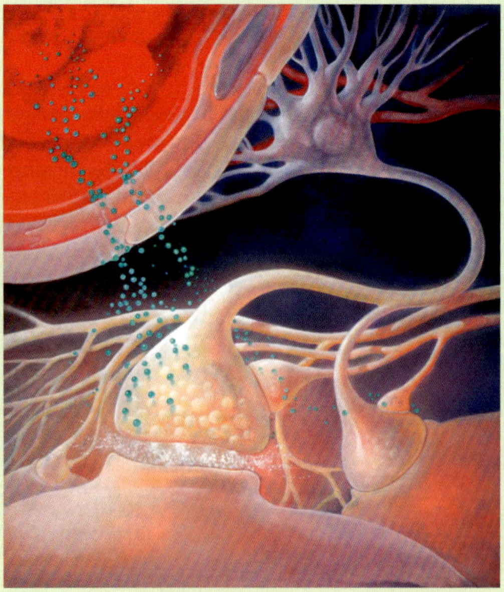

1 Abgabe von Überträgerstoffen (Transmittern) durch ein Endknöpfchen des Axons.

2 Rohopium aus Schlafmohnkapseln ist Ausgangsmaterial für Morphium und Heroin.

Viele Drogen führen zu einer verstärkten Dopaminausschüttung. Dopamin ist ebenfalls ein Neutrotransmitter und u. a. an der Regulation der Durchblutung innerer Organe beteiligt und spielt auch bei der Steuerung vieler Muskeln eine Rolle. (So vermutet man, dass ein Mangel an Dopamin den Ausbruch der Parkinson-Krankheit begünstigt.)
Die Störung im Dopaminspiegel bei Drogenentzug wird auch verantwortlich gemacht für einen Teil der Entzugssymptome.

Nicht nur illegale Drogen führen zur körperlichen oder seelischen Abhängigkeit.
Nikotin ähnelt strukturell dem Acetylcholin. Diese Substanz gehört zu den wichtigsten Neutrotransmittern. Sie vermittelt die Erregung zwischen Nerven und Muskeln und wirkt innerhalb des vegetativen Nervensystems. Aufgrund der strukturellen Ähnlichkeit greift Nikotin daher stark in die Funktion vieler Bereiche des Nervensystems ein. Daraus resultiert auch die Tatsache, dass Nikotin zu den am schnellsten süchtig machenden Substanzen gehört.
Alkohol (Ethanol) beeinträchtigt die Erregungsverarbeitung und Speicherung von Informationen im Zentralnervensystem. Alkoholmissbrauch führt zur Abhängigkeit. Letztendlich erfolgen Veränderungen der Nervenzellen, die Umstrukturierung ihrer Vernetzung und ihr fortschreitender Abbau.

Die Einnahme von Drogen kann durch die Beeinflussung der Synapsenfunktionen zur Blockierung von Nervenzellen und zu ihrer Zerstörung und damit zum Tod führen.

Allerdings wird die Wirkung von psychoaktiven Stoffen auch in der Medizin genutzt. So kommt Morphium als starkes Schmerzmittel zum Beispiel bei unheilbar Krebskranken zur Anwendung.
Neurotransmitter wie Serotonin werden bei einigen psychischen Erkrankungen (u. a. bei Depressionen, S. 112) als Medikament verordnet.
Nicht zuletzt wird ein starkes Nervengift, das Botulinumtoxin (Botox®), in der Schönheitschirurgie eingesetzt. Das Gift verhindert die Abgabe des Transmitters im Endknöpfchen und führt zur Lähmung von Muskeln. Durch Botoxspritzen werden einige Gesichtsmuskeln gelähmt, sodass sich die Faltentiefe verringert. Allerdings wird die Mimik ebenfalls reduziert.

Aufgabe
Setze dich mit den Abbildungen auf dieser Seite auseinander.

Struktur und Funktionen des Rückenmarks

Der mehr als 50 cm lange und 1 cm dicke, weiche und empfindliche Rückenmarksstrang liegt geschützt im Wirbelkanal der Wirbelsäule (Abb. 2). Schutz bieten auch die Rückenmarkshäute.

In einem Querschnitt durch das Rückenmark ist außen die aus Nervenfasern bestehende **weiße Substanz** zu erkennen. Innen liegt, schmetterlingsförmig angeordnet, die aus Nervenzellkörpern bestehende **graue Substanz** (Abb. 1).

Aus dem Rückenmark treten zwischen den einzelnen Wirbelkörpern 31 Paar Nerven zu beiden Seiten der Wirbelsäule aus. Sie verzweigen sich im Bereich des Rumpfes und der Gliedmaßen. Die Rückenmarksnerven stellen eine Verbindung zum peripheren Nervensystem und damit zu allen Teilen des Körpers, z. B. den Organen, den Muskeln und der Haut, dar (Abb. 2). Bei einer Durchtrennung des Rückenmarks kommt es zu Lähmungen und Sensibilitätsstörungen. Je höher die Verletzung liegt, desto mehr Körperteile sind betroffen.

Das Rückenmark liegt geschützt im Wirbelkanal und ist mit allen Teilen des Körpers über Nervenfasern verbunden.

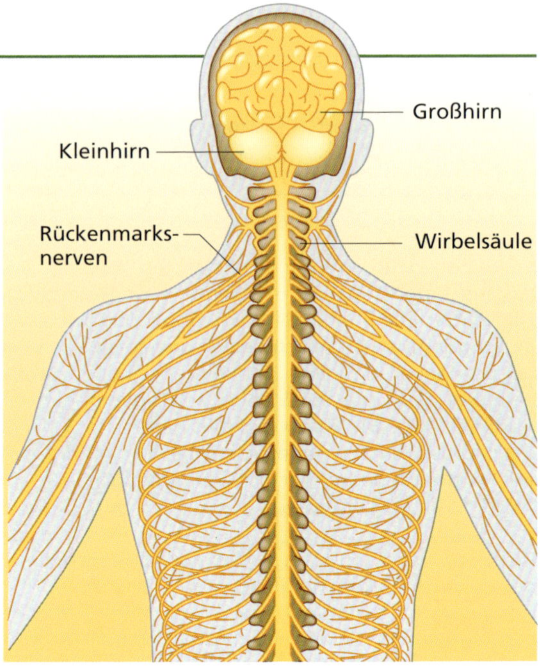

2 Wirbelsäule und Rückenmark

Funktionell unterscheidet man zwischen dem **somatischen Nervensystem,** welches die Beziehung des Organismus zur Umwelt reguliert, und dem **vegetativen Nervensystem,** das die Funktionsfähigkeit der inneren Organe beeinflusst. Das Rückenmark steht auch über Nervenfasern mit dem Gehirn in enger Verbindung; es ist die zentrale Schaltstation.

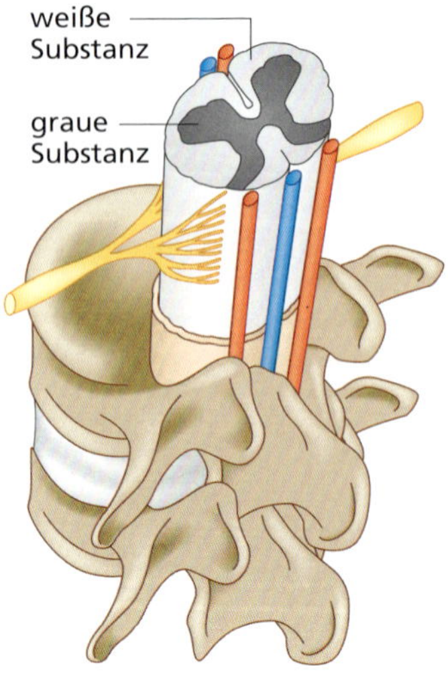

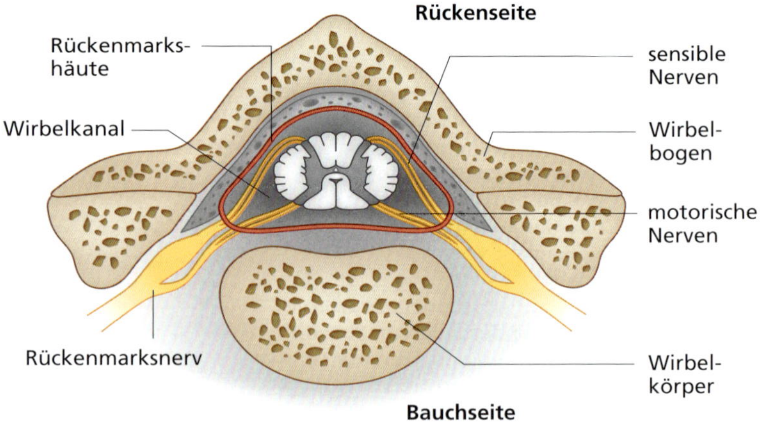

1 Querschnitt durch Rückenmark und Wirbelsäule

Struktur und Funktionen des Gehirns

Das **Großhirn** ist das Zentrum zahlreicher Empfindungen und Wahrnehmungen, Sitz der Lernfähigkeit, des Erinnerungsvermögens und des Gedächtnisses, des Denkens, der Begriffssprache und des bewussten Handelns.

Das weiche und druckempfindliche Gehirn ist durch die Schädelknochen vor schädlichen äußeren Einflüssen geschützt. Einen weiteren **Schutz** bieten die drei Hirnhäute und die Hirnflüssigkeit. Das Gehirn wird in fünf Abschnitte eingeteilt (Abb. 1). Jeder Abschnitt erfüllt bestimmte Aufgaben.

Das **Nachhirn** (a) oder verlängerte Rückenmark ist das Reflexzentrum unseres Körpers (S. 102). Von hier aus werden z. B. Atmung, Herzschlag, Blutdruck und Kreislauf gesteuert. Das Nachhirn ist aber auch „Umschaltstelle" für wichtige Nervenbahnen, die die Verbindungen der Körpermuskulatur mit dem Gehirn darstellen.

Das **Hinterhirn** besteht aus Kleinhirn und Brücke. Das **Kleinhirn** (b) macht etwa ein Achtel der gesamten Hirnmasse aus. Es steht mit dem Gleichgewichtsorgan in Verbindung und koordiniert sämtliche Bewegungsabläufe.

Das kleine **Mittelhirn** (c) ist ebenfalls eine „Umschaltstelle" für Nervenbahnen, die vor allem von den Augen und Ohren zum Gehirn führen. Es ist eine Zentralstelle für zahlreiche Reflexe.

Das **Zwischenhirn** (d) ist eine Schaltstation für Nervenbahnen aus dem gesamten Körper bzw. in den Körper. Hier sitzt auch eine Zentrale, die z. B. die Körpertemperatur und den Glucose- und Salzgehalt des Blutes reguliert sowie für verschiedene Gefühle wie Hunger, Angst, Aggression und Liebe verantwortlich ist. Einzig der Hypothalamus steuert zusätzlich über Hormonausschüttungen bestimmte Körperfunktionen (S. 141).

Das **Großhirn** (e) besteht aus zwei Hälften, die durch eine Längsspalte voneinander getrennt sind. Die Oberfläche wird durch zahlreiche Windungen und Furchen unterteilt. Die im Durchschnitt 6 mm dicke Großhirnrinde ist die aus Nervenzellkörpern bestehende **graue Substanz.** Unterhalb der Großhirnrinde (Cortex) befindet sich das Großhirnmark, die **weiße Substanz,** die aus Nervenfasern besteht.

Den einzelnen Bereichen der Großhirnrinde sind bestimmte Funktionen zugeordnet. So gibt es z. B. eine Projektion des Körpers auf sensorische und motorische **Rindenfelder** des Gehirns. Die Größe des Zellgebietes im Rindenfeld entspricht dabei der Empfindlichkeit bzw. Beweglichkeit des Körperteils. Jede Funktion, wie Sehen, Riechen oder Sprechen hat ihren eigenen Bereich (Abb. 1).

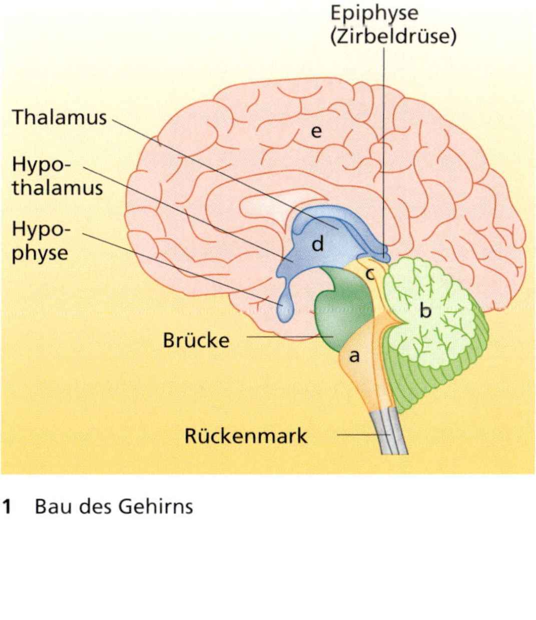

1 Bau des Gehirns

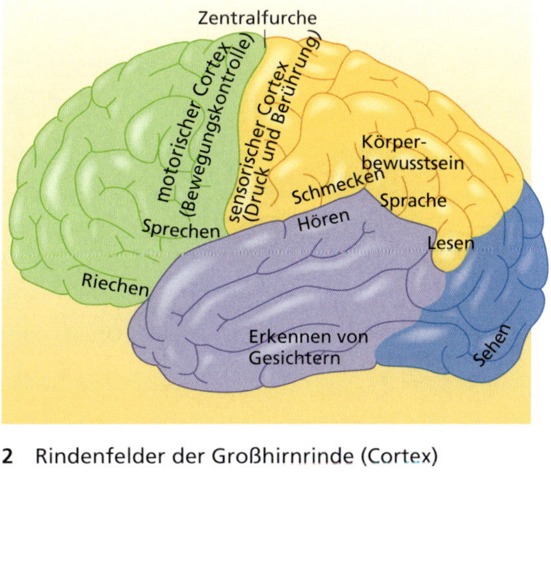

2 Rindenfelder der Großhirnrinde (Cortex)

Informationsaufnahme, -weiterleitung und -verarbeitung

Berührt man unverhofft mit der Hand einen heißen Ofen, zuckt man zusammen und zieht die Hand schnell zurück. Hat man mehrere Stunden nichts gegessen, empfindet man ein Hungergefühl. Auf die verschiedensten Einflüsse aus der Umwelt reagiert man mit bestimmten Reaktionen. Menschen sind reizbar.

Die aus der Umwelt und dem Inneren unseres Körpers kommenden **Reize** sind sehr verschiedenartig. Es können z. B. akustische, optische, chemische und mechanische Reize oder auch Temperaturreize sein (Tab., S. 71). Durch Reize werden einzelne Sinneszellen **(Rezeptoren)** oder freie Nervenendigungen (z. B. in der Haut) erregt. Die Sinneszellen können in Sinnesorganen, z. B. Auge und Ohr, konzentriert sein.

Sinneszellen sind auf bestimmte Reize spezialisiert. Beispielsweise werden die Sinneszellen im Innenohr durch akustische Reize und die Sinneszellen in der Netzhaut des Auges durch optische Reize erregt. Die Reize führen in den Sinneszellen zu elektrischen Spannungsänderungen. Jede Spannungsänderung breitet sich als **Erregung (Nervenimpuls)** über die ganze Sinneszelle aus und wird auf die anschließende Nervenzelle übertragen. Die Erregungen bzw. Nervenimpulse werden von den Nerven zum Rückenmark und ins Gehirn geleitet. Diese Nerven werden **Empfindungsnerven (sensible Nerven)** genannt. Im Gehirn und im Rückenmark werden die Erregungen (Nervenimpulse) verarbeitet und auf andere Nerven übertragen, die zu den ausführenden Organen führen. Die Nerven, die die Erregungen von Gehirn und Rückenmark zu den Organen leiten, werden **Bewegungsnerven (motorische Nerven)** genannt.

Dieser Prozess der Reizaufnahme, Erregungsbildung, -leitung und -verarbeitung im Gehirn, führt zur **Wahrnehmung der Umwelt.**

Reizbarkeit ist eine Eigenschaft lebender Organismen, auf Einwirkungen (Reize) aus der Umwelt mit entsprechenden Reaktionen zu antworten.

Aufgabe

Nenne Informationen aus der Umwelt und dem Körperinneren, die lebensnotwendig sind.

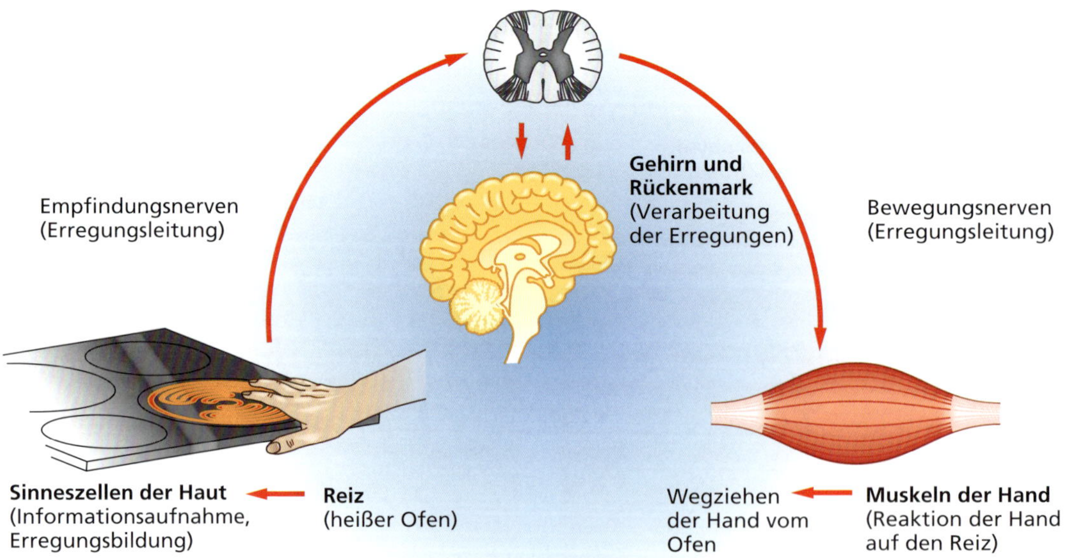

1 Prozess der Reizaufnahme, Erregungsbildung, Erregungsleitung und Erregungsverarbeitung (Reflexbogen)

Information

Auf den Menschen wirken ständig Reize (Informationen) aus der Umwelt ein. Sie werden durch spezialisierte Sinneszellen und Sinnesorgane aufgenommen. Die Sinneszellen werden erregt und die Erregung wird in die verarbeitenden Zentren geleitet. Das Ergebnis der Erregungsverarbeitung wird dem Erfolgsorgan gemeldet. Es kommt zu bestimmten Reaktionen.

Informationsverarbeitung

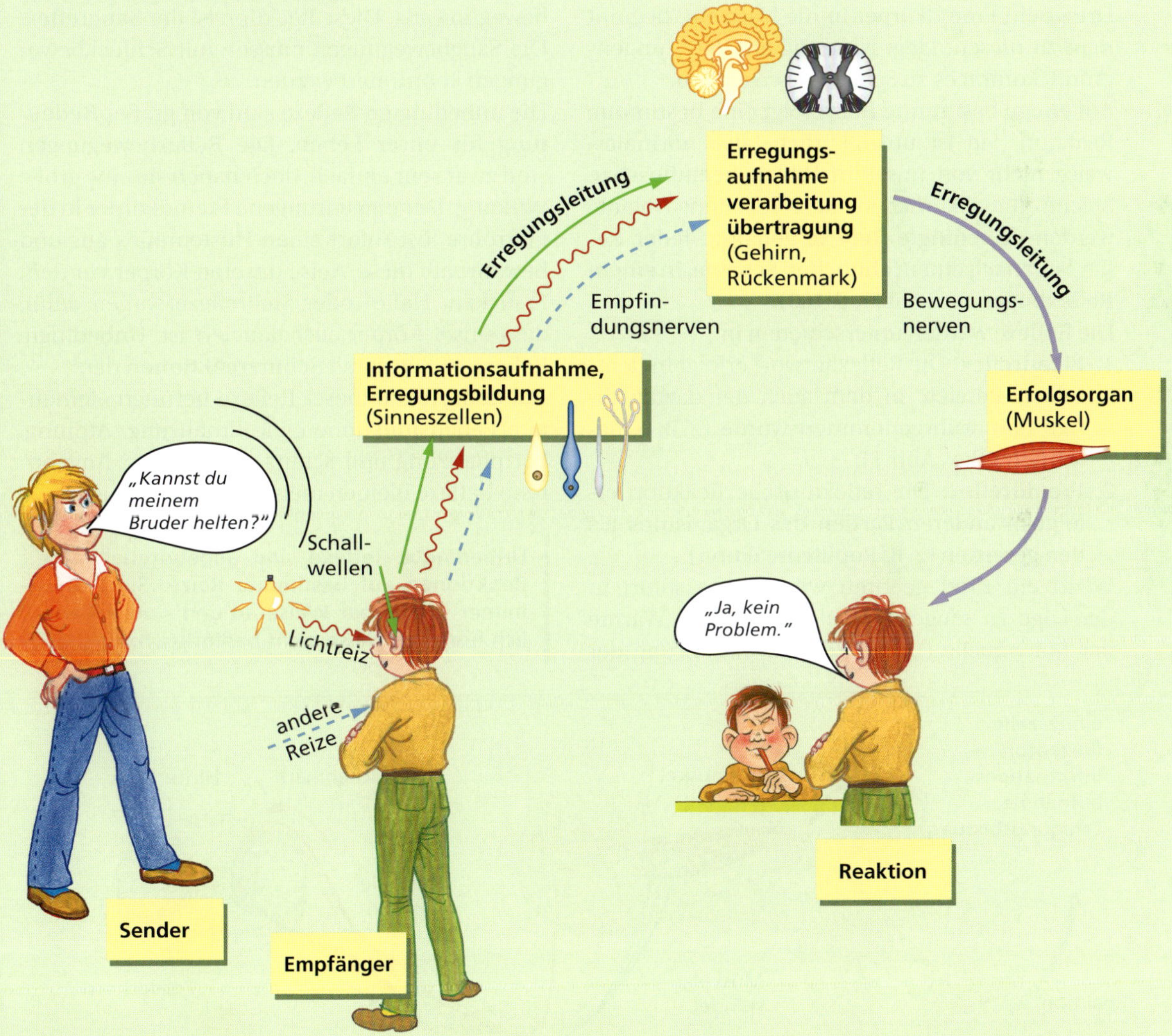

Erläutere nach diesem Schema die Informationsverarbeitung an einem selbst gewählten Beispiel.

Reflexe

Unbedingte Reflexe

Verschluckt man sich, beginnt man sofort zu husten. Wenn ein Fremdkörper, z. B. eine Fliege, in die Nähe der Augen kommt, schließen sich die Augenlider. Erreicht plötzlich ein greller Lichtstrahl das Auge, verengt sich sofort die Pupille. Dringt ein Fremdkörper in die Nase ein, beginnt man zu niesen. Liegt Nahrung auf den Zungengrund, kommt es zu Schluckbewegungen.

Auf einige bestimmte Reize folgt eine bestimmte Reaktion. Sie ist unwillkürlich, also normalerweise nicht von unserem Willen beeinflussbar. Solche unwillkürlichen Reiz-Reaktions-Abläufe werden **unbedingte Reflexe** genannt. Jeder Reflex läuft nach einem ähnlichen Schema, in einem **Reflexbogen,** ab (Abb. 1, S. 100).

Die Reflexe werden unterschieden in:

1. **Eigenreflex:** Die Reflexantwort erfolgt in demselben Bereich, in dem auch der dazugehörige Reiz wahrgenommen wurde (z. B. Kniesehnenreflex, Abb. 1).
2. **Fremdreflex:** Die reflektorische Reaktion erfolgt in anderen Partien des Organismus als den gereizten (z. B. Pupillenreaktion).

Wenn ein Kind geboren wird, ist es sofort in der Lage zu saugen. Angelockt von der Wärme der Milchquelle (Brust), löst die Berührung der

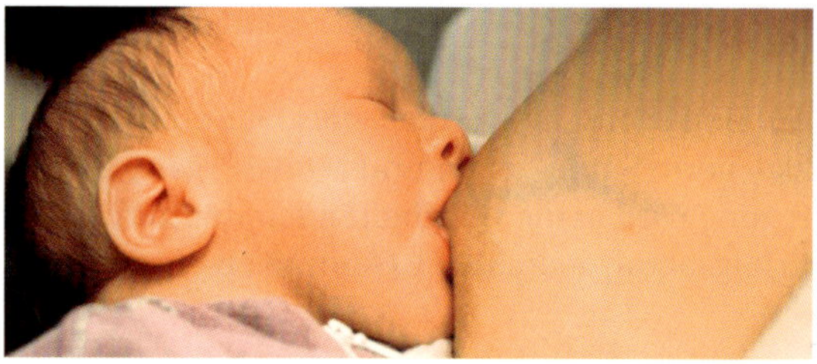

Brustwarze mit den Lippen beim Baby die Saugbewegung aus. Diese Reaktion ist der **Saugreflex**. Die Saugbewegungen müssen mit Schluckbewegungen koordiniert werden.

Die unbedingten Reflexe sind von großer **Bedeutung** für unser Leben. Die Reflexbewegungen sind zwar sehr einfach, doch haben sie eine große Wirkung. Der eingedrungene Fremdkörper in der Luftröhre löst sofort einen Hustenreflex aus und bewahrt auf diese Weise unseren Körper vor dem Ersticken. Halte- oder Stellreflexe sorgen dafür, dass unser Körper ausbalanciert ist. Unbedingte Reflexe stellen somit **Schutzreaktionen** dar.

Auf dem Ablauf dieser Reflexe beruhen elementare Lebensfunktionen wie Ernährung, Atmung, Fortpflanzung und Schutz des Körpers. Angeborene Reflexe bleiben meist zeitlebens erhalten.

Unbedingte Reflexe sind angeborene kurze Reaktionen auf bestimmte Reize. Sie laufen immer in gleicher Weise ab und sind willentlich normalerweise nicht beeinflussbar.

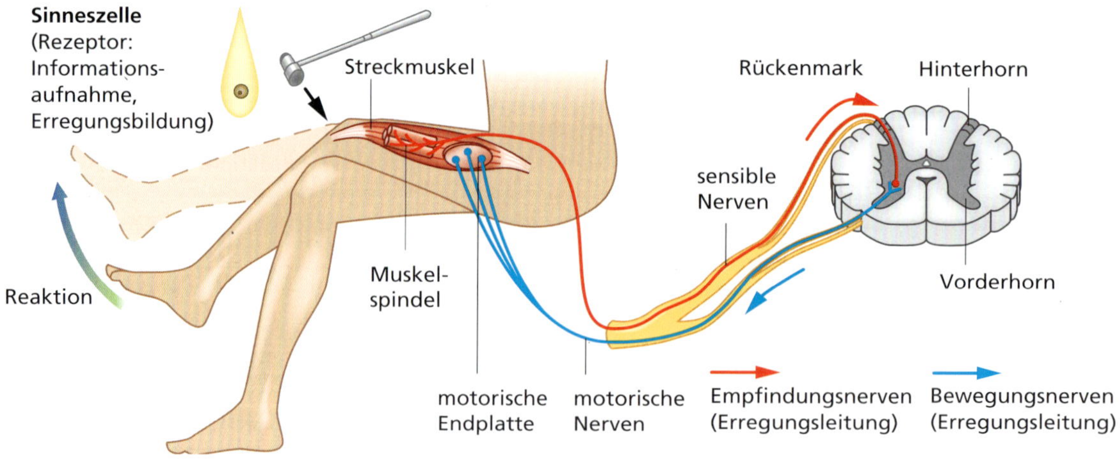

1 Der Ablauf eines Kniesehnenreflexes erfolgt als Reiz-Reaktions-Kette zur Koordination der Muskelbewegung.

Bedingte Reflexe

Auf der Grundlage von angeborenen unbedingten Reflexen und durch gleichzeitiges, wiederholtes Reizangebot (Signale) entwickeln sich beim Menschen und bei den Tieren Reaktionen auf bestimmte Reize (**Signalreize).** Die Reaktionen werden im Verlauf des Lebens erworben. Diese Reaktionen nennt man **erworbene Reflexe** oder **bedingte Reflexe.**
Diese Reflexe wurden zuerst von dem russischen Mediziner und Physiologen IWAN P. PAWLOW (1849–1936) an Hunden erforscht.
Die Aufnahme von Futter löst beim Hund den **Speichelreflex** und die Abgabe von Magensaft aus (beides unbedingte Reflexe). Leuchtet bei der Futtergabe immer eine Lampe auf, dann reicht nach häufiger Wiederholung schon allein das Aufleuchten der Lampe aus, um die Sekretion (Abgabe) von Speichel und Magensaft auszulösen. Der Hund lernt, das Licht als Signal für Futter zu erkennen.

Ein bedingter Reflex entsteht durch wiederholte zeitliche und/oder räumliche Verbindung unbedingter Reflexe mit einem neuen Reiz (Signalreiz).

Ein natürliches Verhalten kann durch eine zeitgleiche Reizgabe zu einer bedingten Konditionierung (Lernen) werden.

Bei verantwortungsvollen Tierdressuren (Abb. 1) wird versucht, die bedingten Reaktionen auf dem natürlichen Verhalten der Tiere aufzubauen. So springen Schwertwale (Orcas) oft und gern aus dem Wasser. Dieses Verhalten ist angeboren und wird bei der Dressur genutzt, um sie z. B. durch einen Ring springen zu lassen. Die Schwertwale werden danach gefüttert. D. h. sie werden für das Lernen einer Reaktion auf ein Signal (z. B. Ring hochhalten) belohnt. Damit lernen sie aufgrund **positiver Erfahrungen.**
Bedingte Reaktionen durch positive Erfahrungen finden auch beim Menschen statt. „Mir läuft das Wasser im Mund zusammen", ist eine häufige Redewendung, wenn man von einer Speise hört, die man schon einmal selbst gekostet hat und die sehr gut geschmeckt hat. Das Beschreiben der Speise löst schon den Speichelfluss aus.

Bei bedingten Reizen kommt es zu einer Veränderung des Reizmusters. So muss die Speise nicht mehr gegessen werden, um einen Speichelfluss auszulösen. Die Reaktion auf einen Reiz bleibt aber immer stereotyp. Im Gegensatz dazu wird beim Lernen das Reiz-Reaktions-Muster aus eigenem Antrieb verändert. Der Schwertwal z. B. erhofft sich eine Belohnung für sein Verhalten auf Kommando.

Nicht alle Reflexe lassen sich durch Erfahrung zum bedingten Reflex machen. Der Kniesehnenreflex lässt sich z. B. nicht mit bedingten Reizen verbinden.

Aufgaben

1. Nenne Schutzreaktionen des Körpers, die reflexartig verlaufen.

2. Erkläre, wie der Arzt beim Patienten die Reflexe überprüft.

3. Vergleiche unbedingte und bedingte Reflexe. Fertige dazu eine Übersicht in tabellarischer Form an.

1 Dressur von Schwertwalen (Orcas)

Gedächtnis und Lernen

Tiere und Menschen sind in der Lage, **Informationen** zu speichern und bei Bedarf wieder abzurufen. Mit der Höherentwicklung des Gehirns können diese Informationen zu komplexen Eindrücken, Erfahrungen und Kenntnissen verarbeitet und in dieser neuen Qualität gespeichert werden. Die Nervenzellen des Gehirns und ihre Verbindungen sind die Grundlage für die Speicherung, d. h. für das **Gedächtnis.**
Gedächtnis ist die Fähigkeit des Gehirns, Informationen über verschiedene Zeiträume hinweg zu speichern und abzurufen.

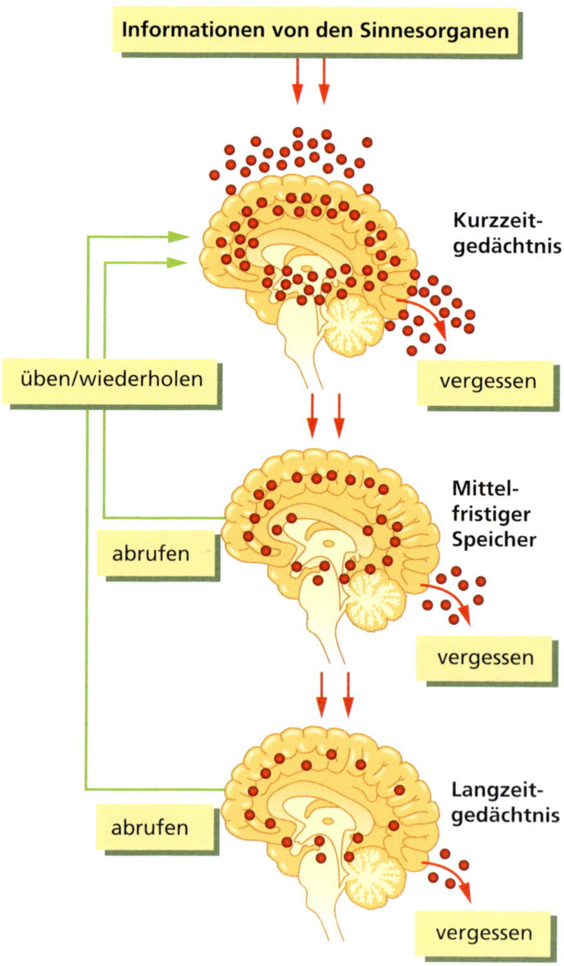

1 Ablauf der Gedächtnisvorgänge (→)

Man unterscheidet nach der Dauer der **Informationsspeicherung** das Kurzzeit- und das Langzeitgedächtnis.

Die aus der Umwelt aufgenommenen Informationen bleiben im **Kurzzeitgedächtnis** Sekunden bis maximal wenige Minuten gespeichert. Danach werden sie gelöscht oder vom mittelfristigen Speicher aufgenommen. Dazu gehören das Merken einer Telefonnummer ohne Wiederholung oder das Merken einer Anweisung, die nur kurzfristig Bedeutung hat.
Im **mittelfristigen Speicher** bleiben die Informationen einige Stunden bis Tage erhalten. Wenn z. B. ein Jugendlicher von der Disko kommt, hat er die Musikfolge des Abends im Wesentlichen im Kopf. Nach und nach vergisst er, was an jenem Abend gespielt wurde. Das Gehörte gerät allmählich in Vergessenheit.

Informationen, die für uns bedeutsam sind, können auch im **Langzeitgedächtnis** gespeichert werden. Die hier gespeicherten Informationen stehen meist lebenslang zur Verfügung und bilden unseren immer verfügbaren **Wissensspeicher.** Sie müssen durch wiederholtes Abrufen ständig in Erinnerung gebracht werden, damit sie auf Dauer behalten werden (Abb. 1).
Interessen, Neigungen, Einstellungen und Gefühle beeinflussen die Gedächtnisleistung. Deshalb ist das Gedächtnis jedes Menschen immer individuell.

Die Qualität des Gedächtnisses, die **Merkfähigkeit,** ist individuell sehr unterschiedlich. Sie hängt z. B. von der Anzahl der Wiederholungen, vom Zeitabstand, von der Konzentrationsfähigkeit und auch vom Interesse am Thema ab. Dementsprechend ist auch das **Lernen** individuell unterschiedlich. Die Fähigkeit zum Lernen ist angeboren.

Lernen beruht auf Vorgängen der Informationsaufnahme, Informationsweiterleitung, Informationsverarbeitung, Informationsspeicherung und Informationswiedergabe.

Lernformen

Die Umwelt der Tiere und des Menschen verändert sich ständig. Würden Tiere und Menschen nur über angeborene Verhaltensmuster verfügen, wären sie nicht in der Lage, sich innerhalb kurzer Zeit diesen Veränderungen anzupassen. Diese Leistung vollbringen Tiere genau wie Menschen durch **Lernen.** Dabei gibt es verschiedene Strategien.

Tiere und Menschen lernen häufig über Handlungen. Während des Lernens werden auch Fehler gemacht, deshalb wird es als **Versuch-Irrtum-Lernen** bezeichnet. In der menschlichen Entwicklung spielt das Versuch-Irrtum-Lernen eine große Rolle. Befinden sich Menschen z. B. in unbekannter Umgebung oder durchlaufen sie ein Labyrinth (Versuch), probieren sie, den richtigen Weg zu finden. Aus Versuch und Irrtum gewinnen sie die Erfahrung, beim nächsten Mal schneller den Weg zu finden.

Kinder versetzen sich gern in die Rolle von Erwachsenen, sie **spielen** Verkäufer und Kunde im Warenhaus, Hochzeit, Krankenschwester und Patient, Lehrer und Schüler. Dabei üben sie soziale Rollen und verbessern ihre soziale Kommunikation, ihre Verständigung untereinander.

Viele Tiere und auch wir Menschen übernehmen bei anderen beobachtete Bewegungen, Lautäußerungen oder Handlungen häufig in das eigene Verhalten. Diese Lernform wird als **Nachahmung** bezeichnet. So werden die Erfahrungen der Älteren an die Jüngeren, die Nachkommen, weitergegeben.

Menschen können aufgrund der Kombination von Gedächtnisinhalten, d.h. mehrerer Erfahrungen, ein neues Problem durch planendes und vorausschauendes Handeln lösen. Bei diesem **Lernen durch Einsicht** sind Elemente der Planung und des Handelns bekannt, die Zusammensetzung dieser Elemente ist aber neu.

Nachweis der Lernform „Versuch-Irrtum-Lernen"

Führe einen Nachweis zum Versuch-Irrtum-Lernen durch.

Materialien:
Stoppuhr oder Uhr mit Sekundenzeiger, Stäbchen, Vorlagen mit Mustern verschiedener Labyrinthzeichnungen (unterschiedliche Schwierigkeitsgrade)

Durchführung:
- Du erhältst vom Lehrer eine Labyrinthzeichnung. Durchlaufe mit dem Stäbchen so schnell wie möglich das Labyrinth vom Eingang zum Ausgang. Notiere die Zeit.
- Beginne bei jedem Fehlversuch von vorn. Notiere die Anzahl der Fehlversuche und die benötigte Zeit bis zum richtigen Durchlauf.
- Wiederhole die Untersuchung mit einer zweiten Labyrinthzeichnung.

Auswertung:
- Nenne und begründe die Anzahl der Fehlversuche.
- Stelle einen Zusammenhang zwischen der Anzahl der Fehlversuche und der benötigten Zeit grafisch dar.
- Vergleiche deine Ergebnisse mit den Ergebnissen deiner Mitschüler.

Ermitteln der verschiedenen Lerntypen

Bei allen Untersuchungen sollen immer jeweils zwei Schüler zusammenarbeiten.

Materialien:
Stoppuhr, Vorlage für Rechenaufgaben, Auswertungsvorlage (Lerntypenkreuz, S. 105), Papier, Bleistift

1. Untersuchung 1: 10 Zettel mit je einem Wort eines Gegenstandes
2. Untersuchung 2: eine Liste mit den Wörtern von 10 Gegenständen
3. Untersuchung 3: 10 unterschiedliche Gegenstände (z. B. Schlüssel, Apfel, Bleistift, Arbeitsheft, Münze)
4. Untersuchung 4: Augenbinde und weitere 10 Gegenstände (z. B. Radiergummi, Tasse, Kamm, Bürste)

Hinweis:
In jeder Untersuchung müssen andere Gegenstände entweder original oder als geschriebenes bzw. vorgelesenes Wort verwendet werden. Die jeweilige Untersuchungsperson darf diese Wörter und Gegenstände vor Untersuchungsbeginn nicht sehen bzw. hören.
Werden zwei bis vier Untersuchungen von dem gleichen Schülerpaar durchgeführt, kann man den Lerntyp der Untersuchungsperson ermitteln.

Durchführung:

1. Untersuchung zum Lesetyp

- Gib deinem Untersuchungsschüler nacheinander im Abstand von drei Sekunden 10 Zettel mit je einem Wort eines Gegenstandes. Er darf jedes Wort zwei Sekunden lesen.
- Löse nun 30 Sekunden lang mit deinem Untersuchungsschüler einfache Kopfrechenaufgaben.
- Gib deinem Untersuchungsschüler 20 Sekunden Zeit, sich an die gelesenen Wörter der Gegenstände zu erinnern. Danach soll er die behaltenen Wörter nennen.
- Notiere die genannten Wörter und ermittle deren Anzahl.

2. Untersuchung zum Hörtyp

- Lies deinem Untersuchungsschüler nacheinander im Abstand von drei Sekunden 10 Wörter von Gegenständen vor.
- Löse nun – wie in Untersuchung 1 – 30 Sekunden lang mit deinem Untersuchungsschüler Kopfrechenaufgaben.
- Gib ihm wiederum 20 Sekunden Zeit, sich an die gehörten Wörter zu erinnern; dann soll er die behaltenen Wörter nennen.
- Notiere die genannten Wörter und ermittle deren Anzahl.

3. Untersuchung zum Sehtyp

- Lege deinem Untersuchungsschüler nacheinander im Abstand von drei Sekunden 10 Gegenstände auf den Tisch. Er darf jeden Gegenstand zwei Sekunden betrachten.
- Löse nun – wie in den Untersuchungen 1 und 2 – 30 Sekunden lang mit ihm Kopfrechenaufgaben.
- Gib ihm wiederum 20 Sekunden Zeit, sich an die gesehenen Gegenstände zu erinnern. Dann soll er die gemerkten Gegenstände nennen.
- Notiere die genannten Gegenstände und ermittle deren Anzahl.

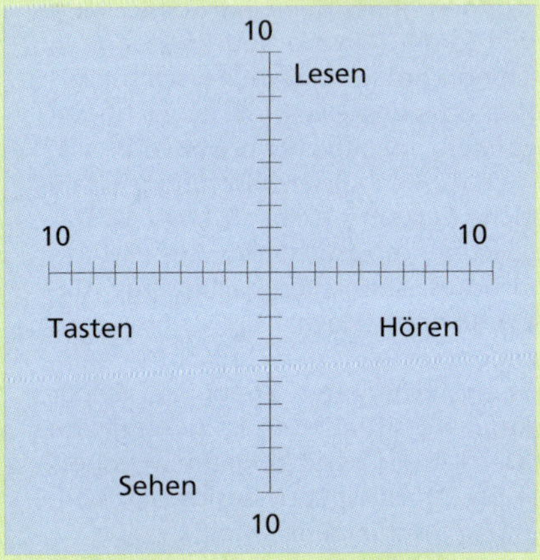

Lerntypenkreuz

4. Untersuchung zum Anfasstyp

- Verbinde deinem Untersuchungsschüler die Augen.
  Gib ihm nacheinander 10 Gegenstände in die Hände, die er jeweils zwei Sekunden betasten darf.
- Löse nun – wie in den Untersuchungen 1 bis 3 – 30 Sekunden lang mit ihm Kopfrechenaufgaben.
- Gib ihm wiederum 20 Sekunden Zeit, sich an die betasteten Gegenstände zu erinnern. Dann soll er die gemerkten Gegenstände nennen.
- Notiere die genannten Gegenstände und ermittle deren Anzahl.

Auswertung für die Untersuchungen 1–4:

1. Markiere die Anzahl der gemerkten Wörter (Untersuchung 1 und 2) sowie der gemerkten Gegenstände (Untersuchungen 3 und 4) in dem Lerntypenkreuz.
2. Verbinde die Punkte zu einem Viereck.
3. Erläutere und begründe, was für ein Lerntyp dein Untersuchungsschüler ist.
4. Entwickle aus deinen Untersuchungsergebnissen eigene Strategien für dein persönliches, effektives Lernen.

Mosaik

Ohne Gedächtnis sind wir nichts

Der französische Filmregisseur Luis Bunuel sagte: *„Man muss erst beginnen, sein Gedächtnis zu verlieren, und sei es nur stückweise, um sich darüber klar zu werden, dass das Gedächtnis unser ganzes Leben ist. Ein Leben ohne Gedächtnis wäre kein Leben … Unser Gedächtnis ist unser Zusammenhalt, unser Grund, unser Handeln, unser Gefühl. Ohne Gedächtnis sind wir nichts …"*

Wenn du mit dem Praktikumsversuch auf der Seite 105 versuchst, das Stäbchen fehlerfrei durch das Labyrinth zu führen, wirst du im ersten Durchgang vielleicht 6 Fehler machen, im vierten Durchgang drei Fehler und im siebten Durchgang schließlich 0 Fehler. Du hast also gelernt, das Stäbchen fehlerfrei durch das Labyrinth zu führen. **Lernen** umschreibt die Fähigkeit, ursprünglich zufällige Tätigkeiten zu wiederholen, wenn sie Erfolg haben. Im Labyrinthversuch besteht der Erfolg darin, dass die Entscheidung, das Stäbchen nach links oder rechts zu führen, nicht in eine Sackgasse führt. Du hast dir also gemerkt, an welcher Verzweigung du mit deinem Stäbchen nach rechts oder links abbiegen musst. Diese Informationsspeicherung ist das, was ein **Gedächtnis** ausmacht. Um lernen zu können, muss also ein Gedächtnis vorhanden sein.

Man kann menschlichen Probanden mithilfe von Tomografen und Hirnstrom-Messgeräten (EEG) beim Denken „zusehen". Hirnforscher wissen daher anhand neuester Analysen von Computertomografie-Bildern, dass der Mensch nahezu die Gesamtmasse seines Gehirns zu aktivieren vermag. Für viele geistige und körperliche Funktionen konnten neuronale Bereiche identifiziert werden, die z. B. für die Sprachbegabung oder das Zahlengedächtnis verantwortlich sind. Die beiden Hirnhälften weisen gewisse Spezialisierungen auf: Die **linke Hirnhälfte** ist der „rationale Part": Sie stellt Kategorien auf, führt zeitliche Analysen durch, löst logische Probleme (z. B. Kopfrechnen) und auch das Faktengedächtnis ist hier angesiedelt (z. B. Telefonnummer, Pin-Zahl). Die **rechte Hirnhälfte** ist zuständig für Kreativität und Emotionen. Gefühle, Assoziationen, Gestik, Mimik, Ironie oder Musik werden hier verarbeitet. Aber auch die räumliche Orientierung, Bilder und das autobiografische Gedächtnis sind hier lokalisiert. Ein Absterben von Gehirnzellen ist zwar möglich (mehr als 1 000 pro Tag), unseren Verstand beeinträchtigt das aber kaum, weil auch neue Zellen gebildet werden, wenn wir uns geistig fordern (ebenfalls bis zu ca. 1 000 Neuronen täglich).

Mittlerweile beschäftigen sich immer mehr Neurowissenschaftler mit dem Lernen auf molekularer Ebene. Sie untersuchen genauer, wie Sinneseindrücke im Gehirn tatsächlich umgesetzt und abgespeichert werden. Welche Prozesse laufen in diesem komplexen System ab, bei dem das Wissen täglich zunimmt? Selbstverständlich wird dabei zwischen dem Lernen des Computers und dem Lernen eines Gehirns unterschieden.

„Das werde ich nie vergessen", ist eine Aussage, die man nur hört, wenn jemand wirklich emotional ergriffen ist. Um eine Information für immer behalten zu können, muss der Eindruck so stark sein, dass er sich förmlich in die Neuronenbahnen des Gehirns „einbrennt". Neueste Forschungsergebnisse zeigen, dass unser Gehirn bei wichtigen (witzigen, schönen, positiven, negativen, tragischen) Informationen unsere Gefühlszentrale – das **limbische System** – aktiviert (Abb. 1). Das limbische System verursacht die Aufwertung eines Eindruckes, sodass er nachhaltige Gedächtnisspuren hinterlässt. Extremer Stress kann dagegen Gift für das Gedächtnis sein. Das Vergessen bestimmter Erlebnisse, Bilder oder Eindrücke in Notsituationen ist die logische Konsequenz: Der Körper schüttet dann Stresshormone aus, die Gedächtnisspuren auslöschen können (z. B. „Filmriss" nach einem Unfall).

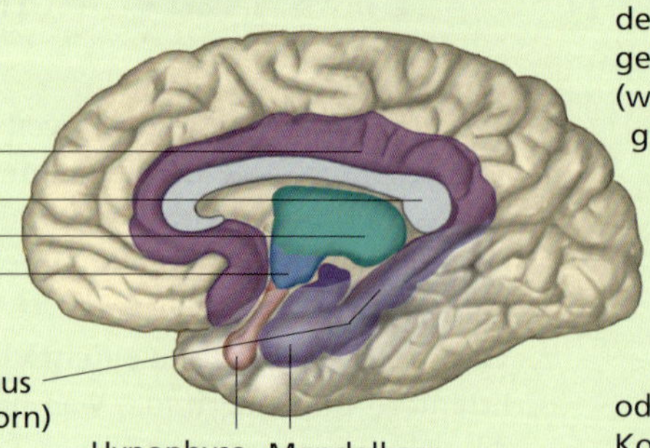

1 Bestandteile des limbischen Systems

Biologie im Alltag

Stress – Zusammenwirken von Nerven- und Hormonsystem

Wer kennt aus dem Alltag keinen Stress? Damit sind Situationen gemeint, in denen man sich einer plötzlichen körperlichen oder seelischen Belastung anpassen muss. Beispielsweise ist man morgens wieder zu spät aufgestanden und muss sich nun beeilen. Womöglich wird in der ersten Stunde auch noch eine Arbeit geschrieben - eine typische **Stresssituation.**

Unser Körper reagiert sofort, unsere beiden Informationssysteme wirken eng zusammen. Über unser Nervensystem gelangen die Informationen als Signale verschlüsselt in das Gehirn. Dort werden sie verarbeitet und beispielsweise Signale weiter an die Muskulatur oder die Hormondrüsen gegeben.

Gleichzeitig wird über das vegetative Nervensystem (S. 95) das Nebennierenmark aktiviert. Schlagartig werden **Stresshormone** (Adrenalin und Noradrenalin) freigesetzt und in das Blut abgegeben. Dadurch schlägt das Herz schneller, der Blutdruck steigt und die Atemfrequenz erhöht sich. Es kann mehr Sauerstoff aufgenommen und transportiert werden. Außerdem nimmt der Zuckergehalt im Blut zu, weil u. a. der Glykogenabbau in der Leber und die Ausschüttung von Glucose in das Blut gefördert werden.

Zudem erfolgt die Freisetzung von Fettsäuren ins Blut. Dadurch werden auch die Brennstoffe zur **Energiefreisetzung** bereitgestellt. Der Körper hat in kürzester Zeit auf volle Leistungsbereitschaft geschaltet. Die Beinmuskeln können aktiv werden und mit einem Sprint erreicht man den Bus doch noch.

Zudem bewirkt die erhöhte Adrenalinkonzentration die Ausschüttung von ACTH (**a**deno **c**ortico**t**ropes **H**ormon) in der Hypophyse, was wiederum zur Freisetzung von Cortisol aus der Nebenniere führt (S. 141). Diese beschleunigen die Wundheilung und haben entzündungshemmende Eigenschaften.

1 Manchmal findet man nach einer kurzen Pause leichter eine Lösung.

Der Stress hat unseren Körper also zu **Höchstleistungen** herausgefordert und sogar zur Steigerung der Widerstandskraft beigetragen.

Negativ wird Stress erst dann, wenn er häufig auftritt und kein körperlicher Ausgleich, wie durch Bewegung, erfolgt. Dann kreisen die Brennstoffe Zucker und Fettsäuren ungenutzt in der Blutbahn. Dauerhaft erhöhte Werte können zur Arterienverkalkung beitragen. Durch einen ständig erhöhten Adrenalinspiegel und somit erhöhter ACTH-Konzentration kann es bei Dauerstress zu Erschöpfungszuständen kommen.

Ausreichende Bewegung, ein Lauf oder einige Turnübungen, und anschließende Erholungsphasen können helfen, Stress abzubauen. Durch die körperliche Anstrengung werden die vom Körper breitgestellten Stoffe genutzt und Schäden werden vermieden. Manche Probleme lösen sich dann wie von selbst.

Erkrankungen und Gesunderhaltung des Nervensystems

Erkrankungen des Nervensystems

Werden unsere Sinneszellen sehr lange und stark erregt, bewirkt diese **Reizüberflutung** eine Schädigung der Sinneszellen und damit auch des Nervensystems. Da das Nervensystem auch die Tätigkeit der inneren Organe steuert, führt eine zu hohe nervliche Beanspruchung z. B. zu Magen-Darm- und Herz-Kreislauf-Erkrankungen. Wird unser Körper überfordert, z. B. durch Ärger in der Schule, im Beruf, in der Familie, durch persönliche Konflikte und Probleme, kann dies zu **nervlichen Erkrankungen** führen.

Nervliche Erkrankungen können aber auch andere Ursachen haben. Eine Gehirnerschütterung wird z. B. durch einen heftigen Schlag auf den Kopf, wie bei einem Sturz, ausgelöst. Dabei leidet man unter Schwindelgefühl, Erbrechen oder sogar Bewusstlosigkeit.

Bei der Durchtrennung motorischer Nervenbahnen z. B. durch einen **Unfall** kommt es zu Lähmungen. Die Muskeln können nicht mehr bewegt werden. In Abhängigkeit von der Höhe der Rückenmarksverletzung treten völlige, unheilbare Lähmungen und Empfindungslosigkeit in tieferen bzw. in höheren Körperabschnitten ein (Querschnittslähmung).

Auch **erbliche Faktoren,** wie bei der manisch-depressiven Erkrankung, können eine Rolle spielen. Ein Mangel an Transmittersubstanzen (S. 97) wird als Ursache für diese Depression angesehen. Biochemische Prozesse im Gehirn kommen dadurch aus dem Gleichgewicht und neuronale Schaltkreise sind gestört. Therapeutisch eingesetzte Antidepressiva hemmen daher den Abbau der Transmittersubstanzen Serotonin und Noradrenalin. Sie verhindern auch eine Wiederaufnahme in die synaptische Membran und erhöhen damit ihre Verfügbarkeit an den Rezeptoren der Synapse.

Auch eine **Infektion mit Viren** kann eine Erkrankung des Nervensystems zur Folge haben. Die Poliomyelitis (Kinderlähmung) ist eine Infektion der grauen Substanz des Rückenmarks. Sie wird durch Polioviren ausgelöst und ist inzwischen durch Schutzimpfungen (S. 132) fast vollständig eingedämmt. In schweren Fällen kommt es zur permanenten Muskelschwäche bzw. Lähmung. Eine Lähmung der Atemmuskulatur kann sogar zum Tod führen.

1 Depressionen sind psychische Erkrankungen mit Antriebslosigkeit, Kontaktarmut und/oder Stimmungsschwankungen.

Bei an Alzheimer Erkrankten ist der Abbauprozess von Proteinen im Gehirn verändert. Die Ursache dafür ist nicht gänzlich geklärt, wird aber zum Teil auf **genetische Veränderungen** zurückgeführt. Eine Verklumpung der Abbauprodukte der Proteine führt zur Verstopfung der Membrankanäle der Nervenzellen und somit zu deren Absterben. Zunehmende Vergesslichkeit, Sprachstörungen und Gedächtnisverlust sind die Folgen.

Aufgaben

1. Epilepsie und Multiple Sklerose zählen zu den häufigsten Nervenerkrankungen. Informiere dich über eine dieser Erkrankungen und halte einen Vortrag dazu.

2. Protokolliere eine Woche lang deinen Tagesablauf mit Arbeitszeiten (z. B. Schule, Hausaufgaben), Erholungszeiten und Schlafdauer. Besteht ein ausgewogenes Verhältnis?

Gesunderhaltung des Nervensystems

Viele unserer Lebensprozesse im Körper verlaufen im regelmäßigen Rhythmus, z. B. Herzmuskeltätigkeit, Atmungstätigkeit, Wechsel von Schlaf- und Wachzustand. Auch die Leistungsfähigkeit des Menschen schwankt im Tagesablauf. So sollte darauf geachtet werden, dass am Tag ein ausreichender Wechsel von Arbeit und Erholung sowie Freizeitgestaltung (Abb. 1) eingehalten wird. Unregelmäßige Zeiteinteilung und große Hektik führen zu nervösen Störungen.
Ganz wichtig für die Gesunderhaltung unseres gesamten Körpers ist ausreichender **Schlaf.** Der Mensch verbringt etwa ein Drittel seines Lebens im Schlaf. Er stellt eine lebensnotwendige Aufbau- und Erholungsphase unseres Körpers dar.

Totaler Schlafentzug für eine Nacht muss nicht unbedingt einen massiven Leistungsabfall zur Folge haben. Bei Schlafentzug über 48 Stunden zeigen sich Erschöpfungssymptome, z. B. das Reaktionsvermögen ist verlangsamt, die Lernfähigkeit eingeschränkt. Die Koordinierung der Bewegungen verringert sich. Traumbilder (Halluzinationen) können im Wachzustand auftreten. Diese Erscheinungen verlieren sich wieder nach 10 bis 13 Stunden Schlaf.

Die benötigte **Schlafdauer** ist individuell verschieden. Fest steht, dass der tägliche Schlafbedarf vom Lebensalter, vom Beruf und den Lebensgewohnheiten eines jeden Einzelnen abhängig ist (Tab.).

Schlafdauer in Stunden pro Tag	
Neugeborene	bis 16
Kleinkinder (bis 9 Jahre)	ca. 11
Jugendliche (14–19 Jahre)	ca. 8–9
Erwachsene (bis 45 Jahre)	ca. 7
ältere Menschen (bis 70 Jahre)	ca. 6

Während des Schlafes treten verschiedene **Schlafphasen** auf. Es werden Einschlafphase, leichter Schlaf und Tiefschlaf unterschieden. In der Tiefschlafphase regenerieren sich das Nervensystem, die Muskeln und die Organe. Lerninhalte gelangen in das Langzeitgedächtnis. Reservestoffe werden gebildet und eingelagert.

Ursachen von **Schlafstörungen** können Lärm, Übermüdung, Schmerzen, quälende Gedanken, aber auch tiefgreifende Konflikte, Probleme und Erkrankungen sein.

1 Sinnvolle Freizeitgestaltung dient auch der Gesunderhaltung des Nervensystems.

gewusst · gekonnt

1. Erweitere dein Glossar durch folgende Begriffe: Zentralnervensystem, Nervenzelle, Synapse, Gedächtnis, Rückenmark, Reflexe, Reflexbogen, Gehirn, peripheres Nervensystem, graue Substanz, weiße Substanz.

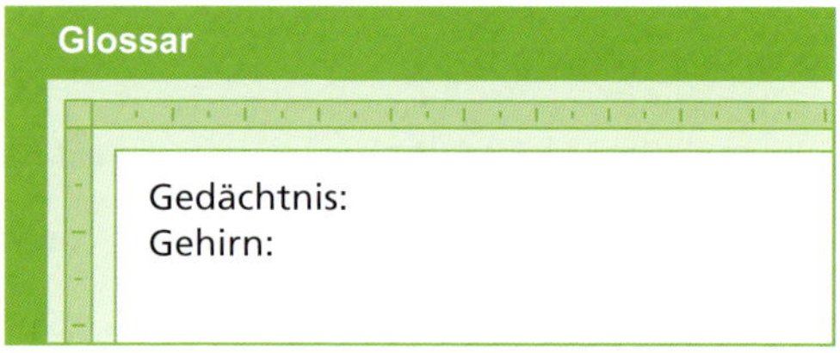

2. Betrachte mit Lupe oder Mikroskop einen Querschnitt des Rückenmarks (Dauerpräparat). Zeichne das Objekt und beschrifte die Zeichnung.

3. Benenne die fünf Gehirnabschnitte des Menschen und gib ihre wichtigsten Funktionen an.

4. Die sensorischen bzw. die motorischen Rindenfelder unserer Großhirnrinde (Cortex) sind jeweils für einzelne Körperpartien zuständig. Dabei sind besonders aktiven Partien große Felder zugeordnet. Grafisch wird das oftmals als Homunculus mit verzerrten Körperteilen dargestellt. Informiere dich über die Bedeutung der sensorischen bzw. motorischen Rindenfelder und erläutere an einem Beispiel die Bedeutung für unser Leben.

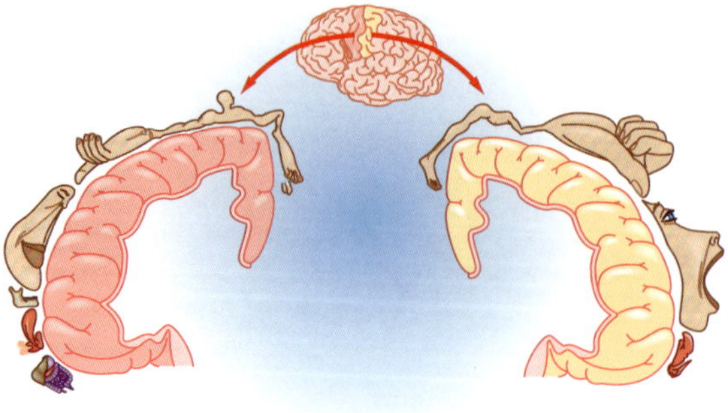

5. Gehirn und Rückenmark bilden das Zentralnervensystem. Stelle beide in einer Tabelle nach allgemeinem Bau und allgemeiner Funktion einander gegenüber.

6. Beschreibe den Aufbau und die Funktionsweise einer Synapse.

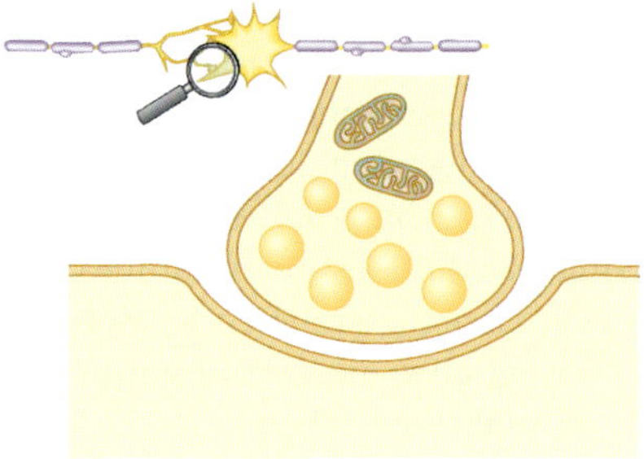

7. Die Leitungsgeschwindigkeit der Informationen eines mit schwannschen Zellen umgebenen Axons ist wesentlich höher als ohne diese Umhüllung. Mehr als 100 m pro Sekunde vermag eine Information im Organismus über die Nervenfasern zurückzulegen.
   a) Rechne diesen Wert in Kilometer pro Stunde um. Vergleiche die errechnete Geschwindigkeit mit der Geschwindigkeit eines Kleinwagens.
   b) Begründe die höhere Geschwindigkeit der Informationsleitung eines Axons, das mit schwannschen Zellen umgeben ist.

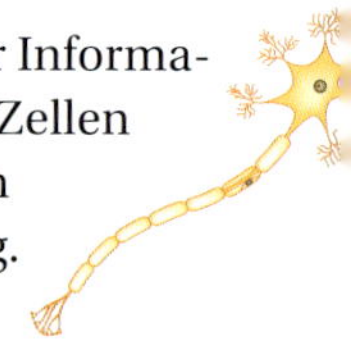

8. Ein Fünftel aller Schlangenarten bildet Gift. Sie setzen es zum Beuteerwerb oder zur Verteidigung ein. Manche Gifte beeinflussen z. B. an den Synapsen die Erregungsübertragung von Nervenzellen auf die Muskulatur. Das Gift des australischen Taipans (Taipoxin) verhindert die Freisetzung des Transmitters Acetylcholin. Das Gift der Kobra verhindert an der Empfängerzelle die kurzzeitige Bindung des Überträgerstoffs und damit die Auslösung neuer elektrischer Impulse. Erkläre die Wirkung beider Schlangengifte.

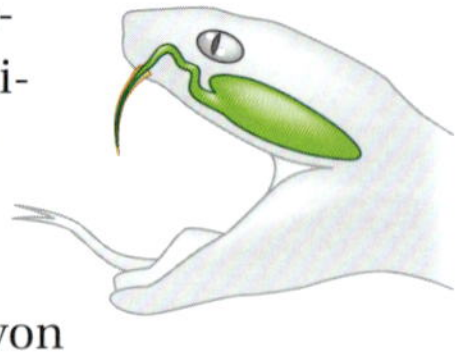

9. Bei plötzlicher Annäherung einer Fliege schließen sich unwillkürlich deine Augenlider. Beschreibe den Ablauf dieser Reaktion.

10. Auf Reize aus der Umwelt reagiert der Organismus mit bestimmten Reaktionen. So schließen sich bei einem Luftzug die Augenlider. Wird wiederholt gleichzeitig auf einer Trillerpfeife gepfiffen, reicht das Pfeifen aus, um den Lidschluss auszulösen.

a) Plane dazu ein Experiment und führe es durch.

b) Benenne die Reaktion, die durch den Luftzug ausgelöst wird.

c) Beschreibe die Auswirkungen des Erklingens der Trillerpfeife.

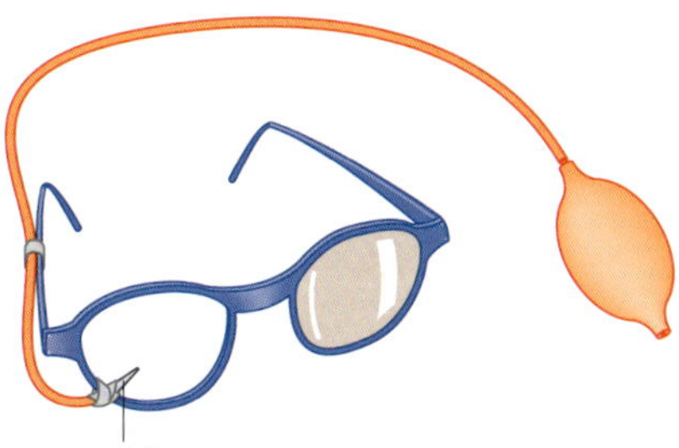

11. Benenne in deinem Heft die in der Abbildung gekennzeichneten Glieder des Speichelreflexes. Gib für jedes Glied die entsprechende Funktion an.

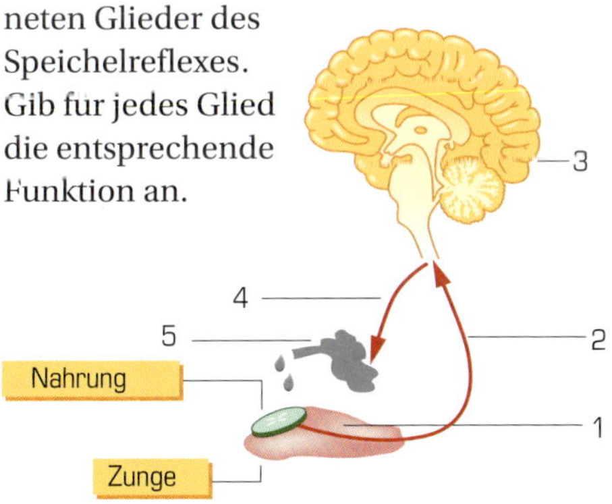

12. Informiere dich über das Leben und wissenschaftliche Arbeiten des Biologen Iwan P. Pawlow.
Nutze dazu Fachliteratur oder das Internet. Präsentiere diese Informationen in geeigneter Weise vor deinen Mitschülern.

13. a) Ordne den mit Ziffern gekennzeichneten Teilen eines Reflexbogens folgende Bezeichnungen zu: Rückenmark/Gehirn (Reflexzentrum), Sinneszelle (Rezeptor), Bewegungsnerv (motorischer Nerv), Erfolgsorgan (Effektor), Empfindungsnerv (sensibler Nerv).

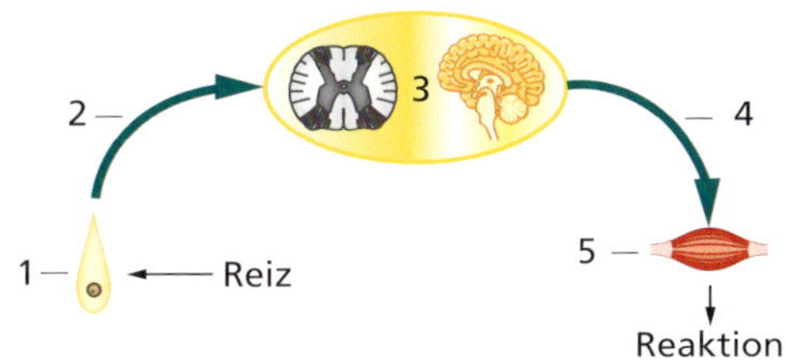

b) Beschreibe mithilfe der Begriffe den Ablauf eines Reflexes.

14. Nenne deine bevorzugten Lernformen. Erläutere sie an Beispielen.

15. Eine dauerhafte Einwirkung von Reizen auf unsere Sinnesorgane kann eine Schädigung des Nervensystems hervorrufen. Nenne mögliche Quellen in deinem Alltag, die zu einer Reizüberflutung führen können. Überlege, ob du diese auch als störend empfindest.

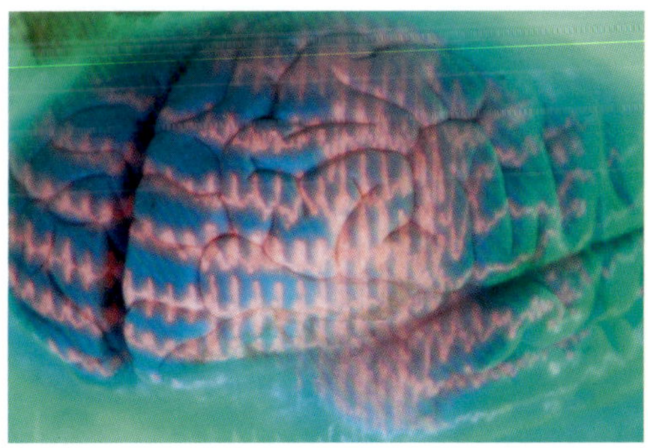

16. Entwickle einen Plan, mit dem du in deinen Tagesablauf Zeiten einbauen kannst, die dich vor einer dauerhaften Reizüberflutung schützen können. Wie müssten diese Zeiten aussehen? Was müsste sich ändern? Diskutiert in der Klasse Möglichkeiten, wie sich diese Änderungen einbauen lassen.

Informationsverarbeitung im Zentralnervensystem (Gehirn, Rückenmark)

Kleinstes Bauelement des Zentralnervensystems ist die **Nervenzelle.** Sie dient der Aufnahme, Weiterleitung und Verarbeitung von Erregungen.

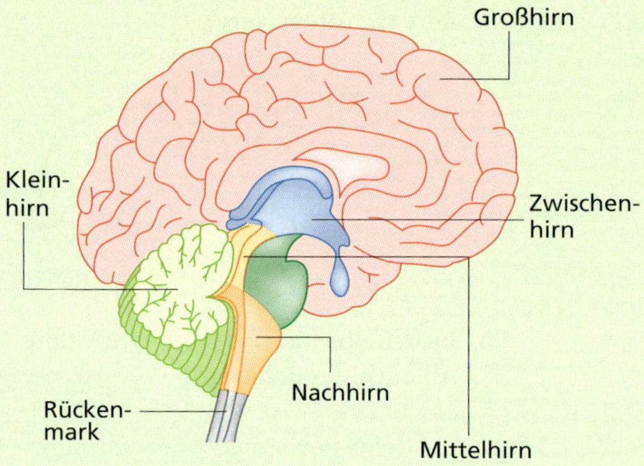

Das weiche **Gehirn** liegt geschützt in der Schädelkapsel. Es besteht aus fünf Abschnitten.
Im Gehirn werden alle Erregungen aufgenommen, verarbeitet, teilweise gespeichert (Gedächtnis) bzw. auf andere Nerven übertragen. In ihm vollziehen sich alle Vorgänge unseres bewussten Fühlens, Denkens und Handelns.

Das **Rückenmark** liegt geschützt im Wirbelkanal der Wirbelsäule. Die Nerven des Rückenmarks führen in alle Teile des Körpers und zum Gehirn.
Das Rückenmark ist ein Reflexzentrum.

Reflexe

Jeder Reflex läuft in einem **Reflexbogen (einer Reiz-Reaktions-Kette)** ab. Reflexe sind oftmals Schutzreaktionen und Grundlage für den Ablauf von Lebensfunktionen. **Unbedingte Reflexe** sind angeborene unwillkürliche Reaktionen des Körpers auf einen Reiz. **Bedingte (erworbene) Reflexe** sind Voraussetzung für Lernprozesse sowie für die Speicherung und Verarbeitung von Informationen.

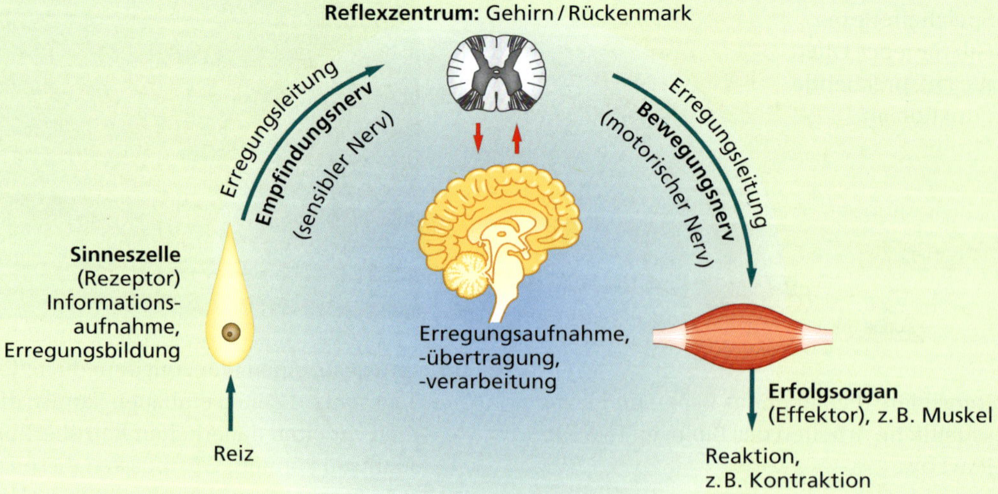

2.3 Abwehr von Infektionskrankheiten

Gesundheit – ein hohes Gut!

Jeder kann durch eine gesunde Lebensführung, z. B. durch ein ausgewogenes Verhältnis von körperlicher und geistiger Belastung, zur Gesunderhaltung seines Körpers beitragen. Dennoch treten verschiedene Krankheiten auf, häufig Infektionskrankheiten.
Warum bricht nicht immer eine Krankheit aus, wenn Krankheitserreger in den Körper eingedrungen sind?
Welche Abwehrreaktionen gibt es?
Wie können die Abwehrreaktionen unterstützt werden?

Impfungen – Schutz vor Erkrankung?

Infektionsgefahr besteht immer und überall. Sowohl Kinder als auch Erwachsene können an einer Infektionskrankheit erkranken. Ausreichende Impfungen können vor solchen Erkrankungen und ihren möglichen gesundheitlichen Folgen wie Lähmungen, Krampfleiden und Herzschwäche schützen.
Was verstehst du unter Schutzimpfung?
Welche Vorgänge laufen bei einer Impfung im Körper ab?

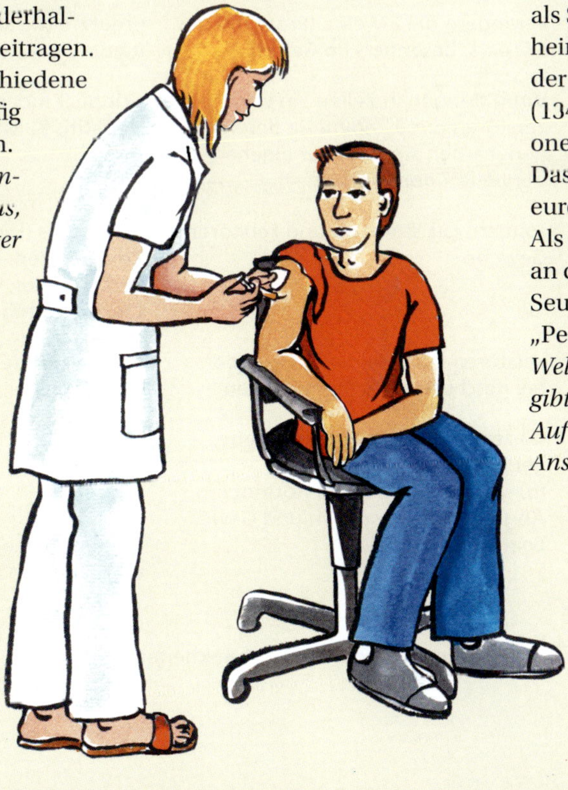

Infektionskrankheiten – „Geißel" der Menschheit?

Jahrhundertelang haben Pest, Cholera und andere Infektionskrankheiten die Menschen als Seuchen immer wieder heimgesucht. Allein während der Pestepidemie in Frankreich (1347–1353) wurden 25 Millionen Menschen dahingerafft. Das sind ca. ein Drittel der europäischen Bevölkerung. Als Erinnerung und Gedenken an diese schrecklichen Seuchen wurden vielerorts „Pestsäulen" errichtet.
Welche Infektionskrankheiten gibt es noch heute?
Auf welche Weise kann eine Ansteckung erfolgen?

Entstehung und Verlauf von Infektionskrankheiten

Aus der Umgebung können in unseren Körper verschiedene Erreger von Krankheiten eindringen. Dies können Bakterien, Viren, Pilze, Einzeller, Tiere oder Prionen sein (Tab.). Der Körper wird von ihnen infiziert (angesteckt). Es erfolgt eine **Infektion.** Die ausbrechenden Krankheiten werden als **Infektionskrankheiten** oder **ansteckende Krankheiten** bezeichnet.

Infektionskrankheiten werden durch bestimmte Erreger hervorgerufen. Sie sind auf andere Personen übertragbar. Es gibt vielfältige Möglichkeiten der Übertragung von Krankheitserregern. Die Erreger können auf direktem oder indirektem Weg in den Körper gelangen. Das ist u. a. abhängig von der Art des Erregers.

Die **direkte Übertragung** erfolgt z. B. durch Tröpfchen- und Schmierinfektion, durch Einatmen mit der Luft, über Körperflüssigkeiten beim Geschlechtsverkehr und Küssen bzw. auch über die Muttermilch, durch Direktkontakt beim Händegeben oder bei der Geburt.

Indirekt können die Erreger mit der Nahrung aufgenommen, durch medizinische Instrumente, z. B. Spritzen, eingeimpft oder durch Tiere, z. B. Fliegen oder blutsaugende Insekten (Mücken) übertragen werden.

Die Krankheitserreger können an den unterschiedlichsten Stellen in den menschlichen Körper gelangen. Vor allem über die Körperöffnungen, wie Mund, Nase, Auge, Geschlechtsorgane, After. Sie dringen häufig in Atmungs- und Verdauungsorgane ein. Seltener dienen die Haut (z. B. nach Verletzungen) oder die inneren Schleimhäute als Eintrittspforte.

Infektionskrankheiten sind ansteckende Krankheiten mit einem typischen Krankheitsverlauf. Sie werden durch Erreger hervorgerufen.

Erreger	Anzahl der Arten	Wirkungsweise	Beispiele für Krankheiten
Prionen		verändern die Eiweiße (Proteine) des Körpers, besonders im Gehirn	Creutzfeldt-Jakob-Krankheit, Rinderwahnsinn (BSE)
Viren	über 1 000	Viren dringen in Zellen ein und zerstören diese, indem sie deren genetischen Apparat zur eigenen Vervielfältigung nutzen	Grippe, Kinderlähmung, Röteln, Hepatitis B, Mumps, Windpocken, Aids
Bakterien	über 1 000	sondern Giftstoffe ab und zerstören Gewebe	Meningitis (Hirnhautentzündung), Keuchhusten, Typhus, Tuberkulose, Pest, Tetanus, Diphtherie, Scharlach, Cholera, eitrige Mandelentzündung
Pilze	über 50	zerstören körpereigenes Gewebe bei geschwächtem Immunsystem	Hautpilz, Hefepilzbelag in der Mundhöhle
Parasiten (a) Einzeller (b) Tiere (Würmer und Gliederfüßer)	über 50	(a) zerstören Zellen und Gewebe, geben Giftstoffe ab (b) schaden durch Nährstoffentzug, Abgabe von Giftstoffen und Gewebezerstörungen	(a) Malaria, Schlafkrankheit, Leishmaniose (b) Bilharziose, Bandwürmer, Trichinen, Krätze

1 Verschiedene Krankheitserreger können unterschiedliche Krankheiten verursachen.

Nach der **Infektion** vermehren sich die Erreger im Körper. Durch Abgabe von **Giftstoffen** (Toxine) bzw. durch eine bestimmte Erregerkonzentration kommt es zur Schädigung des Körpers. Typische Anzeichen für eine Erkrankung – **Symptome** genannt – treten auf, z. B. steigt die Körpertemperatur an. An verschiedenen Symptomen erkennt der Arzt die Art der Erkrankung.

Den Zeitraum, der zwischen der Übertragung der Erreger und dem Auftreten der Symptome (Ausbruch der Krankheit) liegt, nennt man **Inkubationszeit.** Die Inkubationszeit ist bei verschiedenen Infektionskrankheiten unterschiedlich lang. Sie beträgt bei Diphtherie 2 bis 7 Tage, bei Masern 9 bis 11 Tage, bei Röteln und Windpocken etwa 14 bis 21 Tage und bei Aids sogar bis zu mehreren Jahren.
Während der Inkubationszeit vermehren sich die Erreger weiter. Aber im Körper werden auch **Abwehrstoffe** mobilisiert, sodass in vielen Fällen die Krankheit nicht ausbricht (Abb. 1). Jeder Mensch besitzt eine bestimmte Widerstandsfähigkeit gegenüber Krankheitserregern. Diese **Resistenz** (lat.: *resistentia* = Widerstand) ist mit abhängig von der aktuellen körperlichen Konstitution des Mensch. Menschen, die durch ständige Überlastungen, Fehlernährung u. a. geschwächt sind, sind gegenüber Infektionen anfälliger.
Außerdem erwirbt ein Organismus im Laufe seines Lebens eine gewisse **Immunität** gegenüber Krankheitserregern, denen er bereits ausgesetzt war (S. 128).

Nasskaltes Winterklima kann die Anfälligkeit gegenüber Erregern der **Erkältungskrankheiten** (Schnupfen, Husten, Halsschmerzen) fördern, da die Kälte zu einer verringerten Durchblutung der Schleimhäute in Nasen- und Rachenraum führen kann. Solche „grippalen Infekte“ sind leicht übertragbar, z. B. durch Tröpfcheninfektion (Abb. 1).

Die Krankheitserreger vermehren sich im Körper und führen zum Ausbruch der Infektionskrankheit.

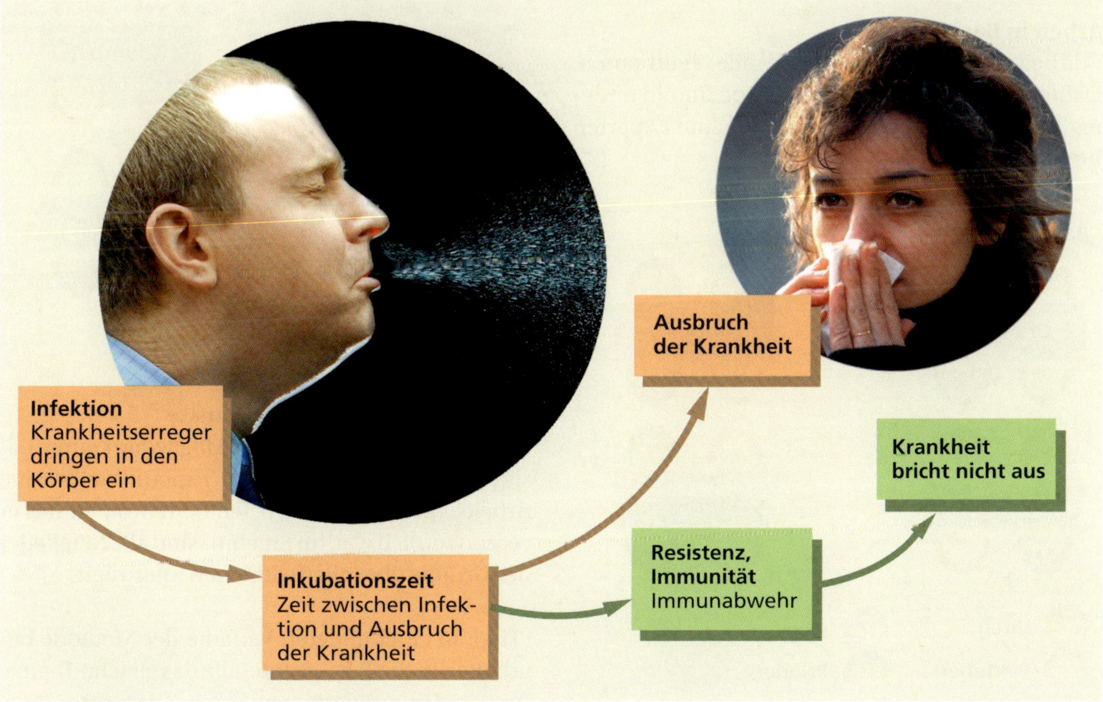

1 Entstehung einer Infektionskrankheit

Die Expertenmethode

Biologische Themen kann man sich mit unterschiedlichen Lernmethoden erschließen. Besonders die Expertenmethode ist gut geeignet, um selbstständig Probleme und Aufgabenstellungen zu lösen. Erarbeitet man sich ein Thema selbst, bleiben die Ergebnisse lange im Gedächtnis.

Experten sind immer Spezialisten für ein konkretes Sachgebiet. Mit diesem Thema haben sie sich ausgiebig beschäftigt und können anderen ihre Erfahrungen weitergeben. Bei der Expertenmethode wird dies ausgenutzt und so die Arbeit auf viele Schultern verteilt.
Macht euch also selbst zu Experten und helft den anderen dabei, euer Spezialgebiet zu verstehen! Lasst euch dann von anderen Experten helfen, sodass am Ende alle den gleichen Wissensstand haben. Das ist echte Teamarbeit!

1. Schritt

Vorbereitung
Findet zum vorgegebenen Hauptthema sinnvolle Teilthemen. Zum Hauptthema „Krankheitserreger" könnten z. B. „Viren", „Bakterien", „Pilze" und „Prionen" bearbeitet werden.
Teilt nun die Klasse in vier bis fünf Basisgruppen.

2. Schritt

Arbeit in Basisgruppen
Erarbeitet in der Basisgruppe alle Teilthemen. Dabei ist jedes Mitglied der Gruppe für ein anderes Thema verantwortlich und wird zum Experten für dieses Thema.

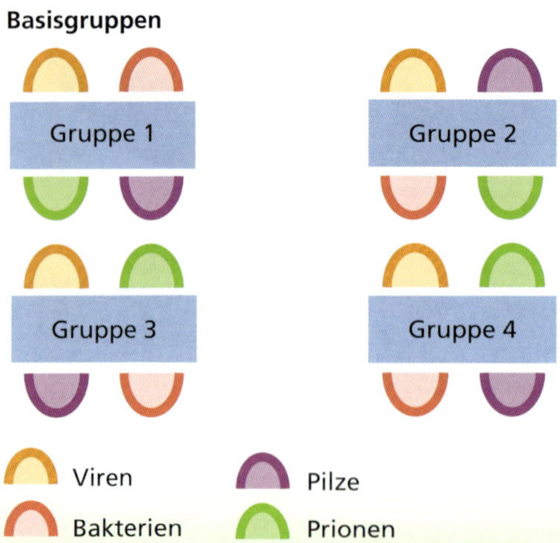

3. Schritt

Arbeit in Expertengruppen
Bildet neue Gruppen, die sich aus den jeweiligen Experten für die gleichen Teilthemen zusammensetzen. Tauscht eure Arbeitsergebnisse aus und klärt offene Fragen. Dabei kommt jeder Experte zu Wort. Erarbeitet eine Zusammenfassung.

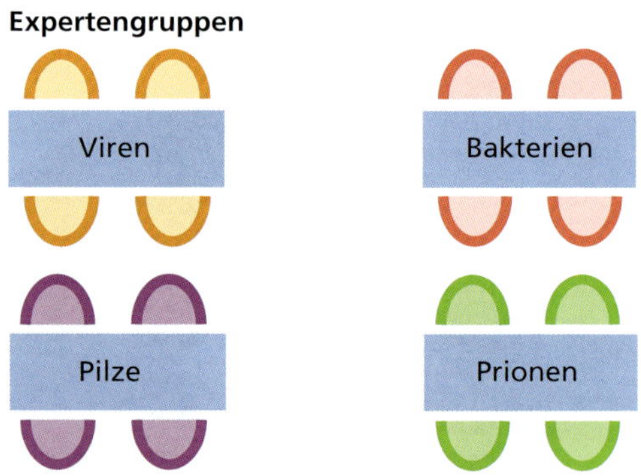

4. Schritt

Präsentation der Lernergebnisse
Findet euch wieder mit den Mitgliedern eurer Basisgruppe zusammen. Jeder Experte stellt seine Arbeitsergebnisse zu dem Teilthema vor, für das er verantwortlich war. Im Ergebnis sind alle Mitglieder der Gruppe über alle Teilthemen informiert.

(Tipp: In einer anderen Variante der Methode bearbeiten in der Basisgruppe alle das gleiche Thema. In den Expertengruppen erfolgt dann der Austausch über die unterschiedlichen Teilthemen.)

Informationen beschaffen

Informationssuche in Bibliotheken

Wenn du mehr über ein Thema erfahren möchtest, eine Rechercheaufgabe hast oder Informationen für einen Vortrag benötigst, so kannst du in Bibliotheken ganz unterschiedliche Informationsquellen finden.
Quellen für die Informationssuche sind u. a. themenbezogene Schülerlexika, Fachbücher, Sachbuchreihen, Informations-CD-ROMs, Bildbände, Zeitungen und Zeitschriften.

Es ist hilfreich, vor der Suche **Stichwörter** zum Thema zu notieren und gezielt nach diesen Begriffen im Katalog einer Bibliothek zu suchen. Die Stichwörter kannst du auch nutzen, um im Stichwortverzeichnis der Sachbücher nachzuschlagen. Ein solches Verzeichnis findest du als Register am Ende eines Buches, auch dieses Buches.
In Bibliotheken gibt es auch die Möglichkeiten, Computer mit Internetzugang zur Informationsbeschaffung zu nutzen.

Informationssuche im Internet

Das Finden von geeigneten **Suchbegriffen** ist vor allem dann erforderlich, wenn das Internet als Informationsquelle dienen soll. Das Internet bietet durch das World Wide Web (www) ein wirklich „weltumspannendes Netz“ an. In diesem Informationsnetz findest du Daten, Artikel und Bilder zu fast allen Themen. Außerdem ist es eine umfassende Datenbank für Adressen von Museen, Verlagen, Instituten und anderen Einrichtungen. Der Vorteil des Webs ist, dass es aktuelle Informationen enthält und man gezielt nach Themen und Stichworten suchen kann. Der Nachteil ist eine große Menge an Informationen, aus denen man auswählen muss.
Bei der Nutzung von Informationen aus dem Internet musst du besonders beachten, woher die Informationen stammen, wie alt sie sind und wer für die Inhalte einer Internetseite verantwortlich ist. Dies ist nicht immer leicht zu erkennen. Es ist darum oft schwer einzuschätzen, ob Informationen glaubwürdig und verwertbar sind. Verlässlich sind die Seiten von wissenschaftlichen Instituten und öffentlichen Einrichtungen.

Um im Internet Bilder oder Artikel zu einem Thema zu finden, solltest du neben einem **Internet-Browser** eine gute **Suchmaschine** benutzen. Du kannst hier deinen Suchbegriff eingeben. Das Programm findet die Seiten, die dieses Wort enthalten. Du erhältst eine Liste mit Links (Verweisen) zu Seiten, in denen dein Suchwort vorkommt.

Tipps für die Suche im Internet:

- Verwende klare und treffende Suchwörter.
- Schreibe die Suchwörter klein, dann werden sowohl die groß- als auch die kleingeschriebenen Wörter gefunden.
- Achte darauf, in welcher Sprache die Suchmaschine suchen soll.
- Beachte, ob der Informationsabruf kostenpflichtig oder kostenfrei ist.

Die Adressen der Internetseiten werden aufgelistet. Du kannst sie durch Anklicken aufrufen, speichern und ausdrucken. Die Adressen von interessanten Internetseiten kannst du in deine Favoritenliste aufnehmen. Damit findest du sie jederzeit schnell und problemlos wieder.
Einige Suchmaschinen enthalten auch einen nach Themen geordneten Katalog zum Anklicken von vorgeschlagenen Stichwörtern.
Oft ist die Fülle der gefundenen Seiten jedoch zu groß. Dann ist es sinnvoll, Suchbegriffe miteinander zu kombinieren, um das Ergebnis einzuschränken. Hinweise dazu findest du in den Suchmaschinen.

Mosaik

Alte Seuchen – Virusgrippe bei Menschen

Die Virusgrippe tritt nicht nur bei Menschen, sondern z.B. auch bei Schweinen, Walen, Pferden und Vögeln auf. Erreger sind stets Viren aus der großen und weltweit verbreiteten Gruppe sehr ähnlicher **Influenza-** oder **Grippe-Viren** (Abb. 1).
Beim Menschen werden vor allem die Schleimhäute der Atemwege befallen. Deshalb ähneln die Symptome oft denen einer Erkältung. Eine typische Virusgrippe beginnt jedoch mit einem plötzlich einsetzenden, starken Krankheitsgefühl, verursacht durch ein sich schnell entwickelndes, hohes Fieber, Kopf-, Glieder- und Muskelschmerzen.
Die Übertragung der Viren erfolgt durch Tröpfcheninfektion beim Husten und Niesen. Im Körper vermehren sich die Viren rasant (Abb. 1). Die Inkubationszeit beträgt zwischen wenigen Stunden und drei Tagen. Einmal ausgebrochen kann eine schwere Grippe bis zu mehreren Wochen anhalten. Häufig ist sie mit **Komplikationen,** wie Lungen- oder Herzmuskelentzündungen, verbunden. Die **Behandlung** erfolgt mit Antigrippemittel, um die Vermehrung der Viren zu stoppen sowie mit Antibiotika, um Sekundärinfektionen durch Bakterien zu verhindern.
In den Wintermonaten kommt es regelmäßig zu verstärkten Grippeausbrüchen. In Deutschland sterben daran in jedem Jahr 7 000 bis 15 000 Menschen. Sind 10 bis 20 % der Bevölkerung betroffen, spricht man von einer **Epidemie.** Weltweit auftretende Grippe-Epidemien haben meist verheerende Folgen. Bei der „Spanischen Grippe“ 1918/19 fanden mehr als 40 Millionen Menschen den Tod, rund 300 000 davon in Deutschland.
Eine Besonderheit der Viren ist ihre schnelle Wandlungsfähigkeit. Eine überstandene Grippe führt deshalb nicht zu einer lebenslangen Immunität. Schutz vor der Virusgrippe kann jedoch die jährliche **Grippeschutzimpfung** bieten, die auf den neuesten Virustyp eingestellt ist.

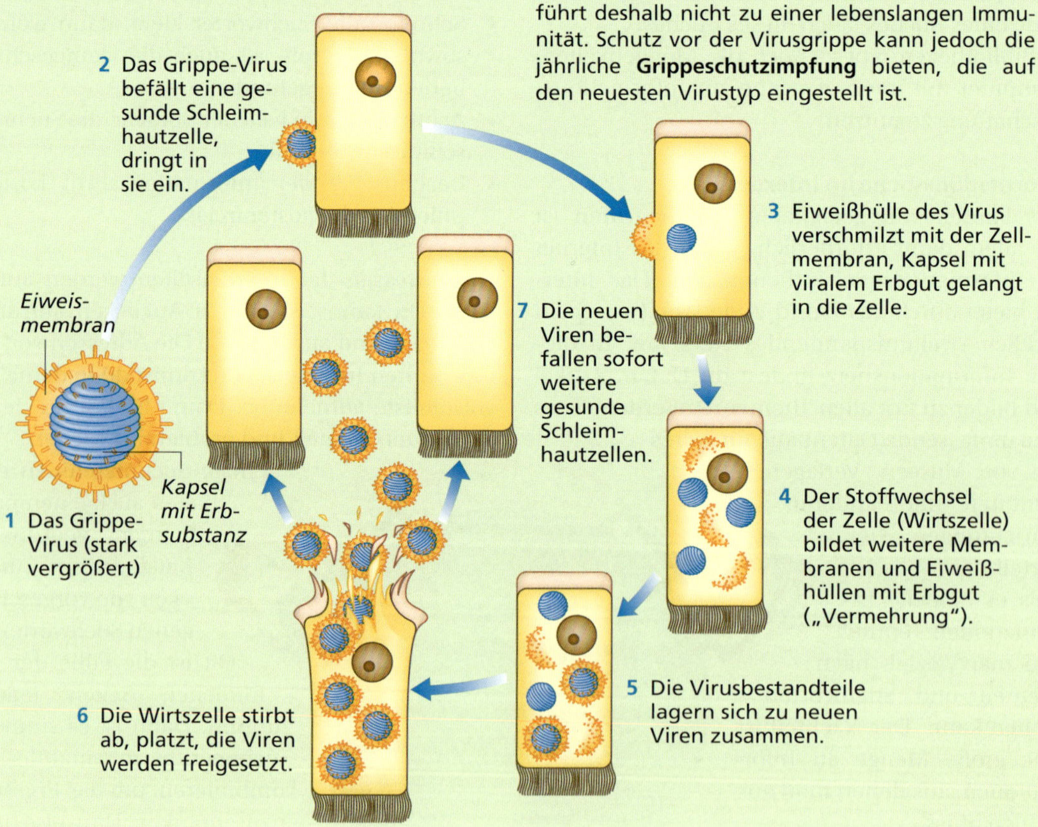

1 Verlauf der Infektion mit Grippe-Viren

Mosaik

Neue Risiken – Virusgrippe bei Vögeln

Influenza-Viren sind wirtsspezifisch und Grippeerkrankungen bei Tieren für den Menschen zumeist ungefährlich. Dennoch können in seltenen Fällen tierliche Erreger auf den Menschen übergehen und dadurch neue Seuchen auslösen. Ein Beispiel dafür ist die Vogelgrippe.

Vogelgrippe-Viren, zu denen auch das 1997 in Hongkong entdeckte **Virus H5N1** gehört, führen neben einer Schädigung des Gehirns meist schnell zum Tod. Nicht immer bricht die Krankheit sofort aus. Durch Überträger, wie z. B. Wasservögel, werden die Viren zunächst harmlos verbreitet. Erst nach der Infektion von Hausgeflügel können sie sich durch den engen Kontakt der Vögel schneller vermehren und zu infektiösen Formen mutieren. Die Übertragung erfolgt dabei vor allem durch den Kot.
Bricht die Grippe aus, wird sie als **„Geflügelpest"** bezeichnet, da sie rasch zu großen Verlusten führt. H5N1 sorgt seit 2003 für schwere Ausbrüche in Asien und seit 2005 auch in Europa. Millionen von Hühnern, Puten, Enten und Gänsen starben oder mussten getötet werden, um ein weiteres Ausbreiten zu verhindern.
Kommen Menschen in intensiven Kontakt zu erkrankten Vögeln, z. B. weil die Tiere im Haus leben, können auch sie an Grippe erkranken. Beim H5N1-Virus waren es bis August 2006 weltweit 240 Menschen, von denen 141 starben.
Für eine Übertragung von Mensch zu Mensch bedarf es der Anpassung des Virus an den menschlichen Organismus. Das könnte z. B. durch die Neuordnung des genetischen Materials nach einer **Doppelinfektion** mit dem Vogel- und dem Menschengrippe-Virus geschehen. So entstanden vermutlich die gefährlichen Grippevirusstämme, die die weltweiten Grippeepidemien 1957/58 und 1968/69 ausgelöst haben. Das Virus H5N1 besitzt ebenfalls gute Voraussetzungen dafür.
Weltweit werden deshalb Notfallpläne entwickelt, um im Fall einer neuen Epidemie schnell reagieren zu können.
Passende Impfstoffe und Medikamente können erst entwickelt werden, wenn das neue Virus identifiziert sowie Krankheitsverläufe und Übertragungswege aufgedeckt sind. Deshalb stehen zur Zeit die Bekämpfung der Vogelgrippe und Maßnahmen zum Schutz vor Grippe-Viren im Mittelpunkt. Dazu gehören z. B. die Empfehlung, die Grippeschutzimpfung zu nutzen, oder der Hinweis, keine toten oder kranken Wildvögel anzufassen, sondern die Funde beim Gesundheitsamt zu melden.
Geflügelfleisch und Eier können dagegen, gut durchgegart, trotz Vogelgrippe weiterhin bedenkenlos verzehrt werden.

Aufgabe

Überlege und notiere, welche Maßnahmen in einen Notfallplan gehören könnten. Stelle mit deinen Mitschülern einen solchen Plan zusammen.

Wie lese ich biologische Texte, erfasse ihre wesentlichen Inhalte und lerne dabei?

Oftmals kommt es vor, dass du dir aus Texten Informationen entnehmen musst, z. B. wenn du ein interessantes Buch liest, im Deutschunterricht Lesetexte oder im Geschichtsunterricht Texte über wichtige Ereignisse aus längst vergangenen Zeiten durcharbeitest. Auch im Biologieunterricht wird das Lesen und Auswerten biologischer Fachtexte verlangt.
Damit du den Inhalt der Texte besser verstehst und auch längere Zeit im Gedächtnis behältst, solltest du **beim Lesen und Auswerten eines Textes schrittweise vorgehen.**

1. Schritt

Erfassen der Leseaufgabe
Erarbeite mithilfe des Textes die Geschichte des Penicillins.
Lies die Aufgabe genau durch. Hast du die Aufgabe richtig verstanden? Wenn du nicht sicher bist, frage noch einmal nach.

2. Schritt

Erfassen des Hauptinhalts des Lesetextes
Lies den Text zunächst im Ganzen.
Kennzeichne alle Wörter, die du nicht kennst, mit einem Fragezeichen. (?)
Hinweis: Gehört das Lehrbuch nicht dir, arbeite mit einer Kopie.

3. Schritt

Gründliches Durcharbeiten des Textes
Lies den Text jetzt gründlich durch.
Wörter, die dir wichtig erscheinen, kennzeichne mit einem **Marker**.
Kläre die unbekannten Wörter mithilfe des Registers im Lehrbuch oder mithilfe eines Lexikons.

Die Geschichte des Penicillins

Im Jahr 1928 entdeckte der Bakteriologe ALEXANDER FLEMING (1881 – 1955) per Zufall das **Penicillin.** ? Er versuchte zu dieser Zeit, einen Impfstoff gegen die Erreger verschiedener, häufig tödlich verlaufender Infektionskrankheiten zu finden. Dafür verwendete er **Zuchtkulturen** ? von Bakterien, die er in **Petrischalen** ? auf Nährboden anzog. Da sein Labor feucht war, wurden diese Kulturen häufig von Schimmelpilzen befallen. Bei einem bestimmten Schimmelpilz, der als Pinselpilz (*Penicillium notatum*) bekannt ist, konnte FLEMING keinen Bakterienwuchs mehr in direkter Umgebung des Pilzes feststellen. Offensichtlich sonderte dieser Pilz eine Substanz ab, die schädlich für diese Bakterienkultur war. FLEMING untersuchte daraufhin, ob diese Substanz auch auf andere Bakterien wirkt. Er entdeckte dabei, dass die Pilzsubstanz ebenfalls viele der von ihm untersuchten gefährlichen Krankheitserreger abtötet.
Seinen 1929 veröffentlichten Studien schenkte die medizinische Fachwelt jedoch keinerlei Beachtung. Die Vorstellung, eine Schimmelpilzsubstanz könnte bei der Heilung des Menschen helfen, passte nicht in das moderne Verständnis von Hygiene und Medizin.
Erst zehn Jahre später analysierten Forscher die von FLEMING Penicillin genannte Schimmelpilzsubstanz genauer. Der Biochemiker BORIS CHAIN (1906 – 1979) und der Pathologe HOWARD FLOREY (1898 – 1968) waren die ersten, die Penicillin in reiner Form gewinnen konnten. Sie führten weitere Tests damit durch und erhielten 1945 ebenso wie FLEMING den Nobelpreis für Medizin bzw. Physiologie.

Entdeckung

4. Schritt

Erkennen einer inhaltlichen Gliederung
Versuche, für jeden Abschnitt des Textes eine inhaltliche **Überschrift** zu formulieren.
Schreibe diese Überschrift an den Rand des Abschnittes oder auf einen Zettel. Ergibt sich eine logische Gliederung des Textes?
Schau dir die Abbildung zum Text an.
Gibt es Beziehungen zwischen Text und Abbildung?

1 ALEXANDER FLEMING (1881 – 1955) entdeckte in seinem Labor zufällig das Penicillin.

5. Schritt

Zusammenfassen des Wesentlichen
Versuche, wesentliche Inhalte des Textes mit eigenen Worten in einer Zusammenfassung zu formulieren.
Vergleiche deine Zusammenfassung mit der Leseaufgabe.
Hast du alles berücksichtigt?
Präge dir die wichtigsten Inhalte ein.

Dieses schrittweise und planvolle Vorgehen beim Lesen und Auswerten von Texten erscheint anfangs schwierig und zeitaufwendig.
Wenn du diese Schrittfolge bei weiteren Leseaufgaben anwendest, wirst du feststellen, dass du die wesentlichen Inhalte eines Lesetextes besser verstehst und auch länger im Gedächtnis behältst.

Wirkungsweise

Diese Bakterien abtötende Substanz wurde 1941 erstmals erfolgreich beim Menschen eingesetzt. Einige der bis dahin tödlich verlaufenden Infektionen konnten nun erfolgreich behandelt werden. Der Wirkmechanismus des Penicillins beruht auf einem Eingriff in die Bildung der **bakteriellen Zellwand** ?. Ohne diese Schutz und Stabilität bringende Außenhülle sterben bestimmte Bakterien ab.

Nutzen für den Menschen

Das zunächst den Soldaten im Zweiten Weltkrieg vorbehaltene Penicillin wurde 1943 auch für die Zivilbevölkerung freigegeben. Seither konnten weltweit Millionen Menschen mithilfe dieses **Antibiotikums** ? gerettet werden. Krankheiten wie z. B. Meningitis ?, Tuberkulose ?, Pocken ? und Lungenentzündung können dank Penicillin erfolgreich behandelt werden. Gegen viele andere Erreger ist das Penicillin allerdings wirkungslos. Denn auch bei Bakterien gibt es verschiedene Typen mit unterschiedlichen Eigenschaften. Daher wurde die Suche nach weiteren Antibiotika vorangetrieben. Heutzutage wird neben Penicillin eine Vielzahl verschiedener Antibiotika beim Menschen zur Heilung eingesetzt.
Solche Medikamente sind sowohl von Arzt und Patient verantwortungsvoll zu verwenden. Denn es kann sonst zu schädigenden Nebenwirkungen beim Menschen kommen. Da Antibiotika generell gegen Bakterien wirken, können sie auch nützliche Darmbakterien abtöten, die uns bei der Verdauung helfen. Darüber hinaus entwickeln manche Menschen sogar Allergien, die bei Unkenntnis gefährliche Folgen haben können. Bei nicht verantwortungsvollem Umgang mit Antibiotika können **Resistenzen** ? bei den Bakterien entstehen, sodass die Medikamente ihre Wirksamkeit verlieren.

Immunität

Zahlreiche **Krankheitserreger,** hauptsächlich Bakterien und Viren, gelangen ständig in unseren Körper, z. B. über Atemwege, über Wunden oder über verschiedene Körperkontakte (S. 118).
Aber nicht immer bricht die entsprechende Krankheit aus. Der Körper reagiert mit **Abwehrreaktionen.**
Die Unempfindlichkeit bzw. Widerstandsfähigkeit (Resistenz) des Körpers gegenüber Krankheitserregern oder deren giftige Stoffwechselendprodukte wird als Immunität bezeichnet.

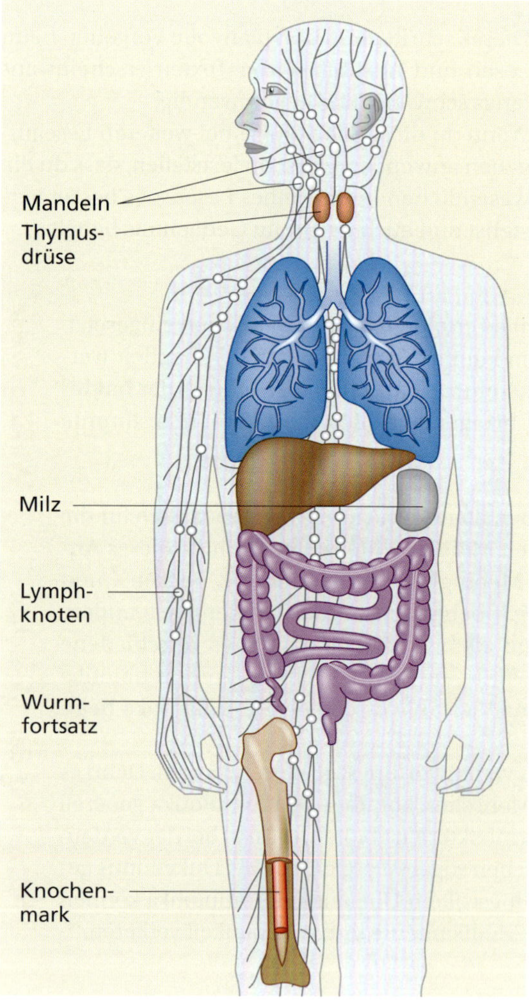

1 Das Immunsystem des Menschen

Gegen bestimmte Krankheitserreger, denen der Organismus bereits ausgesetzt war, ist der Körper immun.

Immunität wird durch die Gesamtheit aller Abwehrreaktionen des Körpers gewährleistet. Es sind auch Reaktionen gegen Fremdeiweiße (z. B. bei Transplantationen) eingeschlossen.

Immunität ist die Widerstandsfähigkeit des Organismus gegen Krankheitserreger und Fremdstoffe.

Die Abwehrreaktionen oder Immunreaktionen werden durch das **Immunsystem (Abwehrsystem)** ausgelöst. Dadurch können Erkrankungen in vielen Fällen wirkungsvoll verhindert werden.

Zum menschlichen Immunsystem gehören die Lymphknoten, die Thymusdrüse, das rote Knochenmark, die Milz, die Gaumen- und Rachenmandeln sowie der Wurmfortsatz des Blinddarms (Abb. 1). Außer diesen Organen werden zum Immunsystem noch die weißen Blutzellen (Leukozyten) gezählt.

Je nach ihrer Funktion werden im Blut viele verschiedene Zellen der Immunabwehr unterschieden. Kleine und große Fresszellen (Granulozyten bzw. Makrophagen) besitzen amöbenartige Eigenschaften. Sie nehmen eingedrungene Keime und Krankheitserreger in sich auf und verdauen sie. Damit sind sie für die **unspezifische Immunabwehr** im Körper zuständig (S. 128).

Lymphozyten oder Lymphzellen stellen u. a. die **spezifische Immunabwehr** dar. Dabei werden die T-Lymphzellen und B-Lymphzellen je nach Reifungsort der im Knochenmark gebildeten Stammzellen unterschieden. Die **T**-Zellen, im **T**hymus gereift, können z. B. die Aktivität der spezifischen Abwehr beeinflussen oder töten als natürliche Killerzellen erkrankte Körperzellen ab. **B**-Lymphzellen, im Knochenmark (engl.: ***b**one marrow)* gereifte Zellen, produzieren die verschiedenen Antikörper (z. B. IgG, IgE). Etwa 25 % aller weißen Blutzellen sind Lymphzellen.

Schlüssel-Schloss-Prinzip

In biochemischen Systemen besitzen Reaktionspartner oftmals räumlich zueinander passende Strukturen, die wie ein Schlüssel in ein Schloss passen. Damit können sie spezifisch miteinander interagieren. Nur der aus beiden Partnern entstandene Komplex kann eine bestimmte biologische Funktion im Organismus erfüllen.
Dieses Schlüssel-Schloss-Prinzip bildet im Immunsystem des Menschen die Voraussetzung für die Antigenerkennung durch Antikörper. Dabei spielen mehrere komplementäre Strukturen gleichzeitig zusammen.

Antigen-Antikörper-Reaktion

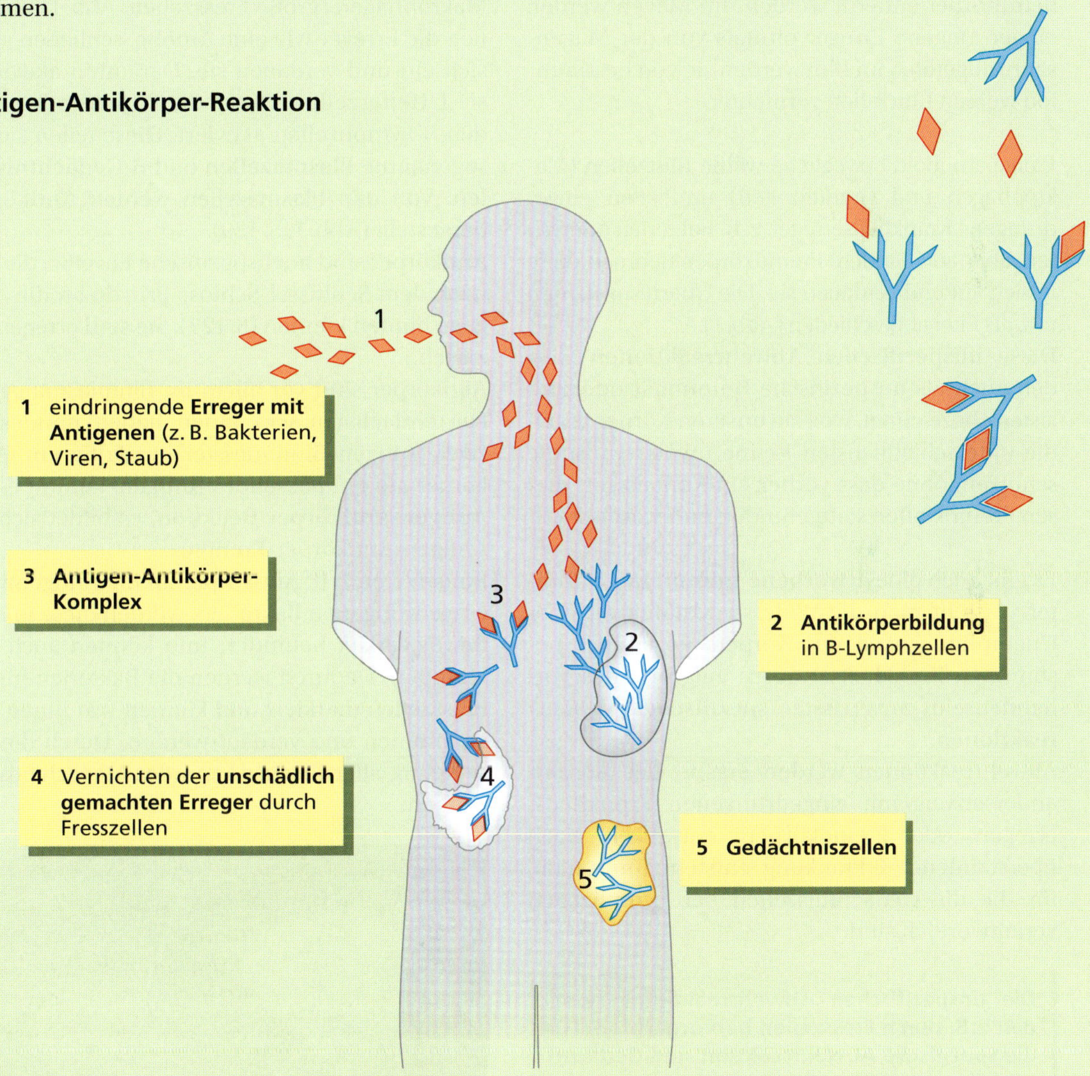

Übertrage dieses Prinzip auf das AB0-System der Blutgruppen beim Menschen.

Unspezifische und spezifische Abwehr

Es gibt verschiedene **Immunreaktionen.** Eine gesunde und unverletzte Haut lässt z. B. keine Erreger in den Körper. Sekretbildungen wie Tränenflüssigkeit, Speichel und Nasensekret schließen aufgrund ihrer schleimigen Beschaffenheit Mikroorganismen ein, sodass sie mit dem Sekret aus dem Körper entfernt werden. Im Magen werden eingedrungene Erreger oftmals von der Magensäure abgetötet, im Blut werden sie von bestimmten weißen Blutzellen vernichtet.

Einige amöboid bewegliche **weiße Blutzellen** (Makrophagen und Granulozyten) umfließen eingedrungene Krankheitserreger, z. B. Bakterien oder Viren, aber auch andere Fremdkörper, nehmen diese in sich auf und verdauen sie. Die Überreste werden u. a. als Eiter abgeschieden (Abb. 1).
Diese **unspezifischen Abwehrreaktionen** werden auch als unspezifische Immunität oder Resistenz bezeichnet, weil sie unseren Körper gegen die unterschiedlichsten Keime und Fremdstoffe schützen, ohne dass vorher ein Kontakt mit diesen Fremdstoffen stattgefunden haben müsste.

Es gibt auch eine **erworbene Immunität.** Darunter versteht man die Widerstandsfähigkeit oder Unempfindlichkeit des Körpers gegenüber bestimmten Krankheitserregern aufgrund des Vorhandenseins angepasster, **spezifischer Abwehrreaktionen**.
Abwehrreaktionen werden erst in der Auseinandersetzung mit eingedrungenen Krankheitserregern oder Fremdkörpern entwickelt. Nach überstandener Erkrankung entsteht Immunität, für die die Gedächtniszellen der Lymphzellen verantwortlich sind.

Die unspezifischen Abwehrreaktionen werden z. B. durch Fresszellen hervorgerufen. Für die spezifische Abwehrreaktion sind Gedächtniszellen verantwortlich.

Der **Ablauf der spezifischen Abwehrreaktion** ist sehr kompliziert, er hängt z. B. vom Erregertyp bzw. Fremdstoff ab. Entscheidend ist auch, ob es der erste oder ein wiederholter Kontakt mit den Eindringlingen ist.

Die eingedrungenen Erreger tragen auf ihrer Oberfläche Strukturen, die als **Antigene** bezeichnet werden. Werden vom Immunsystem fremde Antigene, beispielsweise solche von Krankheitserregern, erkannt, beginnt die Abwehr zu reagieren. Makrophagen (große Fresszellen, Abb. 1) umfließen die Erreger wie eine Amöbe, schließen sie in sich ein und verdauen sie. Daraufhin aktivieren sie **T-Helferzellen.** Durch die T-Helferzellen werden B-Lymphzellen aktiviert. Diese teilen sich in sogenannte **Plasmazellen** und **B-Gedächtniszellen.** Von den Plasmazellen werden **Antikörper** hergestellt (Abb. 1, S. 129).
Antikörper sind hochspezifische Eiweiße, die sich nach dem Schlüssel-Schloss-Prinzip an die Antigene binden können (S. 127). Sie sind erregerspezifisch.
Antikörper sind vor allem im Blutplasma gelöst. Die einfachsten von ihnen haben mindestens zwei Antigen-Bindungsstellen. Trifft ein Antikörper auf ein passendes Antigen, kommt es zur **Antigen-Antikörper-Reaktion,** es bildet sich ein Antigen-Antikörper-Komplex.
Binden sich z. B. Antikörper an die Antigene von eingedrungenen Bakterien, werden diese in ihrer Beweglichkeit behindert und können auch verklumpen. Dadurch werden die Bakterien für die Fresszellen markiert und können von ihnen aufgenommen und verdaut werden. Durch die Beseitigung aller Erreger kann der Mensch gesund werden.

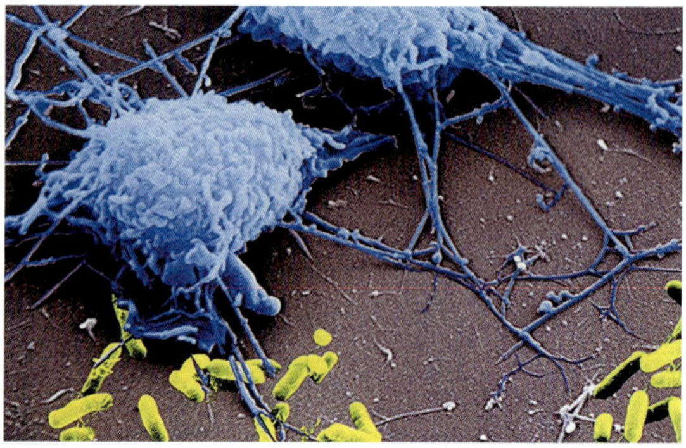

1 Fresszellen (Makrophagen)

Beim ersten Kontakt mit einem neuen Erreger dauert diese Reaktion etwa drei bis vier Tage. Der „Wettlauf" zwischen Erreger und Immunsystem bestimmt im Wesentlichen die Schwere der Erkrankung.

Parallel zur Abwehr speichern die B-Gedächtniszellen über mehrere Jahre hinweg die Antigen-Struktur des Erregers. Bei erneuter Infektion reagieren die Gedächtniszellen nahezu sofort. Bevor sich der Erreger erfolgreich vermehren kann, wird die spezifische Abwehr aktiv und beseitigt den Erreger. Es kommt bei wiederholter Infektion mit dem gleichen Erreger häufig nicht mehr zum Ausbruch der Krankheit. Beispielsweise erkrankt man an Masern, Röteln, Mumps und Windpocken in der Regel nur einmal im Leben. Es wurde eine **lebenslange Immunität** erworben.

Die Widerstandsfähigkeit unseres Körpers kann durch viele Faktoren geschwächt werden, z. B. durch lang andauernde (chronische) Infektionen und Erkrankungen (z. B. Aids), durch Stress, Mangelernährung und Umweltgifte.

Bei der spezifischen Immunreaktion werden im Körper spezifische Antikörper gebildet, mit deren Hilfe eingedrungene Krankheitserreger bekämpft werden.

Aufgabe

Vergleiche die unspezifische und spezifische Abwehrreaktion des Körpers. Gehe dabei auf die Begriffe Resistenz und Immunität ein.

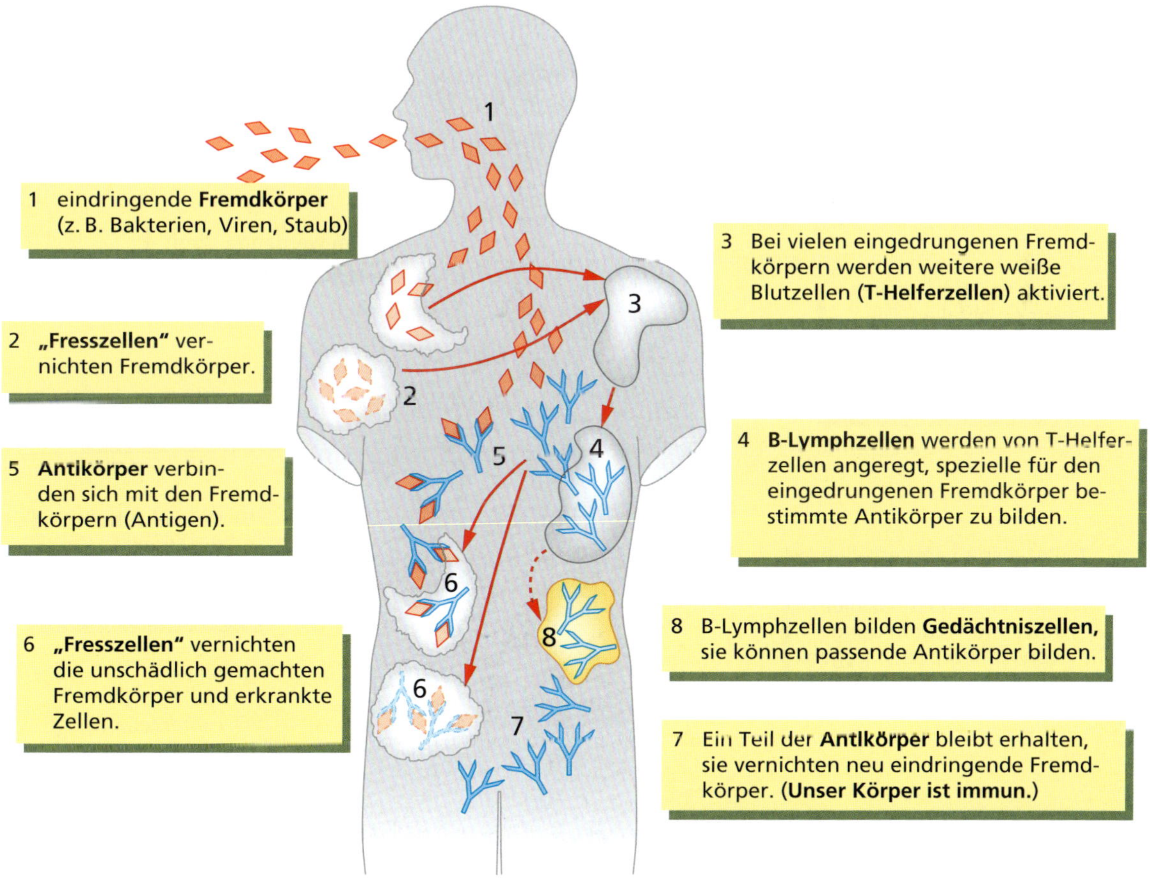

1 Ablauf einer Immunreaktion

Aids – erworbene Immunschwäche-krankheit

Aids ist die Abkürzung für **Ansteckendes Immunschwäche-Syndrom** (engl.: *acquired immuno-deficiency syndrome*). Der Erreger ist das **Immundefekt-Virus HIV** (engl.: *human immunodeficiency virus* = Human-Immundefekt-Virus), welches überwiegend durch Sexualkontakte, seltener auch durch infizierte Drogenspritzen, Blutkonserven oder Organtransplantationen übertragen wird.

Die HI-Viren befallen im Blut die für das körpereigene Abwehrsystem zuständigen weißen Blutzellen, insbesondere die für die Erkennung von Krankheitserregern zuständigen **T-Helferzellen**. Sie vermehren sich in ihnen, zerstören sie und befallen weitere Abwehrzellen (Abb. 1).

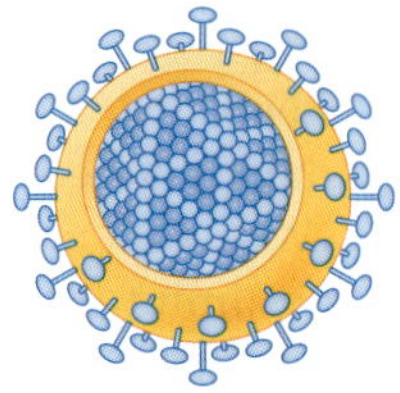

Dadurch wird allmählich das gesamte Immunsystem so geschwächt, dass es seine Funktion nicht mehr erfüllen kann. Der Mensch erkrankt.
Im Verlauf von Monaten und Jahren entwickelt sich dann das Vollbild der Aidskrankheit mit schweren Schäden in verschiedenen Organsystemen wie Lunge, Magen-Darm-Kanal, Nervensystem, Bildung von Tumoren und Krebsgeschwüren und fortschreitende Gehirnschädigung, was schließlich zum Tode führt.

Das Heimtückische an Aids ist, dass man den meisten Betroffenen ihre HIV-Infektion nicht ansehen kann. Viele wissen selbst nichts davon, da sie anfangs nahezu beschwerdefrei sind. In dieser Zeit können sie aber bereits andere anstecken und die Krankheit verbreiten.

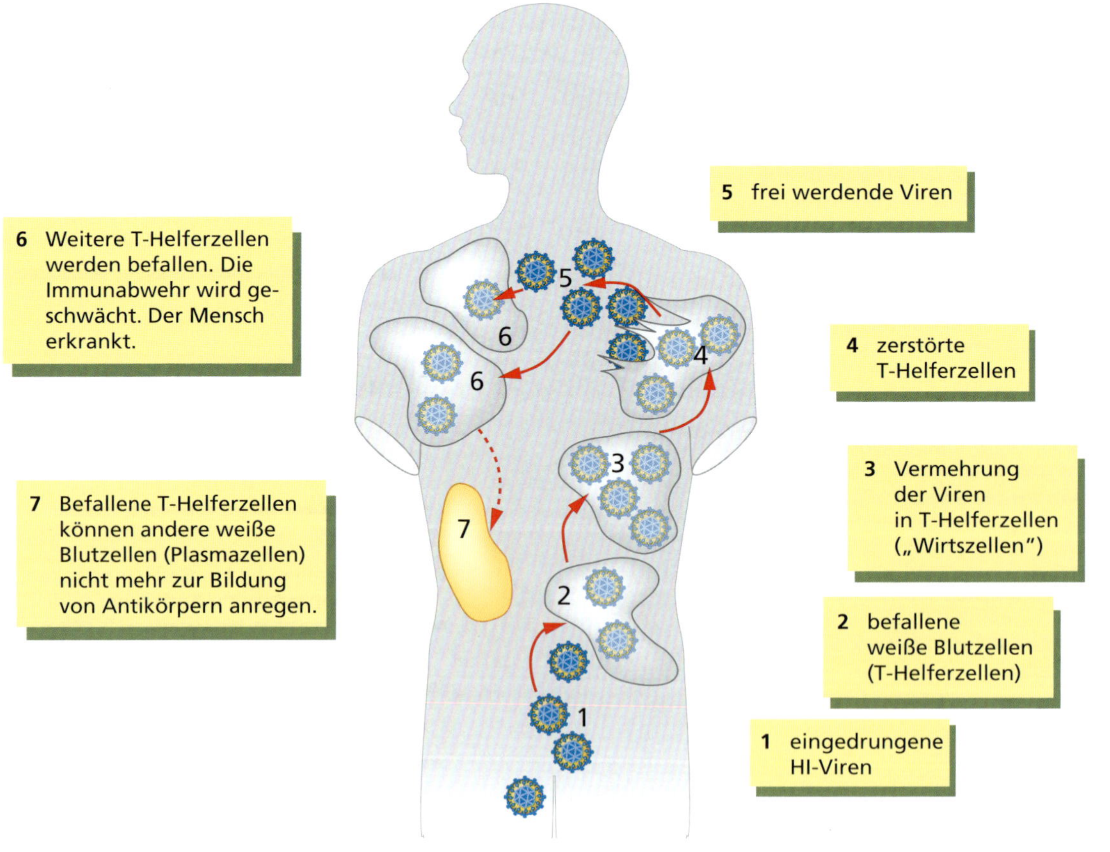

1 HI-Virus und seine Wirkung im Körper

Gewissheit schafft erst der **HIV-Labortest,** bei dem das Blut auf HIV-Antikörper untersucht wird. Er zeigt allerdings erst etwa 3 Monate nach einer eventuellen Ansteckung an, ob die Person infiziert (HIV-positiv) oder nicht infiziert (HIV-negativ) ist.

Das **Risiko einer HIV-Infektion** ist besonders hoch beim Sex mit Zufallsbekanntschaften, Prostituierten, Homo- und Bisexuellen sowie Personen aus Ländern, wo HIV und Aids stark verbreitet sind (Abb. 1). Hier müssen unbedingt Kondome verwendet werden („**Safer-Sex**").

Keine Ansteckungsgefahr besteht beim
- Händegeben, Küssen, Anhusten, Anniesen,
- gemeinsamem Spielen und Sporttreiben,
- gemeinsamem Benutzen von Bestecken, Gläsern und Geschirr sowie von Handtüchern und Bettwäsche,
- Besuch von Schwimmbädern, Saunen,
- Mückenstichen, Kontakten mit Tieren u. Ä.

Bei Einhaltung der Hygienevorschriften erfolgt auch keine Ansteckung
- im Krankenhaus, beim Arzt und Zahnarzt,
- beim Friseur, bei Maniküre, Pediküre,
- bei Akupunktur, Tätowieren, Piercing.

Eine gewisse Gefahr besteht bei Wundkontakten in der Ersten Hilfe ohne Schutzhandschuhe.

Seit seiner Entdeckung Anfang der 80er Jahre haben sich weltweit mehr als 48 Mio. Menschen mit HIV angesteckt; jedes Jahr sterben über 3 Mio. an Aids.

Am meisten betroffen sind Afrika, Südostasien, Südamerika und Osteuropa (Abb. 1). In **Deutschland** gibt es über 50 000 HIV Infizierte, davon 6 000 Aidskranke. Seit 1982 sind daran schon 15 000 gestorben. Jedes Jahr stecken sich 2 500 neu an. **Berlin** liegt dabei mit 450 Neuinfizierten im Spitzenfeld.

Nach Schätzungen der WHO (Weltgesundheitsorganisation) könnte es im Jahr 2025 weltweit 100 Mio. HIV-Kranke geben. Deshalb wird intensiv an der **Entwicklung von Medikamenten** gegen Aids gearbeitet. Die bereits in Erprobung und Anwendung befindlichen können die Krankheit nicht heilen, sondern deren Ablauf nur verzögern und die Symptome lindern. Es gibt auch noch keine Schutzimpfung gegen Aids.

Daher gilt, auch und gerade für junge Menschen:

Bei sexuellen Kontakten nicht unüberlegt und leichtfertig handeln!

HIV-Infizierte und Aidskranke benötigen sorgsame ärztliche Betreuung, aber auch viel eigene Kraft sowie Verständnis, Solidarität und Hilfe durch ihre Umwelt, Familie und Freunde. Eine wichtige Rolle spielen dabei die Beratungsstellen und Aktivitäten der Deutschen Aidshilfe und anderer örtlicher Einrichtungen. Sie sind gekennzeichnet durch das Symbol der roten Schleife.

Aids ist eine Immunschwächekrankheit. In den Körper eingedrungene Viren zerstören die Gruppe von weißen Blutzellen (T-Helferzellen). Der Körper bildet keine Abwehrstoffe mehr.

Aufgabe

Organisiert eine Informationsveranstaltung zum Thema Aids. Dazu könnt ihr Mitarbeiter einer Aids-Beratungsstelle einladen. Sammelt vorher Fragen, die euch interessieren.

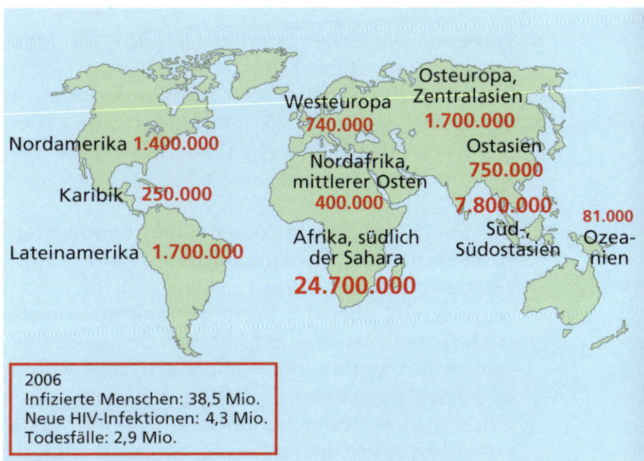

1 Verbreitung von HIV-Infektionen (Dezember 2006)

Immunisierung

Die Immunität gegen bestimmte Krankheitserreger kann künstlich durch den Vorgang der **Immunisierung** (Impfen) erreicht werden. Es wird eine aktive und eine passive Immunisierung unterschieden.

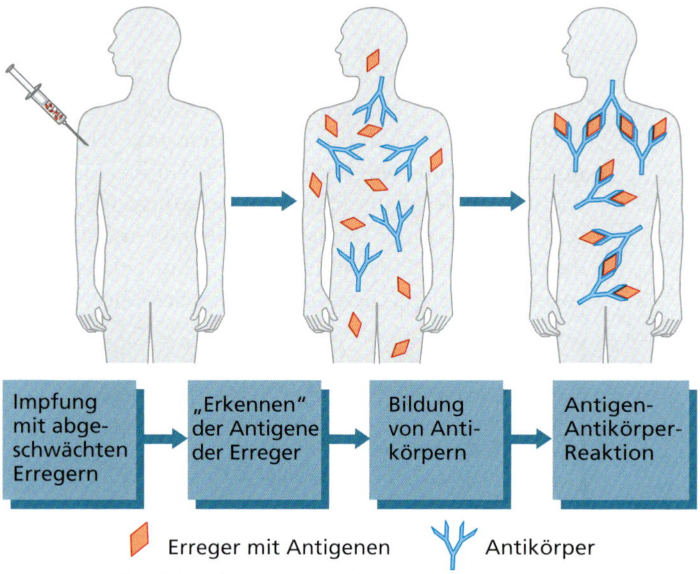

1 Verlauf der aktiven Immunisierung

Bei der **aktiven Immunisierung** werden dem Menschen kleine Mengen von abgeschwächten Erregern einer bestimmten Krankheit eingeimpft. Die Antigene der Erreger werden von den T-Helferzellen erkannt. Diese regen die B-Lymphzellen an, die passenden Antikörper zu bilden. Dringen nun Erreger dieser bestimmten Krankheit in den Körper ein, wird ihre anfangs geringe Anzahl von den Antikörpern abgetötet. Die Krankheit bricht nicht aus. Da der Körper die Antikörper selbst gebildet hat, nennt man diese Form der Immunisierung aktive Immunisierung (Abb. 1). Angewandt wird sie gegenwärtig z. B. bei Masern, Mumps und Röteln, Typhus, Cholera, Pocken und Kinderlähmung.

Die aktive Immunisierung wird **prophylaktisch**, also bevor der Körper mit Erregern infiziert ist, durchgeführt. Sie wirkt mehrere Jahre, weil die Gedächtniszellen, die die Antikörper bilden, sehr langlebig sind. Deshalb ist diese Art der Impfung eine **Schutzimpfung.** Schutzimpfungen werden weltweit mit großem Erfolg durchgeführt.

Mosaik

Menschenpocken – eine gefährliche Volksseuche

Tausende Menschen starben jährlich an **Menschenpocken.** Diese Krankheit wird durch Viren hervorgerufen. Lange vor ihrer Entdeckung, in der ersten Hälfte des 20. Jahrhunderts, beschrieb 325 n. Chr. der Chinese GE HONG den Verlauf dieser Infektionskrankheit.

Der Engländer EDWARD JENNER (Abb.) beobachtete schließlich, dass Bauernmädchen, die an Kuhpocken erkrankte Kühe molken, sich infizierten (ansteckten), aber nur leicht erkrankten und danach gegen Menschenpocken immun waren. Offensichtlich hatten die Kuhpocken den Körper angeregt, Antikörper zu bilden, die auch gegen eindringende Menschenpocken wirkten. 1796 entschloss er sich, Menschen vorbeugend mit Kuhpocken zu impfen, und erreichte einen Schutz vor Menschenpocken. JENNERS Entdeckung wurde aber nur zögernd aufgenommen.
In Deutschland wurde diese Impfung (aktive Immunisierung) erst durch das Impfgesetz von 1874 eingeführt. Seitdem erkranken nur noch wenige Menschen an Pocken.

Englischer Landarzt; geboren am 17. 5. 1749 und gestorben am 26. 1. 1823 in Berkeley. Er führte als Erster 1796 die Pockenschutzimpfung ein.

EDWARD JENNER (1749–1823)

Bei der **passiven Immunisierung** wird dem Körper ein Serum eingeimpft. Dieses Serum gewinnt man, indem Tieren, z. B. Pferden, Krankheitserreger eingeimpft werden. Die Tiere bilden im Blut Antikörper gegen die eingeimpften Erreger. Das den Tieren entnommene Blut enthält nun Antikörper. Aus diesem Blut wird das Serum gewonnen, das dem Menschen zur Bekämpfung einer bestimmten Krankheit eingeimpft wird.
Da der menschliche Körper die Antikörper nicht selbst bildet, also passiv ist, nennt man diese Form der Immunisierung passive Immunisierung (Abb. 1). Angewandt wird diese Form der Impfung z. B. bei Tollwut, Hepatitis B und Tetanus.

Das **Heilserum** wird injiziert, wenn der Organismus bereits mit Erregern infiziert wurde oder der Kontakt mit Antigenen bevorsteht. Vorteilhaft bei der passiven Immunisierung ist der rasche Eintritt der Wirkung. Die Antikörper sind durch die Impfung sofort vorhanden und können mit den Antigenen den Komplex bilden, der von den Fresszellen vernichtet werden kann.
Die Antikörper werden in relativ kurzer Zeit wieder abgebaut. Somit bieten sie keinen Langzeitschutz gegen eine erneute Ansteckung.

Aufgabe

Vergleiche die passive Immunisierung mit der aktiven Immunisierung.
Fertige dazu eine Übersicht an.

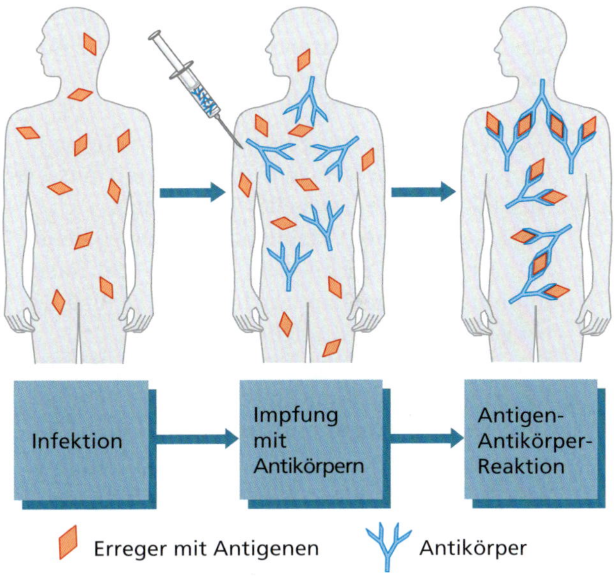

1 Verlauf der passiven Immunisierung

Mosaik

Diphtherie – der gefährliche Würgeengel

Der deutsche Arzt EMIL VON BEHRING (Abb.) entwickelte am Hygiene-Institut Berlin (heute Robert-Koch-Institut) eine Serumtherapie gegen Diphtherie. An dieser Krankheit waren bereits Tausende Menschen durch einen grausamen Erstickungstod („Würgeengel") gestorben.
1890 fand BEHRING heraus, dass die Krankheit Diphtherie durch Bakterien und deren Gifte hervorgerufen wird. Das von ihm entwickelte Heilserum wirkt gegen die Bakteriengifte.

BEHRING infizierte Pferde mit abgeschwächten Diphtheriebakterien, um die Bildung von Antikörpern auszulösen. Aus dem Blut der infizierten Tiere gewann er das Serum mit den Antikörpern und impfte damit an Diphtherie erkrankte Menschen.

Für seine Arbeiten zur passiven Immunisierung erhielt EMIL VON BEHRING 1901 den ersten Nobelpreis für Medizin.
Ab 1893 war er Professor für Hygiene an der Universität Halle und ab 1895 an der Universität Marburg. Dort starb er 1917.

Deutscher Arzt; geboren am 15.3.1854 und gestorben am 31.3.1917. Er entwickelte den Impfstoff zur passiven Immunisierung gegen Diphtherie.

EMIL VON BEHRING (1854–1917)

Vorbeugen und Schutz vor Infektionskrankheiten

In der Bundesrepublik gibt es eine ständige Impfkommission, die Empfehlungen zu Impfstoffen, Impfalter sowie zu den Abständen der Impfungen erarbeitet und als **Impfkalender** veröffentlicht (Abb. 1). Denn ein ausreichender Impfschutz von Kindern und Erwachsenen verhindert den Ausbruch von Krankheiten.

Für einige Erkrankungen hält diese Schutzwirkung anfangs nur wenige Wochen an und muss in Abständen wieder „aufgefrischt" werden.
Um Säuglingen und Kleinkindern nicht zu häufig Spritzen geben zu müssen, werden **Mehrfachimpfungen** eingesetzt. Der Impfstoff schützt dabei gegen mehrere Krankheiten.
Eine **Dreifachimpfung** gibt es gegen Diphtherie, Keuchhusten und Wundstarrkrampf (Tetanus) sowie gegen Masern, Mumps und Röteln, eine **Vierfachimpfung** gegen Infektionen der Atmungsorgane mit Übergreifen auf die Hirnhäute.
In einen **Impfausweis** trägt der Arzt zur Übersicht und Kontrolle alle Impfungen ein. Auch für Erwachsene sollten verschiedene Impfungen in bestimmten Abständen aufgefrischt werden, z. B. Diphtherie – alle 10 Jahre, Hepatitis – alle 5 Jahre, Tetanus – alle 10 Jahre, Kinderlähmung – alle 10 Jahre.

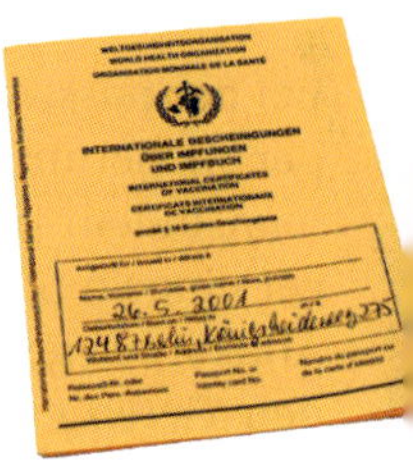

Darüber hinaus werden Impfungen bei besonderem Anlass empfohlen. Dazu gehören u. a. die Impfungen gegen Grippe, Windpocken, Frühsommer-Meningoenzephalitis (FSME wird durch Zecken übertragen). Auch als Vorbereitung auf den Urlaub können in Abhängigkeit des Reiseziels verschiedene Impfungen sinnvoll sein.

Jeder Einzelne kann durch **vorbeugende Maßnahmen** Infektionskrankheiten eindämmen. Dazu gehören:
- gesunde Lebensweise (u. a. Abhärtung, gesunde Ernährung, Sport) – Abwehrkräfte werden gestärkt, der Körper ist nicht so anfällig gegenüber Krankheiten;
- Sauberkeit und Hygiene – Vermeidung des Eindringens von Krankheitserregern in den Körper.

Impfkalender
Empfohlenes Impfalter und Mindestabstände zwischen den Impfungen bis zum 18. Lebensjahr

Antigenkombinationen (Krankheiten)	Lebensmonat						Lebensjahr	
	Geburt	2	3	4	11–14	15–23	5–6	9–17
Diphtherie		1.	2.	3.	4.		A	A
Tetanus		1.	2.	3.	4.		A	A
Keuchhusten		1.	2.	3.	4.		A	A
Hirnhautentzündung (Hib)		1.	(2.)	3.	4.			
Kinderlähmung (Poliomyelitis)		1.	(2.)	3.	4.			A
Leberentzündung mit Gelbsucht (Hepatitis B)		1.	(2.)	3.	4.			G
Masern/Mumps/Röteln					1.	2.		

1. , 2. , 3., 4. – Impfungen; **G** – Grundimmunisierung; **A** – Auffrischungsimpfung; (2.) – kann u. U. entfallen

1 Im Impfkalender ist angegeben, in welchem Alter und welchen Abständen Impfungen durchgeführt werden sollten. (Stand Juli 2006)

Biologie im Alltag

Gesund und fit?

Jeder kann dazu beitragen, dass Krankheitserreger möglichst nicht in den Körper eindringen können bzw. abgewehrt werden. Es gilt, die Regeln der **Sauberkeit und Hygiene** einzuhalten, den Körper abzuhärten und die eigenen Abwehrstoffe zu mobilisieren.

Zur gesunden Lebensweise gehören weiterhin ein ausgewogenes Verhältnis von körperlicher und geistiger Belastung und Entspannung sowie eine **gesunde Ernährung**. Man sollte bewusst darauf achten, dass die tägliche Nahrung alle Nährstoffe (Kohlenhydrate, Fette, Eiweiße), Vitamine und Ballaststoffe enthält. Auch die Mengen müssen so bemessen sein, dass der Körper ausreichend mit Stoffen zum Aufbau der körpereigenen Substanz und mit Energie für alle Lebensprozesse versorgt wird.
Im Tagesablauf sollte **ausreichende Bewegung**, besonders an frischer Luft, eingeplant werden. Das können sportliche Aktivitäten, z. B. Laufen, Radfahren, Wandern (Abb. 1), aber auch Spaziergänge oder Tanzen sein.

Ebenfalls wichtig ist die Beachtung der Auswirkungen von Klimafaktoren, Strahlung, Schad- und Fremdstoffen auf das Wohlergehen und die Leistungsfähigkeit des Körpers.
Umweltfaktoren wie Temperatur, Luftfeuchtigkeit, Luftdruck und Schadstoffe haben Einfluss auf die Gesundheit, das Wohlbefinden und die Leistungsfähigkeit der Menschen. Wer krank ist, kann bei bestimmten Wettersituationen Beschwerden vor allem im Bereich des Herz-Kreislauf- und Atmungssystems bekommen.
Der aktuelle Allgemeinzustand unseres Körpers ist mit ausschlaggebend dafür, ob eine Infektionskrankheit ausbricht oder nicht. Ein ständig überlasteter Mensch und ein geschwächter Organismus begünstigen die Ausbreitung von Krankheitserregern.
Durch sportliche Aktivitäten und Abhärtungsmaßnahmen, z. B. Fitnesstraining und regelmäßigen Saunabesuch (Abb. 2), kann das Abwehrsystem aktiviert und trainiert werden.

Aufgabe

Wie hältst du dich fit?
Protokolliere eine Woche lang die Zeiten, in denen du dich sportlich betätigst und an frischer Luft aufhälst. Was stellst du fest?

1 Bei Wanderungen sollte man sich angemessen kleiden, damit man auf unterschiedliche Luft- und Körpertemperaturen eingestellt ist.

2 Um den eigenen Körper abzuhärten und gesund zu erhalten, ist ein wöchentlicher Saunagang empfehlenswert.

gewusst · gekonnt

1. Ergänze dein Glossar durch folgende Begriffe: Infektion, Prion, Ansteckung, Inkubationszeit, Aids, Immunität, Fresszellen, Impfung, Antibiotikum, B-Zellen, T-Zellen, Antigen-Antikörper-Reaktion.

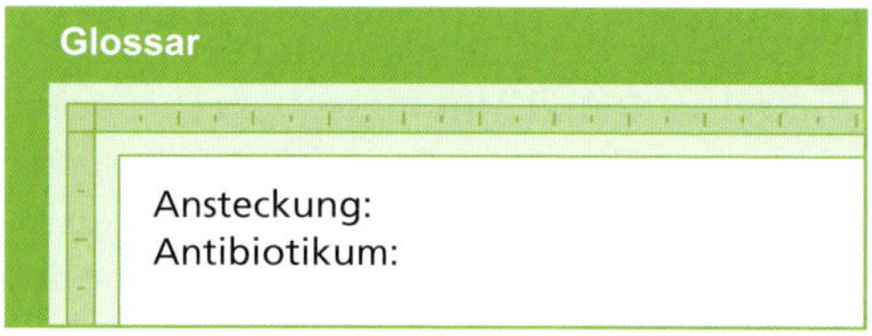

2. Infektionskrankheiten bilden eine recht große Gruppe von Krankheiten, haben jedoch hinsichtlich ihrer Verbreitung eine Gemeinsamkeit.
   a) Nenne die Gemeinsamkeit der Infektionskrankheiten.
   b) Nenne die Arten von Erregern für Infektionskrankheiten.
   c) Beschreibe, auf welchen Wegen Infektionen übertragen werden können.

3. Aus ökologischer Sicht können Krankheitserreger als Parasiten angesehen werden. Der Mensch ist dann ihr Wirt.
   Beschreibe die Wechselwirkungen zwischen Krankheitserreger und Mensch.

4. Nenne Krankheiten, die durch Bakterien verursacht werden.
   Beschreibe ihr Krankheitsbild und vorbeugende Maßnahmen.
   Nutze das Internet unter www.schuelerlexikon.de. Fertige eine Übersicht an.

5. Nenne Krankheiten, die durch Viren verursacht werden. Nutze das Internet unter www.schuelerlexikon.de. Fertige eine Tabelle mit den Spalten Krankheit, Erreger und Symptome an.

6. Erkläre den Begriff „Neuinfektionen“.

7. Beschreibe an einer Krankheit, was während der Inkubationszeit im Körper abläuft. Entwickle ein Schema.

8. Robert Koch konnte durch seine Untersuchungen Erreger von Infektionskrankheiten nachweisen und so ihre Ursachen aufklären.
   Bereite einen Vortrag über das Leben und die Verdienste von Robert Koch vor.
   Nutze dafür entsprechende Literatur und das Internet.

9. Durch den HI-Virus, den Erreger von Aids, werden vor allem T-Helferzellen befallen und zerstört.
   Begründe, warum Betroffene an sonst harmlosen Bakterien- und Pilzinfektionen lebensgefährlich erkranken und sterben können.

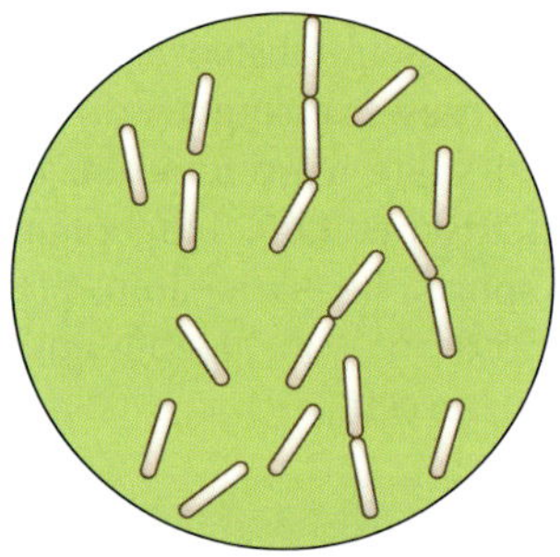

10. Wähle dir einen im Lehrbuch erwähnten Wissenschaftler aus, der sich bei der Bekämpfung von Krankheiten verdient gemacht hat. Halte einen Vortrag über sein berufliches Leben.

11. Im Impfkalender für Säuglinge, Kinder und Jugendliche sind alle Impfungen aufgelistet, die bis zum 18. Lebensjahr empfohlen werden.
    Begründe, warum für einige Infektionskrankheiten Auffrischungsimpfungen notwendig sind.

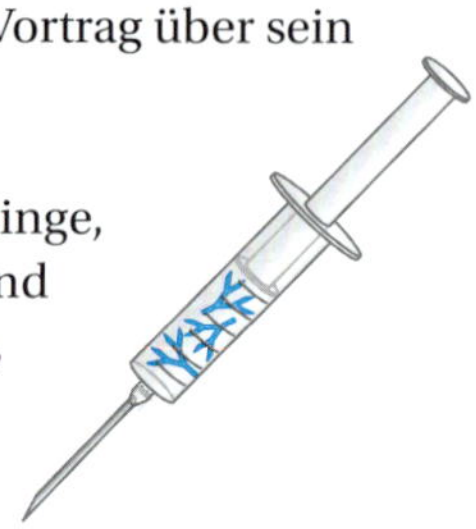

12. Erläutere die spezifische und die unspezifische Immunabwehr und vergleiche beide miteinander.

13. Tetanusbakterien kommen als Sporen bildende Bakterien praktisch überall im Boden vor. Deswegen besteht gerade bei tiefen Verletzungen immer die Gefahr, sich mit Tetanus zu infizieren. Während des ganzen Lebens sollte deswegen ein ausreichender Schutz gegen Tetanus-Bakterien im Körper vorhanden sein. Das ist der Grund, warum immer wieder auf die Tetanus-Schutzimpfung hingewiesen wird.

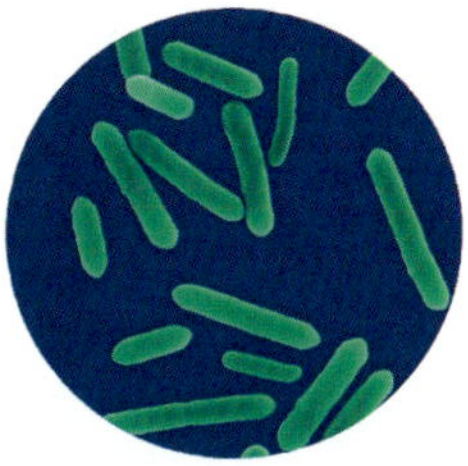

a) Stelle in einem Schema die Reaktionen der spezifischen Immunabwehr nach einer Neuinfektion mit Tetanuserregern dar.

b) Begründe, warum eine rechtzeitige Tetanus-Impfung wichtig ist und warum nach 10 Jahren eine Auffrischung erfolgen muss.

c) Nach einer Verletzung und lange zurückliegendem Impfschutz wird gegen Tetanus geimpft. Erkläre.

14. Bei der Bekämpfung von Infektionskrankheiten, die durch Bakterien verursacht werden, spielen Antibiotika wie das Penicillin eine wichtige Rolle. Man sollte Penicillin nicht unkontrolliert anwenden. Begründe.

15. Viele Menschen werden durch eine Organtransplantation gerettet. Häufig vergeht eine lange Zeit, bis ein geeignetes Organ gefunden wird. Erläutere, welche Voraussetzungen bei der Suche nach einem geeigneten Organ beachtet werden müssen. Verwende dazu auch die Lehrbuchseiten 142/143.

16. Allergien sind Fehlfunktionen des Immunsystems. Erläutere mithilfe der Lehrbuchseiten 144/145 diesen Sachverhalt.

17. Aids ist die gefährlichste der durch ungeschützen Geschlechtsverkehr übertragbaren Krankheiten.

a) Nenne die Hauptansteckungsquellen, Risiken und Schutzmöglichkeiten.

b) Erläutere den Stand der medizinischen Behandlung und Betreuung Aidskranker.

18. Die Kleidung eines Pestarztes im Mittelalter wird wie folgt beschrieben:
„... ein langes Gewand aus gewäxtem Tuch. Sein Angesicht ist verlarvt, für den Augen hat er grosse Brillen, vor den Nasen einen langen Schnabel voll wolriechender Specerey, in der Hände, welche mit Handschuhen wol versehen ist, eine lange Ruthe und damit deutet er, was man thun soll."

a) Für Ärzte im Mittelalter war es besonders wichtig, eine solche Kleidung zu tragen. Begründe.

b) Die Menschen hatten früher sehr große Angst vor der Pest. Finde eine Begründung dafür.

c) Recherchiere über die Geschichte der Pest. Stelle deine Ergebnisse als Präsentation in der Klasse vor.

Entstehung und Verlauf einer Infektionskrankheit

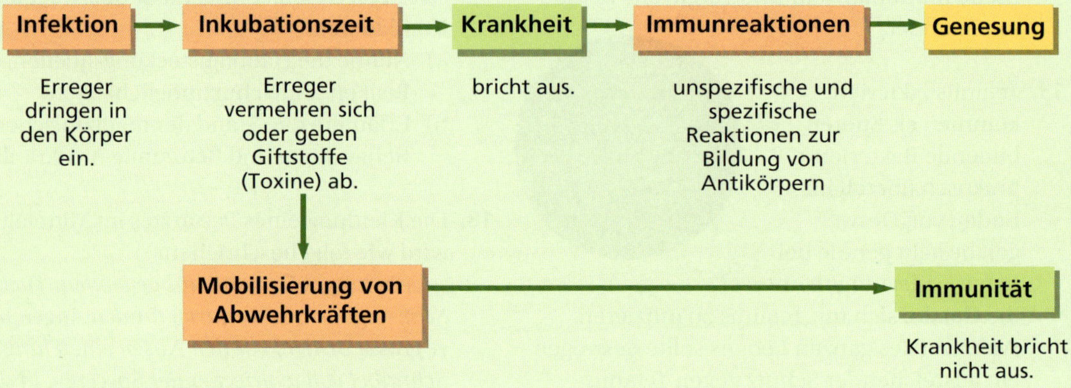

Immunität und Immunisierung

Immunität
Immunität ist die Widerstandsfähigkeit des Körpers gegenüber Krankheitserregern.

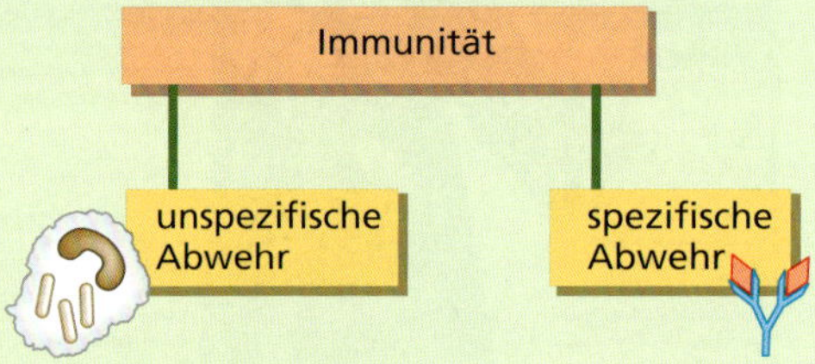

Immunisierung
Durch **Immunisierung** kann die Immunität gegen Krankheitserreger erreicht werden.

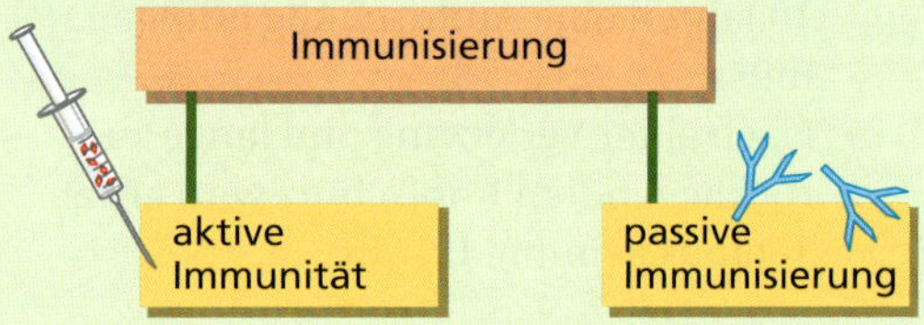

Schutz vor Infektionskrankheiten

- durch persönliche Maßnahmen wie gesunde Lebensführung, Sauberkeit und Hygiene
- durch Schutzimpfungen
- durch Vermeidung der Umweltbelastung mit Schadstoffen

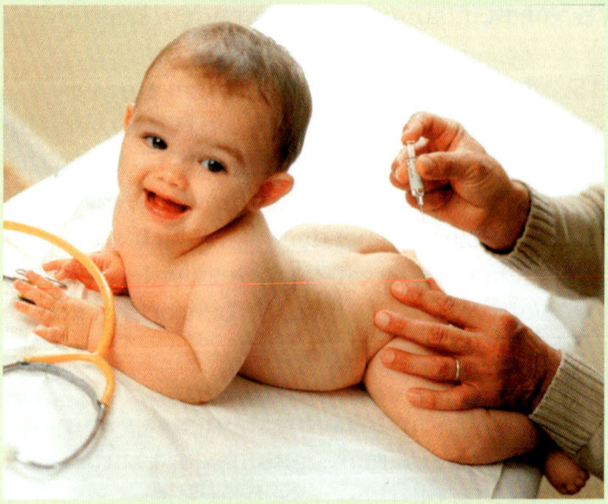

V Bau und Leistungen des menschlichen Körpers

Wahlbereich: Hormone – die Boten des Körpers

Ob die Entwicklung im Mutterleib komplikationslos verläuft, das Wachstum nicht zu früh und nicht zu spät beendet wird, ob man in der Pubertät von geringen oder größeren Hautunreinheiten geplagt wird, wie man Stresssituationen meistert, ob man gut gelaunt oder eher gereizt reagiert, das ist u.a. eine Frage von lebenswichtigen Signalstoffen, den **Hormonen.**

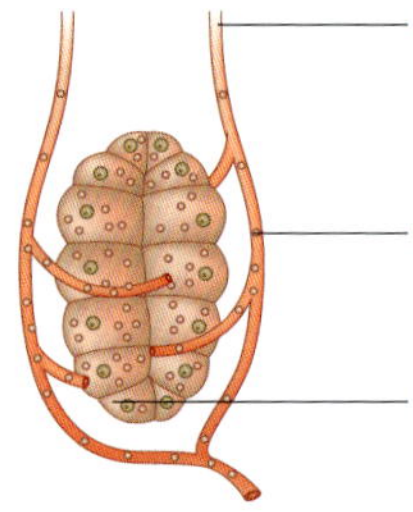

2 Hormondrüse

Das **Hormonsystem** stellt neben dem Nervensystem das zweite Informationssystem des Körpers dar. Während die Informationsübertragung durch das Nervensystem nur Bruchteile einer Sekunde benötigt, kann die Signalübertragung durch Hormone einige Minuten bis zu mehreren Stunden dauern. Die Wirkung hält jedoch länger an, da es einige Zeit dauert, bis die chemischen Substanzen wieder abgebaut sind.

Hormone (griech.: (h)ormeo = antreiben, erregen) sind spezielle Wirkstoffe, die in **Hormondrüsen** produziert werden (Abb. 2). Die Hormone werden direkt in das Innere (griech.: endo = innen), meist ins Blut abgegeben (griech.: krine = sondere ab). Deshalb nennt man die Hormondrüsen endokrine Drüsen und das Hormonsystem endokrines System.
Obwohl die Hormone durch das Blut im gesamten Organismus verteilt werden, können nur ganz bestimmte Zellen die Information empfangen und verwerten. Jedes Hormon besitzt eine spezifische chemische Struktur. Nur solche Zellen, die an ihrer Zellmembran oder auch im Zellinneren ein passendes Schloss für diesen molekularen Schlüssel haben, können die Botschaft verstehen. Daher spricht man vom **„Schlüssel-Schloss-Prinzip“** (Abb. 1).

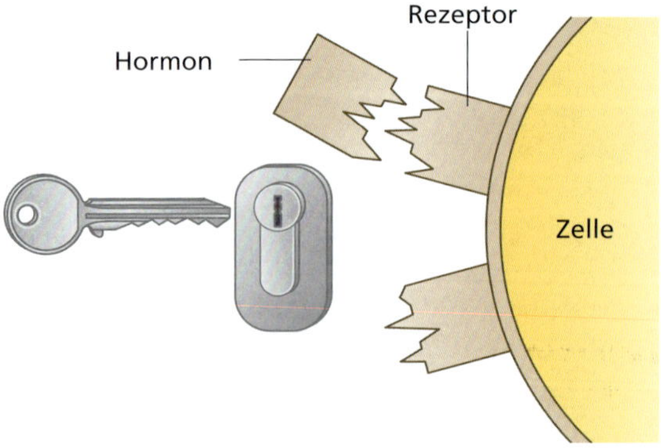

1 Ein Hormon passt zu einem Rezeptor wie ein Schlüssel in sein Schloss.

Von diesem ersten Wirkungsort ausgehend, werden komplizierte Reaktionsketten in Gang gesetzt, die sich letzten Endes auch auf das Verhalten auswirken können (Nahrungssuche, Brutpflege, Balz).

Hormone wirken also in spezifischer Weise in bestimmten Zellen, Geweben oder Organen. Sie sind **wirkungsspezifisch.** Hormone wirken schon in geringen Mengen anregend oder hemmend auf die Lebensprozesse. Sie haben also einen hohen Wirkungsgrad.

Hormone sind chemische Signalstoffe, die bei Menschen, Tieren und Pflanzen Lebensprozesse steuern und koordinieren.
Bei Menschen und Tieren werden sie meist in Hormondrüsen produziert und durch das Blut zu den spezifischen Wirkungsorten transportiert.

Im Hormonsystem hat die **Hirnanhangsdrüse** (Hypophyse) eine übergeordnete Rolle. Sie ist über einen Stiel mit dem Hypothalamus, einem Bereich des Zwischenhirns, verbunden. Die Zirbeldrüse (Epiphyse, s. S. 141) ist ebenfalls mit dem Zwischenhirn verbunden. Darüber besteht die Verbindung des Hormonsystems mit dem Nervensystem.

Die Hirnanhangsdrüse produziert nur wenige Milligramm Hormone pro Tag. Diese geringe Menge genügt, um sowohl direkt Prozesse im Körper auszulösen (z.B. das Wachstum durch das somatotrope Hormon STH) als auch andere **Hormondrüsen** zur Tätigkeit anzuregen.
Das Zusammenspiel dieser verschiedenen Hormondrüsen und ihrer Hormone kann sehr kompliziert sein. So wirken beim Menschen Hormone aus dem Hypothalamus auch auf die Hirnanhangsdrüse. Hormone aus der Hirnanhangsdrüse wirken z.B. auf die Schilddrüse und Hormone der Schilddrüse wiederum können die Hormondrüsen der Nebennierenrinde und der Eierstöcke beeinflussen. Man spricht von einer Hormonhierarchie (Abb. 1).
Gleichzeitig können untergeordnete Zentren auf übergeordnete zurückwirken. Sie sind rückgekoppelt. Unter **positiver Rückkopplung** versteht man das gleichsinnige Anwachsen oder Abnehmen beider Hormone (z.B. je mehr Hormon a, desto mehr Hormon b). Bei der **negativen Rückkopplung** gilt: je mehr Hormon c, desto weniger Hormon d.

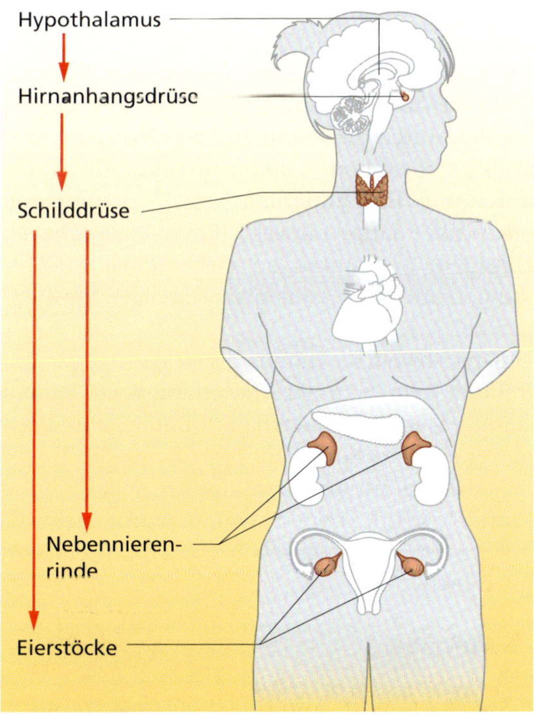

1 Hormonhierarchie

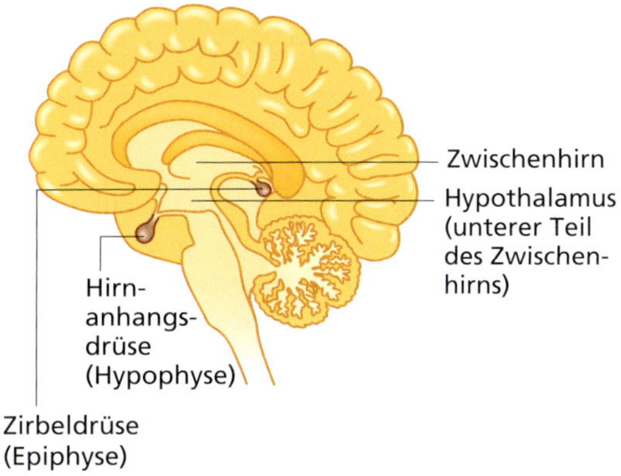

2 Lage von Hirnanhangsdrüse und Hypothalamus

Die Stoffwechselvorgänge können aber auch gestört sein, z.B durch Über- oder Unterproduktion von Drüsen. Bei einer Überproduktion des Cortisols (Hormon der Nebenniere) kann es zu ungleicher Fettverteilung im Körper und roten Streifen auf der Haut kommen.

Hormondrüsen	Produzierte Hormone (Beispiel)
Hirnanhangsdrüse (Hypophyse)	Wachstumshormone (STH), Schilddrüsen anregendes Hormon (TSH), Nebennieren anregendes Hormon (ACTH), Follikel stimulierendes Hormon (FSH), luteinisierendes Hormon (LH)
Schilddrüse	Thyroxin
Nebenschilddrüsen (8 kleine Epithelkörperchen)	Parathormon
Thymusdrüse	Thymosin
Nebennieren Mark	Adrenalin
Rinde	Kortikoide (Rindenhormone)
Bauchspeicheldrüse (langerhanssche Inseln)	Insulin Glucagon
Keimdrüsen Eierstöcke	Östrogene Gestagene (Progesteron)
Hoden	Androgene (Testosteron)

Wahlbereich: Transplantation und Organspende

Transplantation

Im Jahr 2006 wurden in Frankreich einer Frau erstmals größere Bereiche des Gesichts erfolgreich transplantiert. Transplantate können von anderen Menschen aber auch von Tieren stammen (z. B. Herzklappen vom Schwein). Vielfach wird künstliches Material genutzt, das in das umliegende Gewebe integriert und von diesem durchwachsen wird (Zahn-, Knochen- und Gelenkersatz). Auch technische Geräte kommen zum Einsatz (Herzschrittmacher, Kunstherz).
Transplantate ersetzen Körperteile voll oder unterstützen sie dauerhaft in ihrer Funktion. Auch werden sie z. T. befristet eingesetzt, um kranke Organe zu entlasten, damit diese sich erholen und gegebenenfalls ihre eigene Vitalität wieder erlangen können (Abb. 1).

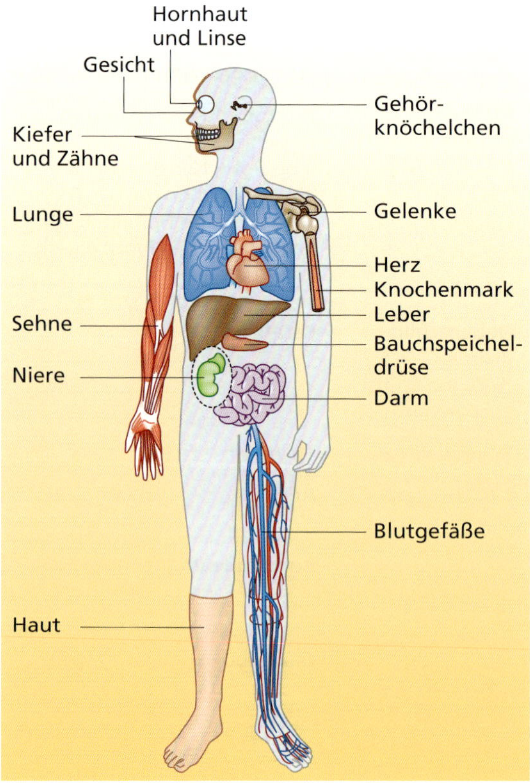

1 Organe, die transplantiert werden können

Eine **Nierentransplantation** wird bei chronischem Nierenausfall notwendig. Vor allem Erkrankungen des Herzmuskels erfordern eine **Herztransplantation.** Eine durch Leberzirrhose zerstörte Leber kann (teilweise) ersetzt werden. Die Transplantation von Knochenmark bzw. blutbildenden Stammzellen wird bei Leukämie eingesetzt.

Bluttransfusionen mit unverträglichen Blutgruppen führen zu lebensbedrohlichen Immunreaktionen. Denn das Immunssystem des Empfängers erkennt die genetisch bedingten Antigen-Strukturen auf den fremden Zellen, betrachtet sie als Infektion und bekämpft sie als solche. Entsprechend antwortet der Organismus auf fremde Organe mit Abstoßung. **Eigentransplantationen** (z. B. von Haut bei großflächigen Verbrennungen) umgehen das. Auch Transplantationen innerhalb der engeren Familie oder zwischen Menschen mit ähnlichen Immuneigenschaften (z. B. bei **Knochenmarktransplantationen**) können das Problem verringern.
Eine erste **Gefahr der Abstoßung** von Fremdgewebe tritt kurz nach der Implantation auf: durchfließt das Blut des Empfängers das neue Organ, können durch die Bildung von Antikörpern Verschlüsse entstehen. Später kann es zur Abstoßung durch die Einwanderung von T-Lymphozyten oder (über Jahre hinweg) durch Macrophagen kommen. Sie führen zu chronischen Entzündungen und irreversiblen Verengungen der Blutgefäße.
Um die Abwehrreaktionen des Körpers gegen das fremde Organ zu unterdrücken, muss der Patient ständig Medikamente erhalten, die seine Immunabwehr unterdrücken (Immunsuppressive Therapie). Da das Immunssystem normalerweise den Körper vor Infektionen schützt, sind diese Patienten sehr anfällig gegen Bakterien-, Viren- und Pilzinfekte.

Aufgabe

Wiederhole die Antigen-Antikörper-Mechanismen im Immunsystem des Menschen.

Vor der Transplantation liegt die Spende

Das Spenden von Blut ist ein relativ problemloser Vorgang. Bei Organtransplantationen ist die Spender-Situation komplexer. Gewöhnlich erfolgt die Organspende nach dem Tode, jedoch gibt es auch sogenannte Lebendspenden.
Eine Organentnahme nach dem Tode ist rechtlich in Deutschland nur möglich, wenn ihr der Spender zu Lebzeiten zugestimmt hat (Abb. 1) bzw. die Einwilligung der Angehörigen vorliegt (erweiterte Zustimmungsregelung). In anderen Ländern gilt die Widerspruchsregelung. Dort können Organe entnommen werden, sofern dem nicht ausdrücklich widersprochen wurde.
Notwendig ist in jedem Fall der sichere Todesnachweis. Nach dem Deutschen Transplantationsgesetz ist dies der **Hirntod,** bei dem die Gesamtfunktion des Gehirns irreversibel über längere Zeit ausgefallen ist. Ursachen dafür können u. a. schwere Kopfverletzungen, Kreislaufstillstand, Hirntumore oder Hirnblutungen sein. Auch nach dem Tode ist die Würde des Menschen zu wahren, er darf nicht zum „Ersatzteillager" werden.
Erst nach der Diagnose des Hirntods werden Blut- und Gewebetyp des Spenders festgestellt. Über die Deutsche Stiftung Organtransplantation (DSO) und Eurotransplant wird dann anhand von international geführten Wartelisten ein passender Empfänger gesucht. Der Spender bleibt grundsätzlich anonym.
Bei paarigen Organen (z. B. Niere, Lunge) oder solchen mit hoher Regenerationsfähigkeit (z. B. Leber) sowie bei reproduzierbaren Zellen und Geweben (z. B. Knochenmark) sind **Lebendspenden** möglich. Sie sind in Deutschland nur zwischen nahen Verwandten oder bei enger persönlicher Verbundenheit (z. B. Lebenspartnern) erlaubt.
Vor allem die ersten Herztransplantationen des Arztes CHRISTIAAN BARNARD im Jahre 1967 forderten verstärkt Fragen zum Verständnis des Menschseins heraus. Wann endet Leben? Wird „Leben" erhalten oder ist es nur die Funktion eines Organs? Ist es erlaubt, zwischen dem Tod eines Menschen und dem Leben anderer abzuwägen? Die Auseinandersetzungen mit diesen Fragen führten letztendlich zu den existierenden gesetzlichen Regelungen.

Aufgabe

Nennt und diskutiert in der Klasse die biologisch-medizinische und ethische Problemebene der Organtransplantation.

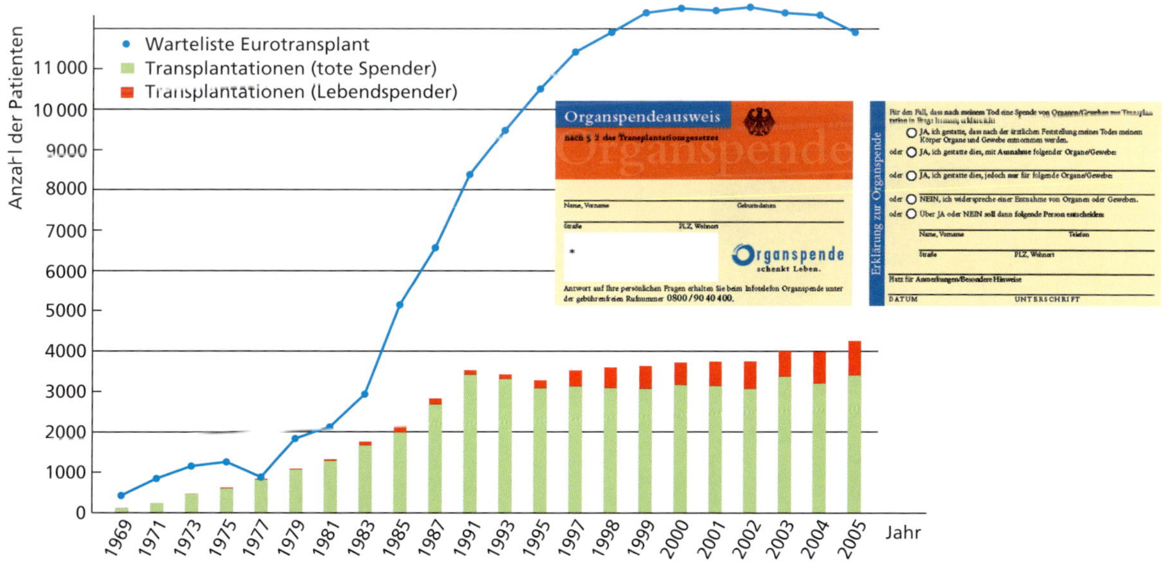

1 Von der Warteliste für Nierentransplantationen sterben täglich drei Patienten

Wahlbereich: Allergien – Fehlfunktionen des Immunsystems

Aisha feierte ihren 12. Geburtstag. Sie hatte sich eine kleine Katze gewünscht und auch bekommen. Am nächsten Tag veränderte sich Aishas Gesundheitszustand. Die Augen tränten, die Augenlider waren geschwollen, sie musste sich ständig die Nase putzen und hustete leicht. Hatte sie sich an den ersten Frühlingstagen zu leicht angezogen und erkältet? Doch plötzlich einsetzende Atemnot in der Nacht veranlasste die Eltern, ihr Kind sofort zur Notaufnahme in ein Krankenhaus zu bringen. Aisha wurde untersucht, die Eltern nach Einzelheiten und Neuerungen im Haushalt befragt. Die Katze wurde dabei mit erwähnt.

Der Arzt stellte eine übermäßige, unangemessene Körperreaktion bei Aisha fest und schloss aufgrund der ergänzenden Bemerkungen der Eltern auf eine Überempfindlichkeit gegenüber Katzenhaar. Es lag eine Allergie, eine allergische Reaktion vor. Stoffe, die Allergien hervorrufen, werden **Allergene** genannt.

Das Wort **Allergie** stammt aus dem Griechischen (*allos* = anders, fremd und *ergon* = Arbeit, Reaktion) und bedeutet demnach: **anders reagieren.** Es sind nicht alle Mechanismen dieser „anderen“ Reaktion bekannt. Als gesichert gilt, dass alle allergischen Erkrankungen immer unter Beteiligung und Fehlfunktion des Immunsystems ablaufen (Abb. 1).

Was können wir gegen Allergien tun?
Hier gilt das gleiche Prinzip, das für viele andere Erkrankungen auch gilt. Wir beugen vor, handeln also prophylaktisch, oder versuchen unter ärztlicher Anleitung eine Verringerung der Beschwerden durch eine Immuntherapie zu erreichen.

Ärzte, die allergische Erkrankungen behandeln, nennt man Allergologen. Prophylaktische und therapeutische Maßnahmen, die der Allergologe einleitet, sind immer von der Art der allergischen Reaktion abhängig.

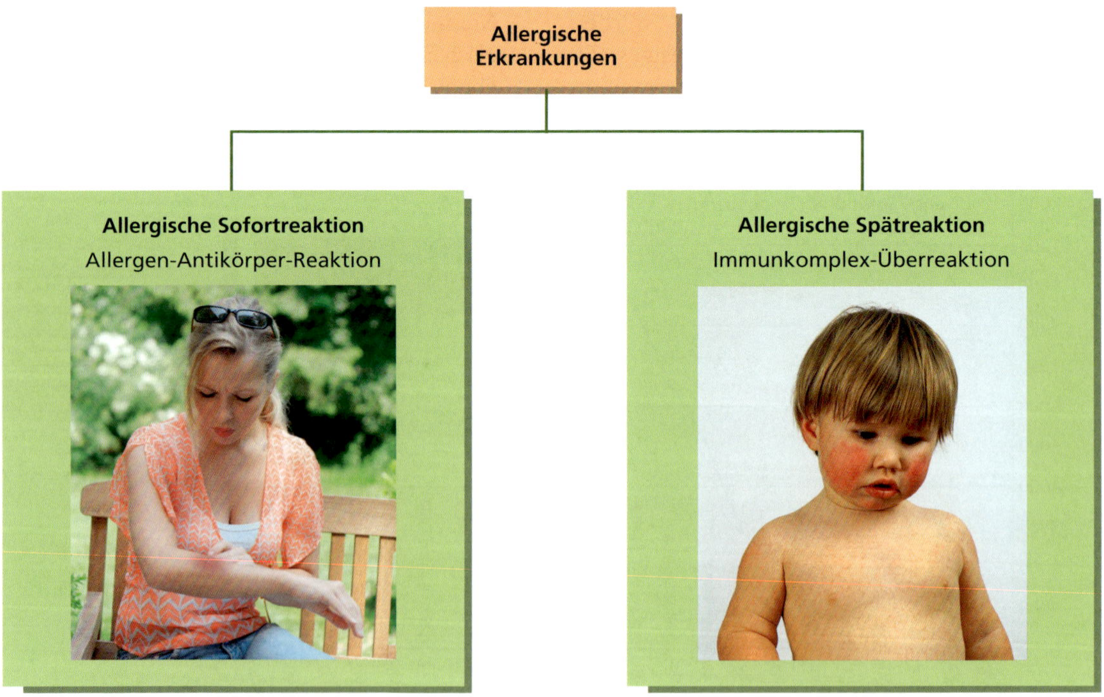

1 Übermäßige Reaktionen a) auf einen Insektenstich und Penicillin-Unverträglichkeit b)

Die Tierhaarallergie gehört zur Gruppe der **Allergen-Antikörper-Reaktionen** und ist verhältnismäßig gut erforscht.
Bei dieser Reaktion existieren viele IgE-Antikörper. Diese befinden sich z. B. auf den Mastzellen der Schleimhäute und einigen Leukocyten im Blut. Durch Antigene werden die IgE-Antikörper u. a. zur Ausschüttung von Histamin angeregt, was zu den örtlich begrenzten Hautschwellungen und Hautrötungen führt.
Im Wesentlichen erfolgt die Allergen-Antikörper-Reaktion in vier Stufen (Abb. 1). Nach diesem Grundmuster verlaufen insbesondere diejenigen allergischen Reaktionen, bei denen sonst harmlos wirkende Außenfaktoren, wie Pollen, Erdbeeren, Mückenstiche, Hausstaubmilben, als Allergene zum Antigen werden (Abb. 1, S. 144).

Die zweite Gruppe von Allergien, die **Immunkomplex-Überreaktionen** ist im Prinzip auch eine Antigen-Antikörper-Reaktion, die über T-Zellen vermittelt wird. Die ablaufende Immunreaktion wird allerdings nicht beendet. Antikörper oder Immunkomplexe bleiben zu lange im Organismus und werden nur verzögert abgebaut. Dabei bilden sich Entzündungen, die auf der Haut, an den Gelenken oder der Muskulatur entstehen. Ein Beispiel dafür sind Entzündungen, die nach Behandlung mit Penicillin bei Infekten entstehen (Abb. 1, S. 144).

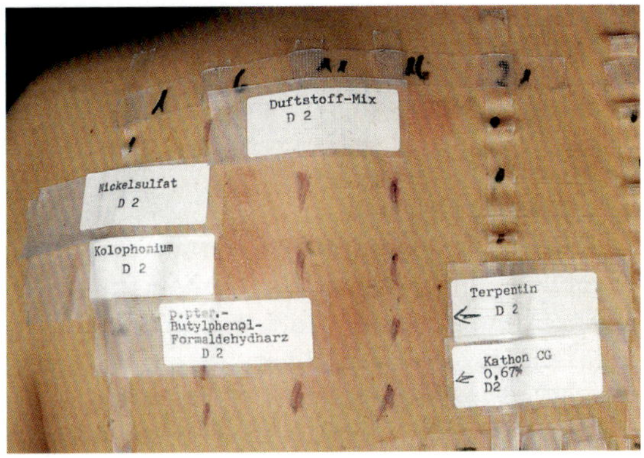

2 Zum Nachweis einer Kontaktallergie dient ein Pflastertest, bei dem Testsubstanzen mit Pflaster meist am Rücken aufgebracht werden.

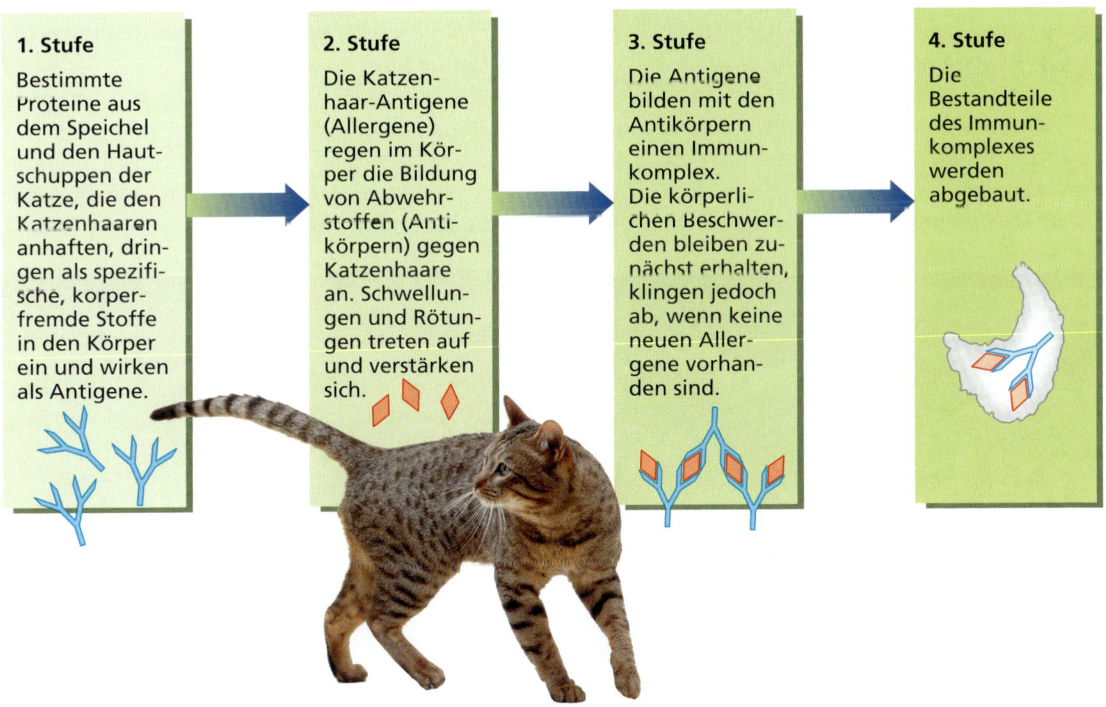

1 Grundmuster der Allergen-Antikörper-Reaktion

Allergien – Krankheiten der Zukunft?

Die Anzahl allergischer Erkrankungen nahm in den letzten Jahrzehnten erheblich zu. Diese Tatsache steht im Widerspruch dazu, dass es uns durch medizinischen Fortschritt gelungen ist, zahlreiche andere Krankheiten, insbesondere Infektionskrankheiten, durch Vorbeugung (Prophylaxe) und gezielte Heilbehandlung (Therapie) stark zurückzudrängen oder fast gänzlich verschwinden zu lassen.

1. *Erstelle eine Tabelle über Infektionskrankheiten, die in den vergangenen Jahrhunderten die durchschnittliche Lebenserwartung der Menschen senkten und sogar zahlreiche Landstriche entvölkerten.*
   a) *Notiere dabei auch Jahreszahlen und Ort des Auftretens großer Epidemien. Informiere dich dazu in verschiedenen Lexika oder im Internet.*
   b) *Wiederhole den Mechanismus, bei dem der Körper eingedrungene Krankheitserreger vernichtet (Immunreaktion).*
   c) *Beschreibe diese Vorgänge und fertige eine symbolhafte Darstellung dazu an.*

2. *Allergene Stoffe können für uns ganz alltägliche Materialien sein. Informiere Dich über Allergene.*
   a) *Definiere den Begriff Allergene.*
   b) *Notiere mindestens sechs verschiedene Allergene und ordne ihnen die jeweilige allergische Krankheitsbezeichnung zu. (z. B.: Katzenhaare – Tierhaarallergie).*
   c) *Beschreibe das Grundmuster der Allergen-Antikörper-Reaktion bei allergischen Erkrankungen.*

3. *Wie kann festgestellt werden, ob und worauf man allergisch ist?*

4. *Vergleiche eine Immunreaktion nach dem Eindringen von Bakterien oder Viren in den Organismus mit einer durch Allergene ausgelösten allergischen Reaktion.*
   Erfasse dazu Gemeinsamkeiten und Unterschiede.

5. *Erläutere die beiden Möglichkeiten für die Entstehung von Allergien.*

6. *Halte einen Vortrag über eine allergische Erkrankung. Gehe dabei auf Auslöser, Immunreaktion sowie Krankheitsbild und Behandlungsmöglichkeiten ein.*

1 Proteine aus dem Speichel der Katze in Verbindung mit den Hautschuppen können Allergien auslösen.

2 Das Gift einer Wespe kann nach einem Stich eine allergische Reaktion hervorrufen.

Auch die Blütenpollen der unterschiedlichsten Samenpflanzen können als Allergene allergische Reaktionen hervorrufen. Die Blühzeiten und damit auch die Zeiten des Pollenfluges unterscheiden sich zwischen den einzelnen Pflanzen.

1. *Erstelle einen Pollenflugkalender für ein Jahr.*
   a) *Informiere dich bei Ärzten, in Pflanzenbestimmungsbüchern, Zeitschriften, Lexika oder im Internet.*
   b) *Beobachte dazu die Pflanzen in ihrer Entwicklung vom Frühjahr bis zum Herbst.*

2. *Fertige ein Herbarium an mit Pflanzen, deren Pollen Allergien auslösen können. Verwende als Sammelgut nur Blätter und Blüten. Presse nach Vorschrift und beschrifte mithilfe eines Pflanzenbestimmungsbuches.*

dt. Name:	Waldmeister
lat. Name.:	*Galium odoratum*
Familie:	Rötegewächse
Datum:	15.05.2006
Fundort:	Wollitz (Schorfheide)
Standort:	Buchenwald
Name:	Harry P. Mustermann

1 Prophylaktische und therapeutische Maßnahmen können sehr verschieden sein.

Die Pollenflugzeiten verändern sich in Abhängigkeit von den Witterungsbedingungen von Jahr zu Jahr etwas. Damit verschieben sich auch die Zeiten der allergenen Belastungen in Abhängigkeit vom Wetter.

1. *Nenne Informationsquellen, die Allergiker nutzen können, um sich im Alltag aktuelle Daten zum Pollenflug zu beschaffen.*

Die praktische Erfahrung von Menschen mit allergischen Erkrankungen (Allergiker) zeigt, dass durch die Summe prophylaktischer und therapeutischer Maßnahmen die Beschwerden bei akuten Erkrankungen erheblich zurückgedrängt werden können.

1. *Erfasse mögliche prophylaktische und therapeutische Maßnahmen gegen Allergien.*
   a) *Fertige eine Übersicht an.*
   b) *Nutze dazu das Internet oder Fachbücher und Zeitschriften.*
   c) *Gehe auf den Begriff „Hyposensibilisierung“ genauer ein. Erläutere an einem Beispiel was darunter zu verstehen ist.*
   d) *Diskutiert in der Gruppe die Nutzung von alternativen Heilmethoden, wie z. B. Homöopathie, Akkupunktur oder Phytotherapie. Welchen Standpunkt beziehst du?*

Wahlbereich: Verhalten des Menschen – alles erlernt?

Angeborenes Verhalten

Sind komplexe Verhaltensmuster bei allen Individuen einer Art bereits beim ersten Auftreten vollständig zu beobachten, geht man davon aus, dass sie angeboren sind. Eine Kreuzspinne „übt" nicht, bevor sie ihr Netz in vollkommener Weise baut. Ebenso weiß auch ein Beutelmeisenmännchen wie sein kompliziertes Nest zu bauen ist.

In anderen Fällen, vor allem beim Menschen, ist es weit schwieriger zu entscheiden, ob ein Verhalten angeboren ist oder auf **Umwelterfahrung** beruht. Lernen kann sehr versteckt ablaufen. Gleichzeitig können sich **Erbeigenschaften** durch äußere Bedingungen so unterschiedlich ausprägen, dass beides im Verhalten kaum zu unterscheiden ist.

Die meisten Menschen reagieren positiv auf Kleinkinder. Dieses Verhalten wird u. a. durch besondere, kindliche Merkmale ausgelöst (Abb. 1). Früher hielt man diese Reaktion für angeboren. Wie Wahlversuche inzwischen zeigten, sprechen Kinder unter 6 Jahren jedoch nicht auf das Kindchenschema an. Erst ältere reagieren zunehmend, Mädchen dabei stärker als Jungen.

Aufgaben

1. Erkläre anhand des Kindchenschemas (Abb. 1), warum manche Menschen auf Tiere wie auf Kinder reagieren.

2. Entwickle Ideen, die nahe legen, dass auch erfahrungsbedingte Komponenten an der Reaktion beteiligt sein können.

1 Zum sogenannten Kindchenschema gehört eine runde Kopfform mit kleinem Gesicht, hoher Stirn, Stubsnase und großen Augen.

Menschen lernen viel

Erstes Lernen tritt beim Menschen sehr unauffällig bereits in den letzten Monaten vor und kurz nach der Geburt auf. Vor allem akustische **Informationen** kann das Kind im Uterus gedämpft aufnehmen. So erkennt es bereits an seinem ersten Lebenstag die Stimme seiner Mutter wieder und unterscheidet sie von der anderer Frauen.
Säuglinge und Kleinkinder erleben durch die gleichzeitige **Aufnahme** und **Verarbeitung** von Reizen ihr nahes Umfeld mit allen Sinnen. Dabei probieren sie auch immer neue Bewegungsabläufe aus (Abb. 1). So entstehen durch frühkindliche Übung und Erfahrung erste Fertigkeiten, die später wie Reflexe ablaufen oder sich durch fortgesetzte Übung und zusätzliche Erfahrungen weiter entwickeln können (Abb. 3).

Bei den fortwährenden Lernvorgängen werden im Nervensystem immer neue Synapsen aktiviert und sichere Verbindungen gebahnt. Sie beeinflussen und steuern weiterhin die Bewegungsmuster, Gedanken und Gefühle des Menschen.
Durch die **andauernde Verknüpfung** und **Neubildung von Nervenzellen** bei der Geburt waren es im Gehirn bereits über 100 Milliarden

2 Eine entspannte Situation und wenig Ablenkung unterstützen den Lernvorgang.

- verdickt sich die Großhirnrinde des Menschen im ersten Lebensjahr auf das Dreifache.

Beim Lernen nimmt der Organismus Informationen auf. Gegebenenfalls mit anderen verknüpft, speichert er sie und ruft sie bei Bedarf später wieder ab (S. 102). So kann die Assoziation eines zeitgleich auftretenden Schmerzes dazu führen, dass entsprechende Situationen fortan eher gemieden werden.
Dagegen wirken sich positive Verknüpfungen („Belohnungen“) förderlich auf das Erlernen und die spätere Abrufbarkeit von Inhalten aus.

1 Kleinkinder „begreifen“ ihre Welt durch den Gebrauch ihrer Hände.

3 Die Abstimmung komplexer Bewegungsabläufe will gelernt sein.

Aggression im Tierreich

Unter aggressivem Verhalten fassen Biologen alle Elemente des Angriffs, des Drohens und der Verteidigung zusammen. **Aggression** besitzt im Tierverhalten wichtige Funktionen. Unter anderem führt sie dazu, dass sich Individuen einer Art nicht zu nahe kommen, Reviere bilden und sich über ihren Lebensraum verteilen.

Allerdings verbraucht Aggressivität viel Energie, erhöht die Verletzungsgefahr und fordert möglicherweise Heilungsbedarf. Dadurch können andere lebenswichtige Verhaltensbereiche in Mitleidenschaft gezogen werden. Deshalb haben sich während der Evolution vielfach Strategien entwickelt, die die Nachteile der Aggression umgehen. So kann Imponierverhalten und Drohen, das die eigene Stärke zur Schau stellt, eine Situation klären, bevor es zu körperlichen Auseinandersetzungen kommt.

Auch Kampfformen mit geringem Verletzungsrisiko **(Kommentkämpfe)** sind nicht selten. Oryxantilopen (Abb. 1) stehen sich dabei zunächst mit erhobenem Kopf drohend gegenüber. Anschließend schlagen sie ihre Hörner im oberen Drittel gegeneinander, bis sie schließlich Stirn an Stirn versuchen, den anderen wegzudrängen.

Da der Hörnerschlag durch den langen Hebel eine kräftige Nackenmuskulatur voraussetzt, gibt er den Kämpfenden bereits Auskunft über die Stärke des Gegners. Wenn sich die Rivalen nach dem Kreuzen der Hörner „die Stirn bieten", ist der gesamte Körper am Kräftemessen beteiligt.

Wenn sich Oryxantilopen gegen Raubtiere verteidigen, setzen sie ihre Hörner auch als Stichwaffe ein, was den Angreifer durchaus tödlich verletzen kann. Beim innerartlichen Kräftemessen geschieht dies nicht.

Jedoch kommen auch in freier Wildbahn Kämpfe mit Todesfolge zwischen Artgenossen vor. Solche Fälle von plötzlicher Gewalt wurden besonders bei Arten beobachtet, die in Gruppen leben (z. B. Löwen, Hyänen, Languren, Schimpansen). Sie traten meist im Zusammenhang mit sozialen Spannungen innerhalb der Gruppe auf. Dabei überfielen mehrere Tiere Individuen benachbarter Gruppen in so brutaler Weise, dass diese nur selten überlebten.

1 Der Kommentkampf bei Oryxantilopen ermöglicht die Einschätzung der individuellen Stärke, ohne sich oder den Gegner einer größeren Verletzungsgefahr auszusetzen.

Gewalt zwischen Menschen

Auch beim Menschen gibt es aggressives Verhalten. Als Zeichen von Selbstwertgefühl und dessen Abgrenzung wirkt es sich u.a. auf das gegenseitige Verstehen aus.
Dagegen ist der Einsatz von **Gewalt** einseitig vom Täter auf das Opfer gerichtet. Das beginnt damit, dass einzelne in einer Gruppe ständig „gehänselt" werden, geht über Schubsen an der Bushaltestelle oder bewusstes Foul-Spielen beim Sport bis hin zu Beschädigungen sowie kleineren bis großen Verletzungen des Opfers.

Gewaltanwendung schädigt aktiv und zielgerichtet Sachen und Individuen, schwächt Letztere oder versetzt sie in Angst.

Gewalt lässt sich unterschiedlichen Bereichen zuordnen:

- Zur **psychischen Gewalt** gehört z.B. die systematische Ausgrenzung in einer Gruppe, das Androhen von Schädigungen oder emotionale Erpressung.
- Um **verbale Gewalt** handelt es sich, wenn beleidigende, erniedrigende oder entwürdigende Worte geäußert werden.
- **Physische Gewalt** wird durch den Einsatz von körperlicher Kraft ausgeübt.
- **Sexuelle Gewalt** tritt außerhalb aber auch innerhalb von festen Beziehungen auf.
- **Politische Gewalt** spielt sich in gesellschaft lichen Strukturen ab und wendet sich häufig gegen Minderheiten.

Mobbing nutzt alle Facetten der Gewaltanwendung. Dabei werden einzelne Personen aus der Gemeinschaft ausgegrenzt, indem sie von anderen fortwährend belästigt und drangsaliert werden.

Gewalttausübung ist häufig an Machtstrukturen und Unterordnung gekoppelt, wie sie im engeren Sozialbereich von vielen Menschen auftreten. Bei fehlendem Selbstwertgefühl erlebt der Täter sein gewalttätiges Durchsetzen als Selbstbestätigung. Außerdem setzt er häufig die Würde des Opfers herab, z.B. mit Wörtern wie „Spasst", „Penner", „Schwuchtel" oder „Kanake". Dadurch vergrößert der Täter die Distanz zum Opfer und verringert sein Mitgefühl und die Hemmung, gewalttätig zu werden.

Inwieweit Videospiele die Gewaltbereitschaft verstärken, wird seit vielen Jahren kontrovers diskutiert. Wissenschaftliche Untersuchungen dazu zeigen vielfache Verbindungen auf. Offensichtlich besitzen die meisten Menschen eine Bereitschaft zur Gewaltausübung. Das zeigten u.a. Untersuchungen wie das **„Milgram-Experiment"** (Abb. 1) oder das „Stanford-Gefängnis-Experiment". Unabhängig von individuellen oder gruppenspezifischen Persönlichkeitsmerkmalen übten dabei fast alle Versuchspersonen – z.T. in unerwartet extremer Form – Gewalt gegen andere aus. Das Stanford-Experiment wurde deshalb – im Gegensatz zum nachempfundenen Spielfilm „Das Experiment" – von den Verantwortlichen vorzeitig abgebrochen.

Trainingsprogramme zur Verhinderung von Gewalt erhöhen die Sensibilität des Einzelnen gegenüber Vorstufen und Abläufen von Gewaltanwendung. Sie bieten Möglichkeiten an, die Gewaltbereitschaft zu reduzieren. Wichtig ist auch, Wege aufzuzeigen, wie die Opfer Hilfe finden können. Denn zum Opfer kann jeder werden.

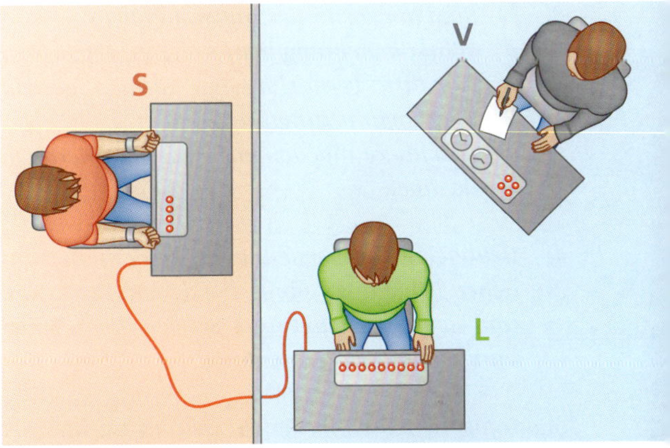

1 Milgram-Experiment: Unter Aufsicht des Versuchsleiters (V) bestraft der „Lehrmeister" (L) die Versuchsperson (den Studenten = S), wenn er schlecht lernt.

Gewalt

Wichtig ist, sich mit Gewalt auseinander zu setzen und nicht weg zu schauen. Folgende Aspekte könnt Ihr allein oder in Gruppen bearbeiten oder als Präsentation zur Diskussion stellen.

1. *Findest du Übereinstimmungen und Unterschiede zwischen dem Aggressionsverhalten von Menschen und Tieren? Diskutiert darüber in der Klasse.*

2. *Informiere dich und berichte in der Klasse über das „Milgram-“ oder das „Stanford-Gefängnis-Experiment“. Nutze dazu Literatur und Quellen im Internet.*

3. *Recherchiere anhand von historischen Beispielen (z. B. Militär-, Kolonialgeschichte, Nazizeit, Verhältnis DDR – BRD) sowie in aktuellen Medien (Zeitschriften- und Zeitungsartikel, Fernsehserien) wie mit Gewalt/Aggression umgegangen wird.*
   a) *Entscheide dich für ein Thema und erarbeite es zusammen mit anderen Mitschülern. Ihr könnt dabei die Expertenmethode nutzen (S. 120).*
   b) *Analysiere die Wortwahl in den Quellen und die Darstellung der „eigenen Seite“ bzw. die des „Gegners“.*
   c) *Sind die Formulierungen sachlich?*
   d) *Wird die Achtung dem Anderen gegenüber gewahrt, vernachlässigt, infrage gestellt oder sogar verunglimpft?*
   e) *Diskutiere mit deinen Klassenkameraden darüber.*

4. *Beobachte und benenne in deinem persönlichen Umfeld Vorgänge, bei denen Aggression und Gewalt beteiligt sind. Spielen die in 3. behandelten Punkte eine Rolle?*

5. *Informiere dich in der Presse und im Internet über aktuelle Untersuchungen zur Wirkung von Fernsehkonsum und Videospielen auf die Gewaltbereitschaft des Zuschauers. Setze dich damit auseinander und berichte darüber.*

Versuch zum Lernen

Mit dem folgenden Versuch erhaltet ihr Einblicke in Mechanismen, die am Lernen beteiligt sind.

Durchführung:
Der/die Lehrer/in liest euch eine von ihm/ihr vorbereitete Serie mit fünfzehn zweisilbigen Wörtern vor.
Hört konzentriert zu.
Anschließend schreibt ihr die Wörter auf, an die ihr euch erinnert. Dies sollte spontan und unsortiert geschehen, ohne dass ihr die vorgegebene Reihenfolge beachtet.

Auswertung:
1. Jeder von euch gibt an, wie viele Wörter er notiert hat.
2. Tragt die Werte aller Mitschüler in einem Koordinatensystem ein. Dabei entspricht die x-Achse der Anzahl der notierten Wörter (1 bis 15) und die y-Achse der Anzahl der Schüler.
3. Notiert für jedes Wort die Anzahl der Schüler, die dieses Wort behalten haben. Die Werte werden ebenfalls in ein Koordinatensystem eingetragen. (x-Achse: Wortposition in der vorgelesenen Serie (1–15); y-Achse: Häufigkeit der Nennungen).
4. Beschreibt die dargestellten Ergebnisse und interpretiert sie.

Entwickelt jeweils zu zweit oder zu dritt auf der Basis dieses Versuchs eigene Fragestellungen und entsprechende Versuchsansätze.

a) Plant den Versuch, führt ihn durch und wertet ihn aus.
b) Führt dabei ein Protokoll.
c) Präsentiert die Ergebnisse in der Klasse.

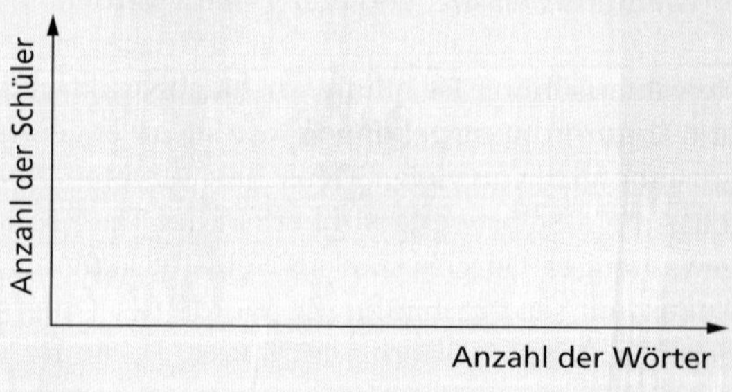

Menschliches „Revier- oder Distanzverhalten"

1. *Beobachtet, skizziert oder fotografiert von einem erhöhten Standpunkt aus, wie sich auf dem Schulhof größere und kleinere Gruppen verteilen. Gibt es mehr und weniger beliebte Bereiche, die immer von (denselben) Gruppen „belegt" sind?*
   a) *Führt diese Untersuchungen in kleinen Gruppen von vier bis fünf Schülern durch.*
   b) *Fertigt eine Karte vom Schulhof an und tragt die jeweiligen Bereiche ein.*
   c) *Diskutiert, womit die Verteilung zusammenhängen könnte (z. B. räumliche Verhältnisse, Gruppenstruktur).*

2. *Versucht, ausgehend von diesen Ergebnissen, in die Raumnutzung experimentell einzugreifen. Verändert dazu die Situation gezielt. Ihr könnt z. B. einen Kuchenstand einrichten oder Pfosten als Absperrung aufstellen und sie mit rot-weißem Flatterband verbinden. Überlegt euch anhand der in 1. gemachten Ergebnisse vorher eine sinnvolle Platzierung. Wichtig ist, dass die beteiligten Gruppen vor dem Experiment nichts von Euren Beweggründen erfahren.*
   a) *Dokumentiert wie in Aufgabe 1 die Gruppenverteilung und vergleicht beide.*
   b) *Tragt eure Beobachtungen zusammen und diskutiert sie in der Klasse.*
   c) *Schreibt z. B. für die Schülerzeitung einen Bericht darüber.*

1 Es ist nicht unbedingt attraktiv, wenn es eng wird.

Viele Menschen halten gefühlsmäßig eine gewisse Körperdistanz zu anderen ein. Deren Größe ist individuell und hängt von der Situation (z. B. am Strand) sowie dem Bekanntheitsgrad und der Sympathie zwischen den Beteiligten ab. Wird diese Distanz von anderen gezielt unterschritten, kann dies bereits als Gewalt empfunden werden, auf die man mit Zurückweichen oder Aggression reagiert.

1. *Besprecht eure persönlichen Erfahrungen dazu in der Klasse. Gibt es individuelle oder gruppenspezifische Unterschiede?*

Gut beobachten kann man das Einhalten dieser Körperdistanz auch in Restaurants oder öffentlichen Verkehrsmitteln.

1. *Stellt Hypothesen darüber auf, welche Sitzplätze zuerst besetzt werden. Testet eure Hypothesen an einem geeigneten Ort, z. B. in der Schule.*
   a) *Setze dich dazu in eurer Schul-Cafeteria oder Mensa unauffällig in eine Ecke, von der du den Raum gut überschauen kannst.*
   b) *Nummeriere die Tische durch und bereite für jeden eine Strichliste mit den Kategorien 0, 1, 2 usw. vor. Kategorie 0 bedeutet: es sitzt keine(r) am Tisch, Kategorie 1 heißt: es sitzt bereits eine Person am Tisch (usw. bis zur maximalen Platzanzahl am Tisch).*
   c) *Notiere, an welche Tisch-Kategorie sich platzsuchende Einzelpersonen setzen. Vermerke dabei, ob und wie viele Plätze direkt neben ihr frei bleiben und unterscheide, ob es sich dabei offensichtlich um Unbekannte oder Freunde am Tisch handelt.*
   d) *Werte anschließend aus, wie häufig jede Kategorie in welchem Zusammenhang auftrat.*
   e) *Interpretiere das Ergebnis.*

2. *Plane und teste eine Beobachtung zur individuellen Körperdistanz in der U-Bahn.*

Biologie im Alltag

„Instinkte" beim Menschen?

Ob ein menschliches Verhalten angeboren ist oder auf individueller Erfahrung beruht, ist nicht leicht zu entscheiden. Noch problematischer ist die Anwendung des Begriffs **Instinkt.**
Unter Instinkt verstand man in der Verhaltensbiologie einen angeborenen Mechanismus, der zu einem formkonstanten Verhalten führt. Wie sich jedoch inzwischen aufgrund von neueren Forschungsergebnissen herausstellte, ist dieses über 60 Jahre alte Konzept aus den Anfängen der Verhaltensbiologie nicht allgemein anwendbar. Viele Ergebnisse widersprechen sogar seinen Aussagen und erfordern daher andere Erklärungen.
Deshalb ist der Instinktbegriff heute **wissenschaftlich überholt;** er wird in der Verhaltensbiologie nur noch ungern benutzt.

Trotzdem wird sich James Bond auch weiterhin „instinktiv" vor dem sicheren Tod retten können. Denn im täglichen Sprachgebrauch wird der Begriff weiterhin verwendet. Anders als in der Verhaltensbiologie denkt man dabei jedoch nicht an definierte Mechanismen und festgefügte Reaktionen. Im täglichen Leben umschreibt ein „Instinkt" eher die Fähigkeit, etwas spontan und automatisch richtig zu machen, ohne dass man es wirklich begründen könnte.
Die wissenschaftliche Fachsprache in der Biologie stimmt häufig nicht mit dem Sprachgebrauch im täglichen Leben überein, auch wenn beide dieselben Wörter benutzen.

Aufgabe

Suche Begrifflichkeiten und Redensarten im täglichen Leben, die einen (verhaltens-)biologischen Ursprung haben.
Begründe die Sinnzusammenhänge.

1 Aus dem täglichen Leben nicht wegzudenken

3 Grundlagen der Vererbung

3.1 Zelluläre Grundlagen der Vererbung – Teilung oder Vermehrung

Weitergabe von Erbanlagen

Die Nachkommen von Hunden sind wieder Hunde und die Nachkommen von Kängerus sind wieder Kängerus. Die Anlagen für spezifische Merkmale einer Art werden demnach von den Eltern auf die Nachkommen weitergegeben.
Wie erfolgt die Weitergabe der Anlagen?
Wird alles weitergegeben?

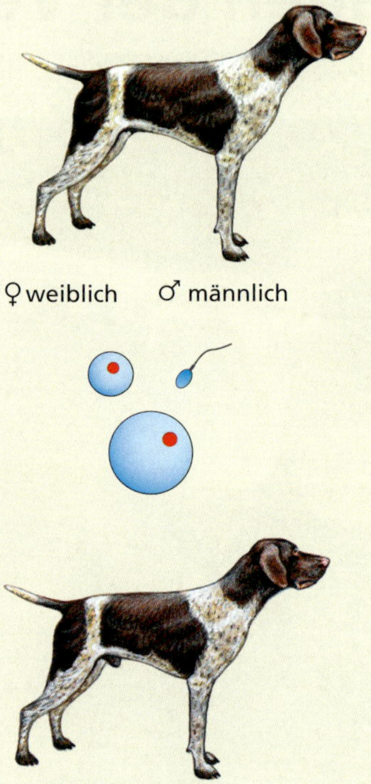

Die Vererbung ist an Zellen gebunden

Die Vererbung der spezifischen Merkmale einer Hunderasse erfolgt durch die geschlechtliche Fortpflanzung und wird somit über die Bildung von Geschlechtszellen und deren Vereinigung vermittelt.
Auch bei der einfachen Teilung von Körperzellen werden Erbanlagen weitergegeben.
Warum gibt es dann in einem Organismus so viele verschiedene Zelltypen?
Haben sie verschiedene Erbanlagen?

Träger der Erbanlagen in den Zellen

Schon vor etwa 100 Jahren waren die Struktur und die Funktion der Chromosomen als Träger der Erbanlagen in den Zellen recht gut bekannt. Umfangreiche Untersuchungen ergaben Einblick in ihre chemische Zusammensetzung.
Woraus bestehen Chromosomen?
Welche Struktur trägt die Erbinformation?

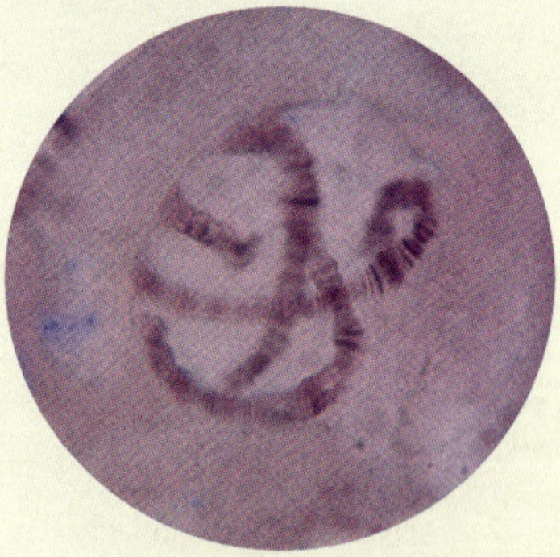

Zelluläre Grundlagen der Vererbung

Vererbung und Fortpflanzung sind an die Zelle gebunden.
Die Erhaltung der Artmerkmale und der individuellen Merkmale eines Organismus ist nur im Zusammenhang mit seiner Fortpflanzung möglich.
Bei der **geschlechtlichen Fortpflanzung** werden die genetischen Informationen beider Eltern miteinander vermischt. Die weibliche und männliche Keimzelle vereinen sich zur befruchteten Eizelle (**Zygote**), aus der sich dann ein neues arttypisches Lebewesen entwickelt (Abb. 1).

Vielzellige Lebewesen bestehen normalerweise aus vielen unterschiedlichen Zelltypen. Sie alle entstehen durch Zellteilung und Differenzierung aus der Zygote. Und alle Zellen haben trotz ihres unterschiedlichen Aussehens und ihrer unterschiedlichen Funktionen die vollständigen Erbanlagen. Dies konnte JOHN B. GURDON (*1933) beweisen (Mosaik).
Die Differenzierung der Zellen entsteht dadurch, dass für jeden Zelltypen jeweils ein anderer Teil der Erbanlagen aktiv ist.

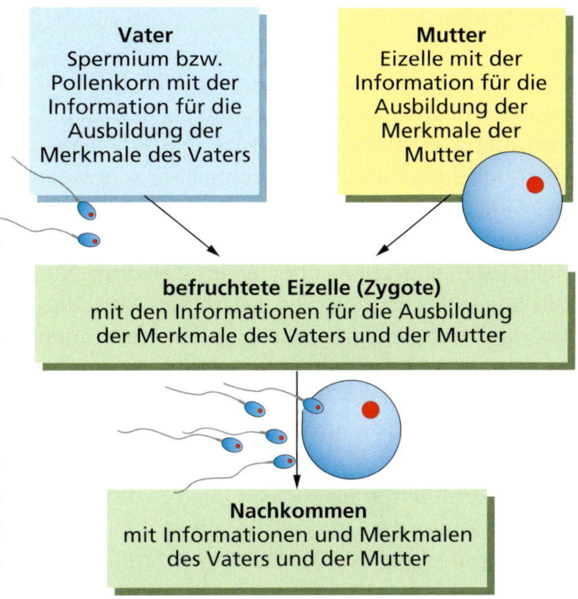

1 Weitergabe der Erbinformationen bei der geschlechtlichen Fortpflanzung

Vererbung ist die durch Zellen vermittelte Weitergabe von Erbinformation.

Mosaik

Die Bedeutung des Zellkerns für die Vererbung

Die Bedeutung des Zellkerns für die Vererbung kann durch verschiedene Experimente belegt werden. Ein sehr beeindruckendes gelang JOHN B. GURDON 1966. Eizellen (Froschlaich) des Afrikanischen Krallenfroschs wurden durch UV-Bestrahlung „entkernt". Mithilfe einer Glaskapillare konnte ein Zellkern von den Darmhautzellen dieser Froschart in die Eizelle eingeführt werden. Aus dieser manipulierten Eizelle entwickelte sich ein normaler Frosch (Abb.), der mit dem Spenderfrosch erbgleich war. Wiederholt man dieses Experiment mehrfach, so erhält man eine Reihe geklonter Frösche (Frösche mit gleichem Erbmaterial, das nur von einem Elternteil stammt).

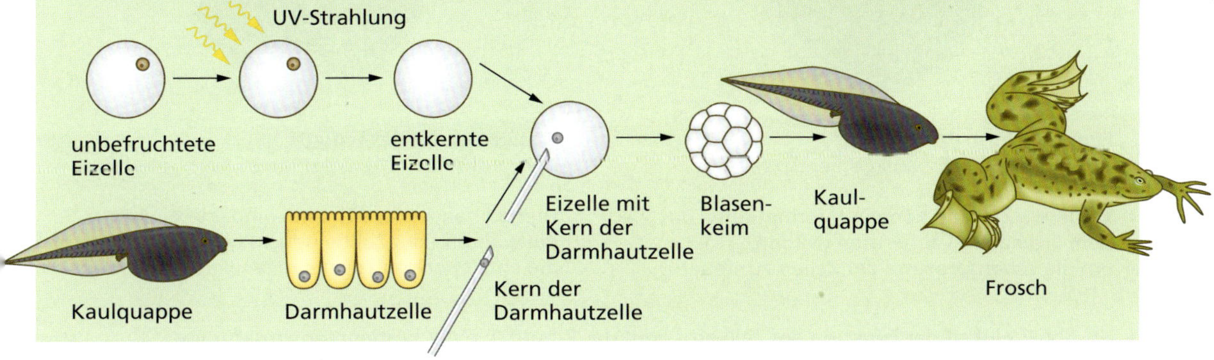

Der Zellkern

Der Zellkern ist oft lichtmikroskopisch ein leicht zu erkennendes Organell der Zellen und damit ein charakteristisches Merkmal der Pflanzen-, Tier- und Pilzzellen. Der Durchmesser schwankt bei Säugetierzellen zwischen 5 µm und 15 µm. Bis auf die roten Blutkörperchen verfügen alle Zellen der Säugetiere über einen Zellkern. Nur die Muskelfasern der quer gestreiften Muskulatur, die durch die Fusion vieler Zellen entstanden sind, weisen teilweise über 100 Zellkerne auf. Jeder Zellkern besitzt

- Kernkörperchen, die den Spindelapparat ausbilden,
- die Kernmembran, die zur Abgrenzung und zum Schutz des Erbmaterials dient,
- Kernporen, die den Austausch von Stoffen und Informationen zwischen Zellkern und Zellplasma ermöglichen,
- Chromatin als Träger der Erbinformation und
- Kernplasma, das dem Stoff- und Energiewechsel des Zellkerns dient.

Vergleichbar mit einer gigantischen Bibliothek oder der Festplatte eines Computers sind im Zellkern alle Informationen gespeichert, die zur Bildung der Eiweiße dienen, die für Struktur und Funktion der Zelle und des ganzen Organismus nötig sind. Zum einen müssen diese Informationen abgelesen und verwirklicht werden (**Arbeitskern**, Abb. 1), zum anderen müssen sie vor jeder Zellteilung verdoppelt und identisch an die Tochterzellen weitergegeben werden (**Teilungskern**).

Neben dem Zellkern spielen aus genetischer Sicht vor allem die **Ribosomen** als Zellbestandteile eine wichtige Rolle. An ihnen werden entsprechend der Information die Eiweiße gebildet.

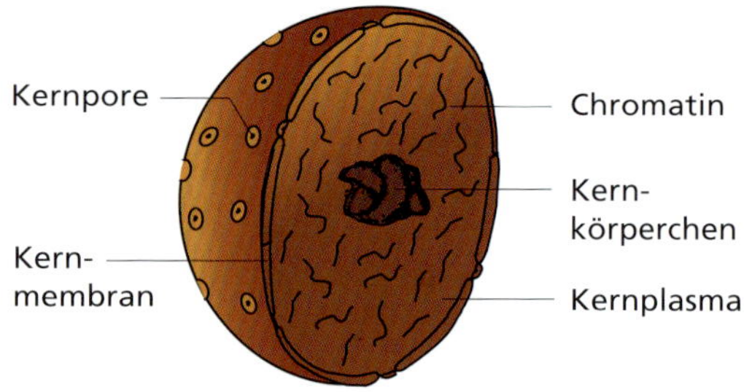

2 Bau des Zellkerns

Aufgabe

Wiederhole die Bestandteile einer tierlichen Zelle und deren Funktionen.
Fertige dazu eine Tabelle an.

Arbeitskern

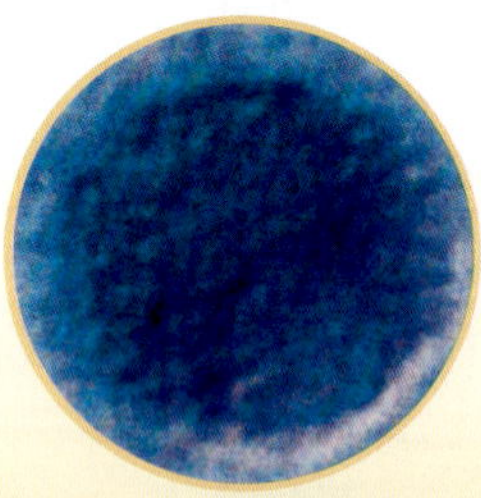

Funktionsform des Erbguts:
Chromatin, d.h. Erbanlagen entspiralisiert

In diesem Zustand können Informationen aus dem Erbmaterial abgerufen werden, um die Lebensprozesse der Zellen zu steuern.

Teilungskern

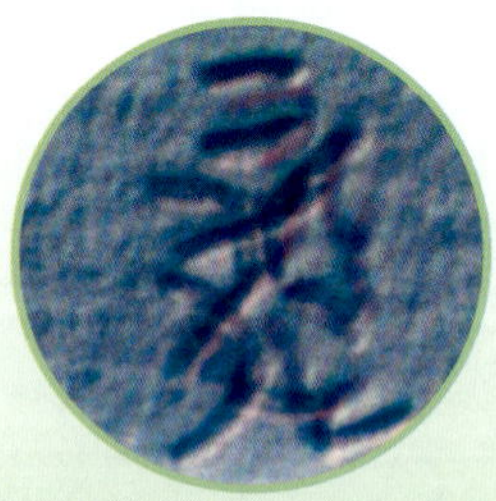

Transportform des Erbguts:
Chromosomen, d.h. Erbanlagen stark spiralisiert

Hierbei handelt es sich um kompakte Einheiten, die während der Zellteilung zu gleichen Teilen auf die entstehenden Tochterzellen verteilt werden.

1 In Abhängigkeit der Funktion des Zellkerns liegt das Erbgut in einer bestimmten Struktur vor.

Chromosomen und Gene

Die gesamte **Erbinformation** eines Lebewesens ist in Form von langen **Chromatinfäden** gespeichert, die im Arbeitskern kaum sichtbar sind. Während der Zellteilung dagegen liegen sie stark spiralisiert vor und sind als **Chromosomen** zu erkennen. Der Name „Chromosom" kommt aus dem Griechischen (*Chrom* = Farbe, *Soma* = Körper), da sich der Kerninhalt anfärben lässt. Beim angefärbten Teilungskern erkennt man schon im Lichtmikroskop, dass jedes Chromosom aus zwei Chromatiden besteht. Am **Centromer** sind beide **Chromatiden** miteinander verknüpft (Abb. 1).

Die menschliche Zelle enthält 46 Chromosomen, von denen je zwei in Größe, Lage des Centromers und in ihrem Bandenmuster übereinstimmen. Sie bilden ein **homologes Chromosomenpaar**. Dies gilt für 22 Chromosomenpaare, die Körperchromosomen oder **Autosomen** genannt werden. Das 23. Chromosomenpaar des Menschen wird aus den Geschlechtschromosomen, den **Gonosomen,** gebildet. Die Zusammensetzung dieses 23. Paars entscheidet über das spätere Geschlecht: Frauen enthalten in ihren Zellkernen zwei in Form und Größe übereinstimmende X-Chromosomen (Abb. 2, S. 160). Die Kombination aus einem X- und einem Y-Chromosom legt das männliche Geschlecht fest.

In den Chromosomen ist die Erbinformation verschlüsselt. Einzelne Abschnitte der Erbinformation bezeichnet man als Gene. Die Gene für bestimmte Eigenschaften, z. B. für die Blutgruppen des ABO-Systems, sind linear angeordnet und liegen jeweils an den gleichen Stellen der beiden homologen Chromosomen und auf jedem ihrer Chromatiden (Abb. 2).

2 Jeweils ein Chromatid des homologen Chromosomenpaars Nr. 9 des Menschen mit seinem Bandenmuster (Lokalisierung der Gene)

Aufgabe

Mikroskopiere ein Dauerpräparat von Riesenchromosomen der Zuckmückenlarve *(Chironomus)* oder der Taufliege *(Drosophila)*. Fertige eine Skizze von einem Chromosomenausschnitt an.

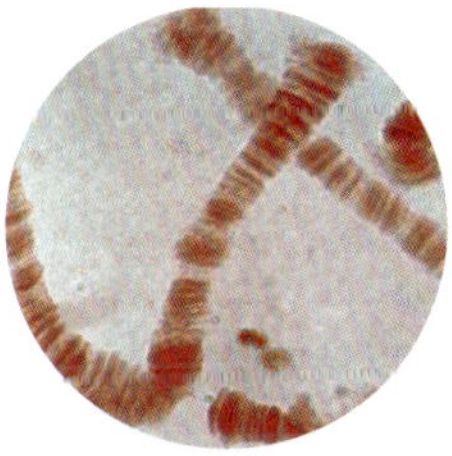

3 Riesenchromosom einer Zuckmückenlarve

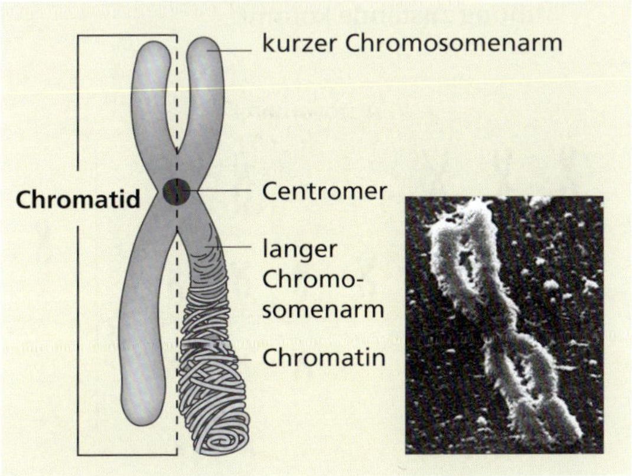

1 Aufbau eines Chromosoms (schematisch und elektronenmikroskopische Aufnahme)

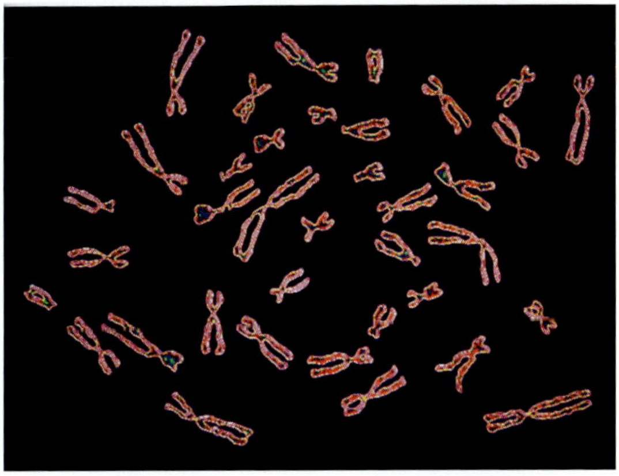

4 Angefärbte Chromosomen einer menschlichen Körperzelle im Lichtmikroskop

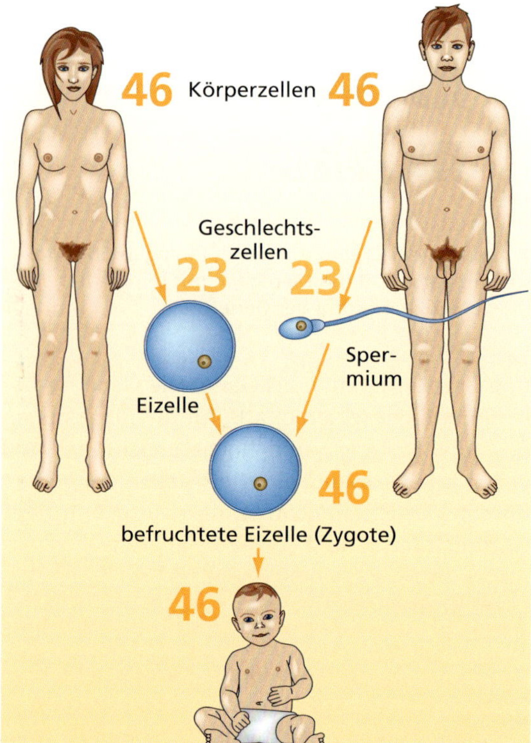

1 Veränderung der Chromosomenzahl bei der Bildung der Geschlechtszellen und der Befruchtung

Ein großer Teil aller Lebewesen pflanzt sich geschlechtlich fort. Das heißt, das Individuum geht aus einer befruchteten Eizelle (Zygote) hervor. Bei der Befruchtung **verschmelzen die Kerne** der weiblichen und männlichen Geschlechtszellen (Abb. 1). Die Geschlechtszellen verfügen nur über einen einfachen Chromosomensatz. Sie sind **haploid** (Abb. 3). Nach der Befruchtung enthält die Zygote einen doppelten Chromosomensatz (**diploid,** Abb. 2), den der Mutter und den vom Vater. Die Körperzellen, die aus der Zygote hervorgehen, besitzen ebenfalls einen diploiden Chromosomensatz. Im Falle des Menschen heißt dies, dass alle Körperzellen eines Organismus 23 mütterliche und 23 väterliche Chromosomen aufweisen.

Die Chromosomen sind Träger der Erbinformationen. Einzelne Abschnitte der Erbinformation bezeichnet man als Gene. Gene bestimmen die Ausbildung einzelner Merkmale. Die Gesamtheit aller Gene ist auf den Chromosomen einer Zelle zu finden.

Die Anzahl der Chromosomen ist artspezifisch und unabhängig der Entwicklungshöhe einer Art.

Aufgaben

1. Menschen unterscheiden sich u. a. im Geschlecht, in der Größe, in der Haut- und Haarfarbe. Wie viele Chromosomen besitzen blonde oder dunkelhäutige Menschen? Begründe deine Antwort.

2. Bei der Befruchtung wird das Geschlecht des Kindes festgelegt. Erkläre, wie diese Geschlechtsbestimmung zustande kommt.

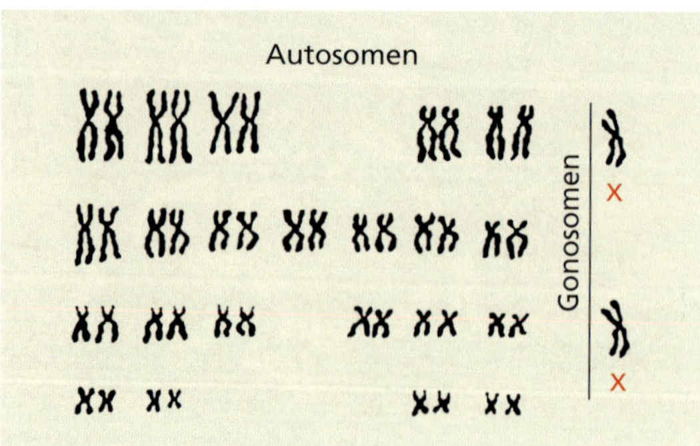

2 Doppelter (diploider) Chromosomensatz einer weiblichen Körperzelle

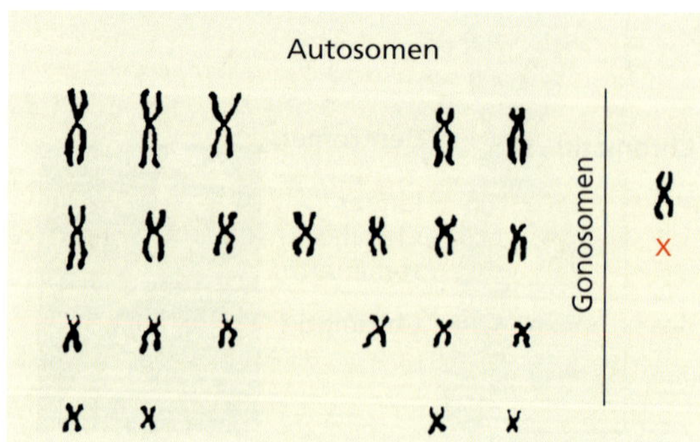

3 Einfacher (haploider) Chromosomensatz einer menschlichen Eizelle

Die Gesamtheit aller Chromosomen des Zellkerns einer Körperzelle wird als **Chromosomensatz** bezeichnet. Dieser vollständige Chromosomensatz kann gemäß der Pariser Nomenklatur von 1971 in einem standardisierten **Karyogramm** (Abb. 1) angeordnet werden. Dabei nummeriert man die homologen Chromosomenpaare der Autosomen der Größe nach von 1 bis 22 und fasst sie in sieben Gruppen mit den Kennbuchstaben A bis G zusammen. Die Gonosomen ergeben das 23. Paar.

Mosaik

Anfertigung eines Karyogramms des Menschen

- Entnahme einer Blutprobe
- Abtrennung weißer Blutkörperchen (speziell Lymphozyten)
- Kultivierung dieser Zellen bei 37° C
- Anregung zur Zellteilung, Teilungskern liegt vor, Chromosomen werden sichtbar
- Chemische Unterbrechung der Teilung und Fixierung der Teilungskerne, Anfärbung der Chromosomen
- Fotografieren dieser Präparate mithilfe hochauflösenden Mikroskopen, die mit digitalen Kameras und Computern gekoppelt sind
- Digitale Bearbeitung der Chromosomen und anschließende Einordnung in eine Karyogrammvorlage

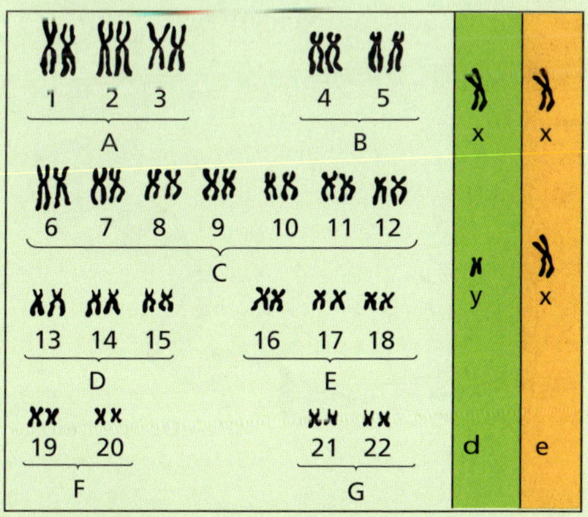

1 Chromosomenkarte des Menschen **(Karyogramm)**

Aufgabe

Betrachte die Angaben zu den Zahlen der Chromosomensätze von Körperzellen oder Geschlechtszellen in der Tabelle.
Vergleiche die Angaben zwischen Tieren, Pflanzen und Pilzen. Was stellst du fest?
Vergleiche die Chromosomenzahlen auch zwischen den einzelnen Arten innerhalb der Tiere bzw. Pflanzen.

	Chromosomenzahlen	
Pflanzen	**in Körperzellen**	**in Geschlechtszellen**
Alpenveilchen	48	24
Wurmfarn	164	82
Schachtelhalm	216	108
Huflattich	60	30
Erbse	14	7
Zwiebel	16	8
Erdbeere	14	7
Kartoffel	48	24
Mais	20	10
Tiere	**in Körperzellen**	**in Geschlechtszellen**
Spulwurm	2	1
Honigbiene	32	16
Weinbergschnecke	54	27
Katzenhai	24	12
Goldfisch	94	47
Hund	78	39
Goldhamster	44	22
Schimpanse	48	24
Mensch	46	23
Pilze	**In Körperzellen**	**In Geschlechtszellen**
Champignon	8	4

Organisationsebenen

Lebewesen sind lebensfähig, weil ihre einzelnen Bauteile ihre jeweilige Aufgabe gut erfüllen und sie perfekt zusammenwirken. Sie bestehen aus verschiedenen Organen, die wiederum aus Geweben und Zellen aufgebaut sind. Wichtiger Zellbestandteil ist der Zellkern mit dem Träger der Erbinformation.

Organisation des Trägers der Erbinformation

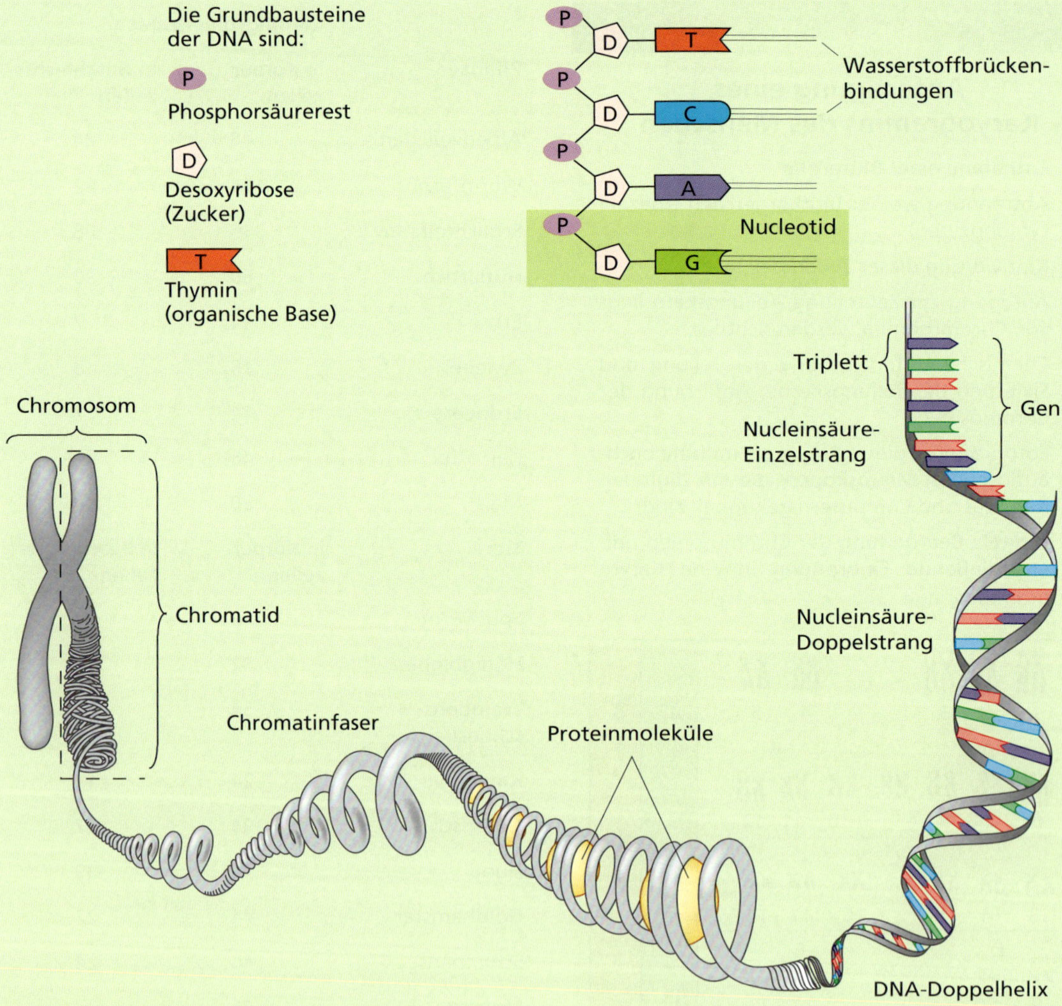

Erkläre, warum die Chromosomen nicht die kleinste Einheit der Erbinformation sind.

Mosaik

DNA – Träger der Erbanlagen

Wissenschaftler fanden heraus, dass die in den Chromosomen der Lebewesen gespeicherte Erbinformation in Form von **Makromolekülen** enthalten ist, die in die Gruppe der Nucleinsäuren gehören.
Nucleinsäuren sind aus einer großen Zahl von Bausteinen, sogenannten Nucleotiden, aufgebaut. Jedes **Nucleotid** (S. 162) wiederum besteht aus einem **Zuckermolekül (Desoxyribose)**, das mit einem **Phosphorsäurerest** und einer **organischen Base** verbunden ist. Da es vier verschiedene Basen gibt, kommen auch vier verschiedene Nucleotide vor. Sie verbinden sich zu langen Ketten, wobei immer Zuckerbaustein und Phorphorsäurebaustein abwechseln und die Basen senkrecht dazu an den Zucker angelagert sind.
Diese langen Nucleotidketten liegen normalerweise nicht als Einzelstränge vor. Über die Basen sind jeweils zwei solcher Stränge zu einem DNA-Doppelstrang verbunden. Dabei können sich nur ganz bestimmte Basen über Wasserstoffbrückenbindungen miteinander verbinden, nämlich **Thymin** und **Adenin** sowie **Guanin** und **Cytosin.** Dadurch entsteht ein spiralig verdrehter Doppelstrang (Doppelhelix) ähnlich einer Wendeltreppe, bei der die Basenpaare die Stufen bilden.
Die DNA (engl.. *desoxyribonucleic acid* bzw. *Desoxyribonucleinsäure* = DNS) besitzt die Fähigkeit zur identischen Verdopplung (**Replikation**). Dabei wird der Elternstrang der Doppelhelix mithilfe von Enzymen in zwei Einzelstränge aufgespalten (Reißverschlussprinzip). An die Einzelstränge lagern sich nach dem Prinzip der Basenpaarung Nucleotide an. Die neu entstandenen DNA-Moleküle bestehen aus je einem Elternstrang, der aus dem ursprünglichen DNA-Molekül stammt, und aus einem neu synthetisierten Strang. Vergleicht man beide neu entstandenen DNA-Doppelstränge miteinander, so erkennt man deutlich, dass sie dieselbe Reihenfolge der Nucleotidbasen besitzen. Sie sind identisch. Diese **identische Verdopplung (Replikation)** stellt die Grundlage für die Weitergabe der genetischen Information dar.
Jeder Kernteilung geht eine solche Verdopplung der gesamten im Kern enthaltenen DNA voraus. Zur Kernteilung werden die langen DNA-Moleküle (Chromatinfasern) zu Chromosomen aufspiralisiert. In ihnen sind die beiden identischen DNA-Stränge in Form der zwei Chromatiden verpackt.

Vom Gen zum Merkmal

Die eigentlichen Merkmalsbildner eines Organismus sind die **Proteine** (Eiweiße). Als die Grundbausteine und Strukturgeber der Zellen bestimmen sie den Aufbau von Geweben.
Die Aufgabe der DNA ist es, die Informationen für die Synthese der Proteine zu verschlüsseln (codieren). Die Codierung der Aminosäuren beruht auf der Struktur der DNA. Die Verbindung von drei der vier vorhandenen Nucleotidbasen für die Codierung einer Aminosäure würde $4^3 = 64$ Möglichkeiten ergeben. Das sind ausreichend Verschlüsselungsmöglichkeiten für die 20 im Körper grundsätzlich benötigten Aminosäuren.

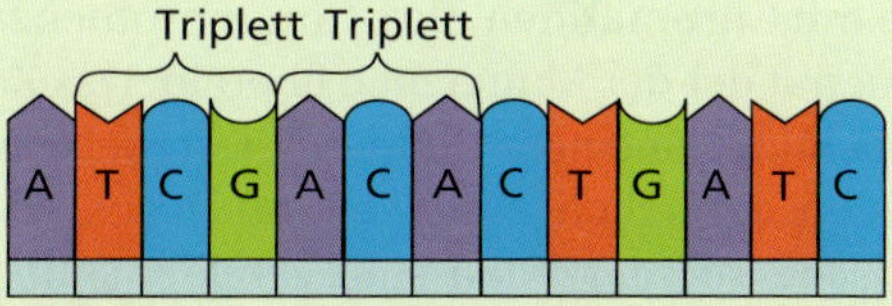

Jeweils drei aufeinanderfolgende organische Basen bilden im Einzelstrang der DNA ein **Triplett** (Codon, Basentriplett). Diese drei Basen verschlüsseln eine Aminosäure. Die Abfolge der Nukleotide legt damit die Struktur eines Proteinmoleküls fest. Zunächst wird der Code von der DNA in die RNA umgeschrieben (Transkription). Die RNA verlässt den Kern und die Übersetzung in Aminosäuren (Translation) sowie der Zusammenbau der Proteine finden an den Ribosomen im Cytoplasma statt.

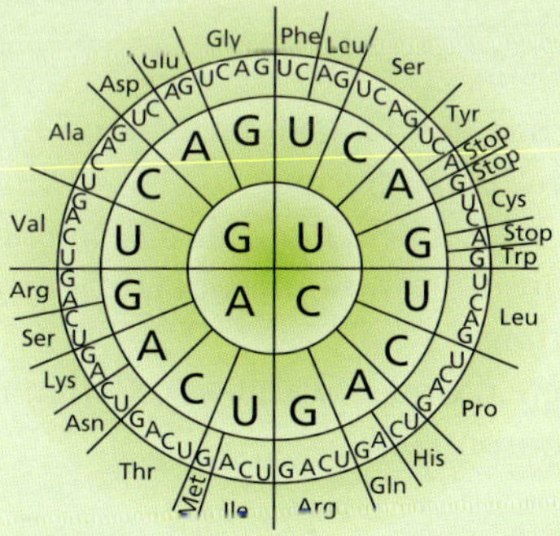

1 Die Code-„Sonne" zeigt die Verschlüsselung der 20 Aminosäuren durch die entsprechenden Nucleotid-Tripletts der RNA. Sie muss von innen nach außen gelesen werden.

Weitergabe der Erbinformation

Teilung von Körperzellen durch Mitose

Der Teilung der Körperzellen geht die Kernteilung (Mitose) voraus. Zur Kernteilung spiralisieren sich die Chromosomen und werden gut sichtbar. Die Chromosomen bestehen in dieser Form aus zwei Chromatiden, die am Centromer miteinander verbunden sind (Abb. 1, S. 159).
Nach Auflösung der Kernmembran wandern die Chromosomen in die Zellmitte. Nun erfolgt die **Trennung der Chromosomen** am Centromer in die zwei Chromatiden. Diese wandern zu den Polen der Zelle. Sie werden mit einer Kernmembran umgeben. Es entstehen zwei **Tochterzellkerne mit Chromatiden.** Ihre Chromosomenzahl stimmt mit der der Mutterzelle überein. Das Zellplasma bildet eine neue Zellmembran (bei Pflanzenzellen zusätzlich eine Zellwand) aus. Zwei **identische Tochterzellen** sind gebildet (Abb. 1).

Die Tochterzellen wachsen zur Größe der Mutterzelle heran. In der anschließenden Interphase verdoppeln sich die Chromatiden wieder. Die nächste Kern- und Zellteilung kann beginnen.
Die Kernteilung und folgende Zellteilung der Körperzellen durch Mitose verläuft in mehreren Phasen (S. 165).
Durch die gleichmäßige Verteilung der Erbsubstanz auf die Tochterzellen ist gewährleistet, dass Mutter- und Tochterzellen **genetisch gleich (identisch)** sind und dieselben Bau- und Funktionsmerkmale besitzen.
So entstehen Zellen, die je nach Aktivierung der Erbinformation z. B. zu Hautzellen oder Knorpelzellen werden.

Bei der mitotischen Kernteilung und anschließenden Zellteilung der Körperzellen gehen aus einer Mutterzelle zwei genetisch gleiche Tochterzellen hervor.

Praktikum

Mikroskopische Untersuchung von Mitosestadien

Materialien:
Dauerpräparate von Mitosestadien; Mikroskope

Durchführung:
1. Betrachte das Objekt im Mikroskop bei mittlerer Vergrößerung.
2. Wähle 3 bis 4 Zellen aus und betrachte sie und ihre Chromosomen bei größter Vergrößerung.
3. Skizziere die ausgewählten Zellen mit den Chromosomen.

Auswertung:
1. Beschreibe die Mitosestadien in den Zellen.
2. Gib durch die Ziffern 1 bis 4 die richtige Reihenfolge der Mitosephasen an.

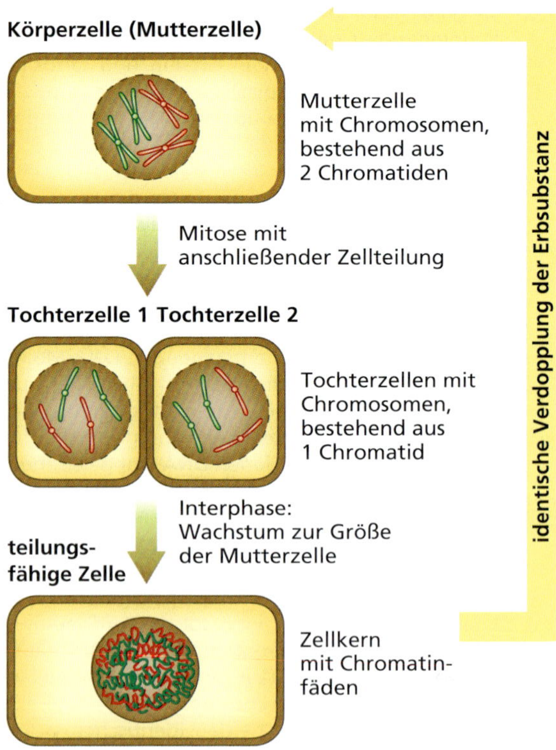

1 Verteilung der Erbsubstanz bei der Teilung von Körperzellen (dargestellt an 2 Chromosomenpaaren)

Die Kern- und Zellteilung von Körperzellen dient der Realisierung wichtiger Lebensfunktionen. Sie läuft z. B. bei allen Wachstums- und Entwicklungsprozessen der Organismen ab.

Die Zellen der Bildungsgewebe an den Vegetationskegeln von Spross und Wurzeln teilen sich auf diese Art.
Von diesen Punkten der Pflanzen aus erfolgt ihr Wachstum (Abb. 1, S. 27).
Beim Regenwurm und der Planarie können verletzte Körperteile durch solche Kern- und Zellteilungen regeneriert (erneuert) werden.

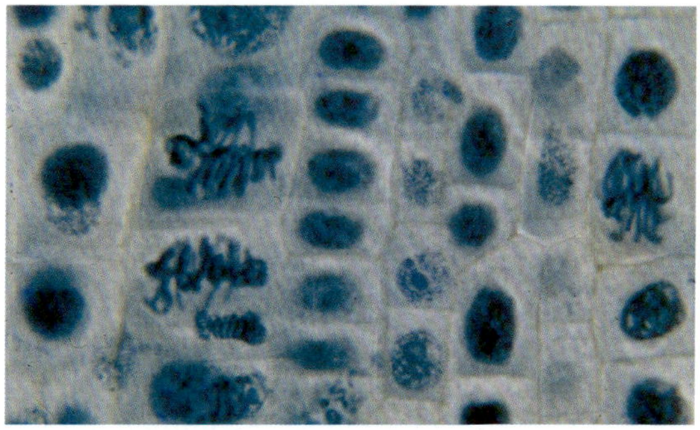

1 Wurzelspitze (längs) mit teilungsfähigen Zellen des Bildungsgewebes

Phasen der Kernteilung und Zellteilung bei Körperzellen durch Mitose

1. Phase (Prophase)

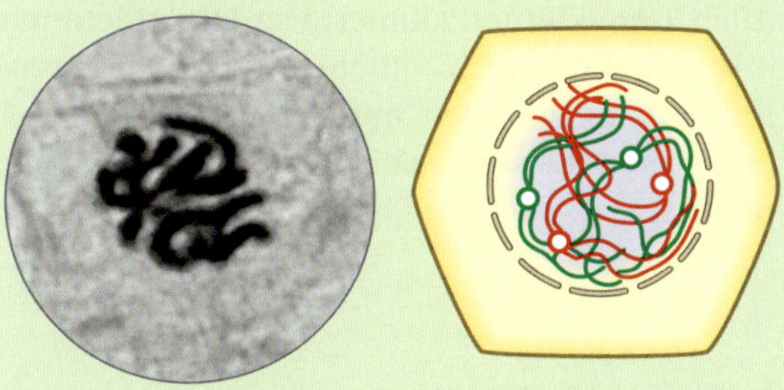

Durch die Spiralisierung der Chromatinfäden werden die Chromosomen gut sichtbar. Die Kernmembran löst sich auf.

2. Phase (Metaphase)

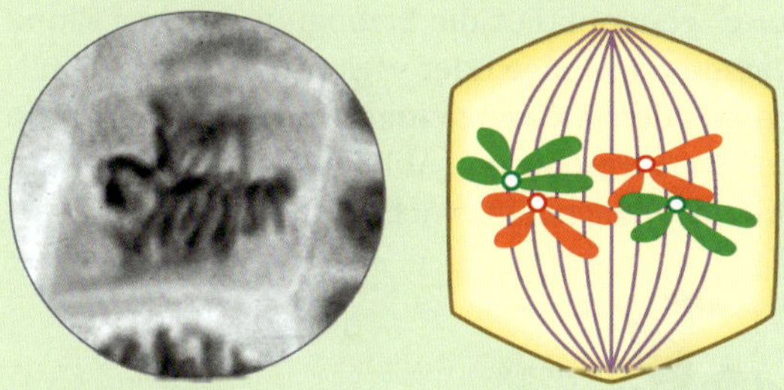

Das Kernkörperchen teilt sich und bildet den Spindelapparat. Die Chromosomen ordnen sich in der Äquatorialebene an.

3. Phase (Anaphase)

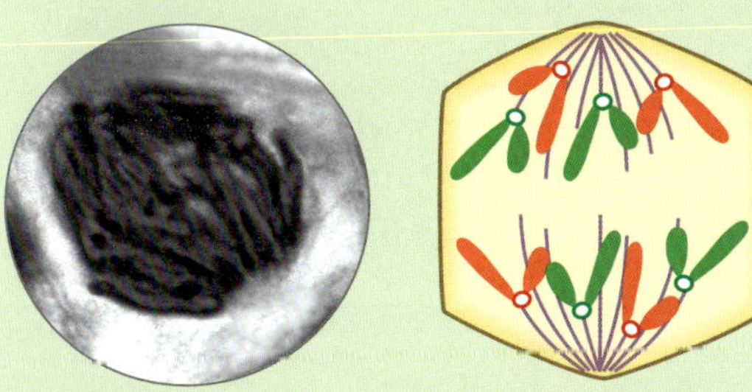

Die Chromosomen trennen sich in je zwei Chromatiden. Diese werden mithilfe der Spindelfasern zu den Polen gezogen.

4. Phase (Telophase)

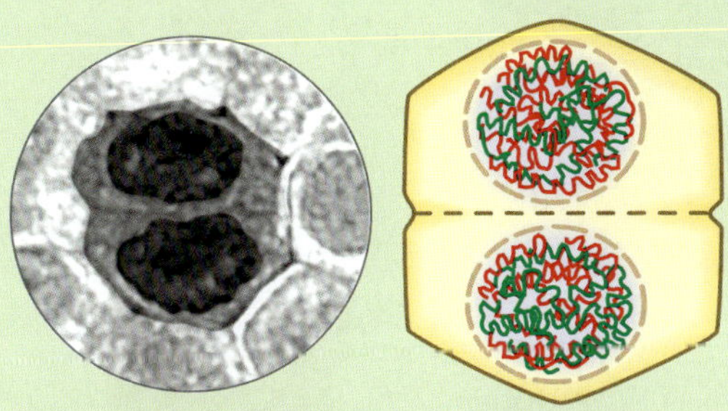

An den Polen erhalten die Chromatiden eine Kernmembran. Es bilden sich zwei identische Tochterkerne aus. Eine Plasmamembran wird gebildet. Durch Teilung der Mutterzelle entstehen zwei identische Tochterzellen.

Biologie im Alltag

Von der Zelle zum Klon

Bei Pflanzen aber auch bei niederen Tieren kommen viele Formen ungeschlechtlicher Fortpflanzung vor, z. B. über Brutknospen, Tochterzwiebeln und Tochterknollen sowie Ausläufer. Der Gärtner kann Pflanzen über Stecklinge vermehren. Da alle auf diese Weise gebildeten Nachkommen mit der Mutterpflanze genetisch übereinstimmen, nennt man diese Pflanzen auch einen **Klon**. In Landwirtschaft, Forstwirtschaft und Gartenbau kann es vorteilhaft sein, viele solche genetisch einheitlichen Pflanzenindividuen zu bekommen. Die künstliche Herstellung von Klonen spielt deshalb eine zunehmende Rolle. Sie wird auch **„Klonierung"** genannt. Für die Erzeugung solcher Klone reichen oft wenige oder sogar auch einzelne Zellen aus dem Gewebe einer Mutterpflanze. Diese Art der Vermehrung (Abb. 1) spielt z. B. bei der Orchideenzucht eine wichtige Rolle.

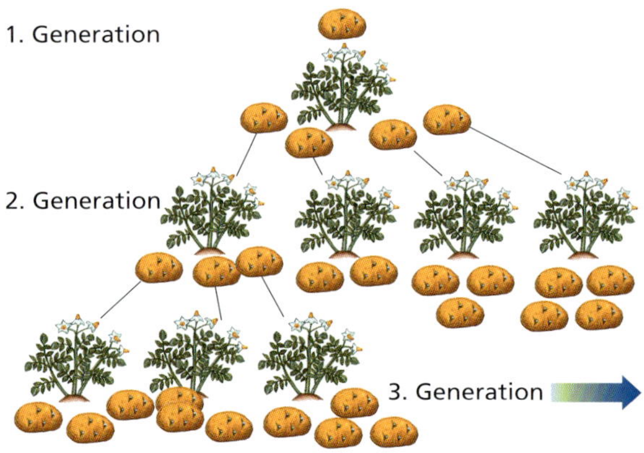

2 Die durch ungeschlechtliche Fortpflanzung entstandenen Nachkommen bezeichnet man als Klon.

Auch Tiere können kloniert werden, indem man z. B. den Embryo in einem frühen Teilungsstadium in Einzelzellen aufteilt oder indem man entkernten Eizellen gleiche Kerne (S. 157) einpflanzt.

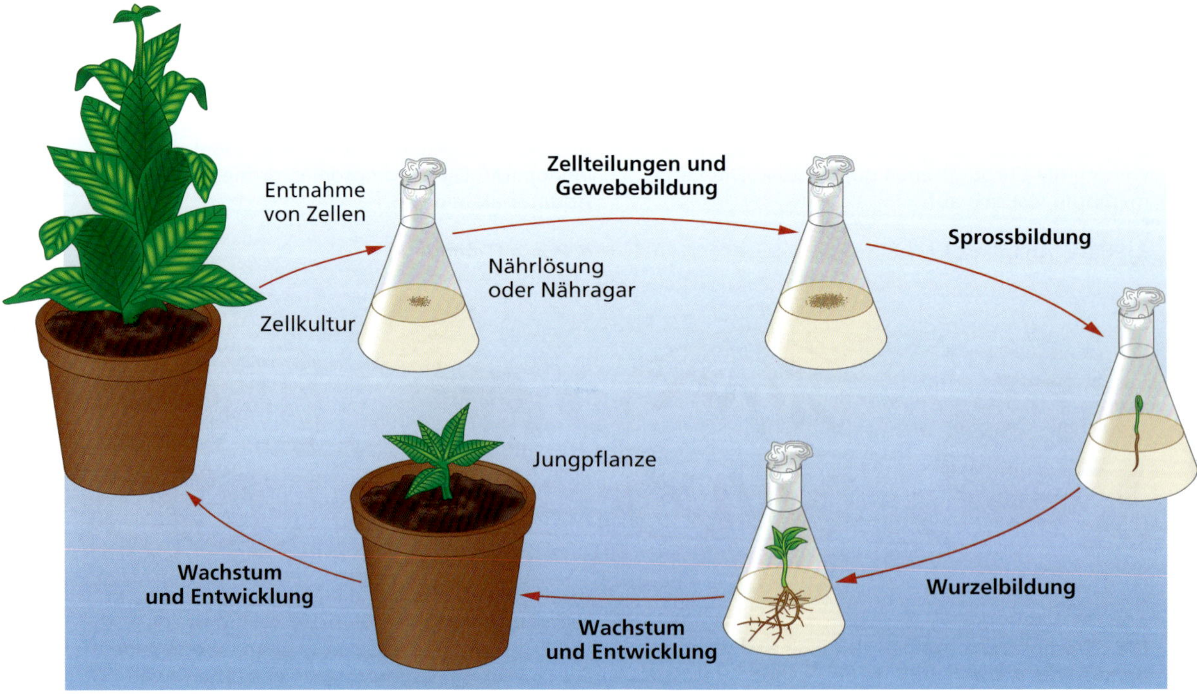

1 Aufzucht einer Pflanze aus Zellkulturen (in-vitro-Vermehrung)

In der Praxis und der Forschung nutzt man die Kenntnisse über die Kern- und Zellteilung von Körperzellen z.B. bei der **Zucht** und Vermehrung hochleistungsfähiger Rinderrassen (Abb. 1) und zur Anlage von Zell- und Gewebekulturen (Abb. 1, S. 166). Zellkulturen sind ein wichtiges Instrument der Gentechnologie. So kann man in das Erbmaterial isolierter Zellen Fremd-DNA einführen und die daraus gezüchteten Organismen zur Produktion bestimmter Stoffe, z.B. Insulin, anregen (S. 225).

Bei der ungeschlechtlichen Fortpflanzung werden durch die Kern- und Zellteilung von Körperzellen (Mitose) erbgleiche Nachkommen erzeugt. Alle genetisch gleichen Nachkommen, die aus einem Elternteil hervorgegangen sind, bilden Klone. Die Erzeugung von Klonen bezeichnet man als Klonierung.

Ein wenig Zukunftsmedizin beginnt durch die Anwendung des Wissens über die Mitose heute schon Wirklichkeit zu werden. Haut, Knorpel und Knochen, Bänder und Sehnen können bereits künstlich hergestellt und ohne Abwehrreaktionen hervorzurufen, implantiert werden.
Auch die Teilungsfähigkeit von Leberzellen wird genutzt, um medizinisch nutzbare Gewebekulturen zu züchten (S. 229). **Tissue Engineering** heißt der Bereich, der vielen Patienten neue Hoffnungen bringt.

Aufgabe

Informiert euch und diskutiert das Aufgabenfeld und die Bedeutung von Tissue Engineering. Welche weiteren Zellen können inzwischen genutzt werden und welche neuen Zielstellungen ergeben sich daraus?

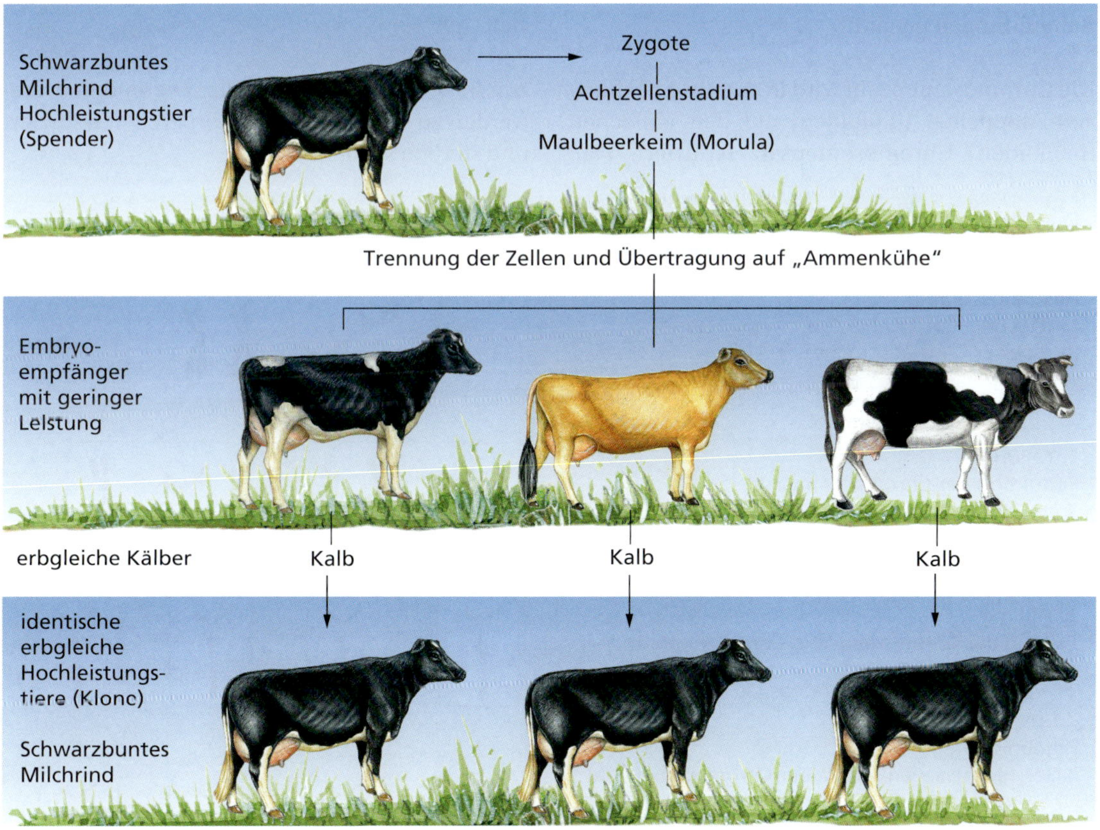

1 Zucht und Vermehrung hochleistungsfähiger Rinderrassen durch Klonierung

Bildung von Geschlechtszellen durch Meiose

Bei der **geschlechtlichen Fortpflanzung** verschmelzen je eine Eizelle und eine Samenzelle. Würden die Zellkerne von Ei- und Samenzelle auch die Chromosomenzahl der Eltern besitzen, enthielten die Körperzellen des neuen Lebewesens doppelt so viele Chromosomen wie die Eltern, z. B. beim Menschen 92, bei der Kartoffelpflanze 96.
Es muss also bei der geschlechtlichen Fortpflanzung bei der Bildung von Geschlechtszellen (Ei- und Samenzellen) die Anzahl der Chromosomen, der Chromosomensatz, halbiert worden sein. Man sagt auch, die Chromosomensätze werden reduziert.
Im Vergleich zur Teilung von Körperzellen finden bei der Bildung der Geschlechtszellen zwei Kern- und Zellteilungen statt (S. 169). Diese werden **Reifeteilungen** genannt.

Die Chromosomenzahl wird in der ersten Teilung vom doppelten (diploiden) auf den einfachen (haploiden) Chromosomensatz reduziert. Weil sich die Anzahl der Chromosomen um die Hälfte verringert, spricht man von einer **Reduktionsteilung**. Es werden die homologen Chromosomen auf die Tochterzellen verteilt, sodass jede der beiden Tochterzellen einen einfachen Chromosomensatz enthält.

In der zweiten Teilung werden die Chromosomen in den zwei Tochterzellen in Chromatiden getrennt. Es findet eine zweite Zellteilung statt, die in ihrem Verlauf einer Mitose entspricht (**mitotische Teilung**).
Im männlichen Geschlecht entstehen auf diese Weise vier gleiche Keimzellen. Im weiblichen Geschlecht entwickelt sich nur eine der vier Zellen weiter zur stark vergrößerten Eizelle. Die anderen drei werden zu sogenannten Polkörperchen reduziert und sterben schließlich ab.

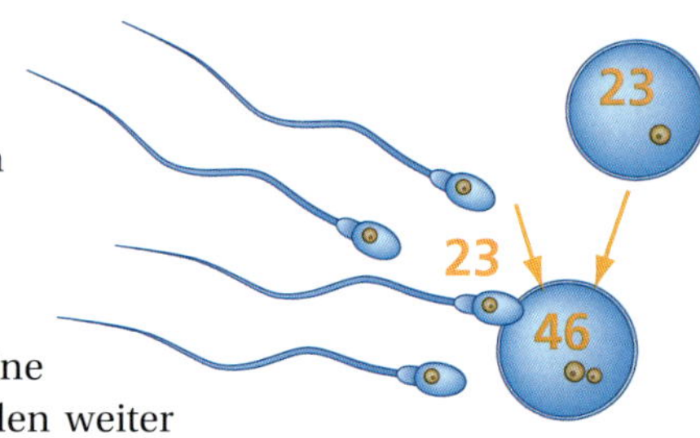

Eine Möglichkeit der Verteilung der Chromosomen bei der Bildung von Geschlechtszellen (dargestellt an zwei Chromosomenpaaren)

Ausgangsstadium
Mutterzelle mit zwei Chromosomenpaaren (doppelter Chromosomensatz)

1. Teilung
Reduktion der Chromosomenzahl
Trennung der homologen Chromosomen
2 Tochterzellen mit einfachen Chromosomensatz

2. Teilung
Teilung der Chromosomen in Chromatiden und Trennung voneinander

Ergebnis
4 Geschlechtszellen mit halber Chromosomenzahl

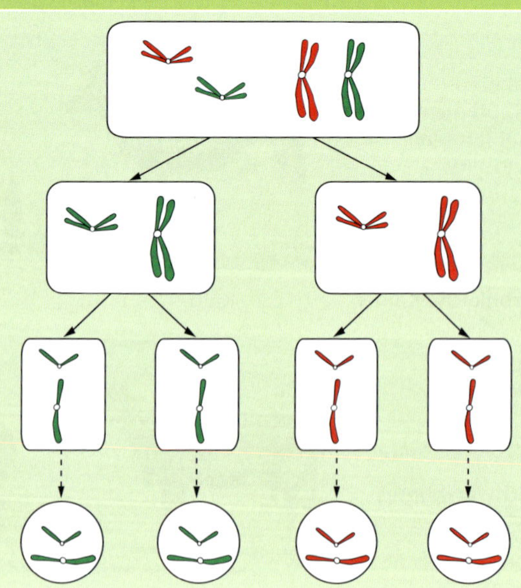

Ablauf der Meiose

1. Reifeteilung (Reduktionsteilung)

Prophase I

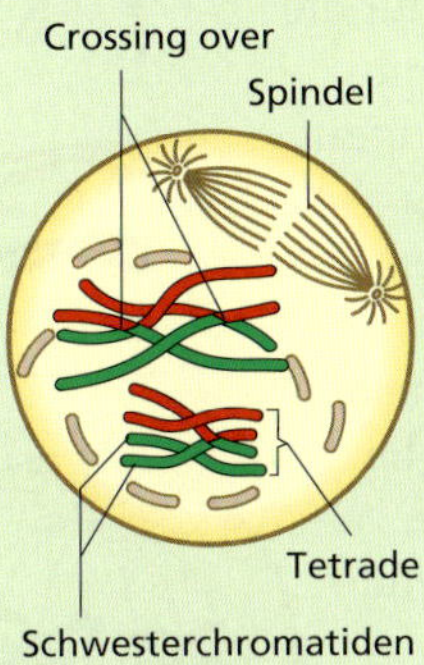

Homologe Chromosomen (diploid) legen sich aneinander, sie paaren sich. Die Kernmembran löst sich auf, es bildet sich der Spindelapparat.

Metaphase I

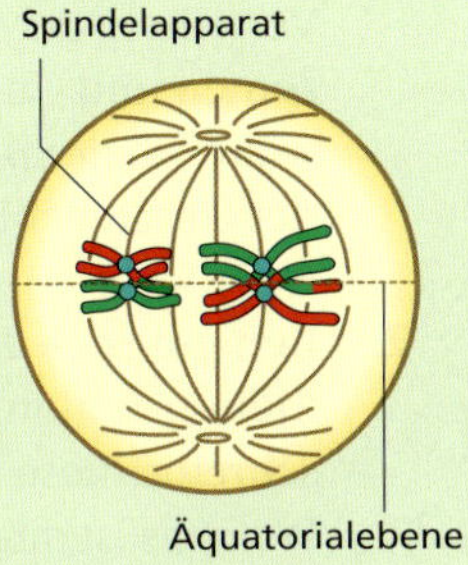

Ausbildung der Kernspindel. Tetraden ordnen sich in der Äquatorialebene an.

Anaphase I

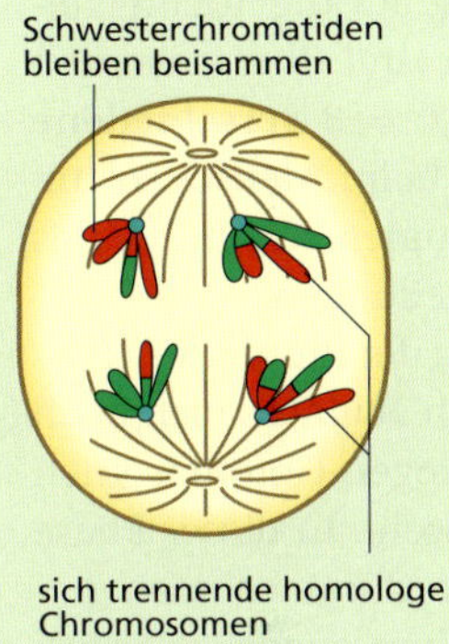

Homologe Chromosomen werden zu den Polen gezogen. Die Verteilung der väterlichen und mütterlichen Chromosomen zu den Polen erfolgt rein zufällig. Väterliches und mütterliches Erbmaterial wird durch die Chromosomenwanderung umverteilt.

Telophase I

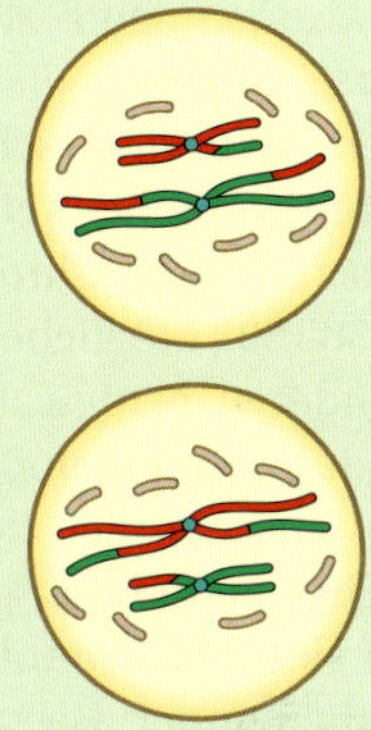

Chromosomen werden von einer Kernmembran umgeben. Jeder Kern besitzt einen haploiden Chromosomensatz. Es folgt eine Zellteilung in zwei Tochterzellen.

2. Reifeteilung (Äquationsteilung, mitotische Teilung)

Prophase II

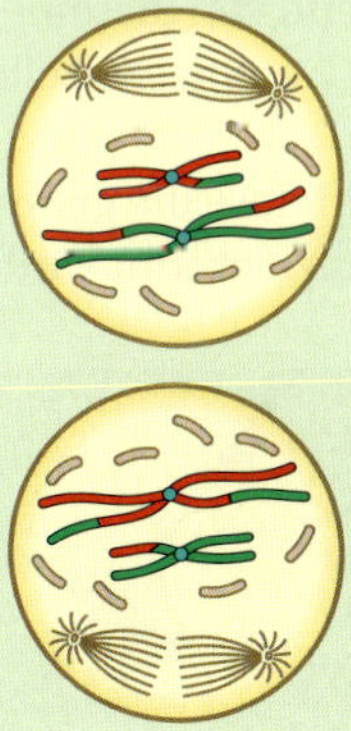

Chromosomen verkürzen sich, Kernmembran löst sich auf.

Metaphase II

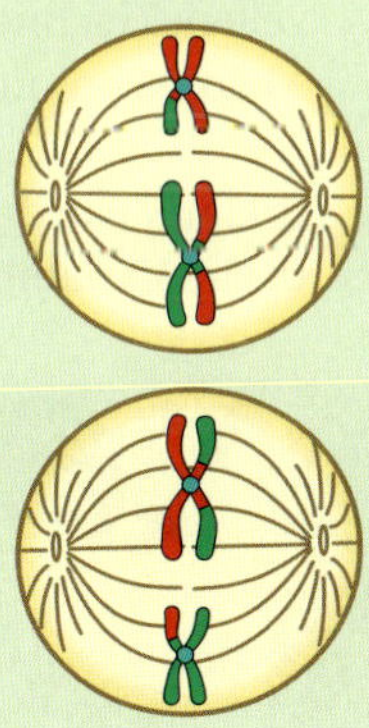

Tochterzellen bilden neue Kernspindeln aus, Anordnung der Chromosomen in der Äquartorialebene.

Anaphase II

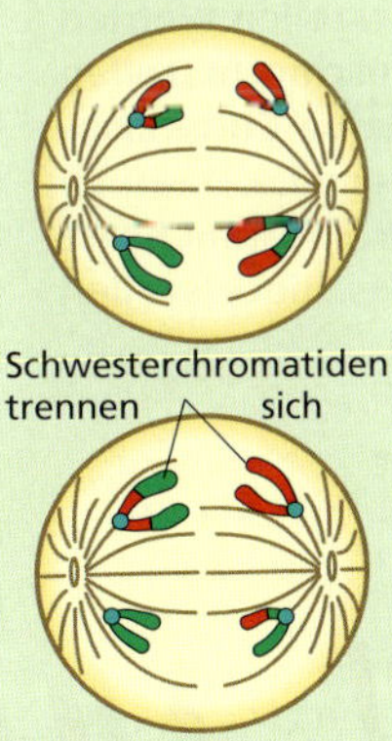

Trennung der Chromosomen in zwei Chromatiden, Wanderung der Chromatiden zu den Polen der Zellen.

Telophase II

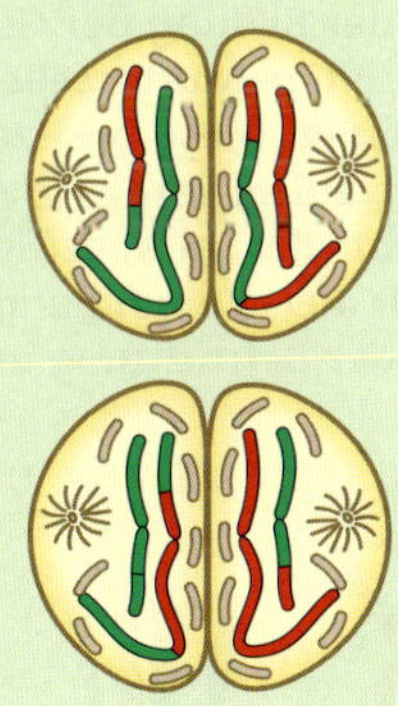

Bildung neuer Kernmembranen und einer Plasmamembran, Entstehung von vier Tochterzellen mit haploidem Chromosomensatz und unterschiedlichen Erbinformationen.

Die durch die zwei Kern- und Zellteilungen aus einer Mutterzelle entstandenen vier Tochterzellen (Geschlechtszellen) sind nicht erbgleich.
Dies liegt zum einen daran, dass die homologen Chromosomenpaare zufällig auf die Tochterzellen verteilt werden. Bei nur drei Chromosomen ergeben sich dabei schon $2^3 = 8$ **verschiedene Verteilungsmöglichkeiten,** beim Menschen mit 23 verschiedenen Chromosomen schon 2^{23}, das sind 8 388 608 mögliche Verteilungen.
Zum anderen werden aber in der Prophase I (Prophase der ersten meiotischen Teilung) auch noch Stücke zwischen den homologen Chromosomen bzw. Chromatiden ausgetauscht. In dieser Phase lagern sich die homologen Chromosomen parallel aneinander. Da sie schon aus jeweils zwei Chromatiden bestehen, liegen nun vier homologe Chromatiden nebeneinander (Tetrade, S. 169). In diesen Chromatiden kommt es während der Prophase I zu Brüchen, zum Austausch und zu neuem Zusammenwachsen (Abb. 1). Das kann sowohl innerhalb eines Chromosoms als auch zwischen verschiedenen Chromosomen auftreten. Diesen Austausch von Chromatidenstücken bezeichnet man auch als **„Crossing over“.** Während der Prophase I kann man dieses überkreuzte Zusammenwachsen auch mikroskopisch beobachten.

Bei der Bildung der Geschlechtszellen werden aus einer Mutterzelle vier Geschlechtszellen gebildet. Diese besitzen die halbe Chromosomenzahl im Vergleich zur Mutterzelle. Dadurch bleibt der artspezifische Chromosomensatz nach der Vereinigung der Geschlechtszellen bei der Befruchtung erhalten.

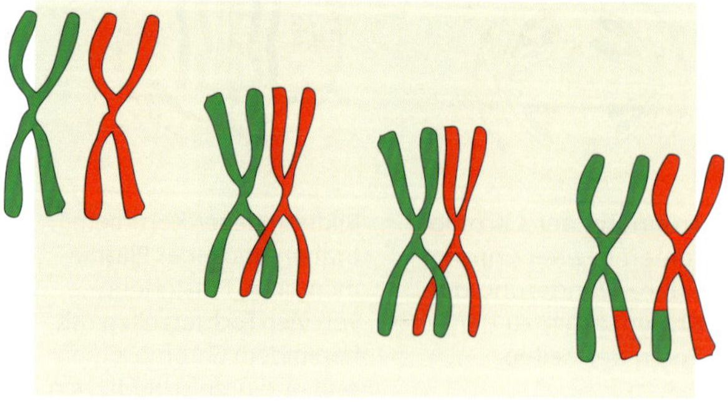

1 Crossing over

Aufgaben

1. Skizziere anhand der Abbildung auf Seite 168 eine weitere Möglichkeit für die Verteilung der Chromosomen und Chromatiden während der Bildung der Geschlechtszellen.

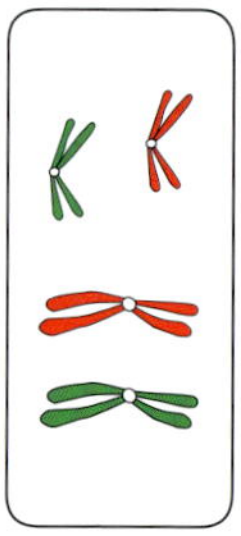

2. Benenne das dargestellte Meiosestadium und beschreibe diese Phase. Welches ist das folgende Stadium?

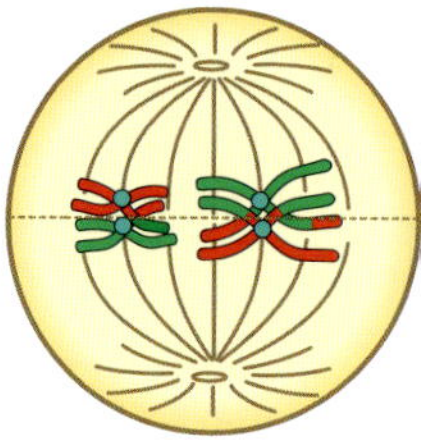

a) In der Abbildung sieht man Chromosomen mit unterschiedlichen Farben. Welcher wichtige Prozess in der Meiose ist damit dargestellt? Erkläre den Sachverhalt.

b) Überlege, ob und wie man diesen Prozess mit Chromosomenmodellen nachbilden kann (S. 172).

3. Aus dieser Zelle oben entwickeln sich am Ende der 2. Reifeteilung vier Geschlechtszellen. Zeichne ausgehend von diesem Meiosestadium die vier Geschlechtszellen.

4. Erkläre, wie durch die Meiose die genetische Variabilität einer Art erhöht wird.

2 Unterschiedlich gefärbte Katzenjunge

Fehler bei der Verteilung der Chromosomen

Bei der Bildung der Geschlechtszellen durch Meiose kann es zu Fehlverteilungen der Chromosomen während der ersten oder zweiten Reifeteilung kommen (Abb. 1). Die Nichttrennung von homologen Chromosomenpaaren oder Schwesterchromatiden während der Meiose und Mitose wird *Nondisjunction* genannt.
Werden Eizellen mit Fehlverteilung durch ein normal entwickeltes Spermium befruchtet, treten Trisomien auf. Das heißt, eines der 23 Chromosomenpaare besitzt ein drittes homologes Chromosom. Beispiele sind die Trisomie 13, Trisomie 18 und Trisomie 21 (S. 216). Das KLINEFELTER-Syndrom ist ein Beispiel dafür, dass die Trisomie auch auf den Gonosomen auftreten kann (Tab.).
Es sind auch Fälle bekannt, in denen Fehlverteilungen der Chromosomen so erfolgten, dass die Eizelle kein X-Chromosom enthält und von einem Spermium mit X-Chromosom befruchtet wird. In diesem Fall entsteht eine X-Chromosomen-Monosomie (TURNER-Syndrom).
Diese Veränderungen des Erbguts sind Mutationen des genetischen Materials. Im Karyogramm ist dieser Genotyp mit seinen Veränderungen gut erkennbar. In der Regel zeigen sich auch phänotypische Auswirkungen (Tab.).

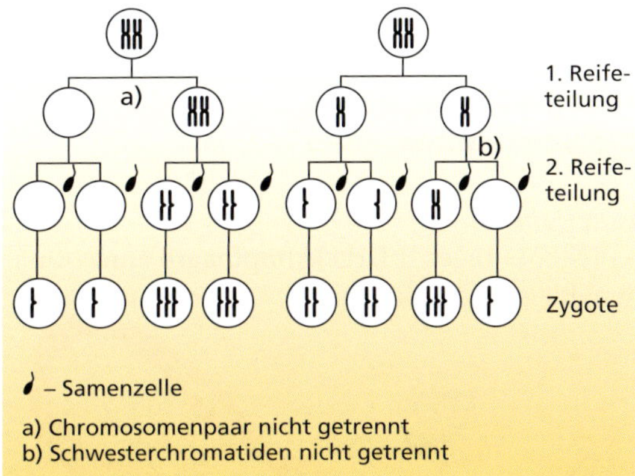

1 Fehlverteilung der Chromosomen bei der Eizellenbildung

Aufgabe

Informiere dich ausführlich über die genotypischen Folgen einer möglichen Chromosomenfehlverteilung. Welche phänotypischen Auswirkungen hat das?
Diskutiert in der Klasse in diesem Zusammenhang über ethische Aspekte im Umgang mit behinderten Menschen.

	Trisomie 13 **PÄTAU-Syndrom**	**XXY-Trisomie der Gonosomen** **KLINEFELTER-Syndrom**
Genotyp	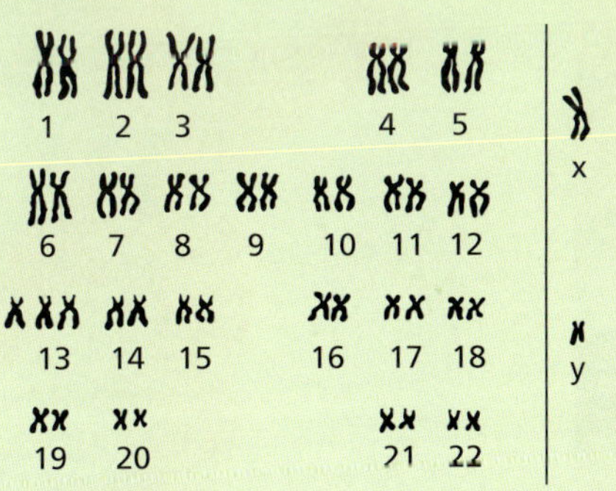	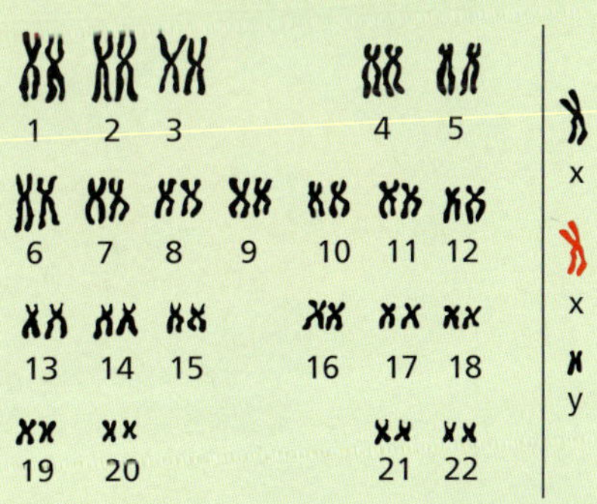
Phäno-typische Symptome	Lippen-Kiefer-Gaumenspalte, Sechsfingrigkeit, Herzfehler, geistige Behinderung	Übergroße Gestalt, lange Gliedmaßen, weibliche Züge, kleine Hoden, Ejakulat ohne Spermien

Arbeiten mit Chromosomenmodellen

Baue Chromosomenmodelle und vergleiche damit Mitose- und Meiosestadien.

Materialien:
8 Pfeifenreiniger, 4 Druckknopfpaare zum Annähen, Bleistift, 1 Blatt Papier

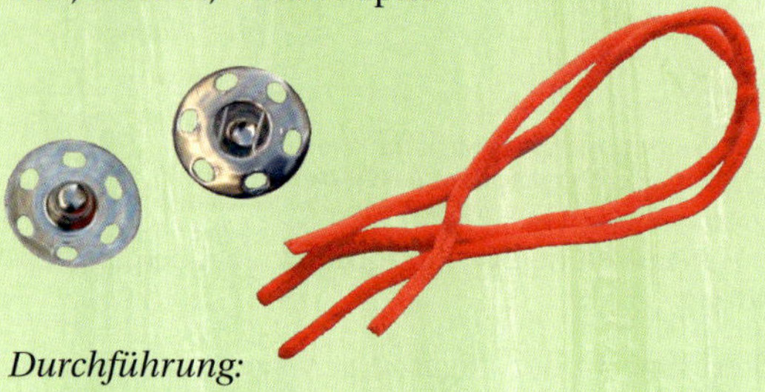

Durchführung:

1. Baue vier Chromosomen.
   Ziehe dazu für ein Chromosom zwei Pfeifenreiniger durch ein Druckknopfpaar. Dabei geht jeweils ein Pfeifenreiniger durch zwei Löcher des einen Druckknopfteils (Abb. 1) und ein zweiter Pfeifenreiniger durch zwei Löcher des anderen Druckknopfteils. Lass die Enden paarig gleich lang stehen und wickle sie zum Spiralisieren über einen Bleistift (Abb. 2).
2. Lege die Chromosomenmodelle auf ein Blatt Papier und stelle die Metaphase und Anaphase der Mitose nach.
3. Lege die Chromosomenmodelle so auf das Papier, dass Metaphase I und Anaphase I der Meiose damit nachgestellt werden.
4. Stelle mit den Chromosomenmodellen Metaphase II und Anaphase II der Meiose nach.

Auswertung:

1. Beschreibe die mit dem Modell nachgestellten Stadien der Mitose.
2. Vergleiche Metaphase und Anaphase der Mitose mit Metaphase I und Anaphase I der Meiose.
3. Vergleiche Metaphase und Anaphase der Mitose mit Metaphase II und Anaphase II der Meiose.
4. Stelle Gemeinsamkeiten und Unterschiede in einer Tabelle dar.
5. Bestimme die Grenzen des Modells. Welche Stadien lassen sich nicht gut mit dem Modell erklären?
6. Überlege dir eine weitere Möglichkeit, ein Modell für Chromosomen zu entwickeln. Verwende dazu z. B. farbiges Papier.

1

2

gewusst · gekonnt

1. Nimm folgende Begriffe in dein Glossar auf: Zellkern, Karyogramm, Autosomen, Gonosomen, homologe Chromosomen, Gen, Chromatid, doppelter Chromosomensatz, haploid, diploid, Mitose, Meiose, Klon, DNA.

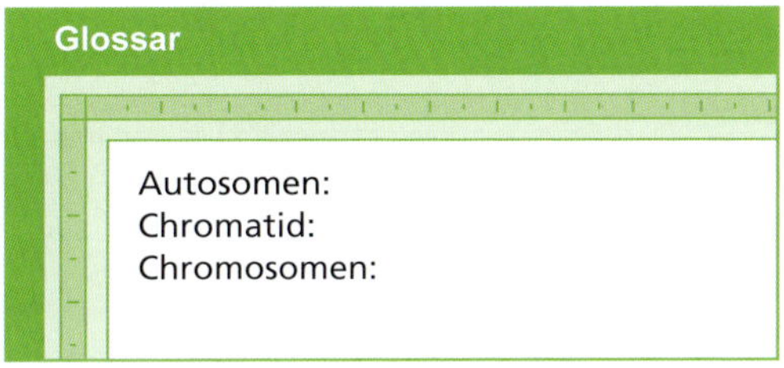

2. Suche Beispiele für die geschlechtliche und ungeschlechtliche Fortpflanzung bei Pflanzen und Tieren. Fasse deine Ergebnisse in einer Tabelle zusammen.

3. Durch die Kern- und Zellteilung von Körperzellen erfolgt eine identische Weitergabe der Erbsubstanz. Begründe diese Aussage.

4. Chromosomen befinden sich im Zellkern. Mikroskopiert man aber Zellen, so sieht man entweder einen angefärbten Zellkern ohne Chromosomen oder angefärbte Chromosomen und keinen Zellkern. Erkläre diesen scheinbaren Widerspruch.

5. Die Abbildung stellt die Chromatinfäden in einem Zellkern dar.

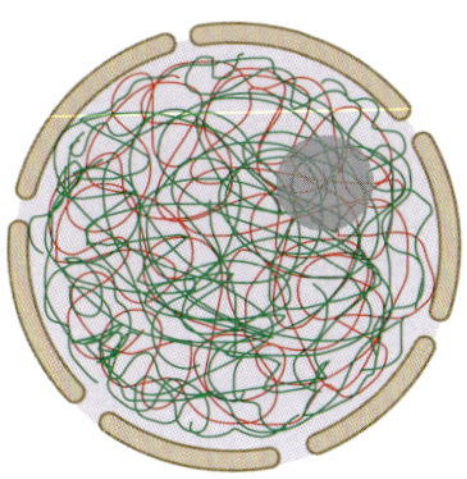

   a) Erläutere den Zusammenhang zwischen dieser Darstellung und der Struktur eines Chromosoms.
   b) Zeichne und beschrifte ein Chromosom.
   c) Ordne der Abbildung und deiner Zeichnung die Überschriften „Arbeitsform der Erbsubstanz“ und „Transportform der Erbsubstanz“ zu.

6. Ordne den folgenden Zellarten den einfachen oder doppelten Chromosomensatz zu: Spermazelle, Hautzelle, Nervenzelle, Eizelle, Pollenzelle, Zygote, Zelle des Bildungsgewebes der Wurzelspitze, Epidermiszelle. Begründe deine Entscheidung.

7. Vergleiche die Kern- und Zellteilung von Körperzellen und die Bildung von Geschlechtszellen. Fertige eine Tabelle an.

8. Beschreibe an einem Beispiel den Ablauf der In-vitro-Vermehrung. Welche Vor- und Nachteile kannst du gegenüber herkömmlichen Vermehrungsverfahren erkennen? Informiere dich auch im Internet.

9.

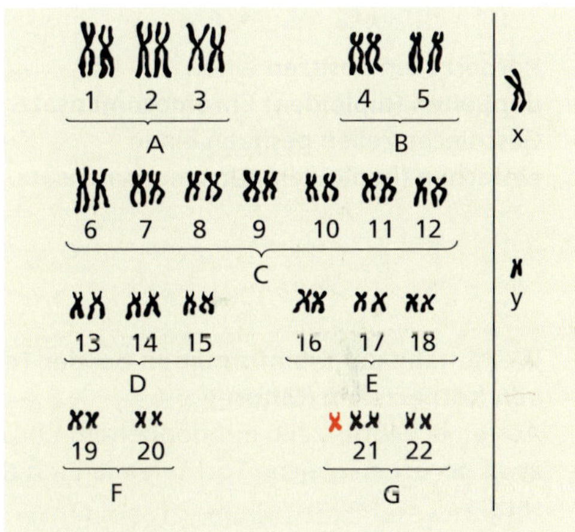

   a) Beschreibe das Karyogramm. Erläutere dabei die Besonderheiten des dargestellten Genotyps und seine Entstehung.
   b) Welche Aussagen lassen sich über den Phänotyp eines Menschen mit diesem Karyogramm ableiten (S. 212)?
   c) Diskutiert die ethischen Probleme, die daraus resultieren.

10. Walter Flemming (1843–1905) und Thomas Hunt Morgan (1866–1945) haben sich verdient gemacht bei der Aufklärung der Struktur des genetischen Materials. Informiere dich über einen dieser Wissenschaftler und halte einen Vortrag dazu.

Das Wichtigste im Überblick

Zelluläre Grundlagen der Vererbung

Aus dem Chromatingerüst des Zellkerns bilden sich **Chromosomen.** Auf ihnen sind die **Erbanlagen** (Gene) angeordnet. Die Gene sind Träger der Erbinformation und bestimmen die Ausbildung spezifischer Merkmale.
Der **Chromosomensatz** ist die Gesamtheit der Chromosomen einer Zelle. Die grafische Darstellung der Chromosomen einer Zelle wird als Chromosomenkarte (Karyogramm) bezeichnet.

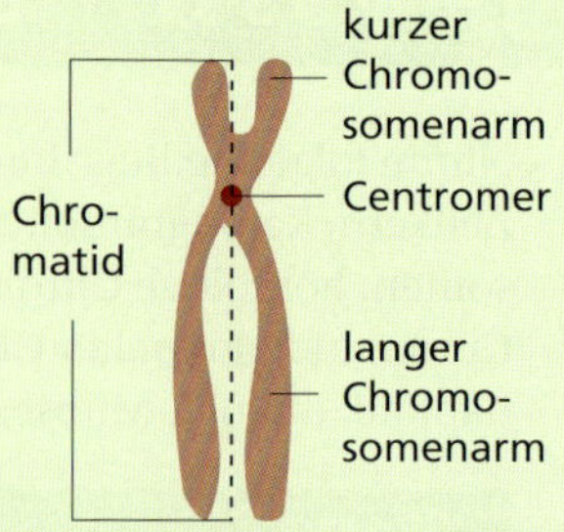

Der Mensch besitzt **44** Körperchromosomen (22 **homologe Chromosomenpaare)** und *2* Geschlechtschromosomen (XX weiblich, XY männlich).

Körperzellen besitzen einen **doppelten (diploiden) Chromosomensatz.** Geschlechtszellen besitzen einen **einfachen (haploiden) Chromosomensatz.**

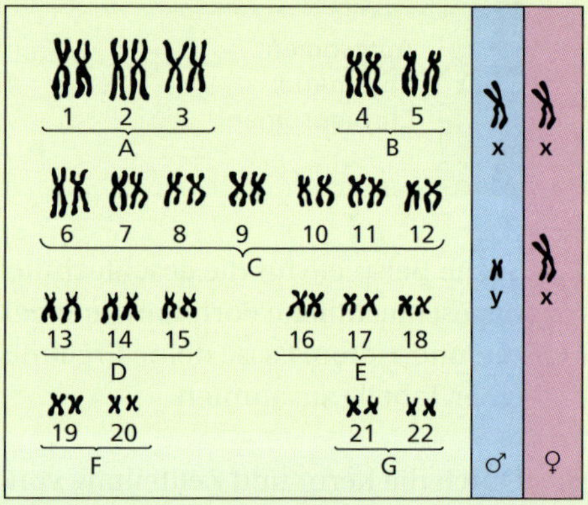

Weitergabe der Erbinformation bei der Teilung von Körperzellen (Mitose)

Aus einer Mutterzelle mit doppeltem Chromosomensatz entstehen zwei genetisch gleiche Tochterzellen mit doppeltem Chromosomensatz.

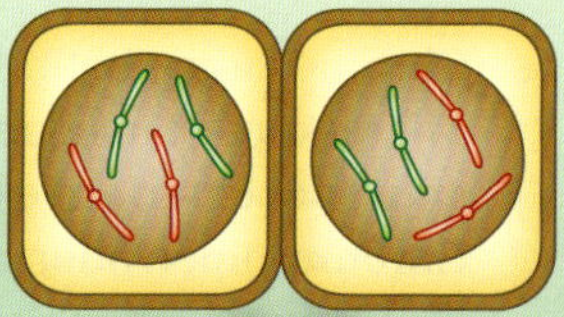

Weitergabe der Erbinformation bei der Bildung von Geschlechtszellen (Meiose)

Aus einer Mutterzelle mit doppeltem Chromosomensatz entstehen vier Tochterzellen mit einfachem Chromosomensatz.

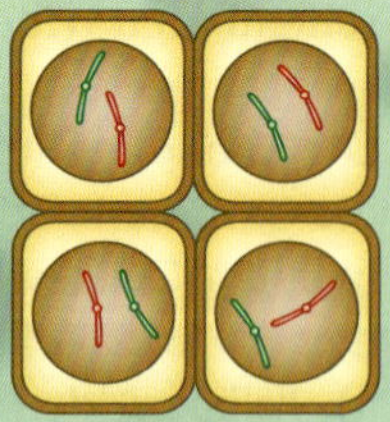

Fehler bei der Verteilung der homologen Chromosomenpaare oder der Schwesterchromatiden bei der Meiose und Mitose führen zu genotypischen Veränderungen (Genommutationen), die in der Regel phänotypische Veränderungen bewirken.

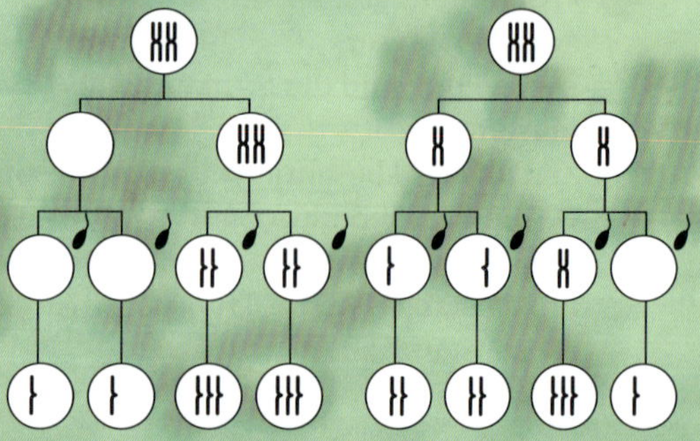

3.2 Entwicklung des Menschen – von der Befruchtung bis zum Tod

23 + 23 = 46

Bei der Befruchtung verschmelzen Samenzelle und Eizelle miteinander. Die Zygote besitzt dann bereits alle Informationen zur Ausbildung der Merkmale eines Menschen.

Wie geht es weiter? Wie kommt es zur Ausbildung dieser Merkmale?

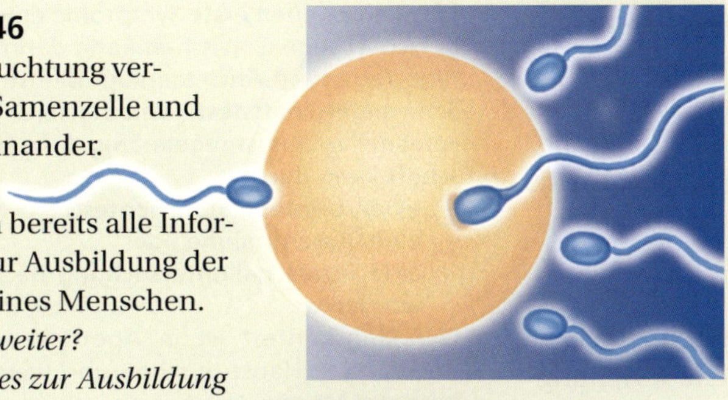

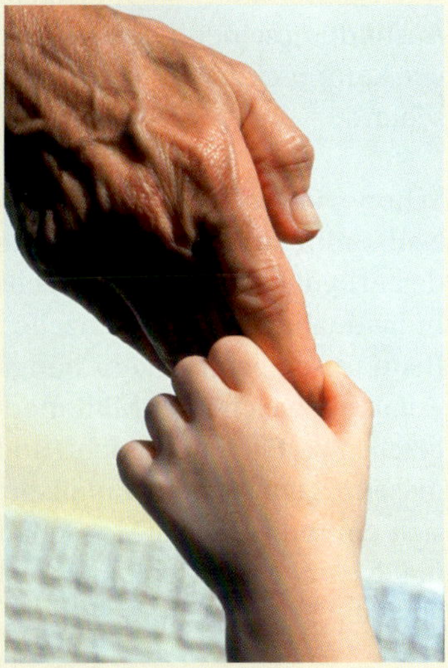

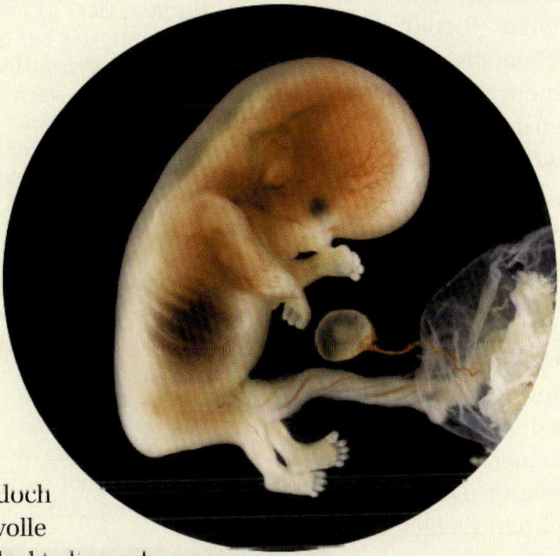

Nabelschnur – wertvolles Heilmittel?

Nach der Geburt hat die Nabelschnur für das Kind ausgedient. Im Blut der Nabelschnur wurden jedoch medizinisch wertvolle Stammzellen entdeckt, die nach der Geburt isoliert und aufbewahrt werden können. Forscher hoffen, diese in der Zukunft zur Heilung bestimmter Krankheiten, wie Autoimmunerkrankungen und Leukämie, einsetzen zu können.

Die Nabelschnur ist gemeinsam mit der Plazenta bis zur Geburt das Bindeglied zwischen Mutter und Kind. Welche Aufgaben erfüllen Nabelschnur und Plazenta dabei?

Jung sein im Alter

Noch im späten Mittelalter lag die durchschnittliche Lebenserwartung bei ca. 40 Jahren. Aufgrund medizinischer Fortschritte, Hygiene und einem veränderten Lebensstil verdoppelte sich das Durchschnittsalter. Altersforscher setzen alles daran, das Altern hinauszuzögern, doch sie rätseln noch, wie der Alterungsprozess überhaupt funktioniert. Vermutet wird u. a. eine genetische Bestimmung und eine Art chemischer Verschleiß bei der Zellregeneration.

Verliert das Alter seine Würde? Welche Lebensabschnitte durchläuft der Mensch von der Geburt bis ins hohe Alter?

Befruchtung – Individualität des Lebens

Das Leben jedes Menschen beginnt mit der **Befruchtung.** Dies ist der Augenblick, wenn der haploide Kern einer **Samenzelle** mit dem haploiden Kern einer **Eizelle** verschmilzt. In diesem Moment ist die genetische Ausstattung des heranwachsenden Menschen festgelegt und damit die Ausbildung seiner individuellen Merkmale. Doch wie kommt es zu all den unterschiedlichen Menschen?

Schon während der Meiose wird durch zufällige Neukombination und unterschiedliche Verteilung des Erbguts auf die Tochterzellen die genetische Individualität jeder Keimzelle erreicht (S. 168). Beim Geschlechtsverkehr hängt es ebenfalls vom Zufall ab, welche der Millionen Samenzellen die Eizelle im Eileiter erreicht und befruchtet. Aus diesem genetischen Zufallsprodukt entwickelt sich ein individueller Mensch, der genetisch einmalig ist. Nur eineiige Zwillinge besitzen exakt die gleichen Erbanlagen.

Die Befruchtung findet im **Eileiter** der Frau statt. Dort kann jeden Monat eine reife Eizelle befruchtet werden. Der Mann dagegen produziert ständig Millionen von Samenzellen. Sie sind wesentlich kleiner als die Eizelle, zudem mit einer beweglichen Geißel (Schwanzteil) ausgestattet. Damit sind sie fähig, die Gebärmutter und den Eileiter bis zur Eizelle zu durchschwimmen.
Sobald eine Samenzelle mit der Eizelle verschmolzen ist, verstärkt sich die Eizellhülle, sodass keine weitere Samenzelle mehr eindringen kann. Die befruchtete Eizelle, die **Zygote,** ist durch die Verschmelzung zweier haploider Zellkerne zu einer diploiden Zelle geworden.
Nun beginnt die **Keimesentwicklung,** ein Mensch wächst heran.

Aufgabe

Definiere Geschlechtsverkehr und Befruchtung und füge diese Begriffe in dein Glossar ein.

Mosaik

Schwangerschaftstest

Das Ausbleiben der Regel und morgendliche Übelkeit können erste Symptome einer Schwangerschaft sein. Gewissheit kann dann schon wenige Tage nach Aussetzen der Menstruation ein Schwangerschaftstest verschaffen, vorausgesetzt der Zyklus ist regelmäßig. Eine Schwangerschaft kann durch
- einen **Urintest** (Stäbchentest),
- eine **Blutentnahme** oder
- eine **Ultraschalluntersuchung** nachgewiesen werden.

Der Stäbchentest ist in Apotheken erhältlich und kann zu Hause durchgeführt werden. Dabei wird der Morgenurin auf das schwangerschaftserhaltende Hormon **HCG** (**H**umanes **C**horion**go**nadotropin) getestet, das bei gesunden Frauen bis zur 12. Schwangerschaftswoche gebildet wird. Ab etwa 10 Tagen nach der Befruchtung kann ein Schwangerschaftstest mit ca. 98 %iger Sicherheit durchgeführt werden. Er beruht auf einer **Antigen-Antikörper-Reaktion.** Antigen ist das HCG, Antikörper stammen aus dem Serum von Mäusen oder anderen Säugetieren. Die Antikörper verbinden sich mit dem im Urin enthaltenen HCG, wodurch auf dem Teststreifen eine Farbreaktion ausgelöst wird. Bestimmte Erkrankungen können zu falschen Ergebnissen führen.

Genauer sind vom Arzt durchzuführende Blutuntersuchungen. Letzte Gewissheit bringt eine ab der 6. Schwangerschaftswoche mögliche Ultraschalluntersuchung (Abb.).

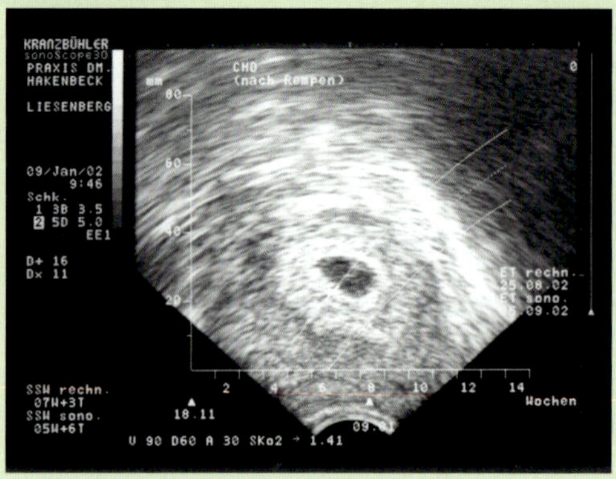

1 Sicherster Schwangerschaftsnachweis ist ein Ultraschallbefund.

Fortpflanzung

Viele Lebewesen pflanzen sich geschlechtlich fort. Das bedeutet meist, es existieren männliche und weibliche Organismen. Die männlichen Organismen bilden männliche Geschlechtszellen (Samenzellen) aus und die weiblichen Organismen weibliche Geschlechtszellen (Eizellen). Verschmelzen eine männliche und eine weibliche Geschlechtszelle, nennt man diesen Vorgang Befruchtung. Aus der befruchteten Eizelle entwickelt sich ein neuer Organismus, der die neu zusammengestellten Erbanlagen von Vater und Mutter enthält. Durch eine Neukombination des Erbmaterials entstehen Individuen mit unterschiedlichen Merkmalen.

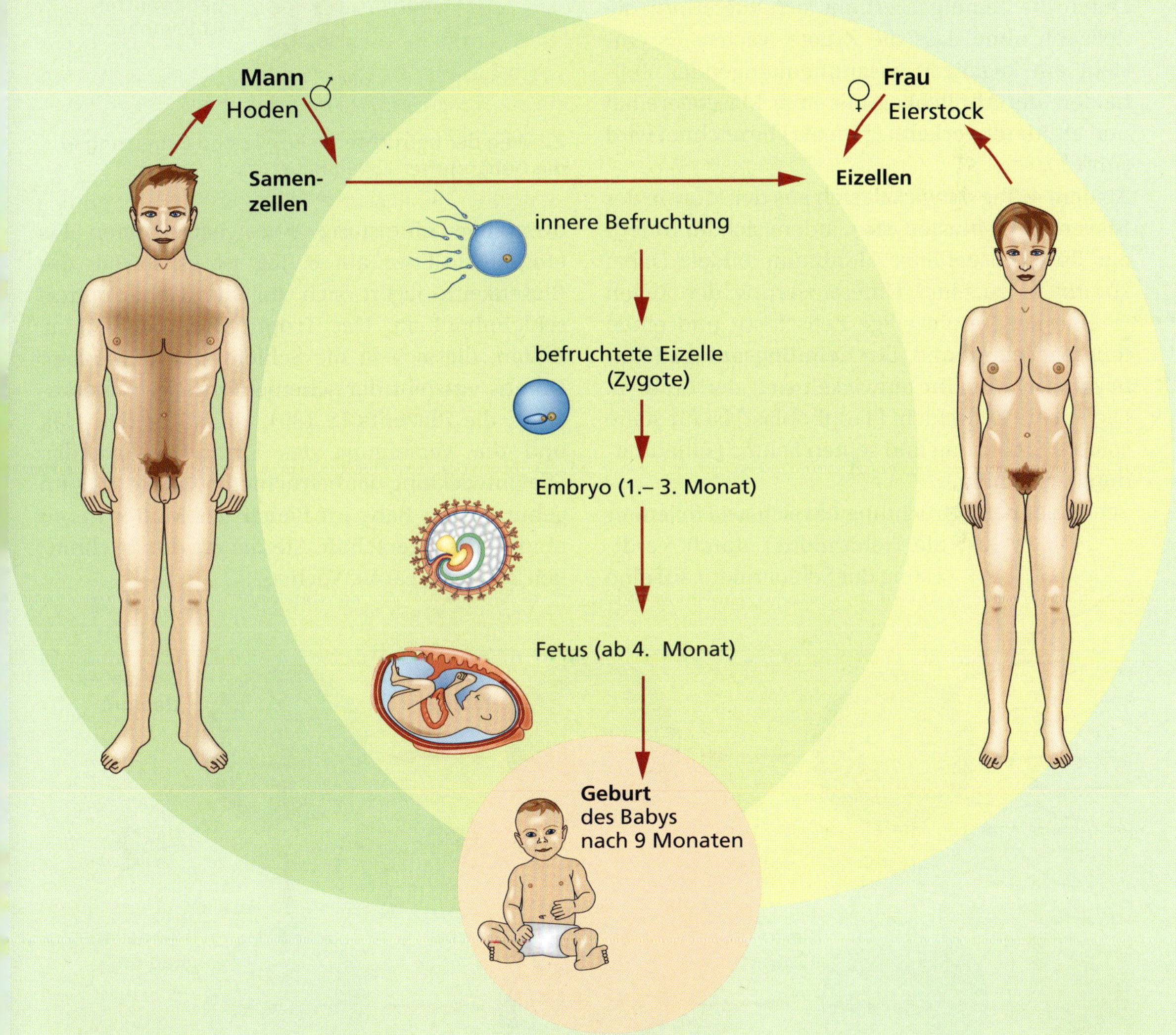

Bei Pflanzen existiert ebenfalls die geschlechtliche Fortpflanzung. Übertrage die Kenntnisse über die Fortpflanzung auf ein selbst gewähltes Beispiel.

Phasen der vorgeburtlichen Entwicklung

Jeder Mensch durchläuft in seiner Entwicklung feste, aufeinander folgende Phasen. Diese sind individuell geprägt, unterliegen aber immer dem gleichen Grundmuster von der Befruchtung bis zum Tod.

Nach der Befruchtung teilt sich die **Zygote** auf dem Weg zur Gebärmutter durch Einfurchung in zunächst zwei, dann vier Zellen und so weiter. Durch die Teilungen erhöht sich zuerst nur die Zellzahl, ohne dass die Zygote wächst. Es entsteht ein kugeliger, zusammenhängender Zellhaufen, der Ähnlichkeit mit einer Maulbeere hat und als **Maulbeerkeim (Morula)** bezeichnet wird (Abb. 1).

Ab dem 4. Tag entwickelt sich aus der Morula der **Blasenkeim (Blastocyste),** indem sich im Innern ein flüssikeitsgefüllter Hohlraum bildet. Dabei kommt es zu einer Differenzierung der Zellen in eine äußere einzellige Zellschicht und einen inneren Zellverband, der **Keimlingsanlage (Embryoblast).** Aus ihr entwickelt sich der Embryo. Die äußere Zellschicht (Trophoblast) ist für seine spätere Ernährung und seinen Schutz (Eihautbildung) zuständig.

Schon vor der Befruchtung hat sich, wie in jedem Zyklus, die Gebärmutter durch Verdickung der Schleimhaut auf eine eventuelle Einnistung eines befruchteten Eis eingestellt. Etwa am 6. Tag ist es soweit, der Blasenkeim lagert sich an die Gebärmutterschleimhaut an. Der **Trophoblast** bildet feine Zotten, die sich in die Schleimhaut einsenken. Daraus entsteht der scheibenförmige Mutterkuchen, die **Plazenta** (S. 180). Sie ist für den Halt und die Versorgung des Embryos zuständig. Die Entwicklung der befruchteten Eizelle bis zum geburtsreifen Baby im Bauch der Mutter nennt man **Schwangerschaft.** Sie dauert durchschnittlich 267 Tage, ca. 40 Wochen.

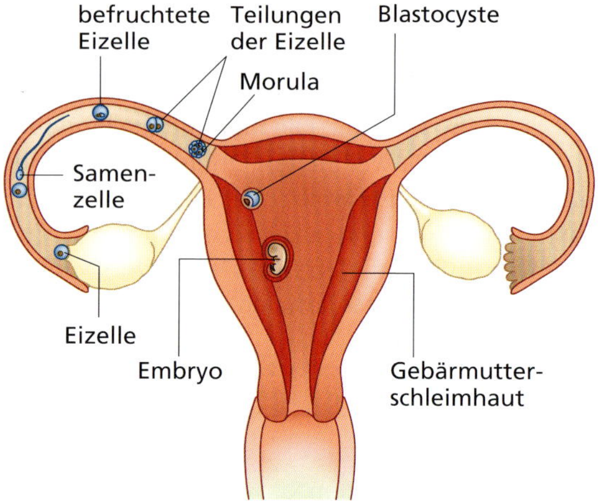

2 Weg der befruchteten Eizelle und Einnistung in die Gebärmutterschleimhaut

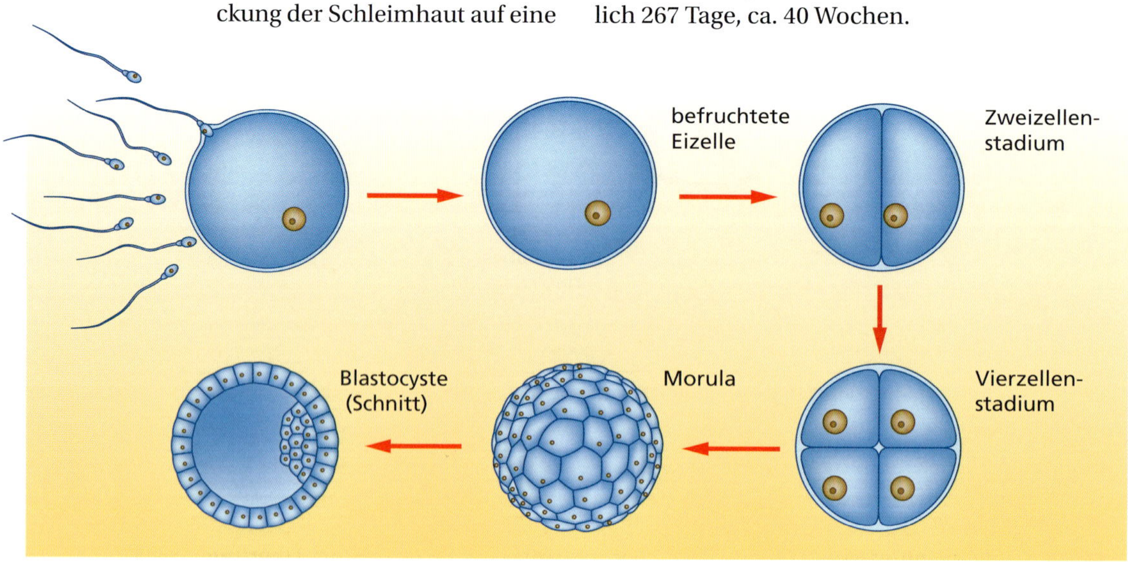

1 Teilungsstadien der befruchteten Eizelle

In der Gebärmutter differenzieren sich die Zellen der Keimlingsanlage, der **Embryo** wächst heran. Bereits nach fünf Wochen kann man deutlich die Anlagen von Kopf, Rumpf, Gliedmaßen und Herz erkennen. Auch die Plazenta vergrößert sich. Mit ihr ist der Embryo anfangs über einen Haftstiel verbunden, der später zur **Nabelschnur** wird. Der Embryo liegt gut geschützt in einer flüssigkeitsgefüllten **Fruchtblase** (Abb. 2). Ein primitives Herz, das noch nicht in Vorhöfe und Kammern unterteilt ist, schlägt bereits. Damit setzt die Versorgung des Embryos über ein zunächst einfach strukturiertes Kreislaufsystem ein.

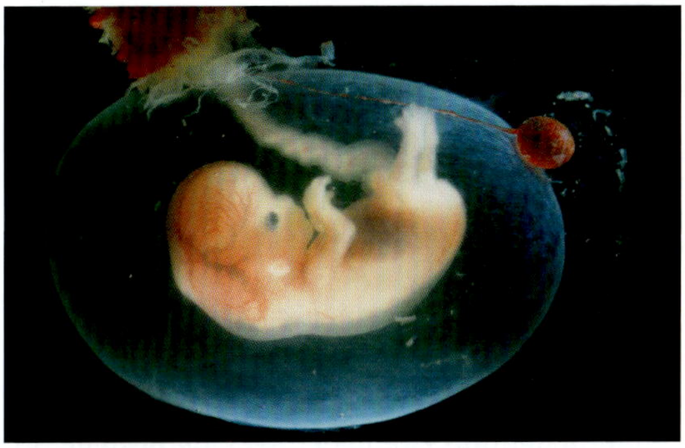

2 Embryo in Fruchtblase, ca. 8 Wochen alt

In der 7. Woche beginnt sich das Gehirn in seine fünf Abschnitte zu gliedern und nimmt seine Tätigkeit auf. Zwischen der 9. und 12. Woche wächst der Embryo stark, Gesicht und erste Bewegungen werden erkennbar. Die Finger und Zehen, die anfangs noch durch „Schwimmhäute" verbunden sind, trennen sich. Die Organe werden immer mehr ausgebildet bis sie ihre Tätigkeiten aufnehmen können. In den ersten drei Monaten hat jedes Organ in seiner Entwicklung eine „sensible Phase", in der Störungen besonders starke Schädigungen bewirken können.
Ab der 13. Woche ist die Embryonalentwicklung abgeschlossen, das heißt, alle Körperstrukturen und Organe sind angelegt. Man spricht jetzt vom **Fetus.** Er ist jetzt etwa 20 cm groß und hat deutlich menschliche Gestalt. Am gesamten Körper, außer Fußsohlen und Handflächen, wächst zum Schutz des Fetus eine Fetalbehaarung (Lanugo), die kurz vor der Geburt wieder verschwindet. Im 6. Monat kann das Ungeborene bereits die Augen öffnen, hören und am Daumen nuckeln.

Am Ende des 7. Monats ist die Organ-, Knochen- und Muskelentwicklung fast abgeschlossen. Mit etwa 35 cm Größe und 1 300 g Gewicht hat das Kind gute Überlebenschancen bei einer Frühgeburt.
Ab jetzt gewinnt das Kind hauptsächlich an Größe und Gewicht. Es „reift aus", lagert Fettpolster an, wird kräftiger. Es liegt jetzt in der Regel mit dem Kopf nach unten, die richtige Lage für die Geburt.

Aufgaben

1. Trage Daten zur vorgeburtlichen Kindesentwicklung in Abhängigkeit des Schwangerschaftsmonats in einer Übersicht zusammen. Nutze auch Fachliteratur und Internet.

2. Die vorgeburtliche Entwicklung wird in Embryonalentwicklung und Fetalentwicklung eingeteilt. Definiere diese beiden Phasen.

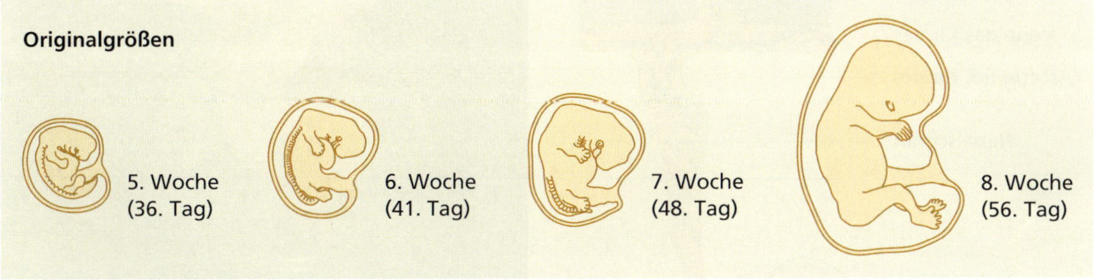

1 Embryonalentwicklung 5.bis 8. Woche

Plazenta – Bindeglied zwischen Mutter und Kind

Mit der Einnistung des Blasenkeims in die Gebärmutterschleimhaut beginnt die Entwicklung der **Plazenta**, dem Versorgungsorgan des Embryos. Die äußere Zellschicht des Blasenkeims bildet fingerartige **Zotten** aus, die in die Schleimhaut einwachsen. Damit wird nicht nur eine gute Haftung, sondern auch eine große Oberfläche zwischen mütterlicher und kindlicher Seite hergestellt, um einen effizienten Stoffaustausch zu erreichen.

Auf der mütterlichen Seite entstehen blutgefüllte Hohlräume, in die immer mehr Zotten einwachsen, die mit einem Blutkapillarnetz ausgestattet sind. Die Gefäßmembran der Kapillaren trennt mütterliches und kindliches Blut und wirkt als Filter, der nur bestimmte Stoffe durchlässt. Man nennt dies **Plazentaschranke** (Abb.1), eine Barriere, die einige Schadstoffe und Krankheitserreger vom Embryo fernhält, jedoch nicht alle. Der Stoffaustausch über die Membran erfolgt meist über Diffusion. Das Ungeborene erhält Sauerstoff und Nährstoffe aus dem Blut der Mutter. Gleichzeitig gibt es Kohlenstoffdioxid und weitere Stoffwechselendprodukte aus dem kindlichen Stoffwechsel ins mütterliche Blut ab.

Neben wichtigen Hormonen gelangen auch bestimmte Antikörper über die Plazentaschranke zum Kind. Sie schützen es, bis sein eigenes Immunsystem mit 6 – 8 Lebensmonaten ausreichend Antikörper bilden kann.

Mit dem Heranwachsen des Embryos wächst auch die **Nabelschnur**, die den Stoffaustausch zwischen Plazenta und Kind gewährleistet. Bis zur Geburt erreicht sie eine Länge von ca. 60 cm. Sie enthält drei Gefäße, eine Vene, die sauerstoffarmes Blut zur Plazenta führt und zwei Arterien, die sauerstoffreiches Blut zum Kind transportieren.

Die Plazenta ist nicht nur ein Versorgungs- und Filterorgan, sondern produziert auch Hormone, die die einzelnen Schwangerschaftsabschnitte steuern.

Der intensive Stoffaustausch, zwischen kindlichem und mütterlichem Stoffwechsel, verpflichtet die Mutter zu einer gesunden Lebensführung, denn viele Schadstoffe und Krankheitserreger (z. B. Rötelviren), können die Plazentaschranke überwinden.

Über Plazenta und Nabelschnur erfolgt der lebensnotwendige Stoffaustausch zwischen Mutter und Kind. So gelangen neben Nährstoffen auch einige Schadstoffe zum Kind.

Aufgabe

Informiere dich über traditionelle Anwendungen und Bräuche rund um die Plazenta.

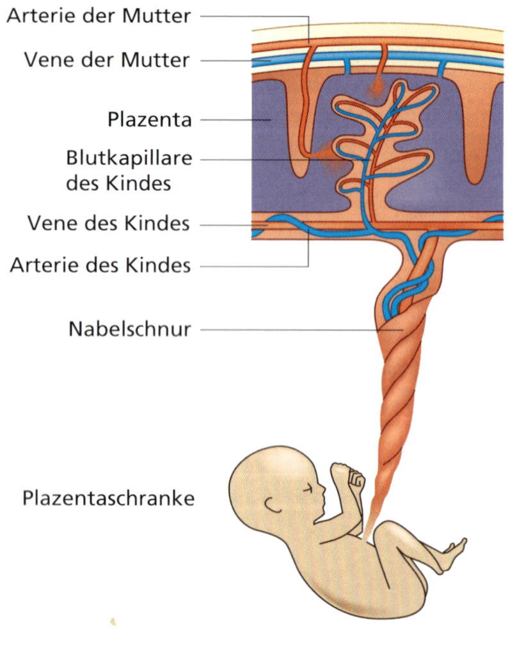

1 Plazentaschranke

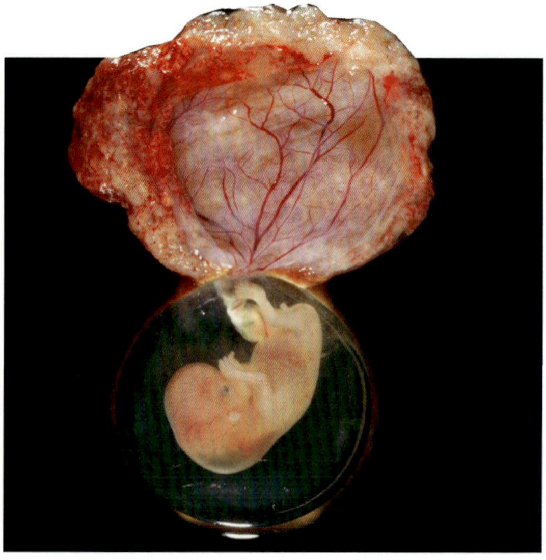

2 Keimling mit scheibenförmiger Plazenta

Einfluss von Drogen auf die vorgeburtliche Entwicklung

Spätestens seitdem das Medikament Contergan in den 1960 er-Jahren zu erheblichen Missbildungen bei Neugeborenen geführt hat, weiß man, dass die **Plazentaschranke** kein ausreichender Schutz für das Ungeborene ist. Denn viele Substanzen von Medikamenten, Drogen, sowie Tabak und Alkohol können sie überwinden. Dazu kommt, dass dem Kind im Mutterleib Abbaumechanismen fehlen, wie z. B. die Enzyme zum Alkoholabbau. So reichern sich die Giftstoffe im kindlichen Organismus an und können schwere Schädigungen oder sogar Totgeburten verursachen.

Mit dem Rauch einer Zigarette erhält das Kind einen ganzen Cocktail an Giftstoffen, wie Kohlenstoffmonooxid, Nikotin, Arsen, Benzol, Cadmium, Blausäure usw. Schon eine Zigarette erhöht beim Ungeborenen den Herzschlag. Zusätzlich verengen sich die Blutgefäße, so auch die der Plazenta. Dies führt zur Minderdurchblutung und damit zu einer unzureichenden Versorgung des Kindes. Bei dauerhaftem Konsum kann eine vorzeitige Plazentaablösung den Tod des Kindes verursachen. Rauchende Mütter haben 3-mal so häufig Fehlgeburten und doppelt so viele Totgeburten.

Das **fetale Alkoholsyndrom** ist eine der häufigsten Behinderungen von Neugeborenen, deren Mütter wiederholt in der Schwangerschaft Alkohol konsumiert haben.
Fehl- und Frühgeburten, Missbildungen, Minderwuchs, geistige und körperliche Entwicklungsstörungen und plötzlicher Kindstod sind nur einige der möglichen Folgen für die Kinder von Drogen konsumierenden, rauchenden oder Alkohol trinkenden Müttern.

Die betroffenen Kinder können schon im Mutterleib „drogensüchtig" werden und kämpfen nach der Geburt mit schweren Entzugserscheinungen, wie Zittern, Krampfanfällen, Schlafstörungen, hektisches, ineffektives Saugen, Erbrechen, exzessives Schreien usw. In der Schule und im späteren Leben leiden sie oft an Konzentrationsstörungen, sind hyperaktiv, ihre sozialen und geistigen Fähigkeiten sind beeinträchtigt. Weiterhin ist ein erhöhtes Infektions-, Asthma-, Leukämie- sowie Krebsrisiko erwiesen.
Medikamente dürfen während der Schwangerschaft nur in Absprache mit dem Arzt eingenommen werden, da ihre Wirkung auf das ungeborene Kind oft nicht geklärt ist.
Nur die schwangere Mutter kann die schädlichen Einflüsse von Drogen, wie z. B. Cannabis, Ecstasy, Kokain, Speed, Heroin, Alkohol, Nikotin und Zigarettenrauch sowie von Medikamenten, auf das heranwachsende Kind vermeiden. Daher ist eine gesunde Lebensweise der Mutter wichtig. Der Partner und das gesamte Umfeld der Schwangeren spielen dabei eine große Rolle.

Der Konsum von Drogen, aber auch von Medikamenten, kann die Entwicklung des Kindes im Mutterleib stören und zu schwerwiegenden Schädigungen bis hin zum Tod führen.

Aufgaben

1. Informiere dich über das fetale Alkoholsyndrom (FAS), auch Alkoholembryopathie genannt. Nutze dazu Fachliteratur und Internet.

2. Das Beruhigungsmittel Contergan hat in den 1960 er-Jahren zu Missbildungen bei Neugeborenen geführt. Berichte in einem kurzen Vortrag darüber.

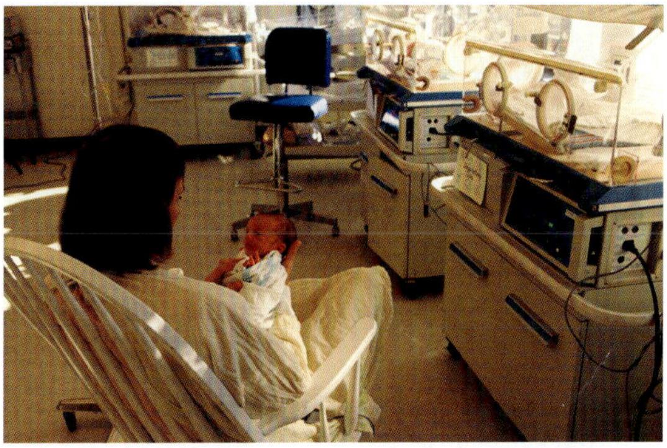

1 Intensivstation für „Frühchen"

Verantwortung für das ungeborene Kind

Die Mutter hat die Verantwortung während der Schwangerschaft, sich und das Kind bestmöglich vor Gefahren zu schützen. Dazu gehört der Verzicht auf Drogen und die Vermeidung von Erkrankungen durch regelmäßige Vorsorgeuntersuchungen sowie eine **gesunde Ernährung.**

Ausreichend Flüssigkeit sowie vitaminreiches Obst und Gemüse sollten an erster Stelle auf dem Speiseplan der Schwangeren stehen. Vorsicht: Pestizide können die Plazentaschranke passieren, daher sollte behandeltes Obst gründlich gewaschen oder geschält werden. Meiden sollte die Schwangere rohes Fleisch oder rohen Fisch sowie dessen Produkte, da sie Keime übertragen können, die für das Kind schädlich sind.

Mosaik

Schwangerschaftsabbruch

Die rechtlichen Grundlagen für einen Schwangerschaftsabbruch werden im deutschen Strafgesetzbuch in den Paragrafen 218 und 219 geregelt.
Demnach ist der Abbruch einer Schwangerschaft straffrei, wenn er innerhalb der ersten 12 Wochen nach Empfängnis durchgeführt wird, eine Schwangerenkonfliktberatung erfolgte und drei Tage zwischen Beratung und Abbruch liegen.

Keine Beratungspflicht besteht, wenn:
- die Schwangerschaft z.B. Folge einer Vergewaltigung ist (kriminologische Indikation).
- die Fortsetzung der Schwangerschaft das Leben bzw. die körperliche und seelische Gesundheit der Frau gefährdet oder eine Schädigung des Kindes zu befürchten ist (medizinische Indikation). Dann ist ein Schwangerschaftsabbruch sogar nach der 12. Woche möglich.

Die Entscheidung eines Schwangerschaftsabbruchs liegt letztlich bei der Frau. Es sollten immer der Schutz des ungeborenen Lebens und die Perspektiven von Mutter und Kind im Mittelpunkt stehen.
Ein Schwangerschaftsabbruch ist definitiv kein Mittel zur Empfängnisregulation!

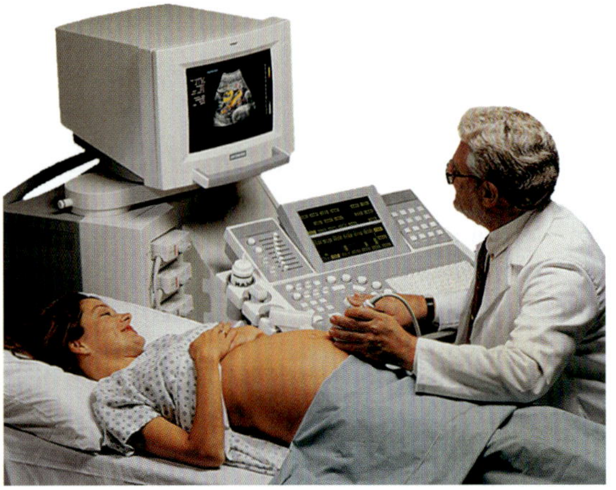

1 Kontrolle mithilfe des Ultraschallgerätes

Der Körper der Frau wird während der Schwangerschaft stärker belastet als normal. Er hat u. a. einen erhöhten Bedarf an bestimmten Stoffen, wie z. B. Calcium (Knochenaufbau), Folsäure und Eisen (Blutbildung). Eventuelle Mangelerscheinungen kann der Arzt bei den **regelmäßigen Vorsorgeuntersuchungen** feststellen.
Zudem kontrolliert er über **Ultraschall** (Abb. 1) und mit weiteren Untersuchungstechniken die Entwicklung des Kindes und kann bei Störungen frühzeitig die notwendigen Maßnahmen ergreifen (S. 218). Alle Untersuchungsergebnisse werden im Mutterpass festgehalten, den die Schwangere immer mit sich führen sollte.
Ist die Mutter genetisch vorbelastet oder über 35 Jahre alt, rät der Arzt zu einer **Fruchtwasseruntersuchung** (Amniocentese), die zwar nicht ganz risikolos ist, mit der er jedoch eine eventuelle Chromosomenstörung beim Kind feststellen kann. Liegt diese vor, kann die Mutter entscheiden, ob sie das Kind austragen möchte oder einen Schwangerschaftsabbruch in Erwägung zieht.

Aufgaben

1. Erläutere, welche Nahrungsmittel die Mutter während der Schwangerschaft und der Stillzeit meiden sollte.

2. Beschreibe, wie eine Fruchtwasseruntersuchung durchgeführt wird. Nutze dazu Fachliteratur und Internet.

Berufstätige schwangere oder stillende Frauen dürfen Tätigkeiten, die das Kind gefährden können, nicht mehr ausüben. Dazu gehört u.a. der Umgang mit gesundheitsschädlichen Strahlungen (z.B. Röntgenstrahlung) und Gefahrstoffen. Dies ist in den gesetzlich festgelegten **Arbeitsschutzmaßnahmen** geregelt, die der Arbeitgeber sofort, nachdem ihm die Schwangerschaft mitgeteilt wurde, einzuleiten hat.

Auch zu Hause gilt für die Schwangere Vermeidung aller Gefahrstoffe. Diese lauern beispielsweise in Polyurethan-Lacken, Farben auf Ölbasis, Terpentin, Reinigungsmitteln, aber auch Duft- und Insektensprays, Nagellackentfernern und im Medikamentenschrank.
Medikamente dürfen sowieso nur in Absprache mit dem Arzt eingenommen werden. Auch Röntgen ist nur in dringenden Fällen anzuraten, da die Strahlung die Entwicklung des Kindes negativ beeinflussen kann. Gewisse Sportarten und schweres Heben sind bei fortgeschrittener Schwangerschaft zu vermeiden. Was sich die Schwangere letztendlich körperlich zumutet, liegt in ihrer Entscheidung.
Bei Zweifeln kann stets der Arzt oder die Hebamme um Rat gefragt werden.

Gerade für Erstgebärende ist die **Hebamme** eine fachkundige und einfühlsame Begleiterin. Sie betreut die werdende Mutter von der Schwangerschaft über die Geburt bis in die Stillzeit, auch zu Hause. Dabei führt sie Untersuchungen durch und berät bei Fragen zu Schwangerschaftsbeschwerden, zur Ernährung, zur pränatalen Diagnostik, zur Wahl der Geburtstechnik und des Geburtsorts.

Kein Arzt darf ohne Hebamme eine Geburt durchführen, umgekehrt sehr wohl. Nach der Geburt kontrolliert die Hebamme die Rückbildung der Gebärmutter, die Entwicklung des Kindes und hilft bei Stillproblemen.
Mit der Erfahrung aus einem der ältesten Berufe der Welt kann die Hebamme der Mutter bei kleineren Problemen mit wertvollen Tipps und schonenden Behandlungsmethoden zur Seite stehen. Sie weiß aber auch genau, wann Komplikationen auftreten und sie die Schwangere zum Arzt schicken muss.

1 Schwangere und Partner bereiten sich gemeinsam auf die Geburt vor.

Zur **Geburtsvorbereitung** stehen der werdenden Mutter verschiedene Kurse, wie Schwangerschaftsgymnastik, Erlernen von Entspannungs- und Atemtechniken usw., zur Verfügung. Wenn möglich sollte auch der Partner mit einbezogen werden, um zu lernen, wie er bei der Entbindung und danach helfen kann. So kann auch der Partner schon vor der Geburt eine Beziehung zum Kind aufbauen.
Gemeinsam mit der Hebamme sollte die Schwangere den Geburtsort (Klinik, Hausgeburt oder Geburtshaus) und die Geburtstechnik (z.B. Wassergeburt) frühzeitig auswählen, um optimal auf die Geburt vorbereitet zu sein.

Aufgaben

1. Informiere dich über Maßnahmen und Einrichtungen zur Betreuung der werdenden Mutter während der Schwangerschaft. Sprich darüber mit deiner Mutter.

2. Informiere dich über grundsätzliche Arbeitsschutzmaßnahmen in Deutschland während der Schwangerschaft und Stillzeit.

Geburt – ein besonderes Ereignis

Die vorgeburtliche Entwicklung dauert normalerweise 40 Wochen, das entspricht neun Kalendermonaten. Das Kind liegt dann in der Regel mit dem Kopf nach unten in der Gebärmutter und ist etwa 50 - 52 cm groß und 2 800 bis 3 400 g schwer. Durch das Platzen der Fruchtblase **(Blasensprung)** oder einsetzende Wehen beginnt die spontane Geburt.

Die ersten krampfartigen Kontraktionen der Gebärmutter **(Wehen)** führen zur Öffnung des Muttermunds und damit des Geburtskanals (**Eröffnungsphase,** Abb. 1 a). Werden die Wehen stärker und erfolgen in immer kürzeren Abständen, wird das Kind mit dem Kopf zuerst herausgepresst (**Austreibungsphase,** Abb. 1 b).
Liegt das Kind bei der Geburt mit dem Gesäß nach unten, wird von einer Steißlage gesprochen. Dann ist meist ein Kaiserschnitt notwendig, um das Kind auf die Welt zu bringen.

Die Nabelschnur hört bereits wenige Sekunden nach der Geburt auf, Blut von der Mutter zum Kind zu transportieren. Sie kann jetzt abgebunden und durchtrennt werden. Da keine Sauerstoffversorgung über die Nabelschnur mehr erfolgt, steigt der Kohlenstoffdioxidgehalt im Blut des Kindes an. Das reizt das Atemzentrum im Gehirn und löst den ersten Atemzug aus, der oft mit dem ersten Schrei verbunden ist. Damit öffnen und entfalten sich die Lungenbläschen. Da die eigene **Lunge** ab jetzt für die Versorgung mit Sauerstoff zuständig ist, muss auch der gesamte **Blutkreislauf** des Neugeborenen umgestellt werden. Körper- und Lungenkreislauf werden voneinander getrennt.

Durch das Saugen an der Mutterbrust trinkt das Kind die besonders leicht verdauliche Vormilch, die den **Verdauungstrakt** anregt und den ersten Stuhlgang (Kindspech) fördert.
Auch alle anderen Organe des Neugeborenen müssen sich auf die neue Lebenssituation einstellen.
Die funktionslos gewordene Plazenta löst sich etwa eine Stunde nach der Geburt von der Gebärmutterwand ab und wird ausgestoßen **(Nachgeburtsphase).**

Mit der Geburt beginnt die nachgeburtliche Entwicklungsphase.

Mit der Geburt endet die vorgeburtliche Entwicklung. Das Kind ist unabhängig von der Versorgung durch den mütterlichen Organismus.

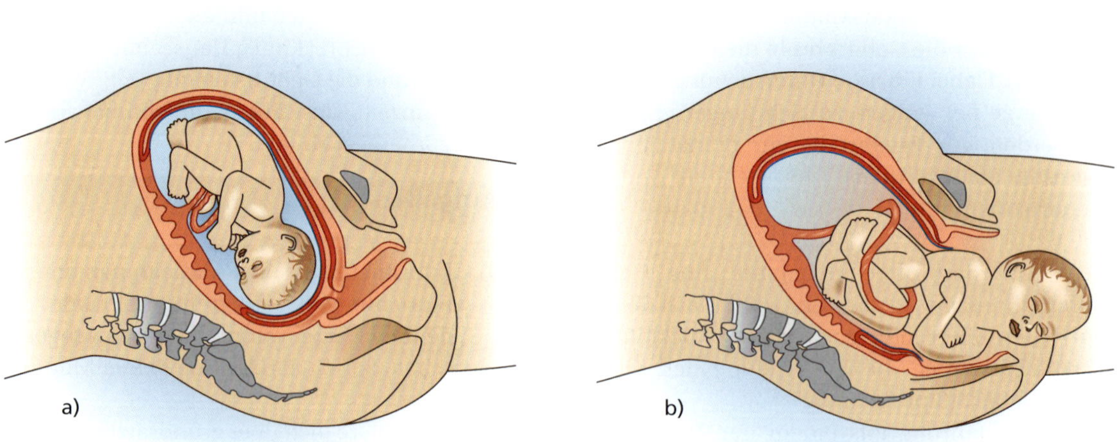

1 Das Kind wird a) zum Gebärmutterausgang gedrückt, b) aus dem Körper gepresst.

Nachgeburtliche Entwicklung

Säuglingsalter (1. Lebensjahr)

Mit der Geburt ist der Säugling mit lebenserhaltenden **Reflexen** ausgestattet. Der Saugreflex gewährleistet die Ernährung (S. 100). Wird das Kind gestillt, erhält es über die Muttermilch nicht nur die optimale Nährstoffzusammensetzung, sondern auch schützende Antikörper. Mit kräftigem Schreien zeigt der Säugling Hunger oder Unwohlsein an. Der Klammer- und Greifreflex sowie die typische Hock-Spreiz-Stellung der Beine, die der Säugling einnimmt, wenn er an den Armen hochgehoben wird, sind Anpassungen an das Getragenwerden. Daher wird der Säugling biologisch zu den Traglingen gerechnet, bis er selbstständig den Kontakt zur Bezugsperson halten kann.
Der Säugling hat ein ausgeprägtes Bedürfnis nach **Körperkontakt.** Dabei prägt er sich den Geruch und die Stimme der Mutter ein und erkennt sie so. Die Sehschärfe entwickelt sich in den ersten Monaten und liegt zunächst nur bei ca. 20 cm. Das entspricht z. B. dem Mutter-Kind-Abstand beim Stillen.
Neben den **Pflegemaßnahmen,** wie Wickeln, Waschen und Füttern, ist eine intensive Beschäftigung mit dem Kind wichtig. Die Stimulation der Sinnesorgane (Hören, Fühlen, Riechen, Sehen) und der Muskulatur führt über die Bildung und Vernetzung von Nervenzellen zu einer optimalen **Hirnentwicklung.**
Bis Ende des 3. Monats kann das Baby aus der Bauchlage den Kopf heben, nach Gegenständen greifen, erkennt seine Bezugspersonen, lacht, quietscht, betrachtet und hört zu.
Mit dem 6. Monat ist es in der Lage sich vom Rücken auf den Bauch zu drehen, der Kopf kann kontrolliert bewegt werden und es kann mit Hilfe sitzen. Es spielt mit seiner Sprache und wiederholt erste Spielmuster (schütteln/schlagen). Die Armbewegungen werden zielgerichteter.
Angetrieben durch die natürliche Neugier beginnt das Baby mit etwa neun Monaten zu **Krabbeln,** kann sich allein zum **Sitzen** hochziehen und gezielt Dinge zwischen Daumen und Zeigefinger nehmen (Pinzettengriff).

1 Säuglinge sind auf intensive Betreuung angewiesen.

Mit dem 12. Monat hat sich ein einfaches Wenn-Dann-Denken entwickelt. Das Baby erkennt Aufforderungen und Verbote, agiert durch Nachahmung und spricht erste Worte nach. Zum **Stehen** zieht es sich nun selbstständig hoch und übt, an der Hand gehalten, erste **Laufschritte.**

Durch regelmäßige Untersuchungen beim Arzt wird die körperliche und geistige Entwicklung des Kindes fortwährend kontrolliert.

Aufgaben

1. Welche Maßnahmen fördern die Entwicklung des Säuglings? Nutze Fachliteratur und Internet.
2. Beschreibe die körperliche und geistige Entwicklung vom 1. bis 12. Monat in einer Übersicht. Frage dazu deine Mutter.

Kleinkindalter (2.–6. Lebensjahr)

Durch Ertasten und Fühlen beginnt das Kleinkind seine Umwelt weiter zu „begreifen", gleichzeitig trainiert es verschiedenste Bewegungsabläufe und entwickelt so ein Gespür für Raum und Form (S. 149). Das Lernen erfolgt spielerisch durch Erkunden, Ausprobieren und Nachahmen. Dadurch steigert sich das kindliche Wahrnehmungsvermögen, die Grundlage zum planenden und logischen Denken. Es beginnt in Sätzen zu sprechen, nach dem „Warum" zu fragen und erprobt die Auswirkungen seines Handelns auf die Umwelt. Im Spiel und der Auseinandersetzung mit anderen Kindern wird das Sozialverhalten geschult.

Schulalter

Zu Beginn vollzieht sich der erste Gestaltwandel, gekennzeichnet durch ein Streckungswachstum, vor allem der Extremitäten, und einer deutlichen Teilung des Rumpfs in Brust und Bauch (Taille). Dabei erhält die Wirbelsäule ihre S-Form und die Bewegungen werden flüssiger. Das Milchgebiss wechselt zum Dauergebiss. Die Wortsprache wird verfeinert und das logische Denken reift. Das Kind bezweifelt und hinterfragt Dinge, beginnt zu diskutieren und entwickelt eine eigene Identität.

1 Gemeinsam die Welt erkunden

Jugendalter (mit Pubertät)

In der Pubertät findet ein zweiter Gestaltwandel statt mit einem starken Wachstumsschub, der Ausbildung der sekundären Geschlechtsmerkmale und Erreichen der Geschlechtsreife. Gleichzeitig ändern sich die Interessen, Eltern und andere Erwachsene werden kritisiert, erste Partnerschaften entwickeln sich, es beginnt ein Streben nach Selbstständigkeit.

Erwachsenenalter

Mit ca. 20 Jahren ist der Mensch biologisch gesehen erwachsen. Alle Körpermerkmale sind entsprechend der Erbanlagen und äußeren Einflüsse ausgebildet. Bis ca. zum 40. Lebensjahr befindet er sich in seinem Leistungshoch, die beste Voraussetzung für eine Familiengründung, gleichzeitig findet eine berufliche und gesellschaftliche Einordnung statt. Mit der Festigung einer eigenen Wertevorstellung schwinden oftmals Toleranz und Verständnis für die jüngeren Generationen (Generationskonflikt).

Lebensabend und Tod

Mit zunehmendem Alter nimmt die Leistungsfähigkeit ab. Nachlassende Regenerationsfähigkeit von Geweben und Organen führt zu typischen Altersbeschwerden, wie Altersweitsichtigkeit, Schwerhörigkeit – insbesondere für hohe Töne – geringere Gelenkigkeit und nachlassende Gedächtnisleistung. Kreislauf- und Gefäßerkrankungen sowie Rückenbeschwerden nehmen zu, ebenso die Anfälligkeit für bestimmte Infektionskrankheiten.

Durch medizinischen Fortschritt und gesündere Lebensweise hat sich die Lebenserwartung gegenüber früheren Zeiten jedoch sehr vergrößert. Der Lebensabschnitt, der früher als „Greisenalter" bezeichnet wurde, ist zum längsten Lebensabschnitt geworden. Viele alte Menschen nehmen noch sehr rege und aktiv am Leben teil. Es ist jedoch eine wichtige Aufgabe der Gesellschaft, auch kranken und hilfsbedürftigen Alten ein würdevolles Leben und Sterben zu ermöglichen.

gewusst · gekonnt

1. Nimm in dein Glossar folgende Begriffe auf: Fortpflanzung, Zygote, Blasenkeim, Embryo, Fetus, Plazenta, Schwangerschaft, Geburt, Säugling, nachgeburtliche Entwicklung.

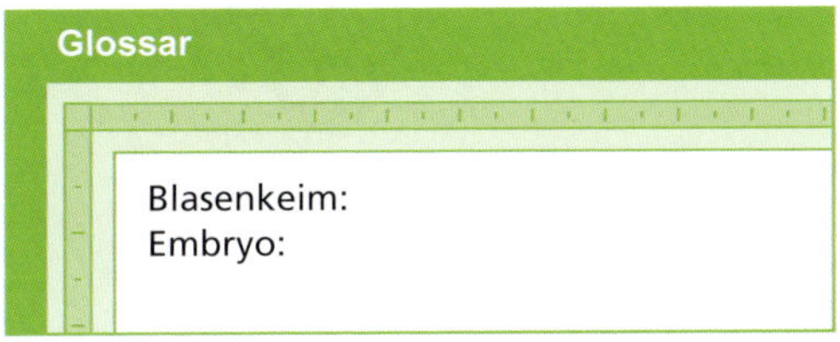

2. Nenne die Stadien, die das befruchtete Ei bis zur Einnistung durchläuft.

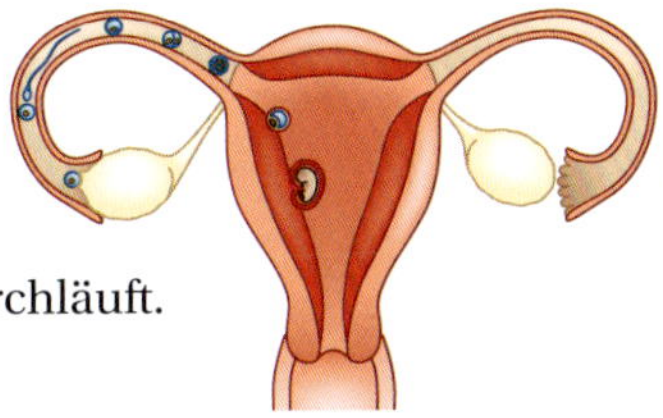

3. Beschreibe
   a) die Entwicklung des Keimlings in den ersten Wochen,
   b) die Entwicklung des Embryos und des Fetus bis zur Geburt.

   Nutze dazu das Lehrbuch und das Internet.

4. In der Gebärmutter ist der Embryo durch Fruchtwasser und Fruchtblase geschützt. Überprüfe mit einem Modell die Wirkung von Fruchtwasser und Fruchtblase.
   a) Lege dazu ein rohes Ei mit unbeschädigter Schale in einen mit Wasser gefüllten Plastikbeutel und verschließe ihn. Lege den Plastikbeutel in ein Becherglas und schüttle. Schüttle das Becherglas erst vorsichtig und dann kräftiger hin und her.
   b) Lege das Ei ohne Plastikbeutel in das Becherglas und schüttle wieder.

   Beschreibe deine Beobachtungen. Ordne die Teile des Modells den entsprechenden Teilen im Mutterleib zu.

5. Erläutere, wie das sich entwickelnde Kind im Mutterleib mit den lebensnotwendigen Stoffen versorgt wird.

6. Nenne und erläutere Gefahren für die gesunde Entwicklung des Kindes im Mutterleib. Leite daraus Schlussfolgerungen für das Verhalten und die Lebensführung der werdenden Mutter ab.

7. Erkläre, was man unter einer Plazentaschranke versteht.

8. Die werdende Mutter soll nicht rauchen, keinen Alkohol trinken und möglichst keine Medikamente und Drogen einnehmen. Diskutiere diese Aussage und begründe deine Meinung.

9. Beschreibe anhand der Lehrbuchdarstellung Seite 184 den Geburtsvorgang in seinen drei Phasen.
   Wie wird die Gebärende dabei durch Hebamme, Arzt und Medizintechnik unterstützt? Nutze dazu Fachliteratur und Internet.

10. Erkundige dich in der Fachliteratur und im Internet, welche Arten der Geburt neben der spontanen Geburt noch möglich sind.

11. Sprich mit deiner Mutter darüber, wie sie die Zeit während der Schwangerschaft und der Geburt erlebt hat.

12. Erkläre die Notwendigkeit und Bedeutung des Stillens für das Baby und die Mutter.

13. Bringe Fotos von dir aus deinem ersten Lebensjahr mit. Beschreibe mithilfe der Fotos die Pflege, Betreuung und Entwicklung des Babys im ersten Lebensjahr.
    Nutze deine Erfahrungen in der Familie.

14. Gestalte eine Präsentation zu einem selbst gewählten Abschnitt der nachgeburtlichen Entwicklung.

15. Führe ein Interview mit Jugendlichen und Erwachsenen zum Thema „Generationskonflikt“ durch.
    Präsentiere die Ergebnisse beider Gruppen.

Vorgeburtliche Entwicklung

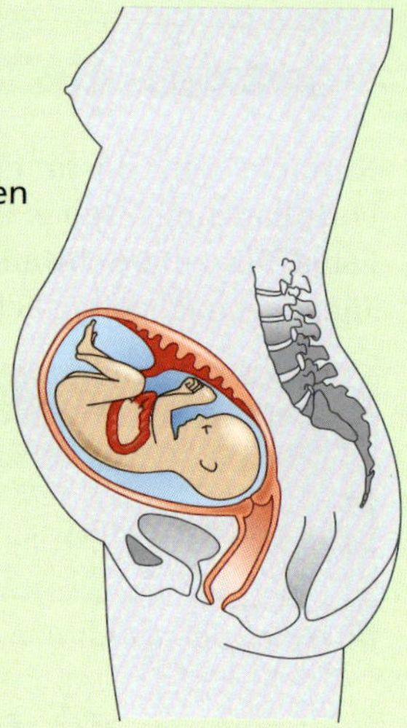

Mit der Befruchtung der Eizelle beginnt die Embryonalentwicklung. Teilungen (Furchungen) finden auf dem Weg durch den Eileiter bis zur Einnistung in die Gebärmutter statt. Innerhalb von drei Monaten werden beim Embryo alle Organsysteme angelegt. In der anschließenden sechs Monate dauernden Fetalentwicklung reift der Fetus bis zur Geburt aus.

Gesunde Lebensführung der werdenden Mutter

Schwangere sollten nicht rauchen, keinen Alkohol trinken, schädliche Medikamente und Drogen vermeiden sowie sich vor Infektionen schützen, sich fit halten und auf die Geburt vorbereiten!

Geburt

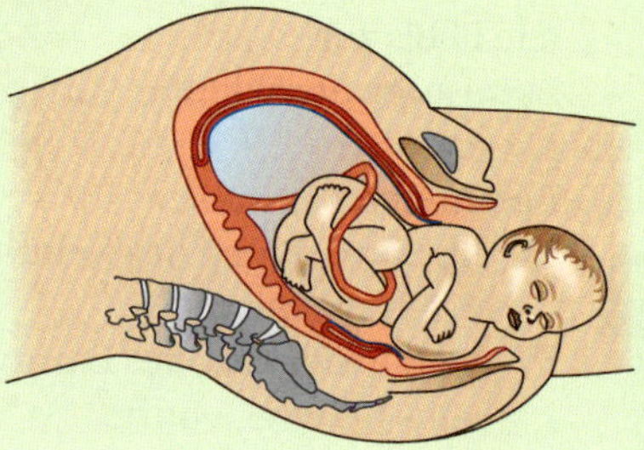

Das Kind wird durch Wehen aus der Gebärmutter über die Scheide herausgepresst.
Die Geburt verläuft in drei Phasen: Eröffnung, Austreibung, Nachgeburt.

Nachgeburtliche Entwicklung

Mit der Geburt beginnt die nachgeburtliche Entwicklungsphase, die vom Säuglingsalter über Kindheit, Jugend mit Pubertät, Erwachsenenalter, Greisenalter führt und mit dem Tod endet.

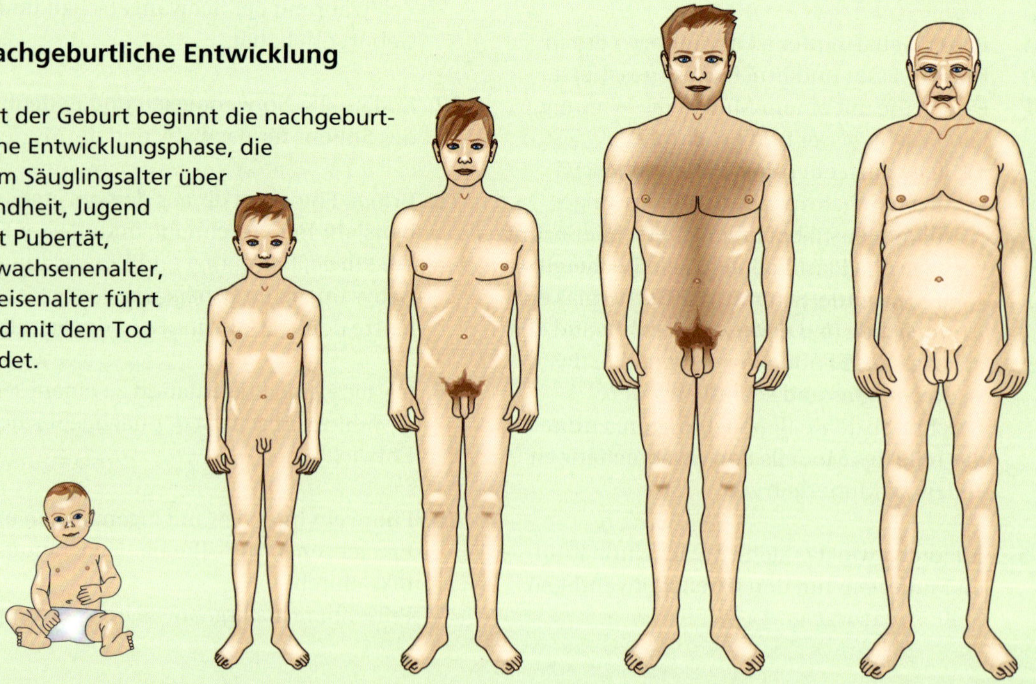

3.3 Klassische Genetik – Regeln der Vererbung

MENDEL – Begründer der Genetik

GREGOR MENDEL (1822–1884) entdeckte, dass es eine Regelhaftigkeit im Erbgeschehen gibt. Dies gelang ihm durch eine wissenschaftliche Auswertung von genau geplanten Versuchen.
Welche Bedeutung haben die „mendelschen Vererbungsregeln"?

„Du musst dir eine Frau mit O-Beinen suchen, dann könnten deine Kinder gerade Beine kriegen!"

Kein Lebewesen gleicht dem anderen

Organismen verändern ihr Aussehen mitunter so sehr, dass man sie kaum noch als Vertreter einer Art erkennen kann. Das Landkärtchen, ein Tagfalter, bringt eine helle Frühjahrsform und eine dunklere Sommerform hervor.
Wie kommt es zu diesen Unterschieden, obwohl sich die Erbanlagen nicht unterscheiden?

Neukombination von Erbanlagen

Die Kombination von X-Beinen mit O-Beinen ergibt nicht automatisch gerade Beine. So einfach ist das nicht.
Was steckt hinter den Vererbungsregeln?
Kann man Vorhersagen zur Vererbung bestimmter Merkmale treffen?

Die Suche nach den Vererbungsregeln

Einige Merkmale von Lebewesen kann man schon an ihrem **äußeren Erscheinungsbild,** dem **Phänotyp,** ablesen. Ein Vergleich der äußeren Erscheinungsbilder, der Phänotypen, ermöglicht es uns z. B. die Klassenkameraden zu unterscheiden oder sie genau zu beschreiben. Jede Person besitzt also für sie typische Merkmale. Bestimmte phänotypische Merkmale, z. B. Haarfarbe, Augenfarbe oder Ohrform, sind häufig unterschiedlich ausgebildet.

Jeder hat schon einmal beobachten können, dass Kinder ihren Eltern oder Großeltern ähneln. Solche Ähnlichkeiten gibt es sowohl äußerlich (Abb. 1) als auch im Verhalten. Bestimmte Eigenschaften, wie naturwissenschaftliche, künstlerische oder sprachliche Begabungen, können bei Familien über viele Generationen hinweg beobachtet werden. Dabei dürften allerdings auch Umwelteinflüsse (bestimmte Traditionen) eine gewisse Rolle spielen.

Viele Wissenschaftler im 19. Jh. versuchten, das Rätsel der Vererbung zu lösen. 1859 schrieb CHARLES DARWIN in seinem Werk *„Über die Entstehung der Arten durch natürliche Zuchtwahl"*, dass *„... die Gesetze der Vererbung vollkommen unbekannt sind"*. YVES DELAGE, ein französischer Wissenschaftler, vermerkte 1895: *„Es gibt keine Gesetze für die Ähnlichkeit zwischen dem Kind und seinen Eltern! Hier ist nichts richtig und alles möglich, angefangen damit, dass zwischen Kind und Eltern überhaupt nichts Gemeinsames besteht, über alle Zwischenstufen der Vermischung von Merkmalen und der Kombination von Ähnlichkeiten bis zu fast völliger Übereinstimmung zwischen dem Kind und einem Elternteil ..."*

Erst dem Augustinermönch **GREGOR MENDEL** (1822–1884) gelang der Durchbruch. Durch seine Experimentiermethode, einschließlich der statistischen Auswertung, erkannte er die nach ihm benannten **Vererbungsregeln.** Mit seinen fundamentalen Erkenntnissen stieß er 1866 auf Unglauben und geriet erstmal in Vergessenheit.

1 Ähnlichkeit zwischen Kindern und Eltern

Mosaik

Johann Gregor Mendel – Mönch, Naturforscher und Begründer der Vererbungslehre

Johann Gregor Mendel wurde am 22.07.1822 als Sohn eines fronpflichtigen Bauern in Heinzendorf geboren. Dieser hielt im Garten seines Hauses Bienen und züchtete edle Obstsorten. Durch ihn und auch durch den Pfarrer und den Lehrer seines Heimatortes wurde Mendel in seiner Liebe zur Natur bestärkt. Frühzeitig lernte er einige biologische Veredlungsmethoden kennen, z. B. das Pfropfen der Obstbäume.
Trotz großer finanzieller Schwierigkeiten studierte er am Philosophischen Institut Olmütz (Olomouc), um Geistlicher zu werden. 1843 trat er als Novize in das Augustinerkloster von Brünn (Brno) ein und erhielt den Klosternamen Gregor. Sein Theologiestudium an der Universität Brünn begann er 1844. Er wurde 1847 zum Priester geweiht. Während des Studiums besuchte er auch Vorlesungen über Landwirtschaft, Obst- und Weinanbau. Diese Vorlesungen wurden von Diebl gehalten, der zusammen mit dem Abt des Brünner Klosters Napp im Klostergarten Versuche mit Pflanzen durchführte. Diesen Versuchsgarten übernahm Mendel 1848.
Da Mendel die Lehramtsprüfung für Griechisch, Deutsch und Mathematik nicht bestanden hatte – er sollte diese Fächer an einem Gymnasium unterrichten –, ging er nach Wien und studierte Naturwissenschaft. 1854 übernahm er in Brünn die Lehrstelle für Naturwissenschaft an der Deutschen Staatsoberrealschule. Im Kloster beschäftigte er sich mit Fragen der Meteorologie und widmete sich der Pflanzen- und Bienenzucht.
1855 begann Mendel mit den **Kreuzungsexperimenten** an Erbsen. Dabei erwies Mendel sich als sehr guter Experimentator und auch als ein talentierter Theoretiker, der die Mängel und Grenzen in den Arbeiten seiner Vorgänger erfasste.
Mendel wählte ein günstiges Forschungsobjekt und eine geeignete Versuchsdurchführung. Das Objekt fand er in der Saat-Erbse *(Pisum sativum)*.
Die Saat-Erbse ist ein Selbstbestäuber und Selbstbefruchter. Wenn er z. B. gelbsamige Erbsenpflanzen mit grünsamigen Erbsenpflanzen kreuzte, ging er wie folgt vor. Er entnahm der geöffneten Blüte einer Pflanze, die aus gelbem Samen hervorgegangen war, mit einem Tuschepinsel Pollen und übertrug diese auf die Narbe einer noch ungeöffneten Blüte einer Pflanze, die aus einem grünen Samen gezüchtet war, und entfernte anschließend deren Staubblätter. So konnte sich diese Pflanze nicht mehr selbst bestäuben. Mendel führte seine Kreuzungsexperimente mit einer Vielzahl von Individuen durch und wertete die Ergebnisse mit statistischen Methoden aus. Auf dieser Grundlage konnte er allgemeingültige Regeln, die **mendelschen Regeln**, ableiten.

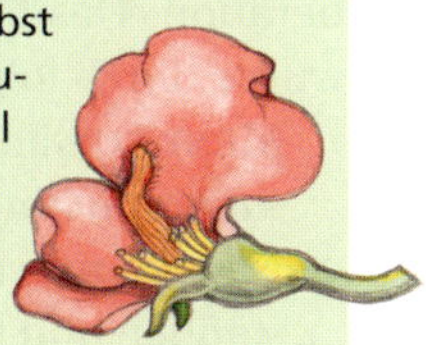

1866 veröffentlichte Mendel die Ergebnisse in seinem Aufsatz *„Versuche über Pflanzenhybriden"*. Er hatte in dieser Schrift seine Ergebnisse der modernen Vererbungslehre zusammengefasst, fand aber in der wissenschaftlichen Welt keine Beachtung. Drei Jahre später schrieb er den Artikel *„Über einige aus künstlicher Befruchtung gewonnenen Hieracium-Bastarde"*. Dann gab er seine Forschungen zur Vererbung auf. Er konzentrierte sich ganz auf sein geistliches Amt. Er starb am 6. Januar 1884 in Brünn.

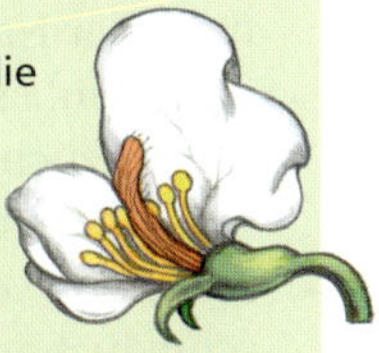

Unabhängig voneinander entdeckten um 1900 Correns, Tschermak und De Vries erneut die Vererbungsregeln. Erst später erkannten sie, dass ihre Entdeckung vorher schon von Mendel gemacht worden war.

1 Mendel als Mönch im Kloster

Mendels Kreuzungsexperimente

Mendels Experimente und die daraus resultierenden drei Regeln beruhen ausschließlich auf der statistischen Auswertung der Merkmalsverteilung nach Erbgängen von Generation zu Generation. Das forschungsmethodische Vorgehen wurde durch folgende Grundsätze geprägt:

- Mendel wählte als Objekt die Saat-Erbse (*Pisum sativum*). Sie bringt in kurzer Zeit viele Nachkommen hervor und kann sich selbst bestäuben und befruchten.
- Über zwei Jahre prüfte er, ob die äußeren Merkmale der Nachkommen denen der Eltern entsprachen, es also keine Merkmalsänderungen gab. Er züchtete in Bezug auf bestimmte Merkmale reinerbiges Saatgut.
- Mendel verglich keine Merkmale unterschiedlicher Arten, sondern bezog sich auf individuelle Merkmale der Saat-Erbsen-Pflanzen innerhalb einer Art.
- Er verglich die Nachkommen nicht als Ganzes mit ihren Eltern, sondern verglich immer nur ein Merkmal, was in zwei verschiedenen Varianten auftrat. Insgesamt erfasste Mendel sieben solcher Merkmalspaare. Dadurch wurde das Vererbungsgeschehen überschaubar.
- Mendel erfasste eine große Zahl von Individuen und wertete die Ergebnisse statistisch aus.

Bei seinen Experimenten übertrug Mendel beispielsweise Pollen aus der Blüte einer Pflanze (Abb. 2), die aus gelben Samen hervorgegangen war, auf die Narbe einer Pflanze, die aus grünen Samen hervorgegangen war (P-Elterngeneration, Abb. 1). Damit sich diese Blüte nicht selbst bestäubt, entfernte er vorher die Staubfäden (Kastration). Zusätzlich schützte er sie auch vor anderen Fremdbestäubungen.

Alle sich entwickelnden Samen (Erbsen) waren dann gelb (Abb. 1, 3). Wenn er aus diesen Samen wieder Pflanzen zog (F_1 - erste Tochtergeneration), konnte er diese wieder miteinander verpaaren und wiederum die Merkmalsverteilung beobachten (F_2 - zweite Tochtergeneration, Abb. 3), auszählen und statistisch auswerten.

1 Kreuzungsexperiment mit dem Merkmalspaar Samenfarbe gelb und grün

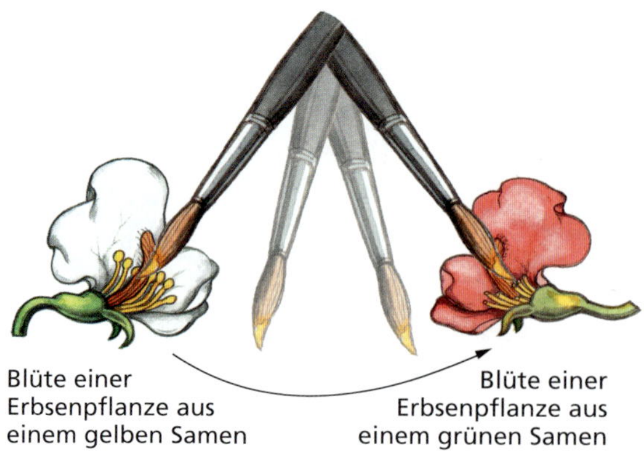

2 Mendels Experiment mit Erbsenpflanzen

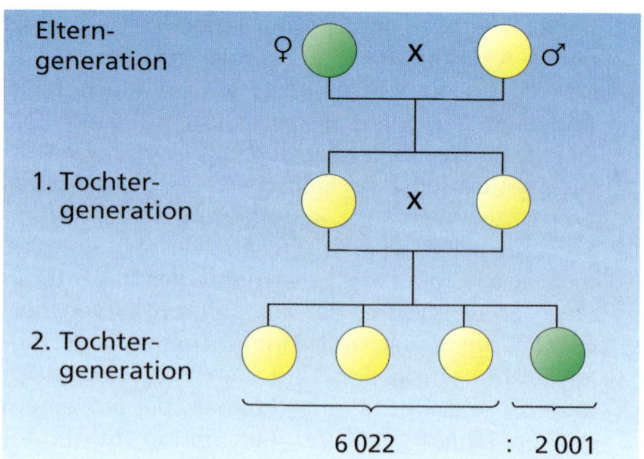

3 Kreuzungsergebnisse (Merkmal Samenfarbe)

MENDELS besondere Leistung war, dass er seine Kreuzungsexperimente so anlegte, dass eine statistische Auswertung möglich war. So konnte er aus der großen Zahl der Einzelergebnisse einfache Mengenverhältnisse ableiten, die ihn zu folgender entscheidender Schlussfolgerung veranlassten:
MENDEL stellte fest, dass die **Vererbung nach festen Regeln** erfolgt. Er erkannte auch, dass nicht die Merkmale **vererbt werden,** sondern **Anlagen,** die für die Ausbildung bestimmter Merkmale verantwortlich sind.
Wenn man annahm, dass sich diese Erbanlagen der Eltern auch in den beiden Keimzellen befanden, dann waren in der Zygote jeweils **zwei Erbanlagen für jedes Merkmal** enthalten, eine von der Mutter und eine vom Vater. Mit dieser Annahme konnte MENDEL erklären, dass aus einer Kreuzung von Erbsenpflanzen, deren Samen eine grüne Schale haben, mit solchen, die eine gelbe Samenschale haben, nur Erbsen mit gelben Samen hervorgehen. Die beiden Erbanlagen – so folgerte MENDEL – sind unterschiedlich stark. Nur die stärkere wirkt sich auf das Merkmal aus. Die Erbanlagen gehen aber nicht verloren, denn in der nächsten Generation treten wieder grünsamige Erbsenpflanzen auf.

Heute werden die Erbanlagen, die zur Ausprägung eines Merkmals (z. B. Samenfarbe) notwendig sind, **Gene** bzw. **Genorte** genannt, da mitunter mehr als ein Gen dafür verantwortlich ist. Da ein Gen zu unterschiedlicher Merkmalsausprägung führen kann (z. B. grün und gelb), kann man sich vorstellen, dass es verschiedene Versionen eines Gens geben muss. Diese werden **Allele** genannt.

Die Einheitlichkeit der Nachkommen der gelb- und grünsamigen Erbsen in der **1. Tochter- bzw. Filialgeneration (F1-Generation)** begründet MENDEL damit, dass es **Merkmal bestimmende (dominante)** und zurücktretende oder **Merkmal unterlegene (rezessive) Erbanlagen** gibt.
CARL ERICH CORRENS (1864–1933) fand später bei der Japanischen Wunderblume noch eine gleichwertige, gemischte Merkmalsausbildung; sie wird als **intermediär** bezeichnet (S. 195).

MENDEL führte eine **Buchstabensymbolik** ein, um den Erbgang eines Merkmals genauer verfolgen zu können. In Körperzellen (diploid) befindet sich immer ein Allelpaar und in Geschlechtszellen (haploid) nur ein einzelnes Allel. Dabei unterschied er zwischen der Gesamtheit der Erbanlagen (Genotyp) und der Gesamtheit der Merkmale, dem Erscheinungsbild (Phänotyp) eines Organismus.

Dominante Allele werden mit großen Buchstaben und rezessive Allele mit kleinen Buchstaben gekennzeichnet. Jedem Gen werden somit zwei Buchstaben zugeordnet.

Die Körperzellen können folgende Allelpaare enthalten:
AA – reinerbig mit zwei dominanten Allelen,
aa – reinerbig mit zwei rezessiven Allelen,
Aa – mischerbig mit einem dominanten (A) und einem rezessiven (a) Allel.

JOHANN GREGOR MENDEL kam durch umfangreiche Kreuzungsversuche an Pflanzen und deren statistische Auswertung zu allgemeingültigen Regeln über die Vererbung von Anlagen.

Bezeichnungen für die Darstellung von Erbgängen	
P	Eltern- (Parental-) generation
F_1	1. Tochter- (Filial-) generation
F_2	2. Tochtergeneration
X	Kreuzung von zwei Individuen
großer Buchstabe	dominantes Allel
kleiner Buchstabe	rezessives Allel (intermediär: zwei kleine unterschiedliche Buchstaben)
reinerbig	homozygot, Allele eines Gens sind gleich
mischerbig	heterozygot, Allele eines Gens unterscheiden sich

1 Die Bezeichnungen sind lateinisch: *parentes* = Eltern; *filia* = Tochter; *homo* = gleich; *hetero* = verschieden; *dominare* = herrschen; *recedere* = zurücktreten

Mendels Vererbungsregeln

MENDEL kreuzte beispielsweise die grünsamigen Erbsenpflanzen mit gelbsamigen Erbsenpflanzen (S. 192).

Wendet man auf dieses Beispiel die Buchstabensymbolik an und vollzieht den Erbgang nach, ergibt sich folgendes:

Das Merkmal „gelber Samen“ der Elterngeneration ist **reinerbig** und merkmalsbestimmend **(dominant)**, da es sich in der 1. Tochtergeneration durchgesetzt hat. Der Genotyp wird daher mit zwei Großbuchstaben (GG) gekennzeichnet. Das Merkmal „grüner Samen“ ist ebenfalls **reinerbig**, aber merkmalsunterlegen **(rezessiv)**. Der Genotyp erhält in der Symbolik zwei kleine Buchstaben (gg).

Die verschiedenen Kombinationsmöglichkeiten der Keimzellen führen in der 1. Tochtergeneration zu folgenden Genotypen:

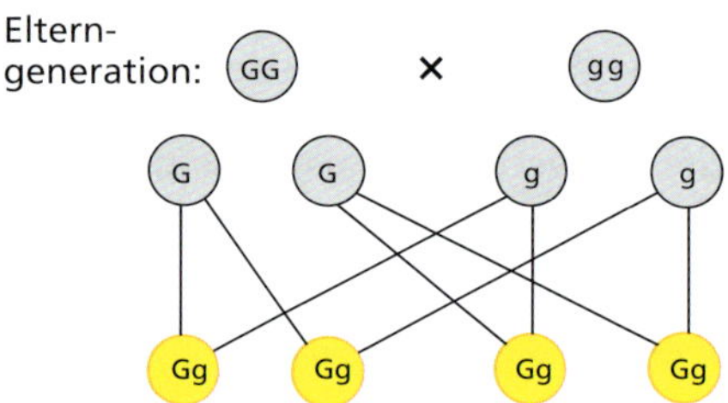

Die Ergebnisse von Kreuzungsexperimenten sowie die Erbgänge können in einem **Kreuzungsschema** dargestellt werden (Abb. 2).

MENDELS Beobachtungen und Ergebnisse der Kreuzungsversuche werden in den **mendelschen Regeln** zusammengefasst.

Beim oben genannten Beispiel hatten alle Erbsenpflanzen in der 1. Tochtergeneration (F_1-Generation) in ihren Hülsen nur gelbe Samen. Sie sahen also gleich (uniform) aus.

Die **1. mendelsche Regel** wird deshalb **Uniformitätsregel** genannt.

Die 1. mendelsche Regel (Uniformitätsregel) lautet: Kreuzt man reinerbige Eltern (P), die sich in einem Merkmal unterscheiden, so sind alle Nachkommen (F_1) untereinander gleich.

1 Mithilfe von Kreuzungsexperimenten an Erbsenpflanzen stellte MENDEL die Vererbungsregeln auf.

P-Generation (Elterngeneration)	GG ♀ ×	gg ♂
Genotyp (Erbbild)	reinerbig dominant (Merkmal-bestimmend)	reinerbig rezessiv (Merkmal-unterlegen)
Phänotyp (Erscheinungs-bild)	gelb	grün

Keimzellen

1. Tochter-generation (F_1-Generation)

♂ \ ♀	G	G
g	Gg	Gg
g	Gg	Gg

Genotyp (Erbbild)	Gg mischerbig
Phänotyp (Erscheinungs-bild)	gelbe Samenschale

2 Kreuzungsschema zur 1. mendelschen Regel (Uniformitätsregel)

MENDEL kreuzte die mischerbigen Nachkommen der 1. Tochtergeneration (F_1-Generation, Abb. 1, S. 194) und untersuchte das Aussehen der Nachkommen in der 2. Tochtergeneration (F_2-Generation). Die festgestellten Ergebnisse konnten in der **2. mendelschen Regel** zusammengefasst werden. Die einheitlichen Merkmale der mischerbigen 1. Tochtergeneration spalten sich in der 2. Tochtergeneration in einem bestimmten Zahlenverhältnis auf. Die Regel wurde deshalb **Spaltungsregel** genannt.

Die 2. mendelsche Regel (Spaltungsregel) lautet: Kreuzt man die Individuen der F_1-Generation untereinander, so erhält man in der F_2-Generation eine Aufspaltung der Merkmale in festen Zahlenverhältnissen.

Beim **dominant-rezessiven Erbgang** erfolgt die Aufspaltung in der F_2-Generation im Verhältnis 3 : 1 des dominanten zum rezessiven Phänotyp. Im Genotyp liegt ein Verhältnis 1 : 2 : 1 zwischen reinerbig-dominant zu mischerbig zu reinerbig-rezessiv vor.

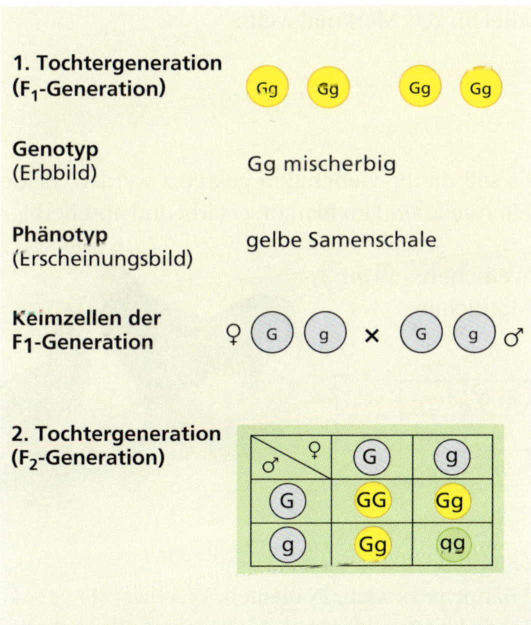

1 Kreuzungsschema zur 2. mendelschen Regel zum dominant-rezessiven Erbgang

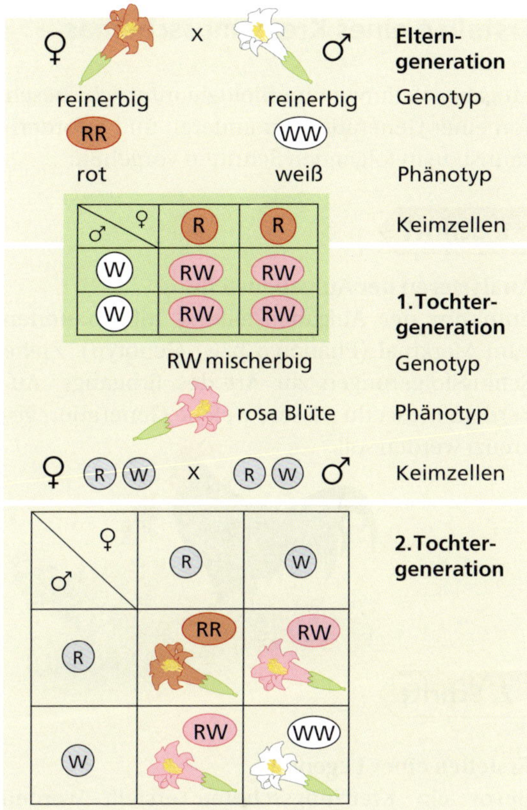

2 Kreuzungsschema zur 1. und 2. mendelschen Regel zum intermediären Erbgang

CARL ERICH CORRENS (1864–1933), ein deutscher Botaniker, bestätigte 1900 MENDELS Beobachtungen durch seine Experimente mit der Japanischen Wunderblume *(Mirabilis jalupa)*. Bei der hier auftretenden **intermediären Vererbung** führt die Kreuzung weiß blühender und rot blühender Pflanzen in der F_1-Generation zu einheitlich rosa blühenden Nachkommen (Uniformitätsregel).

Das Erscheinungsbild, der Phänotyp, lag zwischen den beiden elterlichen Phänotypen. Beim intermediären Erbgang erfolgt im Phäno- und Genotyp (F_2) eine Aufspaltung im Zahlenverhältnis 1 : 2 : 1 zwischen der einen reinerbigen Form, der Mischform und der anderen reinerbigen Form (Spaltungsregel, Abb. 2). Diese Zahlenverhältnisse entstehen durch die Weitergabe von jeweils der Hälfte der Chromosomen aus den Keimzellen der Mutter und denen des Vaters mit dem entsprechenden Allel (Meiose, S. 168).

Erstellen eines Kreuzungsschemas

Aufgabenstellungen im Biologieunterricht beschreiben mitunter Vererbungen von Merkmalsanlagen von einer Generation zur anderen und erfordern das Aufstellen von Kreuzungsschemata. Zur Lösung kannst du in folgenden Schritten vorgehen:

1. Schritt

Analysieren der Aufgabenstellung
Entnimm der Aufgabenstellung Informationen zum Merkmal (Phänotyp bzw. Genotyp). Ziehe Schlussfolgerungen zur Art des Erbgangs. Außerdem musst du wissen, welche Generation gekreuzt werden soll.

Beispiel
Eine Rasse reinerbiger schwarzer Hühner wurde mit einer Rasse reinerbiger weißer Hühner gekreuzt. In der F_1-Generation traten einheitlich Hühner mit einem Blauton auf. Daher erhielten die Hühner den Namen Blaue Andalusier. Der Züchter möchte nun wissen, ob und mit welcher Wahrscheinlichkeit bei der Kreuzung der F_1-Individuen Blaue Andalusier auftreten können.

Merkmal: Federfarbe
Phänotyp der F_1-Generation: Blauton
Genotyp: mischerbig
Erbgang: intermediär
zu kreuzende Generation: F_1

2. Schritt

Erstellen einer Legende
Bevor ein Kreuzungsschema erstellt werden kann, legt man eindeutige Symbole fest. Jedes Allel zur Ausprägung des Merkmals erhält einen Buchstaben.

Allel für das Merkmal schwarz: s
Allel für das Merkmal weiß: w

3. Schritt

Erstellen des Kreuzungsschemas
Zuerst wird der Genotyp der zu kreuzenden Individuen festgelegt (pro Merkmal zwei Allele, mischerbig oder reinerbig).
Die Allele der möglichen Keimzellen werden nun in das Kreuzungsschema eingetragen und kombiniert.

Es soll die F_1-Generation gekreuzt werden. Beide Elternteile sind im Blauton gefärbt und mischerbig.

Weibchen: ws
Männchen: ws

♂ \ ♀	w	s
w	ww	ws
s	ws	ss

4. Schritt

Interpretation der Ergebnisse
Aus dem Kreuzungsschema werden die Häufigkeiten der einzelnen Genotypen ermittelt, die jeweiligen Phänotypen abgeleitet und die Ausgangsfrage beantwortet.

Genotyp: 1x ww, 2x ws, 1x ss
Phänotyp: 1x weiß, 2x Blauton, 1x schwarz (1 : 2 : 1)
Ja, es können in der F_2-Generation Blaue Andalusier auftreten und zwar mit einer Wahrscheinlichkeit von 50 %.

Erarbeitung der mendelschen Regeln

Aufgabe:
Rote Rosen und weiße Rosen sollen bis zur F_2-Generation gekreuzt werden. Die Rosen der F_1-Generation blühen rosa. Vollziehe die Gen- und Allelverteilung in einem Modellversuch nach.

Materialien:
5 Bechergläser, Kugeln in zwei unterschiedlichen Farben (z. B. rot, weiß) je 40 Stück, Tuch als Augenbinde

Durchführung:
1. Arbeitet in Zweiergruppen zusammen. Bedenkt vor Beginn des Versuchs, dass jeweils eine Kugel für ein Allel eines Individuums Modell steht.
2. Gebt die roten und die weißen Kugeln jeweils in ein Becherglas.
3. Fügt nun jeweils eine rote und eine weiße Kugel in ein drittes Becherglas zusammen.
4. Macht das so lange, bis alle Kugeln beider Farben in dem einen Becherglas sind.
5. Verteilt nun die Kugeln aus diesem Becherglas gleichmäßig auf drei Bechergläser. Dabei entnimmt ein Schüler eurer Gruppe nun mit verbundenen Augen mit jeder Hand aus diesem Becherglas eine Kugel. Der zweite Schüler sortiert die gezogenen Kugeln nach der Farbe in drei Kategorien. In das erste Becherglas kommen die Kugeln, wenn beide rot sind, ins zweite rot und weiß und ins dritte zwei weiße.

Auswertung:
1. Nennt die entstandenen Geno- und Phänotypen. Berechnet ihr Zahlenverhältnis.
2. Vergleicht eure Ergebnisse mit denen der anderen Arbeitsgruppen. Ermittelt die Summe der Geno- und Phänotypen aller Arbeitsgruppen und berechnet daraus das Zahlenverhältnis.
3. Stellt eure Ergebnisse übersichtlich dar (Abb.).
4. Interpretiert und diskutiert das Gesamtergebnis.
5. Welche mendelschen Regeln habt ihr modellhaft nachgestellt? Vergleicht die von euch errechneten Zahlenverhältnisse mit den durch die mendelschen Regeln zu erwartenden.
6. Übertragt eure Ergebnisse auf einen anderen Erbgang.
7. Welchen Vorgang habt ihr mit Schritt 3 modelliert?
8. Wie viele Individuen hat jede Arbeitsgruppe nachgestellt?
9. Worin liegen die Schwächen des Modells?

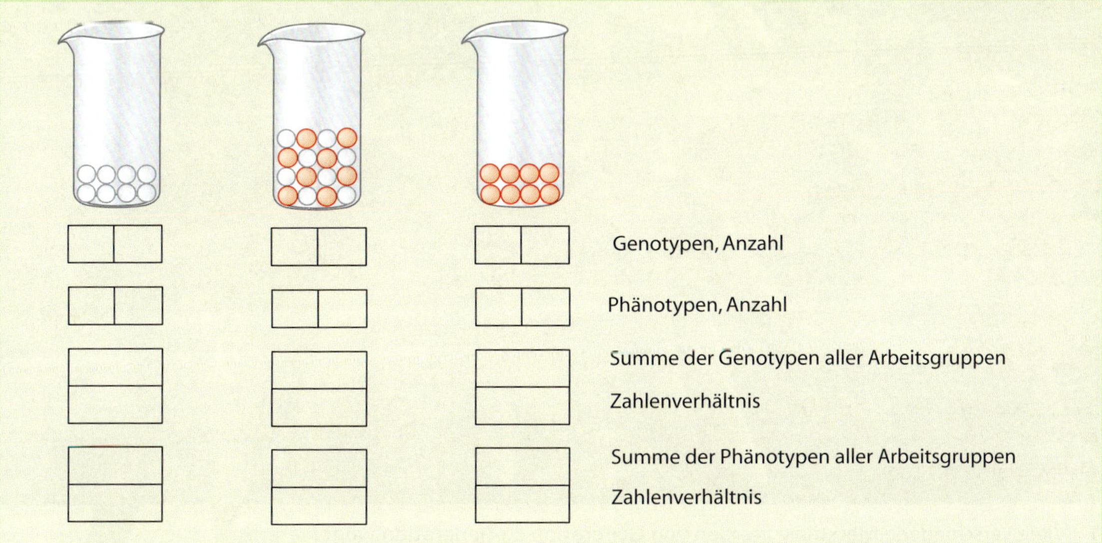

Die 3. mendelsche Regel

Bisher hatte MENDEL in seinen Kreuzungsexperimenten mit den Erbsenpflanzen immer nur ein Merkmalspaar unterschieden. In diesem Fall spricht man von einem **monohybriden Erbgang.** Das bedeutet, es kommt zur Ausbildung von einem heterozygoten Allellpaar bei den Nachkommen der 1. Tochtergeneration.
MENDEL kreuzte aber auch Erbsensorten, die sich in zwei Merkmalspaaren, nämlich Samenfarbe (gelb/grün) und Samenform (rund/runzlig), voneinander unterschieden. Die Eltern hatten gelbe, runde und grüne, runzlige Samen (S. 199). Für die Ausprägung dieser beiden Merkmale (Samenfarbe und Samenform) sind zwei unterschiedliche Allelpaare verantwortlich. Dabei handelt es sich um einen **dihybriden Erbgang.**

In der F_1-Generation fand er nur gelbe, runde Samen. Damit bestätigte sich die **Uniformitätsregel.** In der F_2-Generation erhielt er 556 Samen, von denen 315 gelb und rund, 101 gelb und runzlig, 108 grün und rund und 32 grün und runzlig waren. Dabei wird jedes Merkmal bildende Allel frei kombiniert.

Das bedeutet ein Spaltungsverhältnis aller möglichen Phänotypen von 9 : 3 : 3 : 1 und für jedes Merkmal selbst betrachtet wieder von 3 : 1. Das Verhältnis der Genotypen in der F_2-Generation entsteht also nach der **Spaltungsregel** einzelner Allelpaare, die frei kombiniert werden.
Betrachtet man das Kreuzungsschema (S. 199), so fällt auf, dass Erbsen entstanden sind, deren Merkmalskombinationen weder in der Elterngeneration noch in der 1. Tochtergeneration auftraten, nämlich gelb und runzlig sowie grün und rund. Die Erbanlagen (Gene) für die untersuchten Merkmale Form und Farbe wurden unabhängig voneinander vererbt und neu miteinander kombiniert.

Deshalb heißt die **3. mendelsche Regel** auch **Unabhängigkeitsregel** oder **Regel von der Neukombination der Gene**.

Die 3. mendelsche Regel:
Werden zwei Individuen gekreuzt, die sich in mehreren Merkmalen reinerbig unterscheiden, so werden die Erbanlagen (Gene) frei kombiniert und unabhängig voneinander vererbt.

1 Viele verschiedene Merkmale werden von Generation zu Generation weitervererbt.

P-Generation (Elterngeneration)

Genotyp ♀ GGRR × ggrr ♂

Phänotyp G gelb (dominant) g grün (rezessiv)
R rund (dominant) r runzlig (rezessiv)

Keimzellen GR GR gr gr

F_1-Generation (1. Tochtergeneration)

♂ \ ♀	GR	GR
gr	GgRr	GgRr
gr	GgRr	GgRr

Genotyp GgRr mischerbig

Phänotyp gelb und rund

Keimzellen der F_1-Generation ♀ GR Gr gR gr × GR Gr gR gr ♂

F_2-Generation (2. Tochtergeneration)

♂ \ ♀	GR	Gr	gR	gr
GR	GGRR	GGRr	GgRR	GgRr
Gr	GGRr	GGrr	GgRr	Ggrr
gR	GgRR	GgRr	ggRR	ggRr
gr	GgRr	Ggrr	ggRr	ggrr

Genotyp GGRR (1), GGrr (1), ggRR (1), ggrr (1) reinerbig

GGRr (2), GgRR (2), GgRr (4), Ggrr (2), ggRr (2) mischerbig

Phänotyp 9 gelb/rund, 3 gelb/runzlig, 3 grün/rund, 1 grün/runzlig

1 Kreuzungsschema zur 3. mendelschen Regel (Unabhängigkeitsregel; ▭ reinerbige Neukombinationen)

Biologie im Alltag

Neukombination der Erbanlagen (Gene) und ihre Nutzung

Die Aufspaltung und Neukombination der Erbanlagen ist eine Ursache für die genetische Mannigfaltigkeit der Organismen. Sie ergibt sich letztendlich aus der Trennung und Verteilung der Gene bei der Meiose der Eltern (Keimzellenbildung) und der Zufälligkeit der Kombination der Gene bei der Befruchtung.
Die geschlechtliche Fortpflanzung sorgt also in jeder Generation für eine völlig neue Kombination der vorhandenen Gene bzw. Allele. Dadurch wird jeder neue Organismus zu einem genetisch einmaligen Individuum.
Allerdings ist die **3. mendelsche Regel** nicht uneingeschränkt gültig, da die Gene auf Chromosomen zusammengefasst sind. Die zwei homologen Chromosomen, die von Vater und Mutter stammen, tauschen während der Meiose zwar Abschnitte miteinander aus (S. 170). Je dichter zwei Gene auf einem Chromosom beieinander liegen, desto größer ist jedoch die Wahrscheinlichkeit, dass sie nicht unabhängig sondern „gekoppelt" vererbt werden. Die Häufigkeit der **gekoppelten Vererbung** von zwei Genen kann man nutzen, um ihren Abstand auf dem Chromosom zu bestimmen. Auf diese Weise konnte man schon Chromosomenkarten erstellen, lange bevor eine Genomkartierung auf DNA-Basis möglich war.

Seit der Mensch Ackerbau betreibt, werden die Kulturpflanzen und Haustiere von ihm auch „gezüchtet" und dabei genetisch verändert. Durch die Aufklärung der Vererbungsgesetze konnte die Tier- und Pflanzenzüchtung jedoch wesentlich verbessert werden. Insbesondere gelang es nun viel besser, gezielt verschiedene erwünschte Merkmale zu kombinieren.
So wurden durch **Kombinationszüchtung** z. B. verschiedene Tomaten- und Kartoffelsorten (Abb. 1) oder auch Getreidesorten mit höheren Erträgen und größerer Widerstandsfähigkeit gegenüber den Umweltfaktoren gezüchtet.

Dabei ist diese nach den mendelschen Regeln vorgehende Züchtung ein relativ aufwendiger Vorgang. Zunächst müssen von Wissenschaftlern in langjährigen Kreuzungsexperimenten neue Kombinationen der Erbanlagen gesucht werden. Dabei greifen die Züchter auf Methoden von MENDEL zurück, wie Auslese von Organismen mit bestimmten Merkmalen, gezielte Kreuzung mit ausgewählten anderen Organismen und gründliche statistische Auswertung der Kreuzungsergebnisse über mehrere Generationen.

Ein Beispiel dafür war die Züchtung von sogenanntem **„00-Raps"** in den 1970er- und 1980er-Jahren. Raps enthielt früher reichlich Stoffe, die ihn als Nahrungsmittel ungeeignet machten. Deshalb wurde er lange Zeit nicht für Nahrungsmittel und Futtermittel verwendet. „00-Raps" ist fast frei von diesen Stoffen. Nach der Entwicklung der 00-Sorten sind der Rapsanbau und seine Verwendung sehr stark angestiegen.

1 Durch Züchtung entstanden diese unterschiedlichen Kartoffeln.

1 Rinderrassen, durch Züchtung entstanden

Ziele bei der **Pflanzenzüchtung** sind neben höheren Erträgen und größerer Widerstandsfähigkeit gegen Krankheiten und Schädlinge auch eine leichte maschinelle Ernte und Verarbeitung, eine gute Lagerfähigkeit und Anpassung an Kulturbedingungen sowie bestimmte konkrete Qualitätsmerkmale.

Vergleichbare Ziele gibt es auch in der **Tierzucht.** So wird auch bei den Tieren durch Kombinationszüchtung versucht, Anlagen für wertvolle Merkmale unterschiedlicher Tierrassen miteinander zu kombinieren und in Höchstleistungsrassen zu vereinen. Es sind z. B. im Schwarzbunten Milchrind die Gene für hohe Milchleistung des Holstein-Friesian-Rinds, für hohen Milchfettgehalt die Gene des Dänischen Jersey-Rinds und die Gene des Schwarzbunten Rinds für gute Fleischbildung vereint (Abb. 1). Das Schwarzbunte Milchrind wird zur Zucht und Vermehrung identischer Hochleistungstiere genutzt (S. 167).

Der Vorfahre unserer heutigen Rinder, der Ur- oder Auerochse (Abb.), gab jährlich ca. 600 Liter Milch. Die jährliche Milchleistung der heutigen Rinder liegt im Durchschnitt bei 5 000 bis 7 000 Litern, in Abhängigkeit von Rasse und Haltung. Einzelne Kühe erreichen eine Jahresmilchleistung von 11 000 Litern.

Nur ein sehr, sehr geringer Teil der auf der Erde vorkommenden Pflanzen- und Tierarten wird gegenwärtig als Nutzpflanzen bzw. Nutztiere vom Menschen für seinen Lebensunterhalt genutzt. Da die Anzahl der Menschen auf der Erde ständig wächst, kommt der Züchtung neuer Pflanzensorten und Tierrassen auch weiterhin eine große Bedeutung zu.

Die Neukombination der Erbanlagen (Gene) bei der Bildung der Geschlechtszellen und der Befruchtung der Eizelle während der geschlechtlichen Fortpflanzung ist eine Ursache für die Variabilität der Organismen.
Der Mensch nutzt die Neukombination der Erbanlagen in der Tier- und Pflanzenzüchtung.

gewusst · gekonnt

1. Ergänze dein Glossar durch folgende Begriffe: Allel, Phänotyp, Genotyp, dominant, rezessiv, reinerbig, mischerbig, intermediär, monohybrid, dihybrid, Kreuzungsschema, Erbgang, Uniformitätsregel, Spaltungsregel, Unabhängigkeitsregel.

2. Erst nach vielen Kreuzungsversuchen hat MENDEL die Ergebnisse seiner Untersuchungen in Regeln formuliert. Falls an der Schule vorhanden, mache dich mit dem Simulationsprogramm „MENDEL" vertraut. Simuliere Kreuzungen und betrachte am Bildschirm die Merkmale der Nachkommen in der 1. Tochtergeneration.

3. Ein reinerbig blau blühendes und ein reinerbig weiß blühendes Stiefmütterchen werden miteinander gekreuzt. Die F_1-Nachkommen blühen blau.

a) Ermittle die Art der Merkmalsausbildung.
b) Gib den Eltern und den F_1-Nachkommen entsprechende Symbole.
c) Stelle die Kreuzungsschemata bis zur F_2-Generation auf.

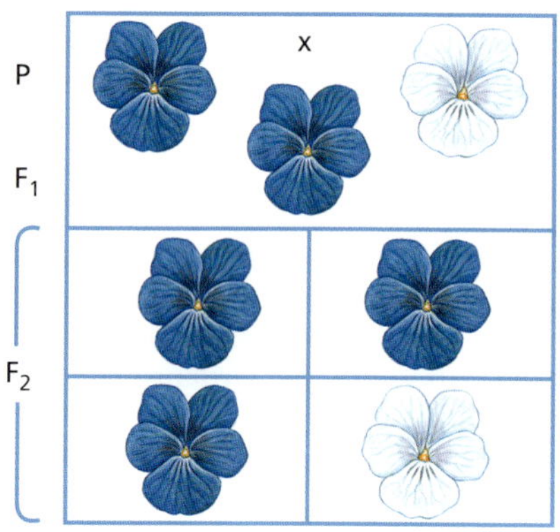

4. Ein blau blühendes und ein rot blühendes Stiefmütterchen werden miteinander gekreuzt.

a) Entscheide anhand der Abbildung, welcher Erbgang vorliegt. Begründe.
b) Gib den Eltern und den Nachkommen entsprechende Symbole und stelle die Kreuzungsschemata bis zur F_2-Generation auf.

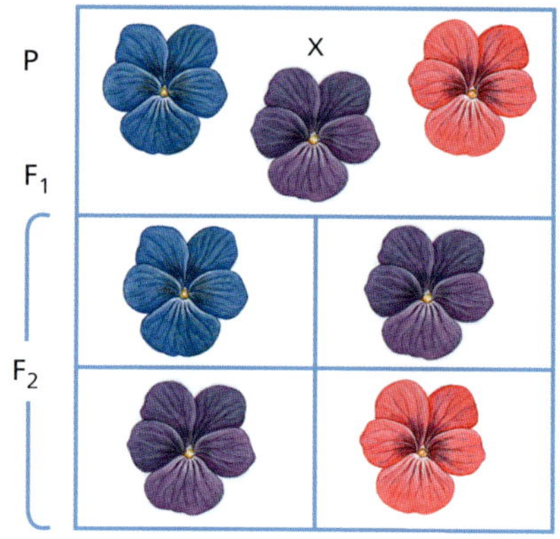

5. a) Benenne die allgemeinen Regeln, die sich in dem Erbgang für den Blattrand der Brennnessel widerspiegeln (Abb.).
b) Gib den Genotyp zu den dargestellten Phänotypen an. Begründe mit dem entsprechenden Erbgang.

c) Erstelle ein Kreuzungsschema zum dihybriden Erbgang (Blattfarbe und Blattrand).

6. Rechtshändigkeit wird dominant vererbt. In welchem Verhältnis müsste nach der Spaltungsregel die Rechts- und Linkshändigkeit vorliegen? Erfasst in der Klasse die Häufigkeit der Rechts- und Linkshänder. Wertet das Ergebnis statistisch aus und interpretiert es.

Mendel – Begründer der Genetik

Johann Gregor Mendel (1822–1884) führte von 1855 bis 1864 im Klostergarten zu Brünn (Brno) Kreuzungsexperimente mit der Saat-Erbse *(Pisum sativum)* durch. Sie waren die Grundlage für die Formulierung der mendelschen Regeln im Jahre 1865, die die Grundregeln der Vererbung darstellen.

Mendelsche Regeln

1. Uniformitätsregel:
   Kreuzt man reinerbige Eltern, die sich in einem Merkmal unterscheiden, sind alle Nachkommen der F_1-Generation gleich (uniform).

2. Spaltungsregel:
   Kreuzt man die Individuen der F_1-Generation untereinander, so erhält man in der F_2-Generation eine Aufspaltung der Merkmale in festen Zahlenverhältnissen.

3. Unabhängigkeitsregel:
   Kreuzt man reinerbige Eltern, die sich in mehreren Merkmalen unterscheiden, so werden die Erbanlagen (Gene) frei kombiniert und unabhängig voneinander vererbt.
   Diese Regel gilt nur eingeschränkt, da Gene in Chromosomen auch gekoppelt vorliegen.

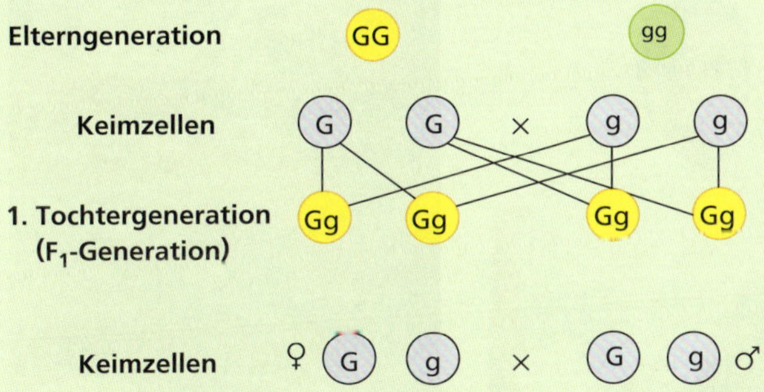

2. Tochtergeneration (F_2-Generation)

♂ \ ♀	G	g
G	GG	Gg
g	Gg	gg

Genotyp (Erbbild)	Phänotyp (Erscheinungsbild)
Gg einheitlich mischerbig	Merkmal einheitlich gelb
GG reinerbig Gg mischerbig gg reinerbig	Merkmals-unterschiede in bestimmten Zahlenverhältnissen gelb zu grün (3:1)

3.4 Vererbung beim Menschen – wie die Eltern so die Kinder?

Ganz die Mutter

Ob die Nase, die Ohren oder die Beine von der Mutter sind, das wird oftmals gleich nach der Geburt versucht zu klären. Ähnlichkeiten werden von den Großeltern auf den Sohn oder die Tochter und auf deren Kinder weitergegeben.
Welche Eigenschaften werden vererbt?
Wie ähnlich können sich Urgroßvater und Urenkeltochter noch sein?

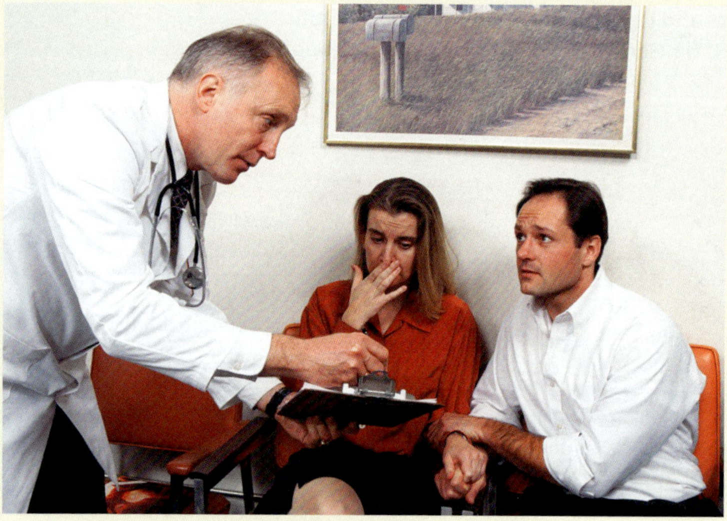

Beratung erbeten

Verschiedenste Faktoren wirken auf die vorgeburtliche Entwicklung des Menschen ein. Einige können schädigenden Einfluss haben und das genetische Material des Ungeborenen verändern. Werdende Eltern, die verunsichert sind, können sich beratende Hilfe suchen.
Sollte sich jeder beraten lassen? Wie läuft eine Beratung ab?

Anders als andere

Beim Vererbungsprozess passieren manchmal Fehler. Dann kommt es zu Veränderungen des Erbmaterials, die Auswirkungen auf das Aussehen und Verhalten des Menschen haben können.
Was bedeutet es, mit einer Erbkrankheit zu leben?

Vererbung beim Menschen

Eine wichtige Eigenschaft des menschlichen Genotyps, der Gesamtheit der Gene, ist seine Variabilität. Keine zwei Personen besitzen den gleichen Genotyp. Jeder Mensch ist ein **genetisches Unikat.**
Welches Allel eines Gens bzw. welche Anlage nun im Phänotyp des Menschen zur Merkmalsbildung führte, hängt von seiner Vererbung - dominant, rezessiv, intermediär - ab (S. 194).
Dunkle Haare sind dominant gegenüber hellen Haaren. Die Fähigkeit, den bitteren Stoff Phenylthiocarbamid zu schmecken, vererbt sich auch dominant. Etwa 70 % der Europärer besitzen diese Schmeckfähigkeit.
Wellige Haare entstehen intermediär aus den gemeinsam vorhandenen Anlagen für lockiges und glattes Haar.

1 Die Hautfarbe unterliegt einer polygenen Vererbung

Besonders eindeutig lässt sich auch beim Menschen die Vererbung bestimmter Gene nachweisen, wenn jeweils ein Gen für die Ausbildung eines bestimmten Merkmals verantwortlich ist. Sind mehrere Gene für die Ausbildung eines Merkmals verantwortlich, spricht man von **Polygenie**. In diesem Falle wird es schwieriger, Erbgänge zu analysieren oder Voraussagen über die Vererbung zu machen. Ein Beispiel für Polygenie ist die Vererbung der **Hautfarbe**. Man nimmt an, dass für die Ausprägung der Hautfarbe mehrere Gene (mindestens acht) verantwortlich sind, die jeweils in Allelen „dunkle Pigmentierung" und „helle Pigmentierung" vorkommen können. Bei der Merkmalsausprägung addieren sich die Wirkungen dieser verschiedenen Hautfarbengene, sodass sehr unterschiedliche Abstufungen der Hautfarbe entstehen können (Abb. 1).
Bei **monogenen** Merkmalen (Tab.) lassen sich mit Hilfe der **mendelschen Verwerbungsregeln** auch beim Menschen Erbgänge analysieren und voraussagen. Dies ist von besonderer Bedeutung, wenn es sich um genetisch bedingte Krankheiten handelt.

Beispiele für Merkmale mit mendelscher Vererbung beim Menschen

Beispiel	dominant	rezessiv
Ohrläppchen	freistehend	angewachsen
Daumenreflexion (mit Doppelgelenk)	nach außen biegbar	nicht biegbar
Fähigkeit, Phenylthiocarbamid (PTC) zu schmecken	schmecken	nicht schmecken
Ausscheiden des auffällig riechenden Methylmerkaptans nach Spargelessen	keine Ausscheidung im Harn	Ausscheidung im Harn
Ausscheiden des roten Farbstoffs Betanin nach dem Genuss Roter Bete	keine Ausscheidung im Harn	Ausscheidung im Harn

Vererbung von Merkmalen

Vererbung des Geschlechts

Auch die Geschlechtsbestimmung beim Menschen erfolgt entsprechend den mendelschen Regeln. Insgesamt befinden sich in jeder Körperzelle des Menschen 46 Chromosomen, nämlich 44 Körperchromosomen (Autosomen) und 2 Geschlechtschromosomen (Gonosomen, Abb. 3).
Das Geschlecht eines Menschen wird durch die Geschlechtschromosomen (X bzw. Y) festgelegt. Die Entscheidung über das Geschlecht erfolgt bereits bei der Befruchtung der Eizelle (Abb. 2). Die Eizelle enthält immer ein X-Chromosom, die Samenzelle ein X- oder ein Y-Chromosom. Das Geschlecht des Menschen wird bei der Befruchtung der Eizelle (S. 178) durch die Kombination der Geschlechtschromosomen bestimmt (XX = weiblich, XY = männlich).

Die **Vererbung des Geschlechts beim Menschen** kann schematisch dargestellt werden (Abb. 3). Theoretisch ist eine Geschlechtsverteilung von 1 : 1 zu erwarten. Praktisch werden aber auf 100 Mädchen 106 Jungen geboren. Die Ursache dafür ist nicht geklärt. Man vermutet, dass Y-Spermien leichter und schneller beweglich sind und dadurch eher zur Befruchtung kommen.

1 Junge oder Mädchen? – theoretisch 1 : 1

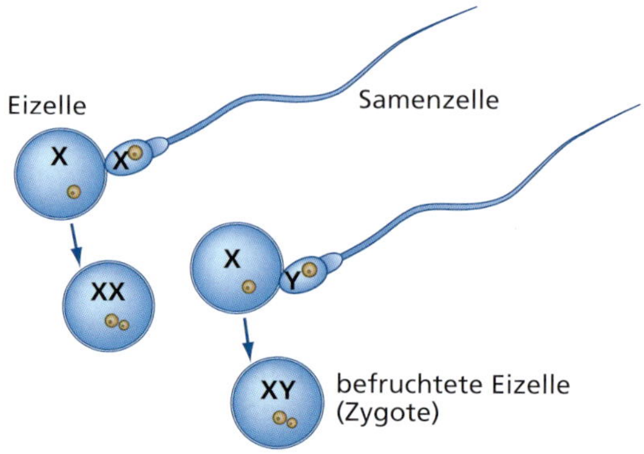

2 Festlegung des Geschlechts bei der Befruchtung der Eizelle

Die **Differenzierung des Geschlechts** beginnt etwa am 35. Tag der Embryonalentwicklung. Bis dahin entwickeln sich die Anlagen für die Keimdrüsen und für die Geschlechtsorgane geschlechtsunabhängig. Hat der Embryo ein Y-Chromosom geerbt, wird dort jetzt ein Gen aktiv, das aus den Keimdrüsenanlagen Hoden entstehen lässt. Diese produzieren das männliche Sexualhormon Testosteron.
Das Hormon aktiviert als Signalstoff dann Gene im gesamten Erbmaterial (Genom), die eine männliche Differenzierung bewirken. Ohne dieses Gen, es ist fast die einzige Erbinformation auf dem Y-Chromosom, entstehen Eierstöcke. Dann entwickelt sich der Embryo weiblich.

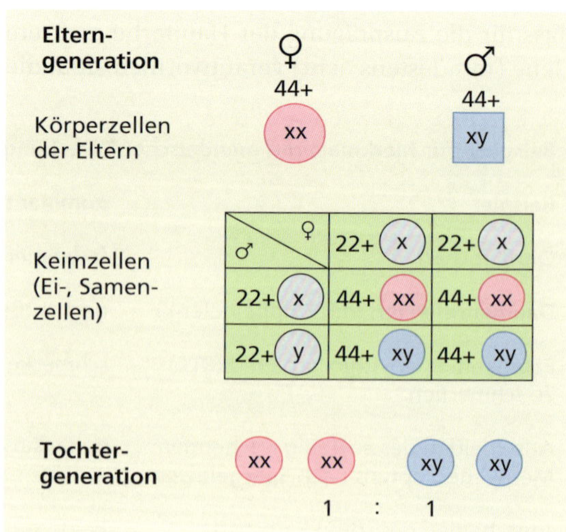

3 Vererbung des Geschlechts beim Menschen

Vererbung der Blutgruppen

Zeit seines Lebens besitzt jeder Mensch eine bestimmte charakteristische Blutgruppe. Auch **Blutgruppen werden vererbt.**

Es werden die Blutgruppen A, B, AB und 0 (Null) unterschieden. Die Vererbung der Blutgruppenmerkmale A, B und 0 erfolgt nach den **mendelschen Regeln**. Bestimmt werden die Blutgruppenmerkmale durch drei Allele, nämlich A, B und 0. Die Allele für die Blutgruppen befinden sich auf dem homologen Chromosomenpaar Nr. 9 (Abb. 2, S. 159). Je zwei der drei möglichen Allele A, B und 0 sind für eine bestimmte Blutgruppe, d. h. die Ausbildung eines bestimmten Antigens auf den roten Blutkörperchen, verantwortlich.

Das Allel 0 ist gegenüber den Allelen A und B rezessiv, während A und B gleich stark vererbt werden.

Die Allelpaare AA und AO ergeben die Blutgruppe A, die Alellpaare BB und BO die Blugruppe B, das Allelpaar AB die Blutgruppe AB. Die Vererbung der Blutgruppen kann in Erbgängen dargestellt werden (Abb. unten).

Die Kinder, deren Eltern die Allele AA und 00 für die Blutgruppen A und 0 haben, können theoretisch nur die Blutgruppe A erhalten. Aus den Gesetzmäßigkeiten der Blutgruppenvererbung kann man von den Eltern auf die Kinder schließen und umgekehrt (Tab.).

Das macht die Zuordnung und den Ausschluss von Vätern möglich. Dabei bleiben aber immer noch Fragen offen. Heute nutzt man für Vaterschaftstests meist den genaueren „genetischen Fingerabdruck“, bei dem bestimmte DNA-Sequenzen verglichen werden.

Blutgruppenzuordnung von Eltern und Kindern

Mutter	Kind	mögliche Väter	nichtmögliche Väter
0	**0**	0, A, B	AB
0	A	A, AB	0, B
0	B	B, AB	0, A
B	B	0, AB, A, B	–
A	A	0, AB, A, B	–
AB	AB	A, B, AB	0
A	0	0, A, B	AB
B	0	0, A, B	AB
AB	B	0, AB, A, B	–

Aufgabe

Zwei Männer mit unterschiedlichen Blutgruppen (0 und AB) stehen für eine mögliche Vaterschaft zur Diskussion. Die Mutter hat die Blutgruppe 0 das Kind B. Überprüfe anhand eines Kreuzungsschemas, wer der Vater ist.

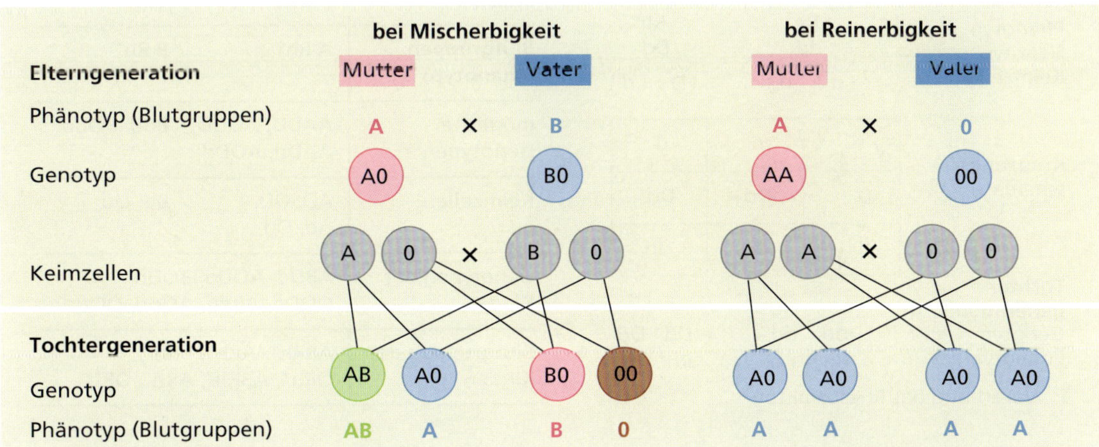

Mosaik

Rh-System und Vererbung des Rh-Faktors (dominanter Erbgang)

Der Wiener Arzt Dr. KARL LANDSTEINER (1868–1943) erforschte Anfang des 20. Jahrhunderts die Blutgruppen und entdeckte 1940, dass es noch weitere Substanzen auf den Blutkörperchen gibt. Erstmals wurden diese Substanzen an Rhesusaffen entdeckt und nach ihnen benannt.
Wie die Blutgerinnungsantigene A und B ist der Rhesusfaktor (Rh-Faktor) ein **Antigen** auf der Oberfläche der roten Blutkörperchen (Erythrozyten). Menschen, die diese Antigene, also einen Rhesusfaktor besitzen, sind rhesuspositiv (Rh^+). Das betrifft 85% aller Menschen, entsprechend haben 15 % keinen Rhesusfaktor, sie sind rhesusnegativ (Rh^-).

Das Gen zur Ausprägung des Rh-Faktors liegt auf dem 1. Chromosomenpaar (Abb. 2). Bei der Vererbung des Rhesusfaktors handelt es sich um einen **dominant-rezessiven Erbgang**. Das Vorhandensein eines Rhesusfaktors (Rh^+) wird dominant vererbt und mit „D" gekennzeichnet, Rh^- entsprechend mit „d". Die Vererbung des Rhesusfaktors erfolgt wie die Vererbung der Blutgruppe nach den mendelschen Gesetzen (Abb. 1).
Beide Blutgruppensysteme liegen auf verschiedenen homologen Chromosomen. Das ABO-System auf dem Chromosomenpaar 9 (S. 159) und das Rh-System auf dem Chromosomenpaar 1 (Abb. 2). Das bedeutet, dass es viele verschiedene Blutgruppenkombinationen gibt, weil sie **unabhängig** von einander nach der **3. mendelschen Regel** vererbt werden (Tab.).

Elterngeneration ♀ ♂

	♀	♂
Phänotyp	Rh^-	Rh^+
Genotyp	dd	Dd
Keimzellen	(d) (d)	(D) (d)

Kreuzungsschema

♂ \ ♀	d	d
D	Dd	Dd
d	dd	dd

Tochtergeneration

Genotyp	dd	dd	Dd	Dd
Phänotyp	Rh–	Rh–	Rh^+	Rh^+

1 Vererbung des Rhesusfaktors

homologes Chromosomenpaar Nr. 1

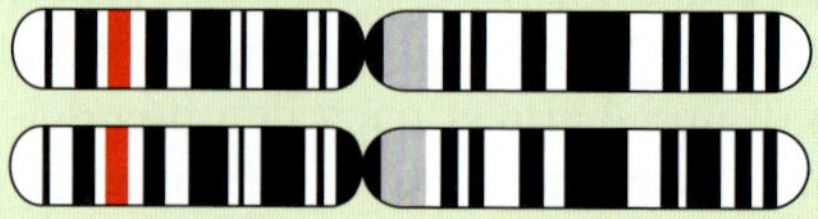

Rh (rot)

2 Lokalisation für die Gene des Rh-Systems

Der Rh-Faktor hat durchaus **klinische Bedeutung**. Wichtig ist die Beachtung des Rhesusfaktors, wenn eine rhesusnegative Mutter ein rhesuspositives Kind erwartet. Gegen die roten Blutzellen des Kindes mit dem Rh^+-Faktor würde die Mutter Antikörper ausbilden. Bei einer erneuten Rh^+-Schwangerschaft werden durch die Abwehrreaktionen der rhesusnegativen Mutter die roten Blutzellen des rhesuspositiven Kindes geschädigt, da die Mutter Antikörper gegen den Rh^+-Faktor gebildet hat.
Um dies zu verhindern, spritzt man der Mutter unmittelbar nach der Geburt des ersten Kindes Antiglobuline. Diese wirken gegen die von ihr gebildeten Rh^+-Antikörper. Damit wird die Bildung des **Antigen-Antikörper-Komplexes** als Immunreaktion gegen die roten Blutzellen des Kinds verhindert.

Außerdem ist die Bestimmung des Rhesusfaktors zusätzlich zur Blutgruppe ein weiteres und wichtiges Merkmal zur Eingrenzung einer möglichen Vaterschaft.

Eltern	Mutter	Vater
Blutgruppen (Phänotyp)	**A Rh^+**	**B Rh^-**
mögliche Genotypen	AADD, AODD, AADd, AODd	Bdd, BOdd
Keimzellen	AD, OD, Ad, Od	Bd, Od
Genotypen der Kinder	ABDd, AODd, BODd, OODd, ABdd, AOdd, OOdd	
Blutgruppen der Kinder	$ABRh^+$, ARh^+, BRh^+, ORh^+, $ABRh^-$, ARh^-, ORh^-	

Familienstammbäume

Der Begriff des Familienstammbaums ist aus der Ahnenforschung bekannt. Mithilfe einer festen Symbolik ist in ihm die Abstammung der Kinder von Vater und Mutter und der weiteren Familienmitglieder in den verschiedenen Generationen dargestellt (Abb. 1).
Anhand der Familienstammbäume kann die Vererbung der Anlagen von Merkmalen über mehrere Generationen analysiert werden. Sie bieten die Möglichkeit, bei auftretenden Erbkrankheiten Aussagen über das Krankheitsrisiko der Kinder abzuleiten. Die Analyse von Stammbäumen erfolgt unter den Gesichtspunkten, ob ein Erbleiden gonosomal oder autosomal vererbt und die Genotypen dominant, rezessiv oder intermediär ausgeprägt werden. Für die Erstellung von Stammbäumen werden bestimmte Symbole benutzt (Abb. 1). Männer werden mit einem Quadrat, Frauen mit einem Kreis symbolisiert. Bei weiblichen bzw. männlichen Merkmalsträgern werden diese Symbole vollständig ausgefüllt.

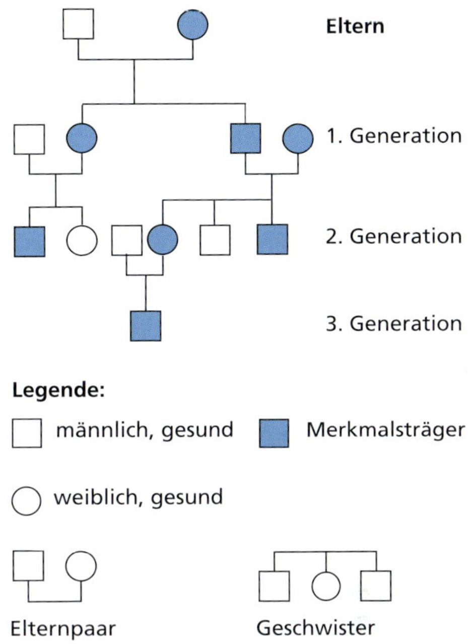

1 Der Familienstammbaum verdeutlicht die Abstammungsverhältnisse der nachkommenden Generation.

Mosaik

Interpretationshilfe zur Analyse von Stammbäumen

Stelle Überlegungen zu den beiden folgenden Aspekten an:

1) Werden die Erbanlagen für das Merkmal

- **dominant** (ein Allel reicht zur Ausbildung des Merkmals; rein- und mischerbig)
  MM Mm — M ist hier das Merkmal bestimmende Allel

oder

- **rezessiv** (nur bei Reinerbigkeit Ausprägung des Merkmals)
  mm — m ist hier das Merkmal bestimmende Allel

vererbt?

2) Wird das betrachtete Merkmal

- **autosomal** (Merkmal tragende Allele liegen auf den Körperchromosomen)
  – dominant: MM Mm
  – rezessiv: mm

oder

- **gonosomal** (Merkmal tragende Allele liegen auf den Geschlechtschromosomen)
  X-chromosomal:
  – dominant: X_MX_M, X_MX_m, X_MY
  – rezessiv: X_mX_m, X_mY
  Y-chromosomal: XY_M, XY_m
  (Merkmal tragendes Gen liegt auf dem Y-Chromosom, nur Männer sind Merkmalsträger; extrem selten)

vererbt?

Erst nachdem du diese Fragen geklärt hast, kannst du aus dem Stammbaum die Wahrscheinlichkeit einer Merkmalsausprägung in der nächsten Generation ableiten.

Vererbung der Rot-Grün-Blindheit

Ausschnitt aus einem Brief, den ein Mr. Scott 1777 an seinen Freund schrieb:

„Ich kenne kein Grün in der Welt. Vor einigen Jahren habe ich meine Tochter mit einem vornehmen Mann vermählt. Am Tage vor der Hochzeit kam er in einem neuen Mantel aus bestem Stoff in mein Haus. Ich war sehr gekränkt, daß er, wie ich glaubte, in Schwarz gekleidet war, der Farbe der Trauer. Ich sagte ihm, er solle gehen und den Mantel wechseln. Aber meine Tochter sagte, daß mich meine Augen trögen. Der Mann trug einen feinen weinroten Mantel. Dieser aber war für meine Augen schwarz. Es handelt sich um ein altes Familienleiden. Mein Vater hatte genau dieselbe Krankheit. Meine Mutter und eine meiner Schwestern konnten fehlerfrei sehen. Meine zweite Schwester war farbuntüchtig wie ich. Sie hatte zwei Söhne, die beide an dieser Krankheit litten. Ihre Tochter war dagegen normalsichtig. Ich selber habe einen Sohn und eine Tochter, die beide alle Farben ohne Ausnahme sehen können. Das Gleiche gilt für meine Frau. Der Bruder meiner Mutter hat denselben Fehler wie ich."

Wird davon ausgegangen, dass Mr. Scotts Frau reinerbig gesund ist, lässt sich aus dem Familienstammbaum erkennen, dass die Rot-Grün-Blindheit gonosomal (X-Chromosom) rezessiv vererbt wird. Sonst müsste Mr. Scotts Tochter ebenfalls erkrankt sein.

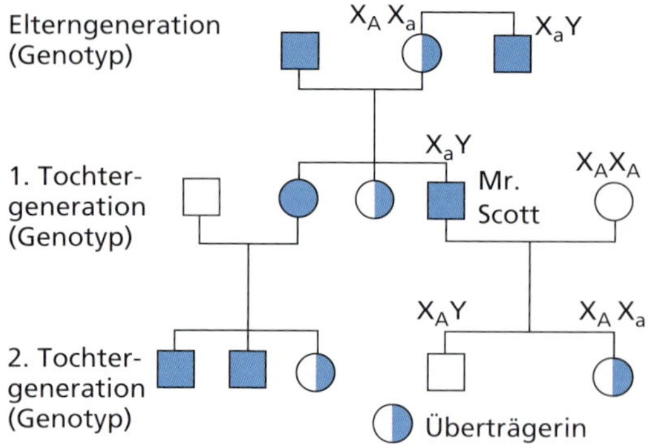

Die geschilderten Verhältnisse lassen sich nur erklären, wenn man annimmt, dass das zur Rot-Grün-Blindheit gehörende Gen auf dem X-Chromosom vererbt wird. Geht man davon aus, so ergibt sich, dass alle Söhne von Mr. Scott nicht an dieser Krankheit leiden werden, weil sie von der Mutter ein gesundes X-Chromosom und vom Vater ein gesundes Y-Chromosom vererbt bekommen. Die Töchter werden aber Konduktorinnen (Überträgerinnen) sein, d.h. sie übertragen zwar die Krankheit, weil sie ein krankes Allel auf einem X-Chromosom besitzen, erkranken aber nicht selbst, weil sie ein gesundes Allel auf dem zweiten X-Chromosom haben und das Erbleiden rezessiv vererbt wird. Hier sehen wir schon, dass wir unsere Aussagen sehr gründlich überprüfen müssen. Lücken in den Stammbäumen, die sich z.B. aus fehlenden Angaben über den Ehepartner ergeben, grenzen mitunter unsere Aussagen stark ein.

Aufgaben

1. Welche Aussagen über die Wahrscheinlichkeit einer Erkrankung für Mr. Scotts Kinder lassen sich unter der Annahme, dass Mr. Scotts Frau eine Konduktorin ist, ableiten?

2. Analysiere den Brief von Mr. Scott. Beschreibe, welche Auswirkungen die Rot-Grün-Blindheit im täglichen Leben hat? Nutze dazu auch die Abbildung und die Lehrbuchseite 78.

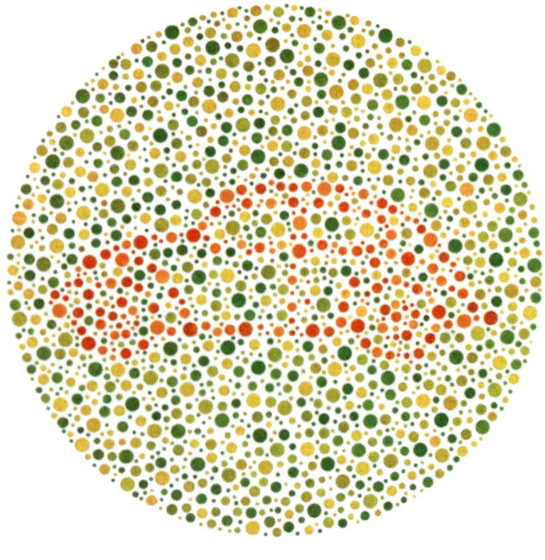

Mosaik

Vererbung von Anlagen für psychische Merkmale und Intelligenz

Oft wird gefragt, ob Anlagen für psychische Merkmale und Intelligenz vererbbar sind. Ein erster Blick auf die Stammbäume berühmter Familien, wie die der HUXLEYS, der WEIZSÄCKERS, der Familien BACH und DARWIN/GALTON (Abb. 1) lässt dies vermuten.
Das gehäufte Auftreten besonders begabter Personen in einigen Familien scheint geradezu ein Indiz dafür zu sein. Eine genetische Interpretation des abgebildeten Stammbaums müsste aber auch zur Annahme führen, dass die Vererbung der Intelligenz geschlechtsgebunden erfolgt. Das Fehlen der Informationen über die Begabung der Ehefrau ist ein Hinweis auf die Bedeutung der Umwelt für die Entfaltung der Begabung. Wäre die Umwelt bedeutungslos, so müssten begabte Frauen in derselben Häufigkeit in den Stammbäumen auftreten wie die Männer.
Zur Beantwortung dieser strittigen Frage wird die Zwillingsforschung ebenfalls herangezogen. Die Problematik ergibt sich daraus, dass es keine allgemein anerkannte Definition für Intelligenz gibt. Um ein Bild zu gewinnen, wird oftmals der sogenannte Intelligenzquotient (IQ) mithilfe eines Intelligenztests anhand von zu lösenden Aufgaben, z.B. Merkfähigkeit, schlussfolgerndes Denken, Abstraktionsvermögen, Ausdrucksleistungen, Zahlenverständnis und räumliches Vorstellungsvermögen, ermittelt. Eigenschaften wie Ausdauer, Konzentrationsvermögen, Willensstärke werden z. B. von dem Test nicht erfasst. Trotz dieser Einschränkungen wird deutlich, dass das, was durch den Intelligenztest gemessen wird, weitgehend erbbedingt ist. Schätzungen besagen, dass etwa 70 % der Intelligenz vererbt und 30 % erworben werden. Intelligenz ist aber auch hier das Resultat einer komplexen Wechselbeziehung von Erbe und Umwelt. Erblich fixiert sind die Voraussetzungen, einen bestimmten IQ zu erreichen. Die Umweltbedingungen entscheiden aber darüber, ob dieser Intelligenzgrad tatsächlich erreicht wird.
Die Wirkung der Umwelt auf die Ausbildung der Intelligenz lässt sich durch den Vergleich der IQ-Übereinstimmung bei gemeinsam und getrennt aufgewachsenen Zwillingspaaren erschließen. Die positiven Auswirkungen intensiver Betreuung und Förderung der Kinder in den ersten drei Lebensjahren auf die Entwicklung der Intelligenz und den Schulerfolg sind unbestritten. Da durch die Zwillingsforschung vergleichsweise nur wenig Daten zur Verfügung stehen, muss ihr wissenschaftlicher Aussagewert stets genau geprüft werden (Abb. 2).

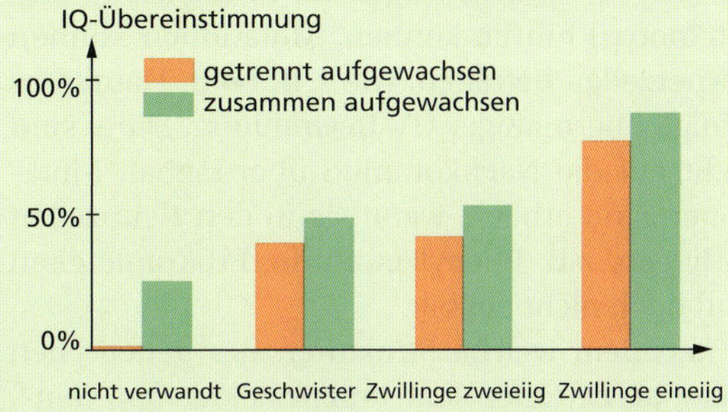

2 IQ-Übereinstimmung

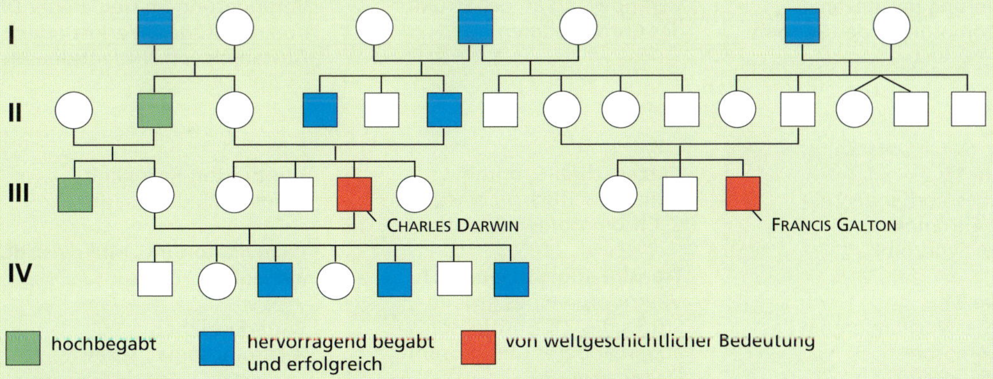

1 Familienstammbaum von CH. DARWIN und F. GALTON

Mutationen – Ursachen für Erbkrankheiten

Mutationen sind Veränderungen des Erbmaterials, die zu Veränderungen im Erscheinungsbild (Phänotyp) führen können. Mutationen können Körperzellen betreffen, wie z. B. beim Hautkrebs infolge übermäßiger UV-Bestrahlung. Diese sind nicht auf die Nachkommen übertragbar. Mutationen sind erblich, wenn sie in den Keimzellen vorliegen, z.B. Phenylketonurie. Erbkrankheiten sind noch nicht heilbar.

Je nachdem welche Strukturen des genetischen Materials betroffen sind, unterscheidet man Gen-, Chromosomen- und Genommutationen (Abb. 1).

Erbkrankheiten sind durch Veränderungen der Erbsubstanz verursachte Erkrankungen des Menschen. Sie sind noch nicht heilbar.

Je größer die Veränderung im Genotyp ist, umso geringer ist die Lebenserwartung und umso schwerwiegender sind in der Regel die Krankheitsbilder. Diese nüchterne biologische Aussage macht unsere Verantwortung als Menschen sehr deutlich. Nach Möglichkeit sollte das Auftreten von Erbkrankheiten verhindert und das Leiden an den Krankheiten soweit wie möglich reduziert werden. Eine wesentliche Aufgabe besteht darin, Erkrankte Menschen in die Gesellschaft zu integrieren.

Trisomie 21 – eine Genommutation

Eine Erbkrankheit, die durch eine Genommutation hervorgerufen wird, ist die Trisomie 21.

Die Fehlverteilung der Chromosomen erfolgt während der Meiose der Geschlechtszellen. Meist wird während der ersten Reifeteilung (S. 169) das Chromosomenpaar 21 nicht getrennt und kommt somit in einer Keimzelle mit zwei Chromosomen vor. In der befruchteten Eizelle befinden sich dann drei Chromosomen mit der Nummer 21.

Etwa ein von 700 Neugeborenen besitzt das 21. Chromosom dreimal und damit 47 Chromosomen.

Dieses Erbleiden wurde erstmals 1866 durch den englischen Kinderarzt JOHN LANGDON DOWN (1828–1896) beschrieben und aus phänotypischer Sicht (Krankheitsbild) nach ihm als DOWN-Syndrom benannt. Aus genotypischer Sicht ist die Trisomie 21 eine Fehlverteilung der Chromosomen (Abb. 2, S. 213).

Ursachen der Erbkrankheiten

Genommutation
Veränderung der Anzahl der Chromosomen des Genoms

z. B.
Trisomie 18
dreifaches Vorhandensein des 18. Chromosoms (EDWARDS-Syndrom)

Trisomie 21
dreifaches Vorhandensein des 21. Chromosoms (DOWN-Syndrom)

Chromosomenmutation
Veränderung an der Struktur der Chromosomen

z. B.
Katzenschrei-Syndrom
fehlendes Stück an einem der 5. Chromosomen (Deletion)

Translokationstrisomie 21
Verknüpfen eines großen Stücks des 21. Chromosoms an ein anderes Chromosom (Translokation)

Genmutation
Veränderung im Gen an der DNA durch Einfügen, Verlust oder Austausch von Nucleotidbasen

z. B.
Huntington-Krankheit
autosomal, dominant

Phenylketonurie, Mukoviszidose
autosomal, rezessiv

Bluterkrankheit
X-chromosomal, rezessiv

1 Bei den Erbkrankheiten können alle Vererbungs- und Mutationsformen auftreten.

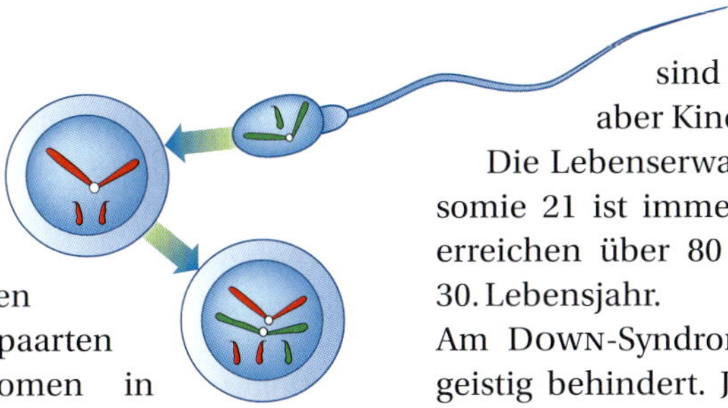

Besonders die Eizellen sind von Fehlverteilungen der Chromosomen gefährdet. Mit Beginn der Geschlechtsreife bei Frauen verharren sie mit gepaarten homologen Chromosomen in der ersten Phase der Meiose. Es wird angenommen, dass die Chromosomenpaare sich mit dem steigenden Alter der Frau immer schlechter voneinander trennen und somit diese Fehlverteilungen in den Eizellen auftreten können. Statistisch kann diese Aussage für die Trisomie 21 belegt werden, z. B. bei 20-Jährigen beträgt die Häufigkeit 1 : 2300, bei 45-Jährigen schon 1 : 46 pro Geburtenzahl.

Phänotypisch ist das Down-Syndrom mit einigen Auffälligkeiten im Kopf- und Gesichtsbereich gekennzeichnet (Abb. 1). Die Kopfform ist weniger oval, die Ohren sitzen niedrig und die Nase ist flach. Die Augenlider bilden eine Lidfalte. Aufgrund der Lidfalte wurde die Krankheit früher auch als Mongolismus bezeichnet, weil die Augen asiatisch aussehen. Innere Organe, vor allem das Herz, weisen häufig Fehlbildungen auf. Männer sind unfruchtbar, Frauen können aber Kinder bekommen.

Die Lebenserwartung von Menschen mit Trisomie 21 ist immer noch eingeschränkt. Heute erreichen über 80 Prozent der Erkrankten das 30. Lebensjahr.

Am Down-Syndrom erkrankte Menschen sind geistig behindert. Je nach Mutationsform sowie ihrer Ausprägung und vor allem der gezielten frühzeitigen Förderung kranker Kinder, können sie je nach Lernfähigkeit ein hohes Maß an Selbstständigkeit erreichen.

Kinder mit Trisomie 21 sind sehr anhänglich und liebebedürftig. Wenn sie schon als Kleinkinder viel Zuneigung erfahren, wirkt sich dies sehr positiv auf ihre weitere Entwicklung aus.

Aufgabe

Der Begriff „Mongolismus“ ist vom englischen Kinderarzt John Langdon Down geprägt worden. Er bezog sich dabei auf Ähnlichkeiten im Aussehen mit mongolischen Volksstämmen.

Recherchiere die Entwicklung des Begriffs und setze dich mit den Ansichten von J. L. Down auseinander und beziehe Stellung dazu.

1 Seifenblasen pusten macht Spaß.

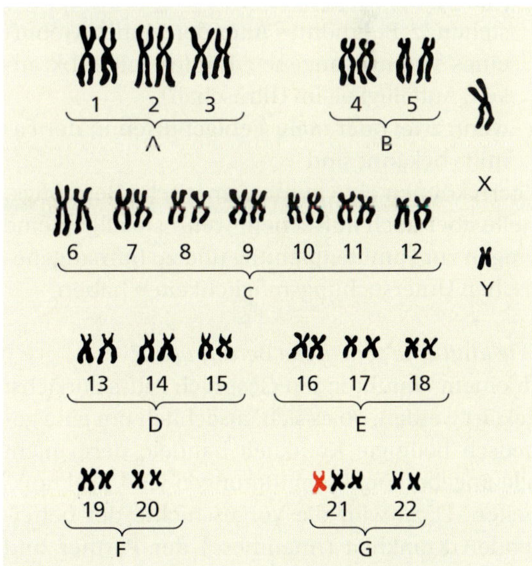

2 Karyogramm bei Trisomie 21

Humangenetische Beratung und ethische Probleme

Von 100 Neugeborenen weisen rein statistisch 4 bis 6 genetische Defekte auf. Nach heutigem Kenntnisstand sind genetische Faktoren bei weit mehr als 2000 Krankheiten beteiligt. Deshalb gewinnt die Berücksichtigung genetischer Aspekte bei der Erkennung, Ursachenanalyse, Prophylaxe und Therapie von vielen Krankheiten zunehmend an Bedeutung. In zahlreichen Fällen besteht bereits die Möglichkeit, exakte Aussagen und Prognosen über das Auftreten von Risiken und möglichen genetischen Defekten zu machen.
Auch bestimmte Einflüsse während der Schwangerschaft, z.B. eine Infektion mit Rötelviren sowie Medikamenten-, Alkohol- und Drogenmissbrauch, können zu Schäden führen.

Elternpaare, die befürchten ein erbkrankes Kind zu bekommen, können sich an eine **humangenetische Beratungsstelle** wenden. Anzeichen für eine solche Befürchtung können u. a. sein:

- wenn bei einem der Partner oder in dessen Familie ein Erbleiden vorhanden ist oder der Verdacht besteht;
- wenn bei der Mutterschaftsvorsorge Anhaltspunkte für ein genetisch bedingtes Risiko bestehen (z.B. erhöhtes Alter der Mutter, Geburt eines vorangegangenen Kindes mit Erbkrankeit, Auffälligkeit im Ultraschall);
- wenn zwei oder mehr Fehlgeburten in der Familie bekannt sind.

Eltern können eine humangenetische Beratungsstelle aber auch aufsuchen, wenn sie allgemeine Fragen zur Familienplanung und zu humangenetischen Untersuchungsmöglichkeiten haben.

Wie läuft eine genetische Beratung ab?
In einem einführenden Gespräch muss zunächst geklärt werden, ob es sich tatsächlich um eine genetisch bedingte Krankheit handelt, denn nicht alle angeborenen Behinderungen sind Erbkrankheiten. Dazu wird die Vorgeschichte der betreffenden Krankheit (Anamnese) der Partner und deren Familie aufgenommen und ein **Familienstammbaum** angefertigt.

Der Familienstammbaum sollte über drei Generationen, also bis zu den Großeltern reichen. Mit ihm wird die spezifische familiäre Belastung ermittelt, und zwar auf der Basis der Vererbungsregeln. Allerdings sind auch Grenzen vorhanden. Bei einigen vererbten Krankheiten kann man einen Gesunden nicht von einem Überträger unterscheiden.

Wenn alle erforderlichen Daten vorliegen, werden Ursache und Auswirkung der vorhandenen genetischen Erkrankung verständlich vermittelt und erläutert.
Für die Abklärung der genetischen Ursachen und des Erbverhaltens einer Krankheit kann der Humangenetiker auf verschiedene Möglichkeiten zurückgreifen (Abb. 1). Dazu gehören u.a. der **Bluttest** bei den Eltern zur Erkennung von mischerbigen gesunden Anlagenträgern.

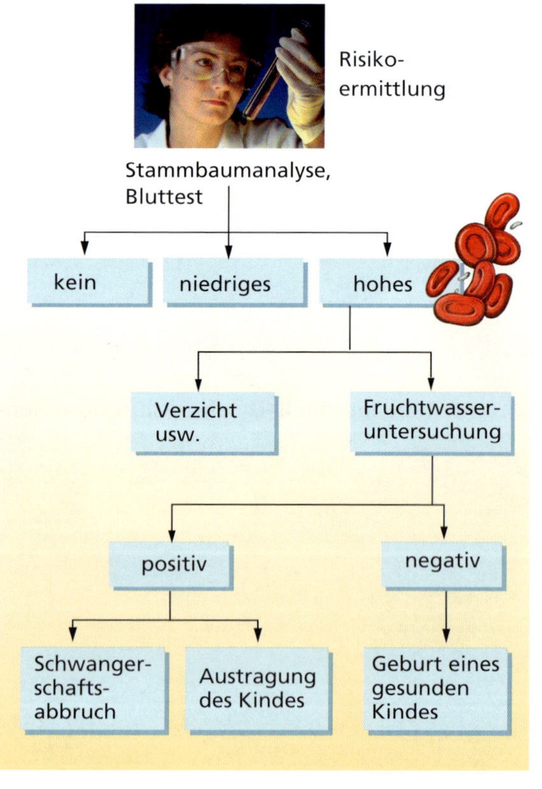

1 Möglichkeit und Konsequenzen genetischer Familienberatung

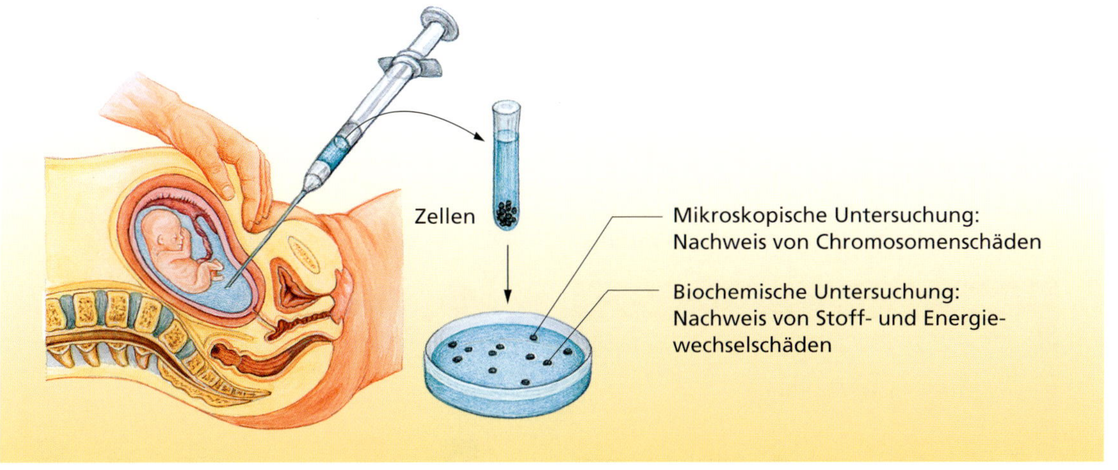

1 Fruchtwasseruntersuchung (Amniozentese) – ein Verfahren zur vorgeburtlichen Diagnostik

Mit einem **Heterozygotentest** kann festgestellt werden, ob eine phänotypisch gesunde Person rezessiver Überträger einer Krankheit ist oder nicht, z. B. bei Rot-Grün-Blindheit, Sichelzellenanämie. Er deckt also eine mögliche Weitergabe der Veranlagung von Krankheiten an ein gemeinsames Kind auf.

Des Weiteren ist die **Fruchtwasseruntersuchung** ein Verfahren, um mögliche genetische Defekte bereits beim Embryo zu erkennen. Sie wird in der 15. bis 18. Schwangerschaftswoche durchgeführt. Wegen des Risikos, eine Frühgeburt auszulösen, sollte diese vorgeburtliche Diagnostik nur in begründeten Fällen vorgenommen werden. Gründe für eine Fruchtwasseruntersuchung sind u.a.:

- Bei einem Elternteil ist eine Chromosomenanomalie bekannt.
- Es wurde bereits ein Kind mit einer Chromosomenveränderung geboren.
- Die Mutter ist über 35 Jahre alt.
- Die Mutter ist während der Schwangerschaft erkrankt, dadurch besteht das Risiko einer gestörten Embryonalentwicklung.

Die Rat suchenden Paare können selbst entscheiden, ob sie eine Fruchtwasseruntersuchung durchführen lassen, um weitere Gewissheit zu erlangen. Bei positiven Resultaten ist zu entscheiden, ob man die in § 218 geregelte Möglichkeit zum Schwangerschaftsabbruch (S. 182) nutzen oder das prognostizierte Risiko mit all seinen Konsequenzen akzeptieren will.
Das Ziel einer humangenetischen Beratung besteht u. a. darin, die Partner durch die umfassende Information auf der Basis vollständiger und aktueller Kenntnisse der medizinischen und genetischen Fakten zu befähigen, für sich eine angemessene Entscheidung zu treffen.

Erbkranke Kinder bedürfen vonseiten der Eltern, Geschwister und aller anderen Personen einer besonderen Zuneigung, Unterstützung und Hilfe. Verständnis und Mitgefühl sind vonnöten, denn Menschen mit erbbedingten Krankheiten sind in vielerlei Hinsicht „anders“. Bei geistiger Behinderung können sie beispielsweise Gefahren nicht richtig einschätzen. Oft sind sie anderen gegenüber gutgläubig und unbekümmert.
Wenn erbkranke Kinder eine Sonderschule besuchen, lernen sie vor allem, wie sie selbstständig werden und ihr Leben gestalten können. Manche lernen lesen und schreiben, manche entfalten musikalische bzw. handwerkliche Talente.
Die **Integration Erbkranker** in das schulische bzw. berufliche Leben einer Gemeinschaft ist für sie von besonderer Wichtigkeit.
Es ist sehr entschiedend, die Talente erbkranker Kinder zu fördern. So gibt es zahlreiche Betriebe und Werkstätten, in denen Erbkranke arbeiten.

gewusst · gekonnt

1. Ergänze dein Glossar durch folgende Begriffe: Familienstammbäume, autosomale Vererbung, gonosomale Vererbung, Genommutation, Trisomie 21, genetische Beratung.

Glossar

autosomale Vererbung:

2. In der Rechtsmedizin dient bzw. diente das Wissen zur Vererbung der einzelnen Blutgruppenallele zum Nachweis strittiger Vaterschaften.

Blutgruppe Mutter	A	AB	0	B
Blutgruppe Kind	B	AB	0	AB

a) Gib von den Müttern und Kindern die möglichen Genotypen der Blutgruppen an.
b) Ermittle die Genotypen und die Blutgruppen (Phänotypen) möglicher Väter.
c) Schließe Väter mit nicht möglichen Blutgruppen aus.

3. Phenylalanin und Phenylbrenztraubensäure können die Plazenta durchdringen.
a) Informiere dich über die Erbkrankheit Phenylketonurie (PKU). Verwende dazu entsprechende Fachliteratur oder das Internet.
b) Begründe die Probleme, die sich bei einer an PKU erkrankten Schwangeren ergeben.
c) Welche Gegenmaßnahme kann ergriffen werden?

4. Der Familienstammbaum verdeutlicht die Abstammung der Kinder väterlicherseits und mütterlicherseits (Abb. oben)
a) Was verstehst du unter dem Begriff Familienstammbaum?

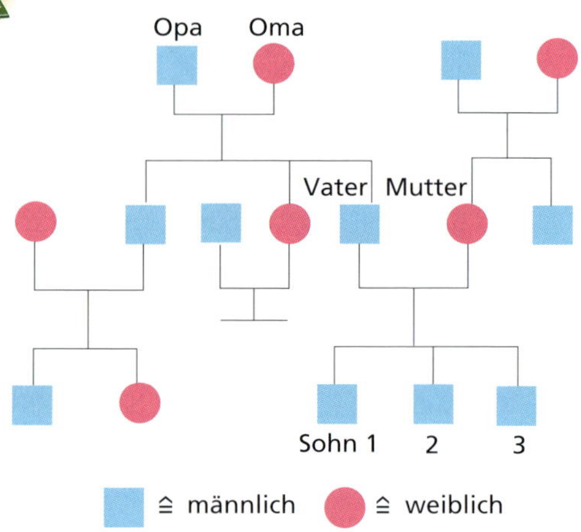

b) Anlagen für bestimmte Merkmale werden von Generation zu Generation vererbt, z. B. Ohrläppchen angewachsen oder freistehend, Gesicht mit Sommersprossen oder ohne. Erstelle selbstständig mithilfe der obigen Abbildung einen Familienstammbaum, der die Weitergabe der Erbanlage für die Ausbildung eines der genannten Merkmale verdeutlicht.

5. Vergleiche Erbkrankheiten und Infektionskrankheiten in Bezug auf Ursache, Therapie, Bekämpfung und Heilung miteinander. Fertige dazu eine Tabelle an.

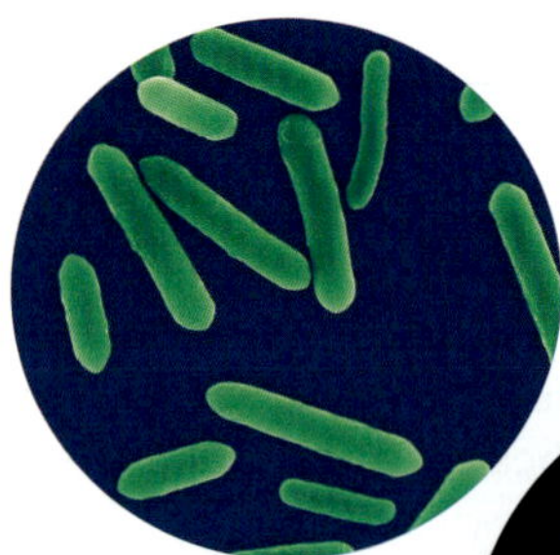

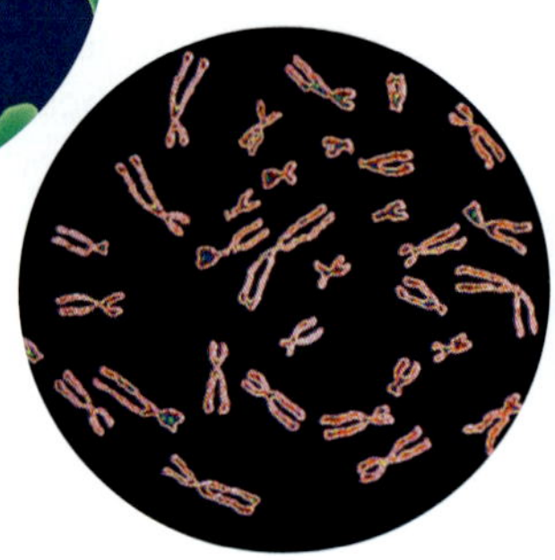

6. Die Inuit (Eskimos) ernähren sich anders als Europäer. Ihre Nahrung ist fast ausschließlich tierisch. Untersuchungen ergaben, dass in Alaska und Grönland etwa 9 % der einheimischen Bevölkerung eine Unverträglichkeit für Rohrzucker aufweisen. Sie besitzen zu wenig Saccharase, ein Enzym, das Rohrzucker im Darm spaltet.

a) Welche Erklärung könnte es für das relativ häufige Auftreten dieser Krankheit bei den Inuit (Eskimos) geben?

b) Begründe die mögliche Vererbungsform, die aus dem unten abgebildeten Stammbaum hervorgeht. Gib die möglichen Genotypen an.

c) Die Kinder nahe verwandter Eltern besitzen ein höheres Risiko zur Ausbildung von Erbkrankheiten. Begründe.

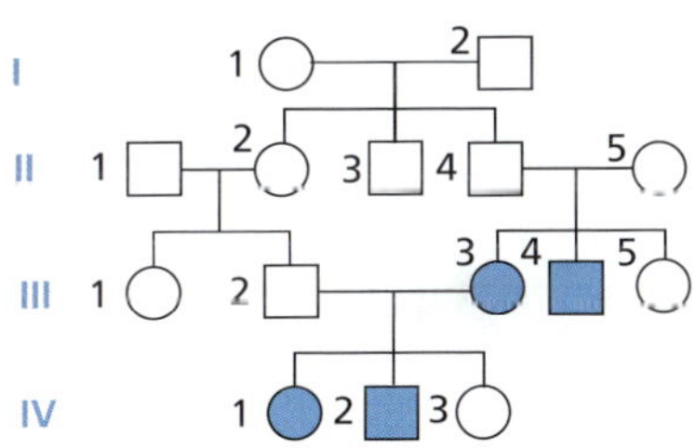

7. Die weitaus meisten Formen des Albinismus werden durch ein rezessives mutiertes Allel vererbt. Der oben abgebildete Stammbaum stellt die Vererbung einer sehr seltenen Albinismusform dar. Hinzukommende Partner sind keine genotypischen Merkmalsträger. Begründe die mögliche Vererbungsform, die aus dem abgebildeten Stammbaum hervorgeht. Gib die möglichen Genotypen an.

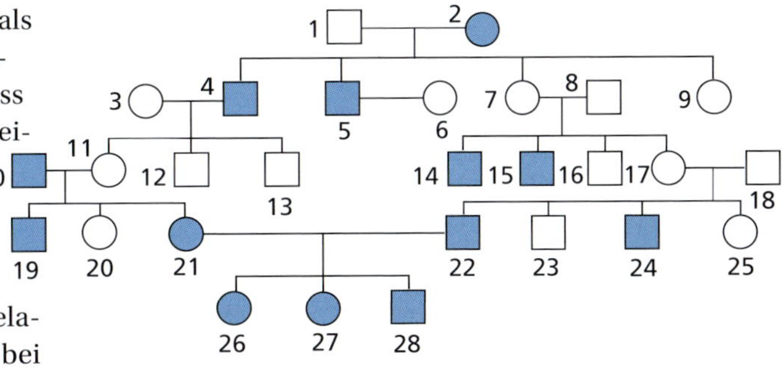

8. Das Karyogramm stellt die genetische Ursache einer der häufigsten Erbkrankheiten des Menschen dar. Vermutlich werden 6/7 aller Erkrankungen durch die Mutter verursacht.

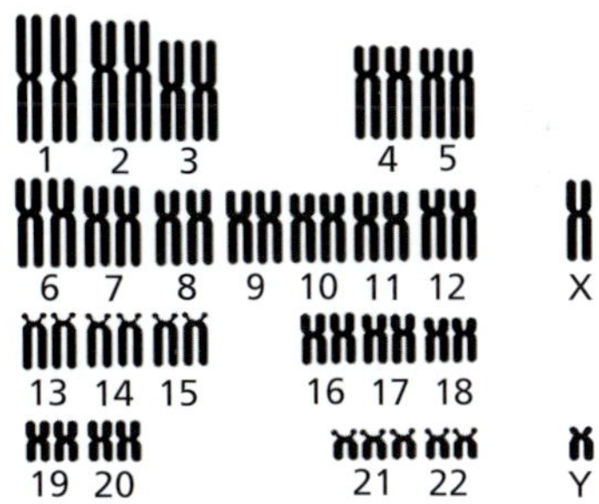

a) Benenne die Erbkrankheit. Beschreibe die Ursachen und Folgen der genetischen Veränderung.

b) Warum sind Männer ungleich weniger häufig die Verursacher der Krankheit?

c) Die Tabelle stellt den Zusammenhang zwischen Anzahl der erkrankten Kinder und dem Alter ihrer Mütter dar. Leite daraus Schlussfolgerungen zur Vorsorge ab.

d) Erstelle aus der Tabelle ein sinnvolles Diagramm und diskutiere es mit einem Mitschüler.

Alter der Mutter	Erkrankte Kinder	Alter der Mutter	Erkrankte Kinder
bis 19	0,04 %	35–39	0,33 %
20–24	0,06 %	40–44	1,00 %
25–29	0,08 %	>45	2,17 %
30–34	0,11 %		

Vererbung von Merkmalen

Entsprechend der mendelschen Regeln erfolgt auch beim Menschen die Vererbung der Anlagen zur Ausprägung von Merkmalen.

Erbkrankheiten des Menschen

Erbkrankheiten sind durch Veränderungen der Erbsubstanz (Mutationen) verursachte Erkrankungen des Menschen. Sie sind noch nicht heilbar.

Mithilfe von Familienstammbäumen, Bluttests und Fruchtwasseruntersuchungen kann man feststellen, ob ein genetischer Defekt vorliegt.
Menschen mit einer genetisch bedingten Krankheit bedürfen besonderer Zuneigung und Hilfe.

Humangenetische Familienberatung ist für Eltern sinnvoll, die sich unklar darüber sind, ob bei ihren Kindern mit dem Auftreten einer erblich bedingten Krankheit zu rechnen ist.

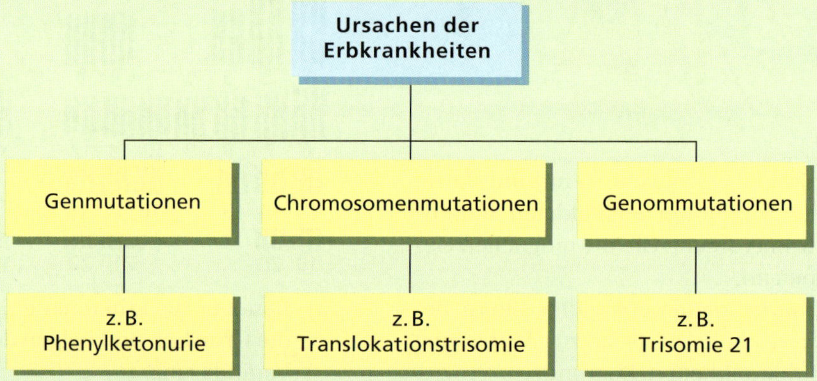

V Grundlagen der Vererbung

Wahlbereich: Krebs – wirklich unheilbar?

Nach Angaben der WHO starben im Jahr 2005 weltweit 6,2 Millionen Menschen an **Krebs.** Das waren 12,6 % aller Todesfälle, mehr als durch AIDS, Tuberkulose und Malaria zusammen. In Deutschland ist Krebs nach Herz-Kreislauf-Erkrankungen die **zweithäufigste Todesursache.** Rund 400 000 Menschen sterben hier jährlich an dieser Krankheit. Besonders betroffen sind Menschen über 60 Jahre, aber auch bei Jüngeren nehmen Krebserkrankungen zu. Frauen und Männer haben daran gleiche Anteile. Bei Frauen treten vor allem Brust- und Darmkrebs auf, bei Männern Prostata-, Darm- und Lungenkrebs (Abb. 1).

Allgemein beschreibt man Krebs als eine **Krankheit des Erbguts,** die zur Entwicklung unkontrolliert wachsender und sich vermehrender Tumore führt. Im Gegensatz zu „gutartigen" Geschwüren, die nicht in umgebendes Gewebe eindringen, nennt man solche Tumore auch „bösartig". Dabei können fast alle Organe befallen werden. Mehr als 100 Formen mit unterschiedlichsten Verläufen werden heute unter dem Namen Krebs geführt. Trotz aller Unterschiede entstehen Krebsgeschwüre meist nach einem sehr ähnlichen Prinzip.

Im Erbgut einer jeden menschlichen Zelle befinden sich **Kontrollgene,** die für die Regulierung des Zellwachstums verantwortlich sind. Sie beeinflussen den Zeitpunkt einer Zellteilung und kontrollieren die korrekte Abfolge der Basenpaare in der DNA nach jeder Verdopplung. Bei vorliegenden Schäden oder Veränderungen (Mutationen) bewirken sie die notwendigen Reparaturen oder, wenn diese keinen Erfolg haben, den Zelltod. Sind diese Gene jedoch selbst von Schäden oder Mutationen betroffen, gerät der Zellzyklus außer Kontrolle. Zellen behalten ihren veränderten genetischen Code, teilen sich unreguliert und sterben nicht mehr ab. Das ist der Beginn der Tumorbildung. Er liegt meist Jahrzehnte vor der eigentlichen Diagnose „Krebs".

Krebsneuerkrankungen pro Jahr

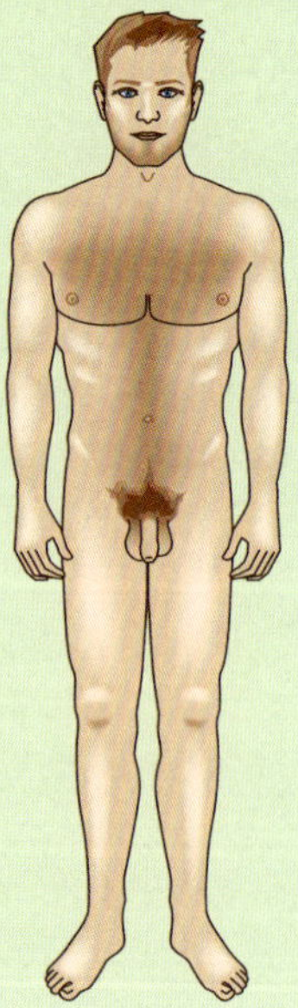

218 250	insgesamt	206 000
7 800	Mundhöhle/Rachen	2 600
3 700	Speiseröhre	1 050
11 200	Magen	8 250
35 600	Darm	35 800
6 050	Bauchspeicheldrüse	6 600
2 800	Kehlkopf	450
32 550	Lunge	12 450
6 000	Haut	7 700
18 850	Harnblase	7 100
10 300	Niere	6 400
1 300	Schilddrüse	2 800
6 750	Lymphdrüse / Lymphsystem	7 100
5 500	Leukämien	4 750

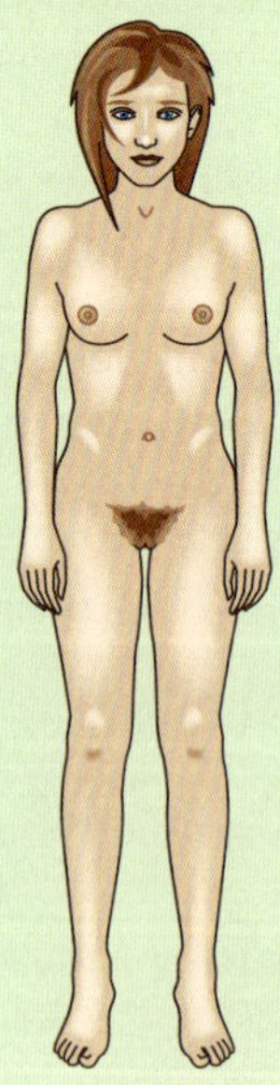

1 Krebserkrankungen in Deutschland im Jahr 2002

Der schlimmste Verlauf einer Krebserkrankung ist die Bildung von **Metastasen.** Das bedeutet, Krebszellen lösen sich aus ihrem Verband, werden über das Lymph- und Blutgefäßsystem verbreitet und siedeln sich in anderen Organen an. Dort entstehen weitere Tumore, zerstören gesunde Gewebe und beeinträchtigen deren Funktionen.
Krebszellen haben meist eine große Ähnlichkeit mit körpereigenen, gesunden Zellen. Deshalb werden sie vom **Immunsystem** nicht ausreichend erkannt und bekämpft und können sich so im Körper entwickeln und ausbreiten.

Nur selten ist Krebs erblich bedingt. Vererbt wird allerdings manchmal die **Veranlagung** Krebs auszubilden. So steigt das Risiko an Brustkrebs zu erkranken, wenn in der Familie diese Erkrankung bereits aufgetreten ist.

Es gibt jedoch etliche Einflüsse, die Mutationen des Erbguts unterstützen, d. h. krebsfördernd sind. Zu diesen **Krebserregern** gehören bestimmte Chemikalien, Strahlen, Viren und Bakterien. Eine anhaltend zu hohe Sonnen-, d. h. UV-Bestrahlung ist z. B. für die Ausbildung von Hauttumoren verantwortlich. Zu hohe Dosen **radioaktiver Strahlen** verursachen Blutkrebs (Leukämie). **Viren** können für Leber- und Gebärmutterhalskrebs verantwortlich sein, das **Bakterium** *Helicobacter pylori* für Krebsgeschwüre im Magen. Der größte Anteil an Krebserkrankungen lässt sich auf **chemische Substanzen** zurückführen. Das Einatmen von Asbest- oder Kohlestaub kann z. B. Lungenkrebs verursachen, der Kontakt zu Imprägniermitteln oder Teer Hautkrebs. Schimmelpilzgifte zählen zu den stärksten Krebsauslösern überhaupt. Verschimmelte Lebensmittel sollten deshalb auf keinen Fall gegessen werden.

Ein besonders häufiger Krebsauslöser ist der **Tabakrauch.** Er ist für die meisten Lungenkrebserkrankungen und für 5 – 10 % aller Krebserkrankungen bei Frauen bzw. 20 – 30 % aller Krebserkrankungen bei Männern verantwortlich. Tabakrauch besteht aus einer Vielzahl gefährlicher Stoffe. Ihre Wirkung wird durch Alkohol noch verstärkt und kann damit z. B. Auslöser für Speiseröhren-, Rachen- oder Kehlkopfkrebs sein.

Nicht immer kann man sich vor Krebs schützen. Dazu ist noch zu wenig über die konkreten Auslöser bekannt. Manchen schädlichen Umwelteinflüssen kann man sich im Alltag kaum entziehen, so z. B. dem Einatmen von Abgasen. Doch die Beachtung einiger **Regeln** kann helfen, das eigene Risiko zu verringern.

Regeln

1. Nicht rauchen.
2. Alkoholkonsum verringern.
3. Vor übermäßiger Sonneneinstrahlung und Sonnenbrand schützen, Solariumbesuche einschränken.
4. Sicherheitsbestimmungen beim Umgang mit krebserregenden Substanzen einhalten.
5. Auf gesunde Ernährung achten.
6. Warnzeichen erkennen und Untersuchungen zur Früherkennung wahrnehmen.

Wird Krebs in einem frühen Stadium erkannt und behandelt, sind die Heilungs- und Überlebenschancen wesentlich besser. Deshalb sollten die Untersuchungen zur Früherkennung unbedingt wahrgenommen werden. Sie beginnen für Frauen im 20. Lebensjahr mit der Kontrolle des Gebärmutterhalses. Später kommen Untersuchungen der Brust und der Haut hinzu. Bei Männern ist neben der Haut vor allem die Kontrolle der Prostata ab dem 45. Lebensjahr wichtig.
Nicht jeder Krebs kann durch diese Programme erkannt werden, bei anderen ist eine Untersuchung ohne Verdacht nicht sinnvoll. Deshalb ist es wichtig, selbst auf seinen Körper zu achten und ein **Gespür** für Veränderungen zu entwickeln.

Behandlungsmöglichkeiten

Hat der Arzt ein Krebsgeschwür festgestellt, sollte es sofort behandelt werden. Dabei können folgende Methoden angewandt werden:
- operative Entfernung der Tumore,
- Zerstörung von Krebszellen durch Bestrahlung,
- Verhinderung ihrer Vermehrung durch Medikamente (Chemotherapie)
- Verminderung des Krebswachstums durch Hormontherapie (z. B. Prostatakrebs)
- Therapie zur Stärkung der Immunabwehr.

Daneben versucht man die allgemeine Lebensqualität (z. B. durch Gabe von Schmerzmitteln, Atemtherapien) zu verbessern.

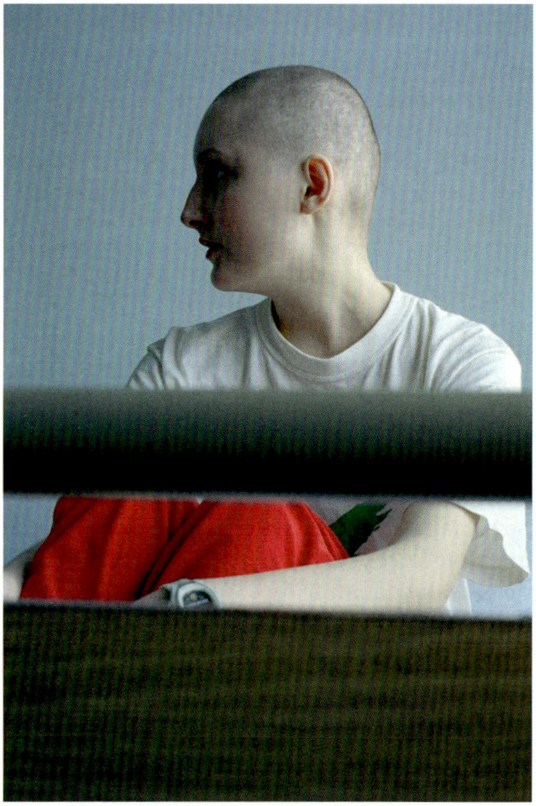

1 Die Medikamente der Chemotherapie greifen sich schnell teilende Zellen an, z. B. Haarwurzelzellen. Diese Behandlung führt deshalb häufig zum Haarausfall.

Die **Heilungschancen** sind von vielen Faktoren abhängig, u. a. von der Art und dem Stadium der Erkrankung. Sie sind umso besser, je früher der Krebs erkannt wird und je geringer die Bildung von Metastasen ist. Früherkennung ist also eine wesentliche Maßnahme zur erfolgreichen Behandlung von Krebs.

Schlechte Heilungsraten und Nebenwirkungen lösen oft Ängste und Verzweiflung aus. Viele Betroffene suchen dann Hilfe bei **alternativen Methoden.** Deren Wirksamkeit ist meist kaum erwiesen und oft umstritten. Dennoch eignen sich Mistelpräparate, homöopathische Mittel und spezielle Diäten häufig zur begleitenden Behandlung, z. B. bei der Chemotherapie. Sie können Nebenwirkungen verringern und das Allgemeinbefinden verbessern.

Eine Art von Krebs ist **Leukämie,** eine Krebserkrankung des Blutes. Bei ihr kommt es durch genetische Veränderungen vor allem zu einer unkontrollierten Bildung der funktionslosen Vorstufen **weißer Blutkörperchen** im Knochenmark. Die Ausbreitung dieser Zellen stört die normale Blutbildung und verdrängt gesunde **Knochenmarkszellen.** Gelangen die Krebszellen in den Blutkreislauf und dadurch in lebenswichtige Organe, wie Leber und Milz, können sie auch deren Funktion stören. Eine Leukämie führt zu **Symptomen** wie häufigen Infektionen, Müdigkeit, Kopfschmerzen, Blässe und Blutungsneigung.

Leukämie tritt in unterschiedlichen Formen verstärkt im Kindesalter und bei älteren Menschen auf. Die **Ursachen** sind im Einzelnen noch nicht geklärt. Auslösende Faktoren könnten jedoch sein: Chemikalien wie Benzol, vorangegangene Chemotherapien, ionisierende Strahlung oder genetische Vorbelastung.

Die **Behandlung** erfolgt meist durch *Chemotherapie.* Die verabreichten Medikamente greifen sich teilende Zellen und somit vor allem die Tumorzellen an. Ist das Rückenmark bereits zu stark geschädigt, kann nur die *Spende neuer Rückenmarkszellen* helfen. Dabei müssen die Blutgruppen und Gewebeeigenschaften von Spender und Empfänger übereinstimmen, damit es zu keiner Abwehrreaktion des (neuen) Immunsystems gegen den Körper des Empfängers kommt.

Nicht jeder Tumor ist ein Krebs

Der Begriff Tumor bezeichnet die durch eine genetische Fehlregulation ausgelöste Neubildung von Gewebe. Nach ihrer Gefährlichkeit für den Menschen unterscheidet man gut- und bösartige Tumore. Krebsgeschwüre sind bösartig. Krebszellen wachsen und teilen sich sehr schnell und zerstören die befallenen Gewebe. Ihre Mutationsrate ist sehr hoch. Oft besitzen sie im Vergleich zum Ausgangsgewebe völlig neue Eigenschaften.

1. *Überlege dir anhand der Eigenschaften eines bösartigen Tumors woran man einen gutartigen Tumor erkennen könnte und wie man ihn behandeln würde.*
   Diskutiert die Unterschiede in der Klasse und erstellt eine Tabelle zu den Punkten: Wachstum, Mutationsrate, Abänderung von Zelleigenschaften, Einfluss auf gesundes Gewebe, Bildung von Metastasen, Abgrenzbarkeit von gesundem Gewebe, Behandlungswege.

2. *Wähle dir neben Leukämie ein weiteres Beispiel für Krebserkrankungen. Informiere dich in der Bibliothek, im Internet oder durch einen Besuch beim Arzt über Krankheitsverlauf, Probleme, Behandlungswege, Heilungschancen und aktuelle Zahlen. Notiere die wichtigsten Punkte und halte einen Kurzvortrag.*

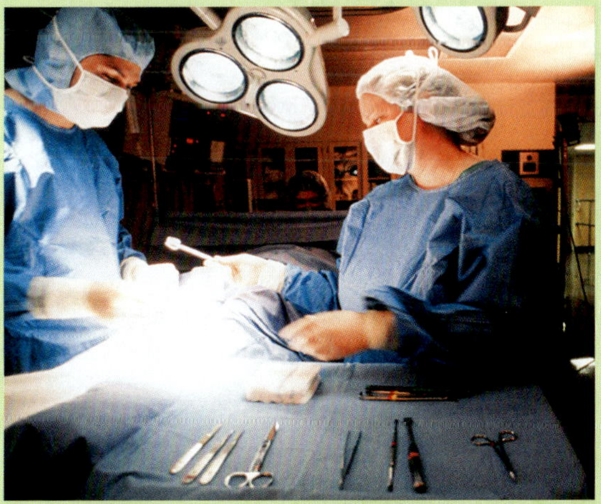

1 Gutartig oder bösartig? Eine Gewebeprobe bringt Klarheit.

Rauchen – ein Auslöser von Lungenkrebs

Aktives Rauchen ist bei 90 % der Männer bzw. 60 % der Frauen für Lungenkrebserkrankungen verantwortlich. Die Überlebensraten für Lungenkrebs sind relativ gering: Nur 12 % der Männer und 14 % der Frauen können von dieser Krankheit geheilt werden.

1. *Welche gefährlichen Inhaltsstoffe sind im Tabakrauch enthalten?*
   a) *Nenne die wesentlichen Inhaltsstoffe im Tabakrauch und ihre gesundheitsschädliche Wirkung.*
   b) *Welche Stoffe sind besonders krebserregend und warum?*

2. *Informiert euch im Internet, in der Bibliothek oder bei einem Arzt zu folgenden Fragen: Was ist Lungenkrebs? Warum ist er so gefährlich und warum sind die Heilungsraten so gering?*

3. *Selbsthilfegruppen können Betroffenen und Angehörigen sehr oft mit Rat und Unterstützung zur Seite stehen.*
   a) *Nehmt mithilfe eures Lehrers Kontakt zu einer Lungenkrebs-Selbsthilfegruppe auf.*
   b) *Organisiert eine Gesprächsrunde zum Thema individuelle Erfahrungen im Kampf gegen Lungenkrebs. Bereitet das Gespräch mit eurem Lehrer gut vor. Überlegt und notiert euch entsprechende Fragen.*
   c) *Listet mit dem erworbenen Wissen Meinungen für und gegen das Rauchen auf und diskutiert die Ergebnisse.*
   d) *Ziehe Schlussfolgerungen für dein eigenes Verhalten.*

Wahlbereich: Gentechnik – Grundlagen und Anwendung

Unter „Gentechnik" versteht man experimentelle Verfahren, mit deren Hilfe fremdes Erbgut in das natürliche Erbgut eines Lebewesens eingefügt und zur Wirkung gebracht werden kann. Der griechische Wortstamm *„techne"* bedeutet soviel wie Kunstfertigkeit und umschreibt damit treffend die Entwicklung der **molekulargenetischen Methodik.** Das Einbringen von fremdem Erbgut kann gelingen, weil die Erbanlagen aller Lebewesen durch dieselben chemischen Strukturen (DNA und RNA) gespeichert werden.

Der Code für die gespeicherten Erbinformationen ist für alle Lebewesen gleich (S. 163). Aus diesem Grunde ist es möglich, dass die Erbanlage aus dem Erbgut eines Menschen auch in einer Maus, einer Hefezelle oder sogar in einem Bakterium ihre Wirkung entfaltet. Das heißt, sie führt zur Bildung eines ganz bestimmten Proteinmoleküls.

Damit in die Moleküle der Erbsubstanz **neue DNA-Abschnitte** aus einem anderen Organismus eingebaut werden können, müssen verschiedene Voraussetzungen gegeben sein:

1. Spezielle Enzyme für das gezielte Herausschneiden und erneute Zusammenfügen von DNA-Stücken müssen vorhanden sein.

2. Eine geeignete Spender-DNA mit den Erbinformationen für die **gewünschten Eigenschaften** muss gefunden und isoliert werden.

3. Für die Übertragung müssen geeignete Überträgerstrukturen vorhanden sein (sogenannte **Vektoren**). Diese Vektoren müssen die ausgewählte DNA aufnehmen, in die Zielzelle übertragen und dort dafür sorgen, dass sie in das Erbgut der Zielzelle übernommen wird.

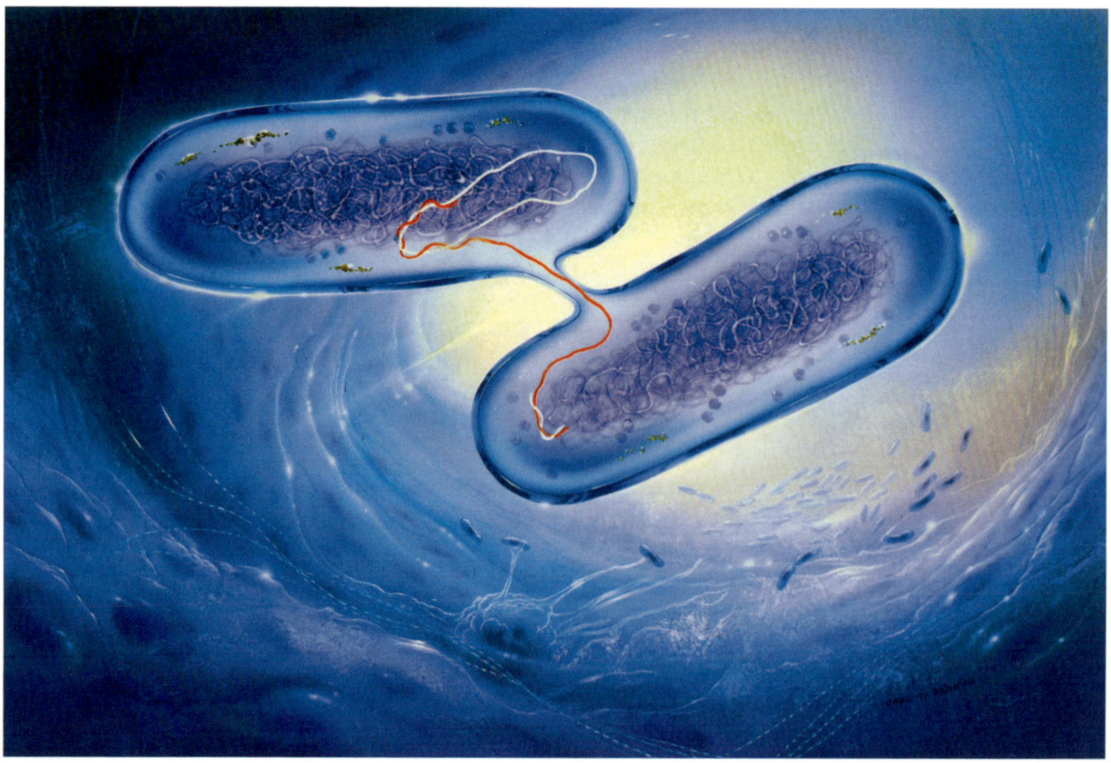

1 Übertragung von Plasmid-DNA bei Bakterien

Bakterien und Plasmide

Bakterien haben keinen Zellkern. Die Erbinformation liegt in ihren Zellen einmal als sehr langes, meistens ringförmiges DNA-Molekül vor. Außerdem kommen aber auch noch kleinere DNA-Ringe, sogenannte **Plasmide,** in der Bakterienzelle vor. Diese Plasmide können verhältnismäßig leicht von einer Bakterienzelle auf eine andere übertragen werden (Abb. 1, S. 224). Dies gelingt sogar zwischen unterschiedlichen Bakterienarten. Außer Plasmiden gibt es auch noch einige andere Vektoren, z. B. spezielle Viren.

Anfang der 70er-Jahre des 20. Jahrhunderts wurden bei Bakterien Enzyme entdeckt, mit deren Hilfe die DNA an ganz bestimmten Stellen aufgeschnitten werden kann. Diese Enzyme werden **Restriktionsenzyme** genannt (Abb. 1). Es gibt sehr viele Restriktionsenzyme und jedes von ihnen hat seine spezifische Erkennungsstelle auf der DNA.

Für die Entdeckung und Anwendung der Restriktionsenzyme erhielten WERNER ARBER, DANIEL NATHANS und HAMILTON OTHANEL SMITH 1978 den Nobelpreis für Medizin und Physiologie.

Wenn man zwei verschiedene DNA-Moleküle mit derselben „Enzymschere" aufschneidet, entstehen DNA-Stücke mit passenden Enden, die sich dann wechselweise verbinden können. Man unterscheidet dabei glatte doppelsträngige Schnitte (*blunt ends*) und versetzte Schnitte, bei denen einzelsträngige überhängende DNA-Enden entstehen (*sticky ends*, Abb. 1). Damit gelang 1973 die erste erfolgreiche Herstellung eines **gentechnisch veränderten Bakteriums** durch künstliche Übertragung von Genen zwischen Bakterienarten und Viren. Die Vektoren waren Plasmide. Nach der Isolierung der Plasmide wurden ihnen im Reagenzglas gezielt bestimmte DNA-Abschnitte eingefügt (Abb. 1). Diese Abschnitte enthielten die Erbinformation für den Bau von Proteinen, die vorher von dem Bakterium nicht gebildet werden konnten.

Auf diese Weise gelang es 1982, in *Colibakterien* Plasmide einzuschleusen, die die Bauanweisung für menschliches Insulin enthielten. Heute wird Insulin fast nur noch von Kulturen solcher Bakterien hergestellt.

Aufgabe

Erstellt in Arbeitsgruppen ein Poster zum Thema : „Bakterien produzieren menschliches Insulin". Berücksichtigt dabei den Weg, auf dem ein menschliches Gen in ein Bakterium eingefügt werden kann.
Diskutiert anschließend mit der ganzen Klasse über die Vor- und Nachteile gentechnischer Medikamentenherstellung.

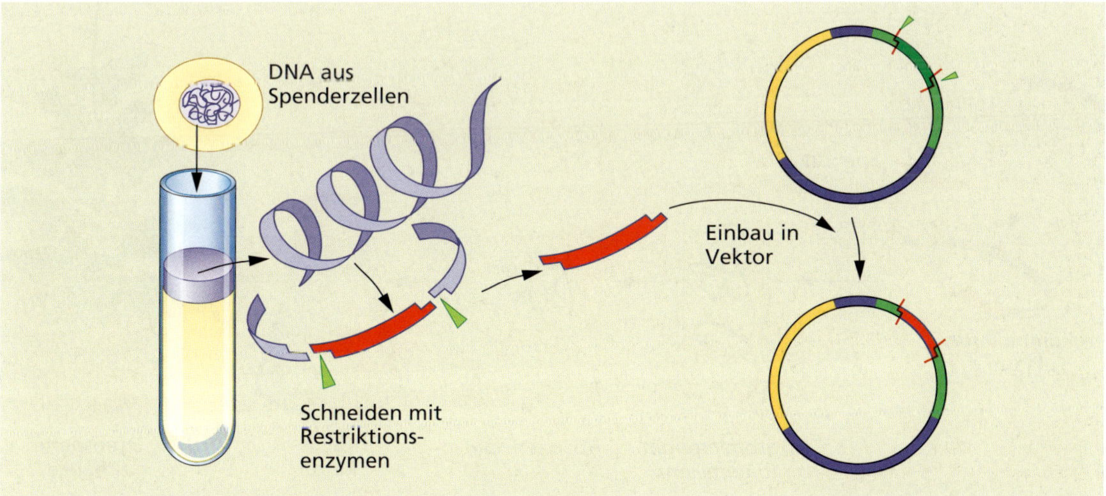

1 Übertragung von Spender-DNA auf einen Vektor (Plasmid)

Gentechnik in der Pflanzenzüchtung

Zur Übertragung neuer Gene in Kulturpflanzen kann man sich seit 1980 ein pflanzenparasitisches Bakterium, *Agrobacterium tumefaciens,* als Genüberträger zunutze machen.

Dieses Bakterium infiziert Pflanzenzellen und schleust dabei einen Teil seiner Erbanlagen in die Erbsubstanz der befallenen Pflanzenzelle ein. Diese wird dadurch veranlasst, sich sehr schnell zu teilen und dadurch Tumore zu bilden. Die infizierten Zellen produzieren in großen Mengen stickstoffreiche Moleküle, die den Bakterien als Nahrung dienen. Für diese Umwandlung der Pflanzenzellen, eine Art natürliche Gentechnik, ist ein Plasmid **(Ti-Plasmid)** verantwortlich.

Es ist gelungen, in dieses Plasmid künstlich bestimmte Erbanlagen einzubauen und gleichzeitig die Gene für seine krankheitserregenden Eigenschaften auszuschalten. Das Bakterium mit dem veränderten Plasmid dringt dann ebenfalls in die Pflanzenzelle ein und sorgt dafür, dass das Plasmidgen in das Erbgut der Pflanze eingebaut wird. Nun führt es aber nicht mehr zur Tumorbildung und zur Bildung stickstoffreicher Nährmoleküle für die Bakterien.

Dafür entfaltet das **neu eingeschleuste Gen** seine Wirkung in den so transformierten Pflanzenzellen. Diese Zellen lässt man zunächst auf einer Nähragarplatte oder in einer Nährlösung zu Zellhaufen heranwachsen, die mehrfach geteilt werden können. Durch geeignete Behandlung mit Pflanzenhormonen kann man erreichen, dass daraus wieder vollständige Pflanzen mit entsprechend veränderten Erbeigenschaften – **transgene Pflanzen** – entstehen (Abb. 1).
Die aus so transformierten Zellen gewonnenen Pflanzen haben die gewünschten neuen Eigenschaften.
Der Anbau gentechnisch veränderter Kulturpflanzen ist nicht unproblematisch. So ist die ungeplante Übertragung veränderter Gene auf andere Kulturpflanzen und Wildpflanzen möglich. Es ist auch umstritten, ob Nahrungsmittel aus transgenen Pflanzen gesundheitlich völlig unbedenklich sind.

Aufgabe

Erarbeitet in der Klasse einen Fragenkatalog mit Fragen, die euch zum Thema „Gentechnik in der Pflanzenzucht“ interessieren.
Findet einen kompetenten Ansprechpartner, der Stellung zu diesen Fragen beziehen kann.

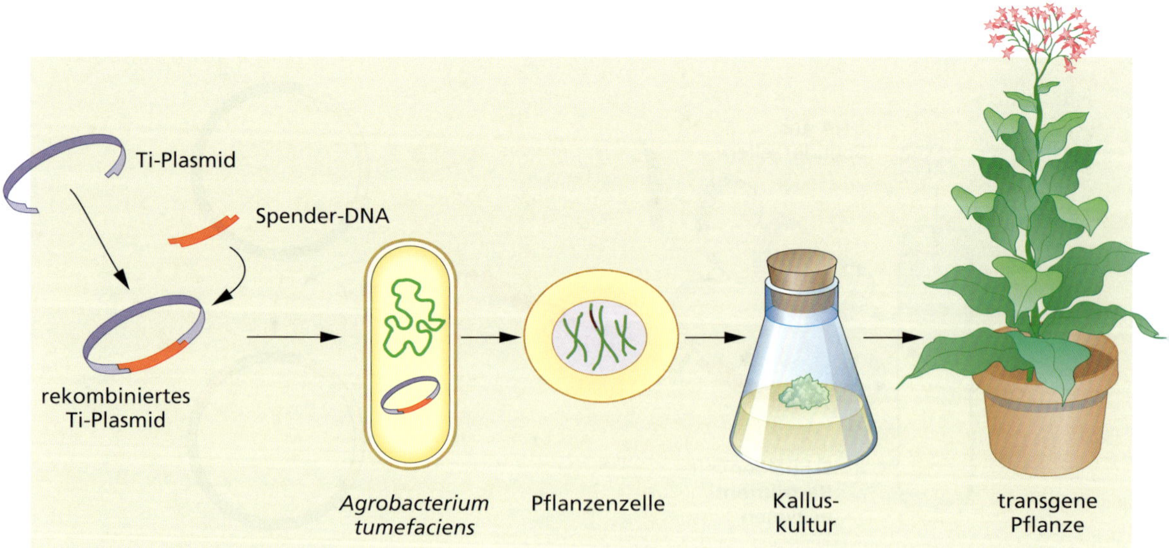

1 Genübertragung bei Pflanzen

„Gen-Mais“

Mais ist eine der wichtigsten Kulturpflanzen, fast ein Fünftel der gesamten Anbauflächen der Erde sind Maiskulturen. Gute Maiserträge sind deshalb von großer Bedeutung. Sie werden zum Teil von Maisschädlingen wie den Larven des Maiszünslers und des Maiswurzelbohrers (beides Kleinschmetterlinge) stark beeinträchtigt.

Es ist bekannt, dass ein häufiges Bodenbakterium *(Bacillus thuringiensis)* einen Stoff produziert, der u.a. auch für die Larven des Maiszünslers und des Maiswurzelbohrers giftig ist. Das Gen, das für die Bildung dieses **Bt**-Gifts verantwortlich ist, konnte man vom Bakterium auf Maispflanzen übertragen.
Dieser transgene **„BT-Mais“**, der oft abgekürzt aber nicht ganz korrekt als „Gen-Mais“ bezeichnet wird, produziert selbst das Insektengift und kann damit vom Maiszünsler und vom Maiswurzelbohrer nicht geschädigt werden.

Ein weiterer Vorteil: Auch der Pilzbefall der Maispflanzen geht zurück, denn durch die fehlenden Fraßgänge der Insektenlarven wird auch der Nährboden für Pilze ungünstiger. Pilz befallene Maispflanzen können beim Vieh Gesundheitsschäden hervorrufen.

Doch der Anbau **transgener Kulturpflanzen** ist nicht unumstritten:

1. Die Maispflanzen geben das Gift ständig an den Boden ab und damit werden auch andere Insekten und Insektenlarven beeinträchtigt. Auch über Pollen kann das Gift verbreitet werden.
2. Bt-resistente Populationen von Maiszünslern könnten entstehen.
3. Eine Übertragung der veränderten Erbanlagen auf normale Maispflanzen über Pollenflug ist möglich.
4. Auch eine Verbreitung der veränderten Erbanlagen, z.B. auf Bodenmikroorganismen nach Absterben der transgenen Pflanzen, ist nicht ausgeschlossen. Das könnte zum Problem werden, da die transgenen Zellen mit einer Antibiotikaresistenz gekoppelt werden. Diese Antibiotikaresistenz wird ebenfalls im Erbgut der Maispflanze verankert und könnte auch weiter auf Mikroorganismen übertragen werden. Diese würden dann ebenfalls resistent werden. Gefährlich wäre dies, wenn es sich um pathogene Keime handelt.
5. Über das Wirkungsgefüge vom Gen zum Merkmal ist vieles noch unbekannt, sodass noch andere bisher unbekannte Wirkungen nicht auszuschließen sind.

1 Genübertragung bei Pflanzen

Transgene Tiere

Im Prinzip funktioniert die Herstellung transgener Tiere wie die Erzeugung transgener Pflanzen. Auch hier können als Vektoren Plasmide oder Viren verwendet werden.
Diese Vektoren werden in befruchtete Eizellen eingebracht, die zu diesem Zwecke aus den Muttertieren entnommen wurden. Die **transformierten Eizellen** werden dann wieder in die Gebärmutter eines weiblichen Tieres („Leihmutter") eingepflanzt.

Besondere Bedeutung haben transgene Tiere, vor allem Labormäuse, in der medizinischen Forschung. Häufig verwendet man dabei sogenannte „Tiermodelle" („Modelle" für den menschlichen Organismus). Das sind z.B. Mäuse, bei denen ein Gen so verändert wurde, dass es kein Protein mehr herstellen kann. Das Genprodukt ist also „*knocked out*" (**Knock-out-Mäuse,** Abb. 1). Man geht dabei so vor, dass man embryonale Stammzellen von Mäusen entnimmt und genetisch manipuliert. Diese veränderten Zellen werden dann zunächst in eine Blastocyste und diese dann in die Gebärmutter einer Maus eingepflanzt.
Auf diese Weise kann man die Funktion des fehlenden Proteins an lebenden Tieren und ihren Zellen direkt untersuchen.

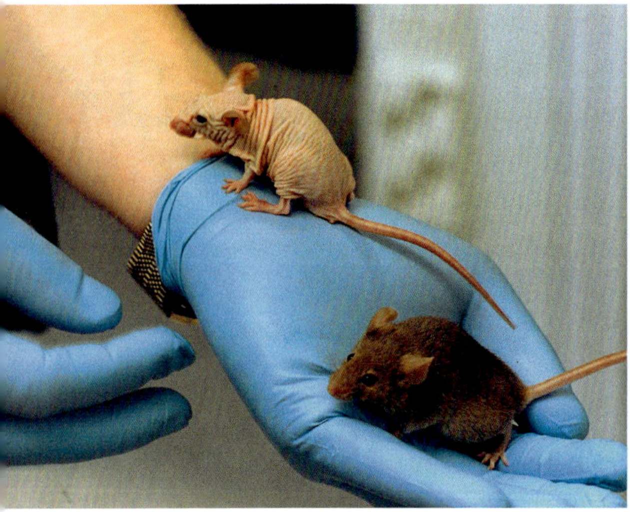

1 Knock-out-Mäuse

Transgene Lebensmittel

Nahrungsmittel, die aus transgenen Pflanzen oder Mikroorganismen oder unter deren Beteiligung hergestellt wurden, werden auch als **transgene Lebensmittel** oder als transgene Nahrungsmittel bezeichnet.
So wird in Käsereien heute vorwiegend gentechnisch hergestelltes Labferment verwendet. Früher wurde dieses Enzym, das den Eiweißanteil der Milch zum Gerinnen bringt, aus Kälbermägen gewonnen.
Andere gentechnisch hergestellte Nahrungsmittelzusatzstoffe können Milch besser konservierbar, Bierschaum stabiler oder Joghurt aromatischer machen.
Seit 2004 gibt es in der EU eine **Kennzeichnungspflicht** für transgene Lebensmittel: enthält „genetisch veränderte Organismen". Internationale Kennzeichnungen für transgene Lebensmittel sind in GB: *contains genetically modified organisms*, FR: *contient des organismes génétiquement modifiés*, NL: *bevat genetisch gemodificeerde organismen*, FI: *muuntogeenisiä organismeja.*
Wenn allerdings Fleisch oder Milch von „normalen" Nutztieren verarbeitet wurde, diese Tiere aber mit gentechnisch veränderten Futtermitteln gefüttert wurden, besteht für die Tierprodukte keine Kennzeichnungspflicht.

Aufgabe

Schlagworte wie „die Lösung des Welthungerproblems" oder „die Entstehung von total resistenten Megaschädlingen" sind Zeichen einer heftigen Diskussion rund um die Erzeugung genetisch veränderter Lebensmittel. Sie sind Ausdruck von emotionsgeladenen Debatten.
Findet im Gegensatz dazu sachliche Argumente zur ethischen Beurteilung der Gentechnik.
Nutzt dazu das Internet und besucht Forschungszentren und Institute, die sich mit dieser Thematik beschäftigen.
Tragt eure Ergebnisse zusammen und diskutiert sie in der Klasse.

Gentechnik in der Medizin

Einige genetisch bedingte Krankheiten könnten nur geheilt werden, wenn man die Keimzellen genetisch verändern, also transformieren könnte. Beim Menschen sind solche **Transformationen an Keimzellen** bisher aus ethischen Gründen verboten. Es gibt jedoch auch andere Körperzellen, die sich noch stark vermehren, z. B. Knochenmarkszellen und Leberzellen. Bestimmte Krankheiten, die auf Gendefekten in Leberzellen beruhen, kann man durch **„Gentherapie"** heilen: Bei dieser Methode werden den Patienten Leberzellen (Hepatocyten) entnommen und mithilfe von speziellen Viren, sogenannten Retroviren, werden Gene aus gesunden Leberzellen in diese kranken Leberzellen übertragen. Später werden die Leberzellen auf Nährböden vermehrt und anschließend dem Patienten wieder eingespritzt. Die eingespritzten Zellen und alle ihre durch Zellteilung entstandenen Nachkommen enthalten nun die vorher fehlende Information. Dies kann möglicherweise zu einer Heilung des Patienten führen (Abb. 1). Gentherapien dieser Art sind bisher noch im Erprobungsstadium und es gibt nur wenige Berichte von erfolgreichem Einsatz.

Dagegen wird die Gentechnik schon relativ lange erfolgreich eingesetzt, um **pharmazeutische Produkte** herzustellen. Meistens handelt es sich um Proteine, die mithilfe von transgenen Mikroorganismen, vor allem Bakterien und Hefen, produziert werden.
In Zukunft könnte auch das **„Pharming"** vermehrt zur Herstellung von Medikamenten Anwendung finden. Es handelt sich dabei um die **Farmhaltung transgener Tiere,** die relativ große Mengen einer seltenen pharmazeutisch bedeutenden Substanz produzieren, z. B. ein menschliches Hormon oder einen Blutgerinnungsfaktor. Ist dieses gewünschte Produkt z. B. in der Milch von transgenen Schafen oder Rindern enthalten, so kann es daraus wesentlich kostengünstiger isoliert werden als aus einer Zellkultur.

Durch die Gentechnik ergeben sich auch neue **Diagnosemöglichkeiten.** Kennt man die Nucleotidsequenz eines krank machenden Gens oder wenigstens einen Teil dieser Sequenz, kann man diesen DNA-Abschnitt künstlich herstellen und markieren. Damit lässt sich dann das entsprechend mutierte Gen nachweisen (Gensonden-Technik).

Schließlich kann man die **individuellen genetischen Unterschiede** nutzen, um DNA-Proben (z. B. aus Blutspuren) bestimmten Personen zuzuordnen. Man verwendet dazu die aus der Probe extrahierte DNA und behandelt diese mit verschiedenen Schneideenzymen. Entsprechend der unterschiedlichen Nucleotidsequenz entstehen verschieden lange DNA-Stücke. Man trennt die DNA-Stück-Gemische der Probe, indem man sie durch ein Gel wandern lässt, an das eine elektrische Spannung angelegt wurde (Gelelektrophorese). Gleich lange DNA-Stücke wandern gleich schnell und bilden nach einer bestimmten Zeit im Gel eine Bande in einem bestimmten Abstand vom Startpunkt. Vergleicht man das Bandenmuster verschiedener DNA-Proben der fraglichen Personen, so bedeutet ein gleiches Bandenmuster, dass die Proben von derselben Person stammen. Das Bandenmuster bezeichnet man auch als „genetischen Fingerabdruck" *(„genetic fingerprinting")*.
Man verwendet diese Methode in der **Rechtsmedizin** zur Überführung von Tatverdächtigen oder bei **Vaterschaftstests.**

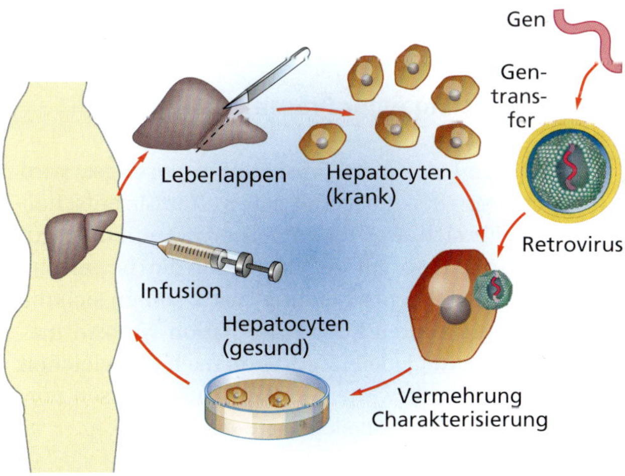

1 Eventuell mögliche Gentherapie an der Leber

Das Poster – eine Möglichkeit der Präsentation

Wandzeitungen oder Poster fallen auf. Sie sind geeignet, um sachliche Informationen, Versuchsergebnisse oder den Verlauf und die Ergebnisse eines Projekts darzustellen. Meist wählt man zur Präsentation den Fachraum oder den Schulflur. Damit man sofort erkennt, worum es geht, hier ein paar Tipps:

- Jedes Poster hat eine Überschrift. Sie soll sofort über den Inhalt informieren und Neugier beim Betrachter wecken.
- Verwende viele Abbildungen, einfache grafische Darstellungen und Skizzen, aber nur so viel Text wie nötig.
- Ordne die Inhalte übersichtlich an.
- Kennzeichne was inhaltlich zusammengehört mit gleichen Schriftarten, Farben und Formen. Achte jedoch darauf, dass das Poster nicht überladen wirkt.
- Nenne deine verwendeten Informationsquellen.
- Teste die Lesbarkeit aus einer größeren Entfernung.

Gentechnik – Chance oder Gefahr?

pro

- Transgene Pflanzen wie Genmais haben verbesserte Qualitäten.
- Transgene Tiere dienen in der medizinischen Forschung der Funktionsanalytik.
- Transgene Lebensmittel haben deutlich verbesserte Eigenschaften wie verlängerte Haltbarkeit, verstärktes Aroma.
- Gentechnische Methoden sind in der Medizin unverzichtbar geworden (z. B. Vaterschaftstest, genetischer Fingerabdruck, Gentherapie).

contra

- Der Anbau gentechnisch veränderter Pflanzen ist nicht unumstritten.
- Das Wirkungsgefüge vom Gen zum Merkmal ist noch nicht vollständig geklärt.
- Besitzen die Lebensmittel durch die veränderten Eigenschaften auch eine bessere Qualität?
- Beim Einsatz genetischer Methoden müssen mögliche Gefahren sorgfältig abgeschätzt werden.

Bewertung einer Präsentation

Während du deine Präsentation vorträgst, wird diese von den Mitschülern bewertet. Sie entscheiden für sich, was ihnen an der Präsentation gut bzw. nicht so gut gefällt. Damit die Bewertung keine „Bauchentscheidung" wird, sollten sich die Zuhörer während der Präsentation Notizen machen. Damit jede Präsentation nach den gleichen Maßstäben bewertet werden kann, müssen vorher **Kriterien** festgelegt werden.

Solche Kriterien können z. B. sein:

- War die Präsentation klar gegliedert?
- War die Präsentation fachlich richtig bzw. verständlich?
- War die Sprache klar und deutlich?
- Waren Auftreten und Verhalten des Vortragenden angemessen?
- Wurden die Medien gut eingesetzt?
- Wurde die Zeitbegrenzung eingehalten?
- Wurde das Ziel der Präsentation erreicht?

Diese Kriterien kann man zur Bewertung von Präsentationen der Mitschüler (Fremdbewertung) oder seiner eigenen Präsentation (Selbstbewertung) verwenden. Wie bei allen Dingen macht auch hier die Übung den Meister.

4 Abstammungslehre

4.1 Evolutionstheorien, Evolutionsfaktoren und Evolutionsrichtungen

Entstehung des Lebens – ein Rätsel?

Viele Wissenschaftler haben sich bemüht, die Entstehung des Lebens und die Existenz der Vielfalt der Arten aus z. T. sehr unterschiedlichen Ansätzen heraus zu erklären. Auch die in der Bibel dargestellte Schöpfungsgeschichte stellt eine Art Deutung dar.
Die Evolutionstheorie versucht die Abstammung der Organismen und ihre Entwicklung als natürlichen Prozess zu erklären.

Wie entwickelte sich der Evolutionsgedanke? Welche namhaften Persönlichkeiten begründeten die heute verbreitete Evolutionstheorie? Sind Evolutionsforschung und Religion unvereinbar?

CHARLES DARWIN – Begründer der Evolutionstheorie

Die Abstammungslehre prägt in vielen Bereichen unser Weltbild. Erst vor ca. 150 Jahren wurden die theoretischen Grundlagen für diese Evolutionstheorie gelegt. In diesem Zusammenhang hört man oft den Namen CHARLES DARWIN.

Wer war CHARLES DARWIN? Worin bestand seine Leistung?

Züchtung – ein Ausleseverfahren?

Züchtung ist ein Ausleseverfahren, mit dem die Menschen gezielt in die Evolution eingreifen, um gewünschte Merkmale in der Nachfolgegeneration zu vermehren. Nicht immer sind die gezüchteten Organismen unter natürlichen Bedingungen konkurrenzfähig.

Welche Faktoren sind es, die die Evolution voranbringen? Wer oder was übernimmt die Funktion des Auslesens?

Evolutionstheorien und ihre Grundlagen

Fast in allen Kulturkreisen und in allen Religionen hat man mythische Vorstellungen über die Entstehung der Welt und insbesondere über die Schöpfung der Lebewesen einschließlich des Menschen entwickelt.
Im Alten Testament der **Bibel** wird die Erschaffung der Welt mit Lebewesen und Menschen relativ detailliert beschrieben (Abb. 1). Diese biblische Schöpfungsgeschichte gilt auch Muslimen und Juden als göttliche Offenbarung. Im wörtlichen Sinne widersprechen diese Darstellungen den heutigen naturwissenschaftlichen Erkenntnissen. Konflikte entstehen deshalb immer dann, wenn wörtliche Bibelauslegungen naturwissenschaftlichen, d. h. durch Erfahrung und Experiment gewonnenen Erkenntnissen, widersprechen oder zu widersprechen scheinen. Dies gilt z. B. für naturwissenschaftlich begründete Vorstellungen über die Entstehung der Welt, des Sonnensystems und der Erde mit ihren Lebewesen. Als **Kreationisten** werden Gläubige bezeichnet, die die Schöpfungsgeschichte der Bibel in einem sehr engen wörtlichen Sinne für „wahr" halten und deshalb viele auf naturwissenschaftlichen Erkenntnissen beruhende Vorstellungen ablehnen.

Das Zeitalter der Entdeckungsreisen

Auf der Suche nach wertvollen Rohstoffen wie Gewürzen, Edelmetallen und landwirtschaftlichen Produkten unternahmen die Europäer ab dem 15. Jahrhundert ausgedehnte Entdeckungsreisen in alle Teile der Erde. Zunehmend wurden solche Reisen auch von Naturwissenschaftlern begleitet und dabei wurde vor allem im 17. und 18. Jahrhundert eine große Menge an Daten über die unterschiedlichsten Lebewesen zusammengetragen. Diese große Fülle neu entdeckter Lebewesen führte dazu, dass sich Naturwissenschaftler zunehmend mit der Frage nach ihrer Entstehung beschäftigten.

1 „Die Schöpfungsgeschichte" von LUCAS CRANACH d. Ä.

Mosaik

DARWINS Reise mit der Beagle

„Die Reise mit der Beagle ist das bei weitem bedeutendste Ereignis in meinem Leben gewesen und hat meine ganze Karriere bestimmt", sagte CHARLES ROBERT DARWIN (1809–1881) selbst am Ende seines Lebens. Schon als 22-Jähriger bekam er die Gelegenheit, als Naturforscher an der erdumspannenden Forschungsreise des Erkundungsschiffes Beagle („Spürhund") unter Kapitän FITZ-ROY teilzunehmen. Er hatte gerade ein Theologiestudium abgeschlossen, aber sein Hauptinteresse galt schon während seiner Studienzeit den Naturwissenschaften. So hatte er Vorlesungen in Botanik, Zoologie und Geologie belegt. Der Botanikprofessor JOHN STEVENS HENSLOW (1796–1861) schlug ihn für die Reise vor, da er ihn als besonders wissensdurstigen und für alle Fragen offenen Studenten kennengelernt hatte.

Die Reise begann am 27. Dezember 1831 und endete – fast fünf Jahre später – am 2. Oktober 1836.

Die vielen Beobachtungen, die er auf dieser Reise machen konnte, bewirkten, dass er schon am Ende der Reise davon überzeugt war, dass alle Lebewesen auf einen gemeinsamen Ursprung zurückgehen. Besonders wichtig für diese Überzeugung seien – so DARWIN – die völlig eigenständigen Tier- und Pflanzenarten auf abgelegenen Inseln gewesen, oder auch die Reste riesiger ausgestorbener Säugetiere, die er in Patagonien gefunden hatte.

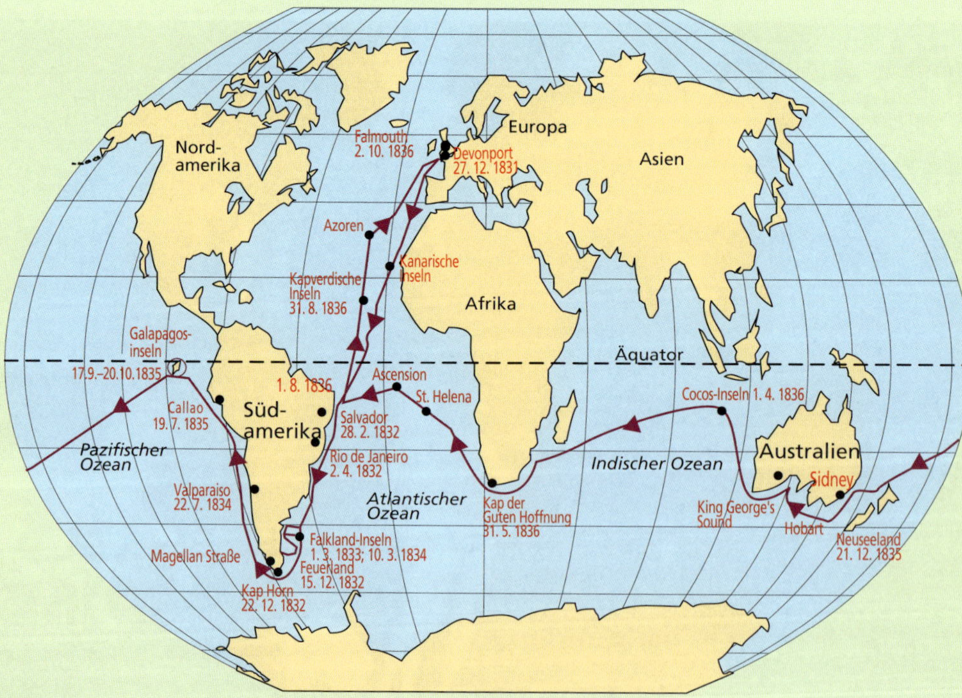

1 Reiseroute der „Beagle" (1831 bis 1836)

Evolutionstheorien vor Darwin

Jean-Baptiste de Lamarck (1744 - 1829, Abb. 1), ein französischer Naturforscher, hatte einen sehr guten Überblick über die Ende des 18. Jahrhunderts bekannte Vielfalt der Lebewesen. Seine Kenntnisse ließen ihn an der damals allgemein angenommenen „Konstanz der Arten" zweifeln. In seiner 1808 veröffentlichten **Evolutionslehre** ging er von folgenden Annahmen aus:

- Die mehr oder weniger große Ähnlichkeit von Organismen ist ein Maß für ihre reale Verwandtschaft. Die heute lebenden Arten sind aus mehr oder weniger weit zurückliegenden Vorfahren entstanden.
- Organismen sind in ihrem Bau und in ihrer Funktion und in der Funktion ihrer Organe gut an ihre Umwelt angepasst.
- Organismen können sich im Laufe ihres Lebens aktiv und individuell an Umweltsituationen anpassen und dabei ihre Eigenschaften verändern.

Diese Annahmen haben bis heute Gültigkeit. So ist es unbestritten, dass Organe oder Strukturen durch Gebrauch oder Nichtgebrauch während des individuellen Lebens verändert werden können. Muskeln können z. B. durch ein Fitnessprogramm verstärkt werden (S. 243).
Um die stammesgeschichtliche Veränderung zu erklären, nahm Lamarck jedoch an, dass die von Lebewesen im Laufe ihres Lebens erworbenen Eigenschaften auch vererbt werden können. Danach wäre die Anpassung der Lebewesen an ihre Umwelt ein aktiver Vorgang. Schon innerhalb einer Generation würde eine bessere Anpassung der Nachkommen erreicht werden. Heute versteht man unter **Lamarckismus** im Allgemeinen diese „Vererbung erworbener Eigenschaften".

Etwas später als Lamarck wirkte Georges Baron de Cuvier (1779 - 1832, Abb. 2). Er beschäftigte sich vor allem mit **Fossilien** und gilt deshalb als einer der Begründer der **Paläontologie** (griech.: *palaios* = das Alte, *ontos* = das Seiende). Dabei fiel ihm auf, dass viele fossile Arten Übereinstimmungen, aber auch deutliche Unterschiede zu heute lebenden Arten zeigen. Seine **„Katastrophentheorie"** ist eine Mischung aus naturwissenschaftlichen Erkenntnissen und biblischer Schöpfungsgeschichte. Die Schöpfung, wie sie in der Bibel dargestellt wird, wurde von Cuvier dahingehend modifiziert, dass frühere Erdzeitalter jeweils durch Leben vernichtende Katastrophen endeten und anschließend eine Neuschöpfung stattfand.

Aufgabe

Nenne Beispiele für im Laufe der Individualentwicklung erworbene Eigenschaften bei Menschen und Tieren. Überlege, was man in diesem Zusammenhang unter „Veranlagung" oder „Begabung" versteht.

1 Jean-Baptiste de Lamarck (1744 – 1829)

2 George Baron de Cuvier (1779 – 1832)

3 Ein Vulkanausbruch – eine lebensvernichtende Katastrophe

Begründung der Abstammungslehre durch DARWIN und WALLACE

Den Durchbruch brachte die erst 1858 gemeinsam veröffentlichte **Evolutionstheorie** von CHARLES R. DARWIN (1809 - 1882, Abb. 1) und ALFRED R. WALLACE (1823 - 1913, Abb. 2), insbesondere aber die Veröffentlichung von DARWINS Buch „Die Entstehung der Arten durch natürliche Zuchtwahl" (*„The origine of species by means of natural selection"*, 1859). DARWIN erklärte in diesem Werk - wie vor ihm schon LAMARCK -, dass alle Lebewesen auf einen gemeinsamen Ursprung zurückgehen würden und dass zwischen ihnen eine echte Verwandtschaft bestehe. Als Ursache für den Wandel und die Aufspaltung der Arten sahen er und WALLACE jedoch im Gegensatz zu LAMARCK die „natürliche Auslese" (Selektion, S. 244) an. Aus diesem Grunde wird DARWINS Theorie häufig auch als **Selektionstheorie** bezeichnet.

Bei den Überlegungen, die zur Entwicklung der Selektionstheorie führten, ging DARWIN auch von Beobachtungen aus, die er als Taubenzüchter gewonnen hatte. Jeder, der Haustiere züchtete, wusste auch zur damaligen Zeit schon, dass es unter den Nachkommen von Zuchttieren immer auch solche mit besonders starken oder schwachen Ausbildungen von Merkmalen gibt. Teilweise treten sogar vollständig neue Merkmale auf, die bei den Eltern nicht beobachtet werden

1 CHARLES R. DARWIN (1809–1882)

2 ALFRED R. WALLACE (1823–1913)

3 Zuchtformen der Taube

können. Durch die entsprechende Auswahl der Elterntiere für die Weiterzucht kann man im Laufe der Zeit Individuen erhalten, die von den Ausgangsformen erheblich abweichen (Abb. 3). DARWIN nahm an, dass in der Natur eine ähnliche Auswahl getroffen wird, die er im Gegensatz zur künstlichen Auswahl des Züchters als **natürliche Auslese** oder **natürliche Selektion** bezeichnete.

Dabei ging DARWIN von folgenden Grundannahmen aus:

- Alle Lebewesen produzieren wesentlich mehr Nachkommen als wieder zur Vermehrung kommen können.
- Diese Nachkommen unterscheiden sich in ihren Merkmalen und diese Unterschiede sind auch erblich.
- Diejenigen der Organismen, die am besten an ihre Umwelt angepasst sind, werden die meisten Nachkommen haben (natürliche Selektion).

Aufgabe

Der Sozialdarwinismus übertrug die Selektionslehre auf die menschliche Gesellschaft und rechtfertigte damit die Vorherrschaft der „Starken" über die „Schwachen". Informiere dich auch im Internet und nimm Stellung dazu.

Im Gegensatz zur vorangehenden Theorie und insbesondere zum Lamarckismus gaben DARWIN und WALLACE eine mit Beobachtungen gut übereinstimmende Erklärung für die Ursachen der Evolution. Während sich die Vererbung erworbener Eigenschaften in vielen Fällen nicht beobachten ließ, war die ungerichtete Variabilität insbesondere aus der Tier- und Pflanzenzucht eine wohlbekannte Erscheinung (S. 17).

DARWIN vertrat die Ansicht, dass die Evolutionsfaktoren in der Gegenwart gleich wirksam sind wie sie es in der Vergangenheit waren. Damit übernahm er das **Aktualitätsprinzip,** das der Geologe CHARLES LYELL (1797 - 1875) auf erdgeschichtliche Vorgänge angewandt hatte.

In Übereinstimmung mit LAMARCK nahm DARWIN an, dass alle Arten veränderlich sind und dass die heutigen Organismen sich im Laufe langer Zeiträume aus anderen Arten entwickelt haben, wobei es auch zu einer Aufspaltung von Stammarten in mehrere neue Arten kommen konnte.

Aufgaben

1. Vergleiche LAMARCKS und DARWINS Theorien am Beispiel des langen Halses der Giraffen mithilfe der Abbildung 1.

2. Nenne einige Beispiele für Haustiere und Kulturpflanzen und ihre „wilden" Ursprungsarten.

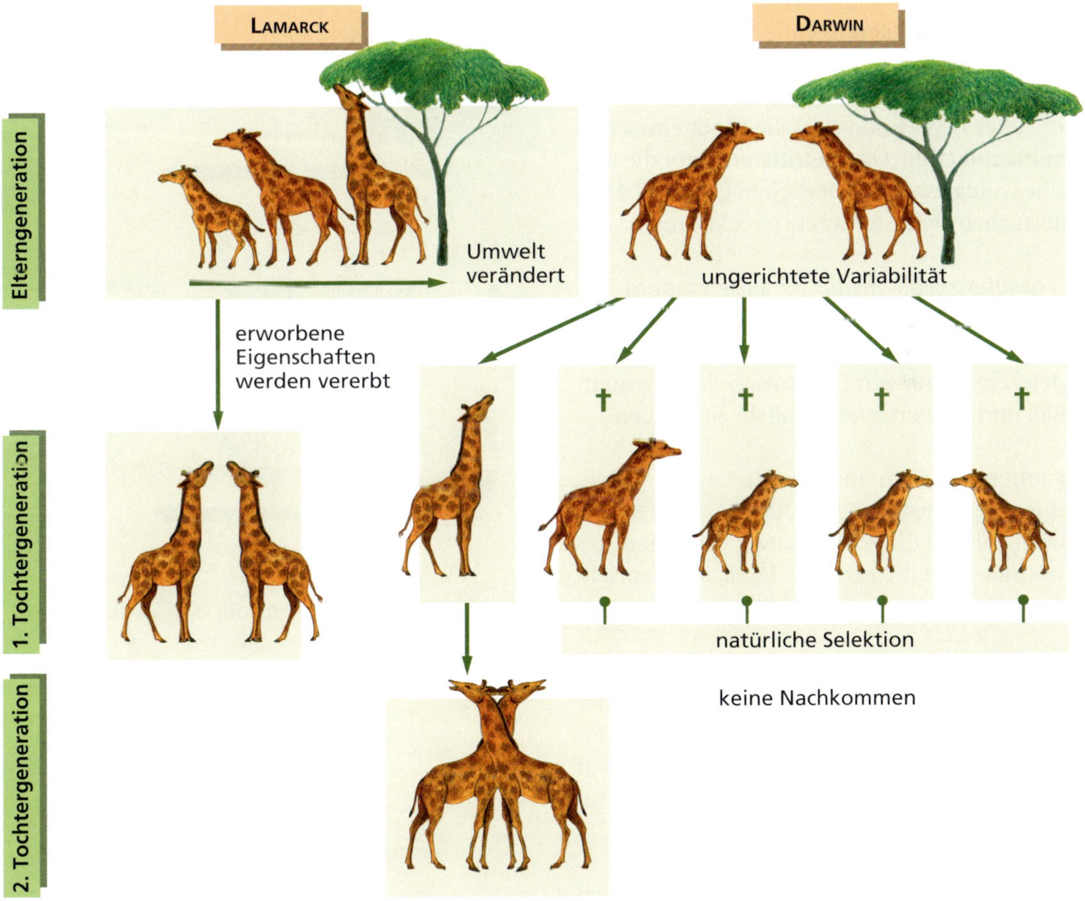

1 Lamarckismus und Darwinismus

Fragestellungen der Evolutionslehre

Prinzipiell lassen sich drei Fragestellungen zur Evolution der Organismen unterscheiden:

Hat die Evolution stattgefunden? Für die positive Beantwortung dieser Frage kann man heute eine große Zahl von Belegen anführen.

Wie lief die Evolution ab? Bei dieser Frage geht es darum, welche Lebewesen näher miteinander verwandt sind, wie der „Stammbaum" der Lebewesen aussieht (S. 272). Um sie zu beantworten bedient man sich der Merkmalsvergleiche – heute vor allem auch der vergleichenden Genanalyse.

Welche Ursachen liegen der Evolution zugrunde? Mit dieser Fragestellung beschäftigen sich Evolutionstheorien im engeren Sinne.

Ein wichtiges Indiz für den gemeinsamen Ursprung aller Lebewesen sind die **biochemischen Gemeinsamkeiten.** Dies betrifft nicht nur die universelle Gültigkeit des genetischen Codes (S. 163), sondern auch viele Stoffwechselreaktionen.

Als **Fossilien** (lat.: *fossilis* = ausgegraben) bezeichnet man Reste und Spuren von Lebewesen früherer Erdzeitalter. Sie verdeutlichen durch den Vergleich mit heutigen Lebewesen den Formenwandel und die Verwandtschaftsbeziehungen.

Sehr unterschiedlich aussehende Organe haben oft einen gemeinsamen Grundbauplan, der sich am besten durch die Abstammung von einem gemeinsamen Vorfahr erklären lässt. Man spricht von **homologen Organen** (S. 239).

Nicht selten findet man rückgebildete Organe **(rudimentäre Organe,** S. 241), die im Laufe der Evolution ihre Funktion ganz oder teilweise verloren haben. Beispiele sind rückgebildete Augen bei Höhlentieren oder die Muskeln zur Ohrmuschelbewegung beim Menschen.

Im erwachsenen Zustand sehr unterschiedlich aussehende Tiere zeigen in ihrer **Keimesentwicklung** oft große Übereinstimmungen (Abb. 1). Auch dies lässt sich gut mit einer gemeinsamen Abstammung erklären.

Auch das Vorkommen von Arten, die Merkmale zweier verwandter systematischer Gruppen in sich vereinen **(Übergangsformen, Brückenorganismen)** sind ein Indiz dafür, dass es für beide Gruppen einen gemeinsamen Vorfahren gibt. So weist beispielsweise das Schnabeltier (Abb.) Merkmale von Säugetieren und Reptilien auf.

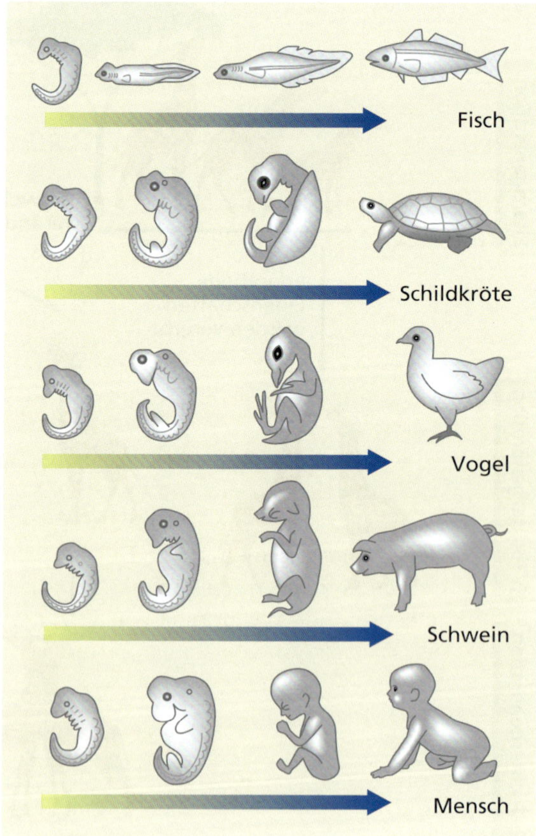

1 Ausgewählte Embryonalstadien

Homologe Organe und Homologie

Die **Vordergliedmaßen** verschiedener Wirbeltiere, z. B. die Flügel bei Vögeln und Fledermäusen, die Grabbeine eines Maulwurfs, die Flossenhände eines Delfins oder die Arme eines Menschen, unterscheiden sich auf den ersten Blick sehr deutlich voneinander. Auch die Fortbewegungsweise und somit die **Funktion** dieser Wirbeltierextremitäten ist sehr vielfältig. Vergleicht man den knöchernen **Aufbau** der unterschiedlichen Extremitäten jedoch genauer, stellt man Gemeinsamkeiten im Aufbau fest.

Der **Grundbauplan** ist gleich: ein Oberarmknochen, zwei Unterarmknochen (Elle und Speiche), mehrere Handwurzelknochen, eine fünfgliedrige Mittelhand und fünf Finger (Abb. 2).

Auch wenn Anzahl, Größe oder Form der Knochen variieren können oder sich z. B. bei den Vögeln einzelne Finger zurückgebildet haben, bleibt die Abfolge der Knochen in den Vordergliedmaßen vom Oberarm bis zu den Fingerknochen bestehen.

Auch die Beine verschiedener Insekten (Abb. 1) weisen trotz ihres unterschiedlichen Aussehens einen gemeinsamen Grundbauplan auf. Es sind also **homologe Organe (Strukturen).**

Aus einer gemeinsamen Stammform sind unterschiedlich aussehende Formen entstanden, die vielfältige Funktionen aufweisen. Das Ausmaß der unterschiedlichen Ausbildung der beschriebenen Gliedmaßen ist abhängig von der jeweiligen **Angepasstheit** an die vorherrschenden Umweltbedingungen.

Diese beschriebenen Beispiele geben Hinweise auf **Verwandtschaftsbeziehungen** zwischen Organismen. So ist als Konsequenz nach den Aussagen der Evolution ein gemeinsamer Bauplan ein Indiz für einen gemeinsamen Ahnen. Je stärker die Übereinstimmung bei homologen Organen verschiedener Organismenarten ist, desto näher sind die Arten miteinander verwandt.

Organe oder Strukturen, die auf einen gemeinsamen Grundbauplan zurückzuführen sind, bezeichnet man als homolog. Homologien lassen sich verwandtschaftlich voneinander ableiten.

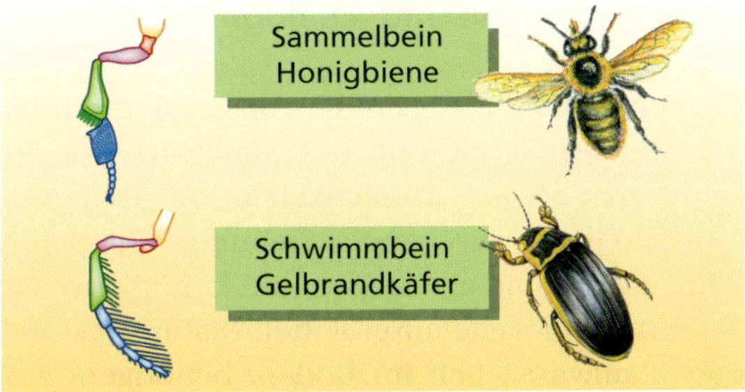

1 Gliedmaßen von Biene und Gelbrandkäfer

Aufgabe

Vergleiche anhand der Abbildung 2 die Vordergliedmaßen der gezeigten Wirbeltiere miteinander. Verdeutliche dabei jeweils die Abwandlungen vom Grundbauplan.
Erläutere den Zusammenhang zwischen der jeweiligen Abwandlung und der Funktion.

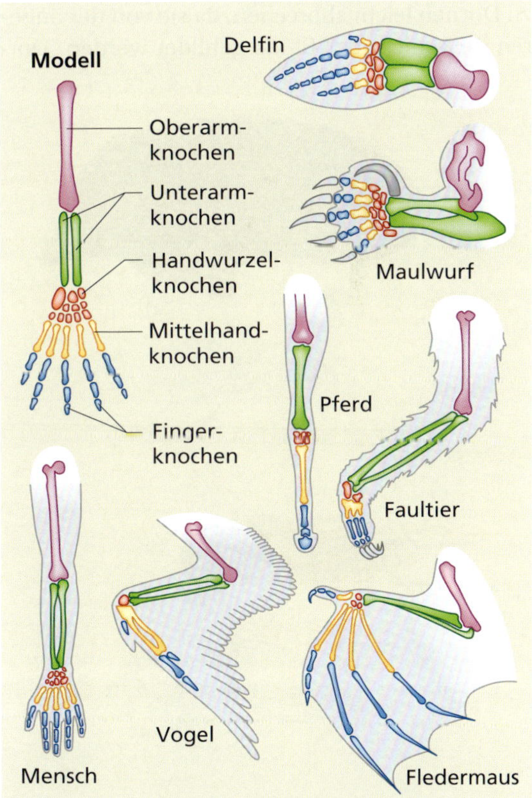

2 Vordergliedmaßen verschiedener Wirbeltiere

Analoge Organe und Analogie

Betrachtet man hingegen die **Vordergliedmaßen** der Maulwurfsgrille und des Maulwurfs, so erkennt man gewisse Ähnlichkeiten in ihrer **Funktion** und ihrem äußeren Erscheinungsbild. Beide Vorderbeine sind gedrungen und kräftig und mit einer Art Grabkelle ausgestattet. Maulwurfsgrille und Maulwurf leben im Boden, benötigen also Vordergliedmaßen zum Graben (Abb. 1). Solche Ähnlichkeiten bei nicht näher verwandten Arten werden **Analogien** bzw. **analoge Organe (Strukturen)** genannt.
Wie bei den Tieren gibt es auch bei den Pflanzen analoge Organe. So sind auch die Wurzelknollen der Dahlie und die Sprossknollen der Kartoffel analoge Speicherorgane (Abb. 2).
Ebenso sind die Dornen der Berberitze und die Stacheln der Rosen analoge Organe zum Schutz gegen Tierfraß. Stacheln lassen sich im Gegensatz zu Dornen leicht abbrechen, da sie von der äußeren Zellschicht der Rinde gebildet werden. Dornen hingegen sind Umbildungen der Sprossachse. Rosen haben also Stacheln und keine Dornen.
Der Flügel des Vogels und des Schmetterlings sind analoge Organe zum Fliegen oder die Vordergliedmaßen vom Wal und das Schwimmbein des Gelbrandkäfers analoge Organe zur Fortbewegung.

Auch die Körperform von z. B. Hai, Hecht, Pinguin und Delfin ist ähnlich. Diese Ähnlichkeiten in der Körperform bei sonst **verschiedenen Grundbauplänen** dieser Tiere sind auf die **Angepasstheit** an gleichartige Umweltverhältnisse zurückzuführen. Diese Tiere leben im Wasser. So verringert ihr spindelförmiger Körper beim Schwimmen den Widerstand im Wasser.
Wenn gleichartige Umweltverhältnisse an unterschiedlichen Standorten zu großer Ähnlichkeit in den Organen bzw. in der Körperform (hoher Grad an Angepasstheit) bei nicht näher verwandten Arten führen, spricht man von **Konvergenz.** Die übereinstimmende stromlinienförmige Körperform dieser Tiere ist ein Beispiel für Konvergenz.

Organe oder Strukturen, die sich in ihrem äußeren Erscheinungsbild und ihrer Funktion ähneln, aber unterschiedliche Grundbaupläne haben, bezeichnet man als analog. Analogien lassen keine Rückschlüsse auf nähere Verwandtschaft zu.

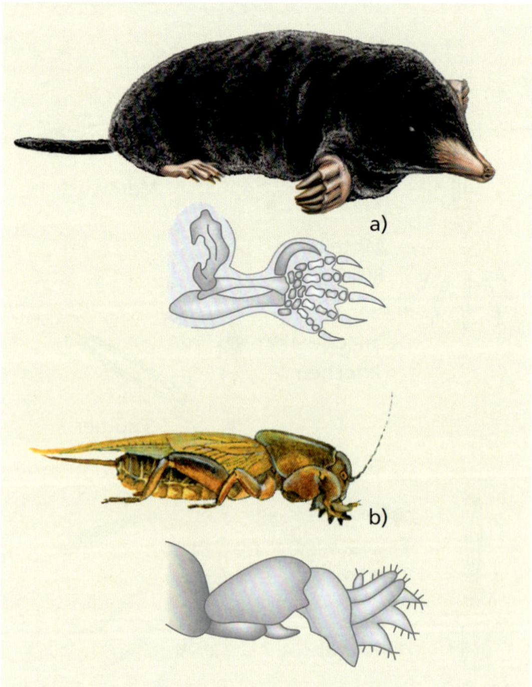

1 Vordergliedmaßen a) vom Maulwurf und b) von der Maulwurfsgrille sind analoge Organe.

2 a) Sprossknollen der Kartoffel und b) Wurzelknollen der Dahlie sind analoge Organe.

Mosaik

Rückbildungen und rudimentäre Organe – eine besondere Form der Spezialisierung?

Bei verschiedenen Echsenarten (Abb. 1) ist beispielsweise eine abgestufte **Rückbildung der Gliedmaßen** zu beobachten. Die Zauneidechse (a) besitzt vier voll ausgebildete Beine, mit denen sie sich vorwärtsbewegt. Die Beine der Erzschleiche (b) sind stark verkürzt und schwach. Bei der Blindschleiche (c) sind äußerlich keine Beine zu erkennen, nur am Skelett einige Knochen.

Bei einigen Organismen sind Rückbildungen an äußeren Strukturen so weit fortgeschritten, dass sie äußerlich nicht mehr sichtbar sind. Vielfach gibt es aber noch Hinweise darauf, dass diese Strukturen im Bauplan ursprünglich, d.h. bei den stammesgeschichtlichen Vorfahren, vorhanden waren. Oft ist mit der erfolgten Reduktion auch ein Funktionswechsel verbunden. Solche **rückgebildeten Strukturen** werden als **Rudimente** oder **rudimentäre Organe** bezeichnet. Bekannte Beispiele sind die **Reste der Beckenknochen** bei Walen, die darauf hinweisen, dass die stammesgeschichtlichen Vorfahren wohl noch Hintergliedmaßen besessen haben. Jetzt dienen die rudimentären Beckenknochen nur noch als Ansatzstellen für Penis und Aftermuskeln (Abb. 3). Bei einigen Riesenschlangen (Gruppe Schlangen) und der heimischen Blindschleiche (Gruppe Echsen) findet man ebenfalls noch Reste von Beckenknochen.

Auch Menschen weisen Rudimente auf. Ein Beispiel ist der Wurmfortsatz, der oft als Blinddarm bezeichnet wird, aber eigentlich nur den Rest eines Blinddarms darstellt. Weitere Beispiele sind das Steißbein und die oft verkümmerten Weisheitszähne.

1 Rückbildung von Gliedmaßen

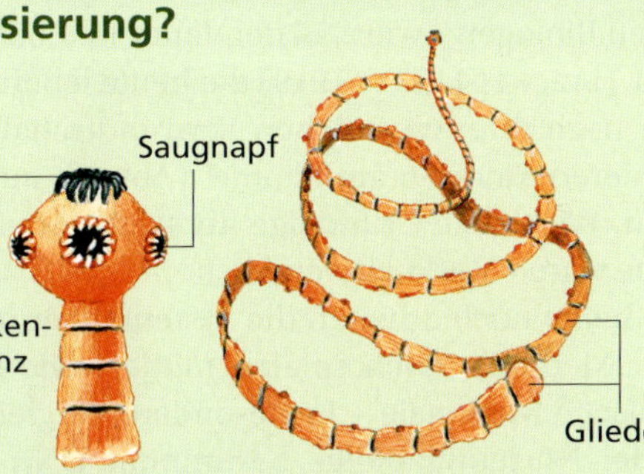

2 Schweinefinnenbandwurm als Parasit

Eine ganz andere Form der Rückbildung tritt bei Bandwürmern auf, die als Parasiten im Darm von verschiedenen Endwirten (Hund, Schwein, Mensch) leben. Sie haben keinen Darm, da sie verdaute Nahrung über die gesamte Körperoberfläche aufnehmen. Diese zu den Plattwürmern zählenden Tiere haben im Laufe der Evolution den Darm vollständig reduziert. Sie besitzen aber eine besondere Struktur im Kopfbereich, mit der sie sich im Darm der Endwirte verankern (Abb. 2). Die Bandwürmer sind also an ihre parasitische Lebensweise gut angepasst.

Auch bei Pflanzen gibt es Rückbildungen, z.B. das Fehlen von Laubblättern bei einigen Kakteen.

Unter rudimentären Organen (Rudimenten) versteht man rückgebildete, vielfach äußerlich nicht mehr sichtbare Organe (Strukturen), die bei den stammesgeschichtlichen Vorfahren noch voll ausgebildet waren. Sie haben im Verlauf der Evolution ihre Funktion teilweise oder vollständig verloren. Sie geben aber Hinweise auf den Bauplan der Vorfahren.

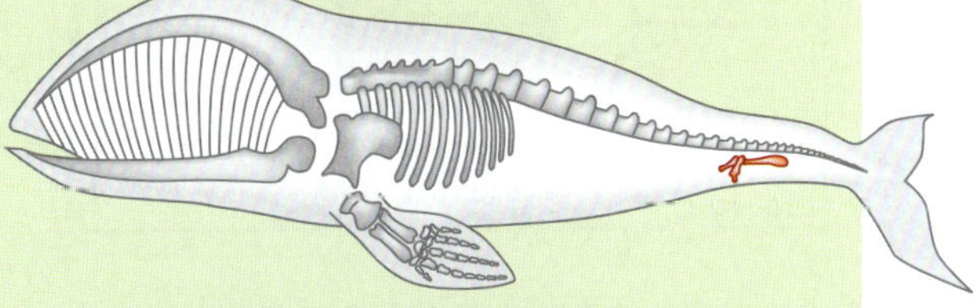

3 Rudimentäre Organe beim Wal

Stammbäume

Schon kurz nach der Veröffentlichung von DARWINS Buch über die „Entstehung der Arten“ begannen Biologen – wie z. B. der deutsche Zoologe ERNST HAECKEL (1834 – 1919) die heute lebenden Arten nach ihrer natürlichen Verwandtschaft zu gruppieren und Stammbäume (Abb. 1) aufzustellen. Wichtigste Grundlage für solche Stammbäume waren Merkmalsvergleiche.
Auch heute noch arbeiten die Systematiker nach dieser Methode, doch spielen mittlerweile biochemische Merkmale – insbesondere Vergleiche von der Nucleotidabfolge bestimmter DNA-Abschnitte – die wichtigste Rolle (Abb. 3).

2 ERNST HAECKEL und sein Haus die Villa Medusa in Jena

1 Stammbaum des Tierreichs von ERNST HAECKEL (aus: *„Anthropogenie oder Entwicklungsgeschichte des Menschen“*, 1874)

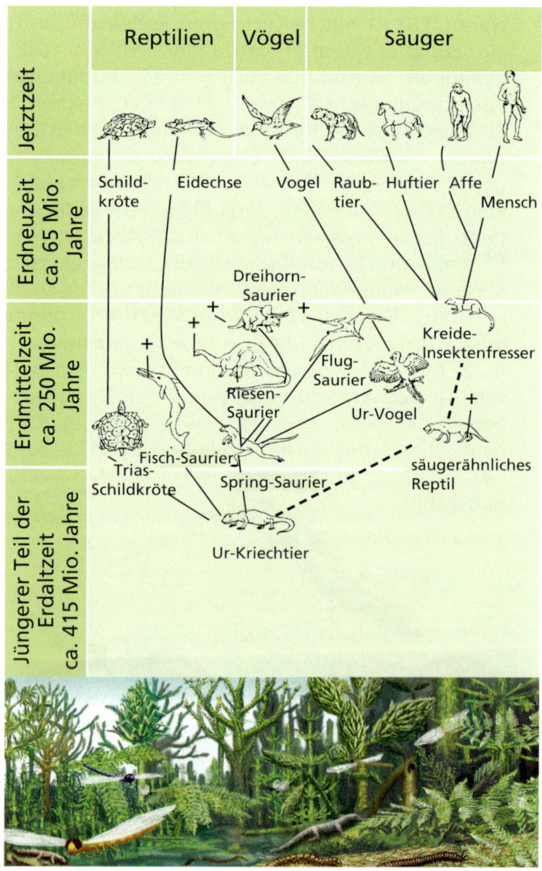

3 Ausschnitt eines modernen Stammbaums: Hauptlinien zwischen Klassen (– – –); hypothetische Verzweigungen (——) innerhalb der Klassen

Ursachen der Evolution (Evolutionsfaktoren)

Die naturwissenschaftliche **Evolutionsforschung** nimmt an, dass die Evolution der Lebewesen in ihrem Verlauf nicht vorherbestimmt ist und dass sie auch nicht von außen, d. h. von Bedingungen, die außerhalb des Gesamtsystems liegen, beeinflusst wird. Vielmehr ist dieser Verlauf abhängig von den Wechselwirkungen zwischen Umwelt und Organismus. Dabei sind jedoch nicht alle Umwelteinflüsse gleich wichtig.

Demgegenüber gibt es die von den meisten Naturwissenschaftlern heftig bekämpfte Vorstellung, dass der Ablauf der Evolution von einer göttlichen Kraft beeinflusst und gelenkt wird („Intelligent Design“, ID).

Arten bestehen in der Regel aus sehr vielen Individuen, die in einem engen Bereich zusammenleben **(Populationen).** Individuen einer Art können sich miteinander geschlechtlich fortpflanzen, sind jedoch von Individuen anderer Populationen reproduktiv getrennt.

Die Frage nach den **Evolutionsfaktoren** ist neben zufälligen Veränderungen des Erbmaterials auch eine Frage nach der Wechselwirkung dieser Populationen mit ihrer Umgebung. Dazu gehören alle lebenden und nicht lebenden Bestandteile ihrer Umwelt. Alle Individuen einer Population haben bestimmte **Erbanlagen (Gene),** die wiederum für **Merkmale (Phäne)** verantwortlich sind. In der Regel unterscheiden sich diese Gene von Individuum zu Individuum. Jedes Individuum hat ein eigenes **Erbbild (Genotyp).** Dieser Genotyp wiederum beeinflusst das **Erscheinungsbild (Phänotyp).** Die Verschiedenheit der Individuen fällt uns vor allem bei unserer eigenen Art - beim Menschen - auf (S. 190).
Die vielen verschiedenen Gene aller Genotypen einer Population bezeichnet man insgesamt als ihren **Genpool.** Allerdings wird das Erscheinungsbild eines Individuums nicht nur von seinem Genotyp, sondern auch von verschiedenen Aktivitäten und Umwelteinflüssen geprägt. Menschen, die viel Krafttraining machen, haben z. B. eine größere Muskelmasse als untrainierte. Solche nicht erblichen Veränderungen bezeichnet man als **Modifikation.** DARWIN nannte sie milieubedingte Variationen. Sie haben für die Evolution allenfalls indirekte Bedeutung, indem diese Variabilität an sich ein Vorteil für ihre Träger sein kann (Abb.).

Wesentliche Evolutionsfaktoren sind:
- zufällige Veränderungen des Genotyps (Mutationen und Neukombinationen von Erbanlagen, S. 244)
- natürliche Auslese (Selektion, S. 244)
- Isolation (Auftrennung von Populationen in Teilpopulationen, S. 245).

G1 bis G6: Individuelle Genotypen einer Population

1 Genotypen (G 1–G 6) eines Genpools

Mutationen und Rekombinationen

Alle natürlichen Mutationen (Veränderungen der Erbanlagen) erfolgen richtungslos, d.h. **zufällig.** Durch Mutationen erhöht sich die Vielfalt der Genotypen und der einzelnen Gene in einer Population (Abb. 1). Dabei dürfte die Neukombination (Rekombination) der Erbanlagen verschiedener Individuen bei der geschlechtlichen Fortpflanzung für die genetische Vielfalt wichtiger sein als Mutationen.
Insbesondere bei kernlosen Lebewesen (Bakterien, Archäen) spielt auch die Übertragung von Genen zwischen verschiedenen Individuen eine wichtige Rolle (**Horizontaler Gentransfer,** S. 224).

Natürliche Auslese

Ein weiterer Evolutionsfaktor ist die **natürliche Auslese** oder **Selektion.** Voraussetzung dafür ist, dass es immer einen Überschuss an Nachkommen gibt, die nicht alle wieder zur Fortpflanzung kommen oder die sich unterschiedlich stark vermehren. Die Wirkung der Selektion besteht darin, dass die Häufigkeit von bestimmten Genotypen in einer Population verändert wird. Einmal kann dies in enger Anpassung an bestimmte Umweltbedingungen geschehen (**Anpassungsselektion,** Abb. 1). Auf diese Art und Weise werden Populationen an ihre Umgebung **„angepasst“.** Zum anderen spielt aber auch der Zufall bei der Auslese eine wichtige Rolle (**Zufallsselektion, Gendrift,** Abb. 1), und zwar umso mehr, je kleiner eine Population ist. Besonders deutlich ist dies z.B. bei der Wirkung geologischer Vorgänge und Katastrophen wie Gebirgsbildungen, Vulkanausbrüchen, Überschwemmungen, Wirbelstürmen u.ä.
Aber auch bei der Entscheidung, welche Keimzellen aus der großen Zahl gebildeter Keimzellen schließlich zu einer Befruchtung kommen, dürfte der Zufall eine entscheidende Rolle spielen.

Durch Mutation, Rekombination und natürliche Auslese werden die Genpools von Populationen verändert.

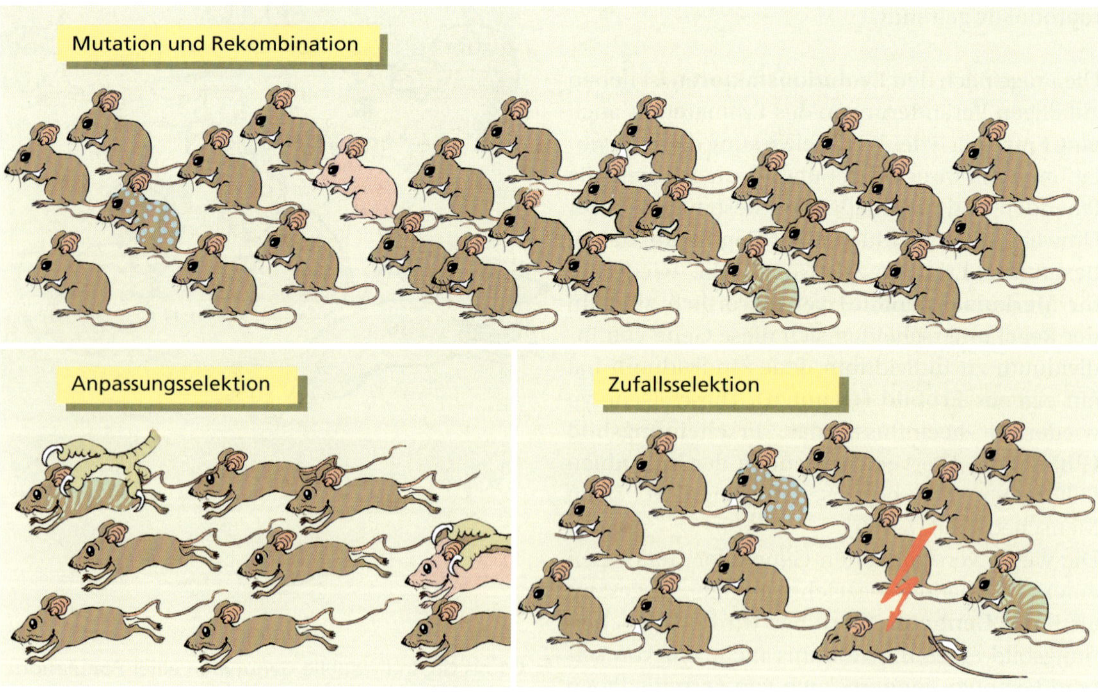

1 Mutation, Rekombination, Anpassungsselektion und Zufallsselektion als Evolutionsfaktoren

Isolation

Eine wichtige Eigenschaft von Populationen ist es, dass alle ihre Individuen miteinander fortpflanzungsfähig sind. Auf diese Art und Weise kommt es über einen längeren, viele Generationen umfassenden Zeitraum zu einem ständigen Genaustausch. Wird dieser Austausch von Erbanlagen unterbrochen, spricht man von **Isolation.** Die Wirkungsweise dieses Evolutionsfaktors (Abb. 1) kann man sich besonders gut am Beispiel von Inseln verdeutlichen. Wenn Inseln neu entstehen, werden sie mit der Zeit von Arten benachbarter Festländer besiedelt. Sind die Inseln weit genug vom Festland entfernt, so wird es in der Zukunft nur selten zu einem Genaustausch zwischen der Ursprungsart und der Inselpopulation kommen. Auf diese Art und Weise kommt es im Laufe der Jahrtausende und Jahrmillionen im Wechselspiel zwischen neuer Umwelt und eingewanderten Individuen zu einer starken Veränderung des gesamten Genpools der Inselpopulation. Gleichzeitig spielt bei dieser Art der Isolation auch die **zufällige Selektion (Gendrift)** eine wichtige Rolle, da die neuen Populationen zunächst sehr klein sind.

Als Paradebeispiel für Artbildung durch Isolation gelten die bereits von DARWIN beobachteten Grundfinken-Arten der Galapagosinseln (Abb. 2). Wie man heute weiß, stammen sie alle von einer Ursprungsart des südamerikanischen Festlands ab. Die Galapagosinseln, die etwa 1000 km vor der Küste Ecuadors im Pazifik liegen, beherbergen eine große Zahl verschiedener solcher Grundfinken. Sie konnten sich auf den Galapagosinseln entwickeln, da sie praktisch keine Konkurrenz hatten. So besiedelten sie allmählich ganz unterschiedliche Lebensräume, die jeweils in bestimmter Weise auf die Teilpopulationen einwirkten. Die Umwelt wurde gewissermaßen in verschiedene Bereiche aufgeteilt, in denen die Umweltbedingungen in Wechselwirkung mit den Teilpopulationen zu verschiedenen Erbanlagen und damit auch zu verschiedenen Merkmalen führten. Die Darwin-Finken – wie diese Galapagos-Grundfinken auch genannt werden – unterscheiden sich besonders deutlich in der Form ihrer Schnäbel (Abb. 2).

2 Auf den Galapagosinseln lebende Finkenarten

Isolation ist eine Voraussetzung für die Entstehung neuer Arten.

1 Isolation als Evolutionsfaktor

Vielfalt und Angepasstheit

Mutationen und eine zufällige Verteilung der genetischen Information bei der geschlechtlichen Fortpflanzung sorgen für eine große **Vielfalt** der Nachkommen. Erst die **Wechselwirkungen** zwischen den Lebewesen und ihrer Umwelt zeigen, ob die entsprechenden Formen die notwendige **Angepasstheit** an den Lebensraum besitzen. Darüber können schon **Bau und Funktion** eines einzigen Körpermerkmals oder eine Verhaltensweise entscheiden. Die vorteilhaften Formen überleben und können sich erfolgreicher fortpflanzen als die weniger angepassten (natürliche Selektion). Dadurch verändert sich die Art.
Tiere sind zum Schutz vor Fressfeinden oft mit **Schutztrachten** ausgestattet.

Tarntracht	**Warntracht**
Farbanpassungen an die Umgebung, z. T. sogar Farbwechsel bei einigen Chamäleonarten (Abb.)	Auffällige Färbung giftiger Tiere, z. B. beim Feuersalamander (Abb.) oder beim Pfeilgiftfrosch

Nachahmungstarntracht (Mimese)	**Nachahmungssignaltracht (Mimikry)**
Nachahmen von Gegenständen ihres Lebensraums in Farbe, Gestalt oder Haltung, z. B. bei Schnarrheuschrecken (Abb.) oder Birkenspanner (S. 247)	Nachahmen von giftigen, ungenießbaren bzw. wehrhaften Tieren, z. B. bei Schwebfliegen, die Wespen nachahmen (Abb.)

Erläutere, welche Rolle die natürliche Auslese (Selektion) und wechselseitige Angepasstheit bei der Entstehung von Schutztrachten gespielt haben könnte. Nimm dafür auch die Seite 247 zu Hilfe.

Mosaik

Vielfalt und Angepasstheit am Beispiel der Wirkung von Evolutionsfaktoren

Am Beispiel des Birkenspanners *(Biston betularia,* Abb. 1) konnte das Wirken von Evolutionsfaktoren nachgewiesen werden. Von ihm existieren zwei Formen: eine hell gefärbte Form und eine dunkel gefärbte Form. Beide Schmetterlingsformen sitzen häufig auf Stämmen und Ästen von Birken und anderen Laubbäumen, die durch Flechtenbewuchs in der Regel relativ hell gefärbt sind. Sie unterscheiden sich durch **Mutationen** an Genen, die für die Produktion des Farbstoffs **Melanin** zuständig sind.

Auf hellem Untergrund ist die helle Mutante schwer auszumachen, während sie auf dunklem Untergrund leicht zu erkennen ist und für Feinde eine leichte Beute darstellt (Abb. 2). Je nachdem, welche Gebiete man untersuchte, wurden unterschiedlich viele der einen bzw. anderen Form gefunden.

In Gebieten mit hoher Industrialisierung und damit in der Regel stärkerer Luftverschmutzung findet man vorwiegend Bäume, die kaum oder keinen Flechtenbewuchs zeigen und darüber hinaus durch Ruß- und Staubablagerungen eher dunkel gefärbt sind. In solchen Gebieten fand man ein deutlich stärkeres Auftreten der dunkleren Form und ein geringeres Auftreten der hellen Form des Birkenspanners.

Demgegenüber ist die Verteilung in gering oder unbelasteten Gebieten eher umgekehrt. Die hell gefärbten Flechten bedecken normalerweise die Baumrinde und sind ein sogenannter Bioindikator für saubere Luft.

Offensichtlich wird jeweils die Mutante durch Fressfeinde, in der Regel Vögel, reduziert, die sich deutlich vom Untergrund abhebt, während die andere durch die gute Tarnung eher übersehen wird und somit überlebt. Die überlebenden Tiere können sich dann fortpflanzen. So kommt es dazu, dass in der nächsten Generation mehr Tiere der Form da sind, die sich als besser an die Umwelt angepasst zeigt.

1 Birkenspanner

2 Helle und dunkle Form des Birkenspanners

Aufgabe

Lies den Text gründlich durch. Beschreibe im Anschluss daran die mögliche Entstehung verschiedener Formen des Birkenspanners unter Einbeziehung des Wirkens der Evolutionsfaktoren.

gewusst · gekonnt

1. Ergänze dein Glossar um folgende Begriffe: Evolutionstheorien, Lamarckismus, Darwinismus, Evolutionsfaktoren, Population, Genpool, Mutation, Rekombination, Art, Selektion, Isolation.

Glossar

Art:
Darwinismus:

2. Erkläre die Entstehung langbeiniger Schreitvögel, z. B. Reiher oder Störche, aus der Sicht der Evolutionstheorien von Lamarck und von Darwin.

3. Bereite einen Vortrag über den Verlauf der Reise von Darwin auf der „Beagle" vor. Gehe dabei auch auf Erkenntnisse ein, die Darwin während der Reise gewonnen hat. Nutze dazu auch Fachliteratur und das Internet.

4. Erkläre mithilfe der darwinschen Evolutionstheorie folgende Erscheinungen: die Vielfalt, die Verwandtschaft und die Angepasstheit der Arten.

5. Wie wird durch Isolation das Evolutionsgeschehen beeinflusst?

6. In englischen Industriegebieten fand man fast nur die dunkle Form des Birkenspanners und nur wenige Vertreter der hellen Form. Begründe diesen Sachverhalt.

7. Bei einer Form der Rot-Buche, die „Blut-Buche" genannt wird, ist in den Laubblättern das Chlorophyll durch den im Zellsaft gelösten rotvioletten Farbstoff Anthocyan überlagert. Ist die Blut-Buche ein Beispiel für eine Mutation oder eine Modifikation? Begründe deine Meinung.

8. Mutationen und Neukombinationen von Genotypen bei der geschlechtlichen Fortpflanzung sind wesentliche Evolutionsfaktoren. Begründe diese Aussage.

9. Was verstehst du unter Auslese? Erläutere, worin sich natürliche und künstliche Auslese unterscheiden.

10. Die Besiedlung von vulkanischen Inseln (z. B. Galapagosinseln) mit Organismen wird von Wissenschaftlern besonders untersucht. Warum können solche Untersuchungen für die Evolutionstheorie bedeutsame Ergebnisse liefern?

11. Auf isoliert liegenden kleinen Inseln findet man flügellose Arten von Organismengruppen (z. B. Fliegen), die sonst immer geflügelt sind. Gib eine mögliche Erklärung.

12. Erkläre, wie sich die verschiedenen Grundfinken-Arten („Darwin-Finken") auf den Galapagosinseln aus einer Ursprungsart entwickelt haben könnten.

Katastrophentheorie (nach G. DE CUVIER)

Immer wieder vernichteten Weltkatastrophen alle Lebewesen. Danach kam es jeweils zu einer erneuten Schöpfung anders gearteter Organismen.

Lamarckismus (nach J.-B. DE LAMARCK)

In Anpassung an Umweltbedingungen verändern sich die Eigenschaften von Lebewesen (z. B. durch Gebrauch oder Nichtgebrauch von bestimmten Strukturen oder Organen). Die veränderten Eigenschaften werden an die Nachkommen vererbt (Vererbung erworbener Eigenschaften).

Darwinismus (nach C. R. DARWIN)

Alle Arten von Lebewesen erzeugen einen Überschuss an Nachkommen, die sich in ihren Merkmalen unterscheiden. Nur die am besten zur Umwelt passenden können sich wieder fortpflanzen. Dies führt zur Veränderung der Arten und zur Angepasstheit der Arten an die Umweltbedingungen.
Die Erkenntnisse der modernen Genetik haben zu einer Weiterentwicklung von DARWINS Theorie geführt.

Evolutionsfaktoren

Die Evolutionsfaktoren wirken zwar auf einzelne Individuen, ihre Bedeutung für die Evolution wird aber erst in der Auswirkung auf Individuengruppen (Populationen) deutlich.
Durch Mutationen und Neukombinationen von Erbanlagen wird die individuelle Vielfalt bereitgestellt, auf die die Selektion wirken kann. Die Isolation ist für die Aufspaltung von Arten in Tochterarten verantwortlich. Durch künstliche Auslese hat der Mensch die Erbanlagen und das Erscheinungsbild von Haustieren und Kulturpflanzen nach seinen Wünschen verändert.

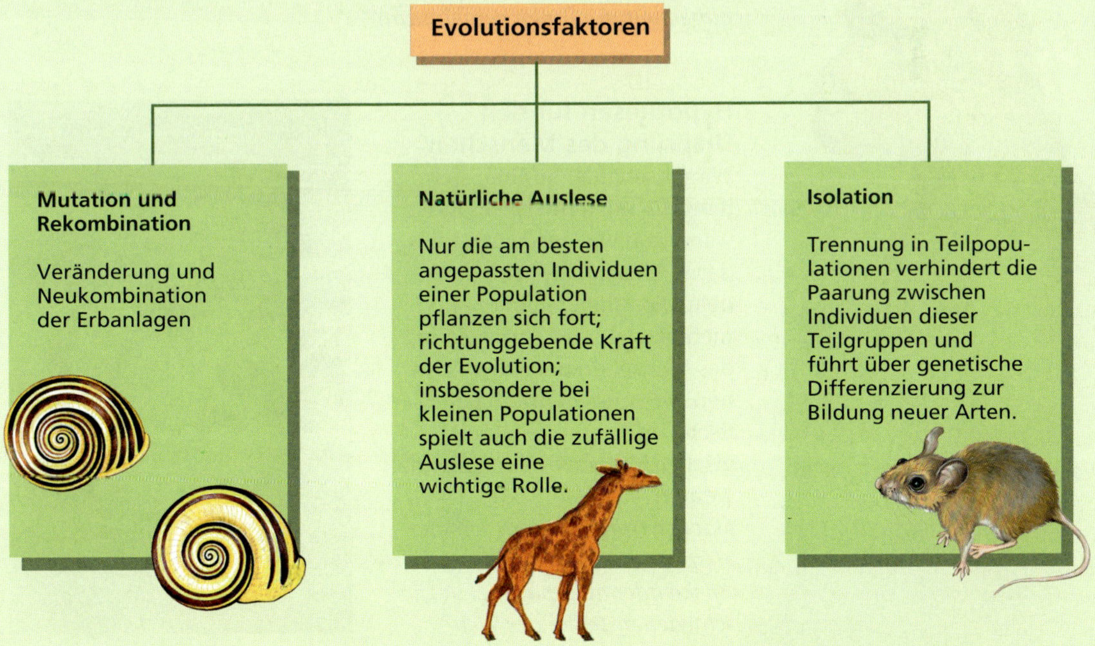

4.2 Evolution des Menschen – auf der Suche nach unseren Vorfahren

Spuren führen nach Afrika

1924 wurden in einem südafrikanischen Steinbruch die Überreste eines zweieinhalb Millionen Jahre alten Schädels freigelegt.
DARWINS Theorie von der Entstehung des Menschen als Nachfahr des Affen schien belegbar. 1974 entdeckte man „Lucy" in Äthiopien; sie war 3,2 Millionen Jahre alt und wies Merkmale von Menschen und Affen auf. Im Oktober 2000 fand man in Kenia die Überreste des bisher ältesten Hominiden, des sogenannten „Millennium-Manns".
Woher kommt der moderne Mensch?

Der Mensch – ein Primat

Schon vor mehr als 250 Jahren ordnete der schwedische Naturforscher CARL VON LINNÉ in seiner Schrift *„Systema naturae"* den Menschen gemeinsam mit den Affen in die Ordnung der Primaten ein.
Wie menschlich sind Menschenaffen und welche Eigenschaften haben wir mit ihnen gemeinsam?

Hypothesen für den Ursprung des Menschen

Wissenschaftler streiten sich hauptsächlich um die Frage, wann und wie der heutige moderne Mensch die Welt besiedelte. Fossilien allein reichen nicht aus, um die Entwicklung des Menschen nachzuvollziehen. Sie müssen durch genetische und verhaltensbiologische Untersuchungen ergänzt werden.
Hat der Homo sapiens seinen Ursprung ausschließlich in Afrika oder aber parallel in verschiedenen Teilen der Welt?

Woher kommt der Mensch?

Die Frage nach unserer Herkunft gehört zu den großen Rätseln der Menschheit:
Woher kommen wir? Wann hat der Prozess der Menschwerdung denn eigentlich begonnen? Welche Faktoren waren dafür verantwortlich? Wie sind wir geworden, was wir sind?
Für die gesamte Stammesgeschichte der Primaten gilt, dass jeder neue Fossilfund ein sehr großer Zufall ist, ein kleines Puzzlestück in einem kaum überschaubaren Riesenpuzzle oder die sogenannte Nadel im Heuhaufen. Es gibt noch sehr viele Lücken und selbst die einleuchtendste Hypothese erscheint nur so lange sinnvoll, bis ein neuer Fund sie widerlegt.
Die Auswertung zahlreicher fossiler Funde und die Ergebnisse genetischer Forschung weisen darauf hin, dass wir von affenähnlichen Vorfahren abstammen. Der Ursprung aller heutigen Menschen liegt mit großer Wahrscheinlichkeit in Afrika. Von dort aus besiedelten unsere Vorfahren die Kontinente (Abb. 1, S. 255).

Wieso waren die Menschen so erfolgreich?

Eine entscheidende Veränderung wird der Übergang zur aufrechten Fortbewegung auf zwei Beinen gewesen sein. Der aufrechte Gang ermöglichte z. B. eine bessere Übersicht in der Graslandschaft der Savannen und den Gebrauch der Hände zur Verwendung von Werkzeugen bzw. Waffen (Abb. 1). Die Vergrößerung und Differenzierung des Gehirns erhöhte die Fähigkeiten zur Abstraktion. Die Menschen entwickelten eine Sprache, die sie z. B. bei der Jagd nutzten, um sich über den Jagdablauf zu verständigen (Abb. 2). So war es ihnen möglich, viel größere und stärkere Beutetiere zu erlegen und ausreichend Nahrung zu beschaffen. Schritt für Schritt gelang es unseren Vorfahren, die Umwelt nach ihren Vorstellungen zu verändern.
Trotzdem bleiben wir immer ein Bestandteil von ihr, weil wir auf die natürlichen Ressourcen angewiesen sind. Je umfangreicher unsere Fähigkeiten zur Veränderung der Lebensräume werden, umso größer wird auch unsere Verantwortung für den Erhalt des Lebens auf der Erde.

1 Werkzeuge aus der Eisenzeit …

2 Kommunikation damals …

3 Werkzeuge heute …

4 Kommunikation heute …

Mit wem sind wir am engsten verwandt?

Menschen sind Säugetiere. In Körperbau und Verhalten zeigen sich vor allem mit den Menschenaffen große Übereinstimmungen. Die äußere Körpergliederung ist gleich, den Menschen fehlt aber ein Fell. Durch den Verlust des Fells kann die überschüssige Körperwärme beim Schwitzen besser abgegeben werden.
Anzahl und Anordnung der Knochen sind beim Menschenaffen und Menschen gleich. Unterschiede gibt es z. B. bei der Form der Wirbelsäule und dem Längenverhältnis von Armen und Beinen.

Wir besitzen die gleichen inneren Organe wie die meisten Säugetiere. Wir atmen durch Lungen, unser Blut fließt durch einen doppelten Kreislauf, unsere Verdauungsorgane zersetzen die Nahrung in kleinste Bestandteile. Unsere Nachkommen werden lebend geboren und mit Muttermilch gesäugt. Im Laufe der Evolution haben sich aber in Anpassung an bestimmte Lebensweisen deutliche Unterschiede herausgebildet. Pflanzenfresser, z. B. Rinder, besitzen lange Blinddärme oder zusätzliche Mägen, um die schwer verdauliche Nahrung zu zersetzen.
Um 1960 zeigten Untersuchungen an Serumeiweißen, dass auch bei den Menschenaffen die gleichen Blut- und Serumgruppen wie beim Menschen vorkommen. Unser Hämoglobin (roter Blutfarbstoff) ist mit dem des Schimpansen identisch. Die **DNA des Menschen** stimmt nach derzeitigen Erkenntnissen zu 98,7 % mit der DNA der **Schimpansen** und zu ca. 98,4 % mit der DNA des **Gorillas** überein.
Viele Gemeinsamkeiten lassen sich auch im Verhalten finden. Alle jungen Säugetiere sind neugierig und verspielt. Sie lernen und erkunden ihre Umwelt. Säugetiere drücken Stimmungen wie z. B. Angst und Aggression über eine arttypische Körpersprache aus.
Auch hinsichtlich der Verhaltensmerkmale sind die Ähnlichkeiten zwischen Affen und Menschen am größten.

1 Wie die Körperhaltungen sich ähneln.

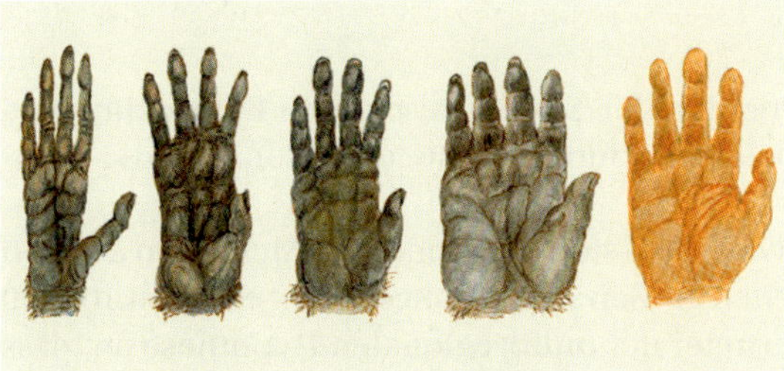

1 Der Vergleich der Hände von Gibbon, Orang-Utan, Schimpanse, Gorilla und Mensch (von links nach rechts) zeigt die Ähnlichkeiten.

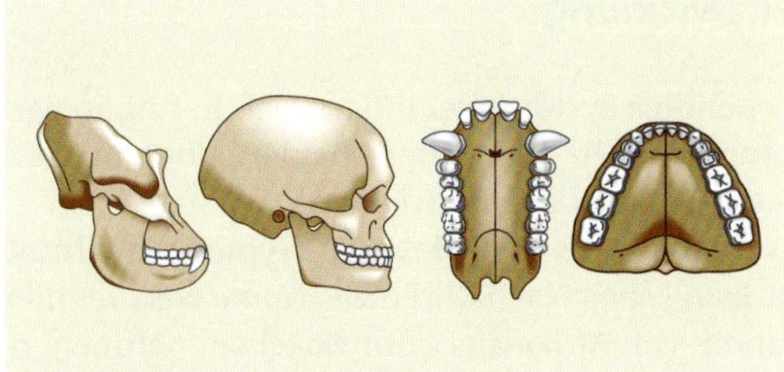

3 Der Vergleich der Schädelformen und des Oberkiefers von Gorilla und Mensch zeigt viele charakteristische Unterschiede.

Viele unserer Verhaltensweisen haben ihre Wurzeln im Tierreich. Menschenaffen sind wie wir in der Lage, Stimmungen und Gefühle über ihre Mimik zu zeigen. Lautäußerungen unterstützen das. Durch bewusstes Handeln, von unserer Erziehung beeinflusst, werden die Verhaltensweisen aber z. T. stark überlagert, sodass sie uns als etwas völlig Neues erscheinen.

Aufgaben

1. Kläre die folgenden Begriffe mit einem geeigneten Nachschlagewerk: fossil, Genetik, Abstraktion, Mimik.

2. Beschreibe verschiedene Verhaltensweisen von Säugetieren. Sind diese auch beim Menschen zu finden?

3. Fertige eine Tabelle an, in der du Gemeinsamkeiten und Unterschiede im Körperbau von Mensch und Gorilla zusammenträgst.

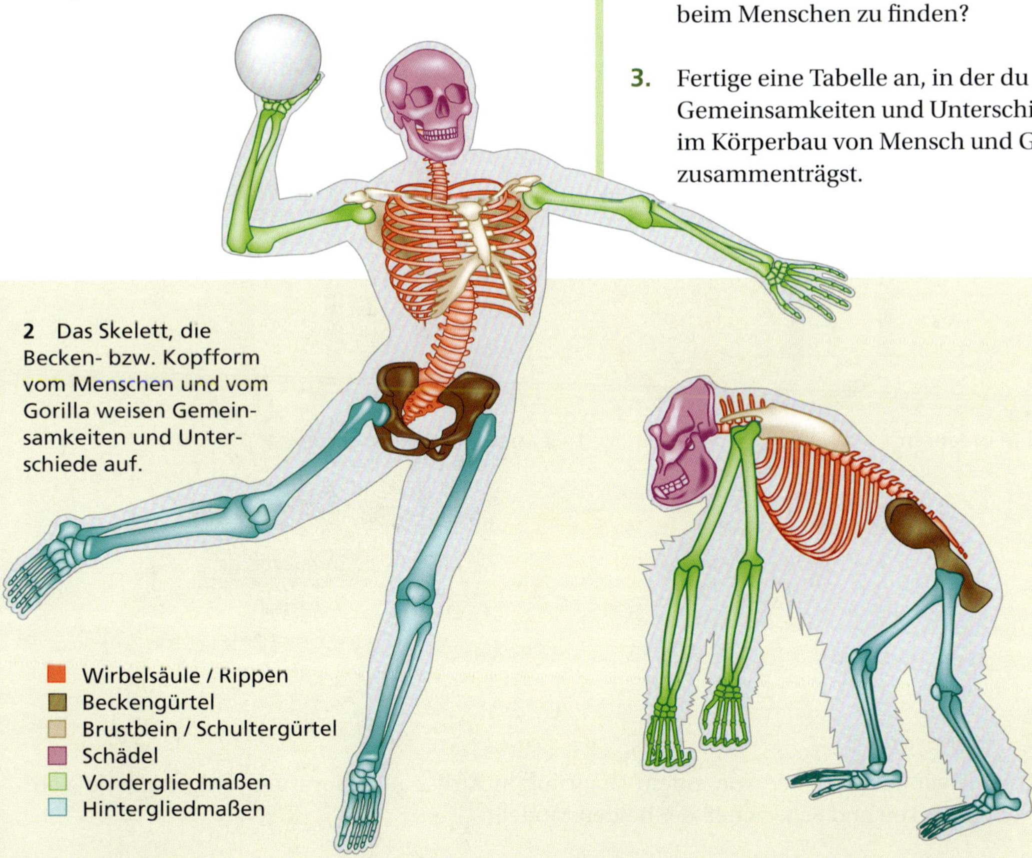

2 Das Skelett, die Becken- bzw. Kopfform vom Menschen und vom Gorilla weisen Gemeinsamkeiten und Unterschiede auf.

Entwicklung

Lebendige Systeme verändern sich in Abhängigkeit von der Zeit. Sie sind also durch **Entwicklung** gekennzeichnet. Man unterscheidet dabei die Individualentwicklung und die evolutionäre bzw. stammesgeschichtliche Entwicklung.
Während in der **Out-of-Africa-Hypothese** formuliert wird, dass sich alle modernen Menschen aus den afrikanischen Nachfahren des *Homo erectus* einer zweiten großen Wanderungswelle – vor etwa 100 000 Jahren von Afrika aus – entwickelten, nehmen die Vertreter der **multiregionalen Hypothese** an, dass der moderne Mensch in den verschiedenen Regionen der Erde aus regionalen Abkömmlingen des *Homo erectus* hervorging, der sich bereits vor ein bis zwei Millionen Jahren von Afrika aus ausbreitete.

Die Entwicklung des anatomisch modernen Menschen

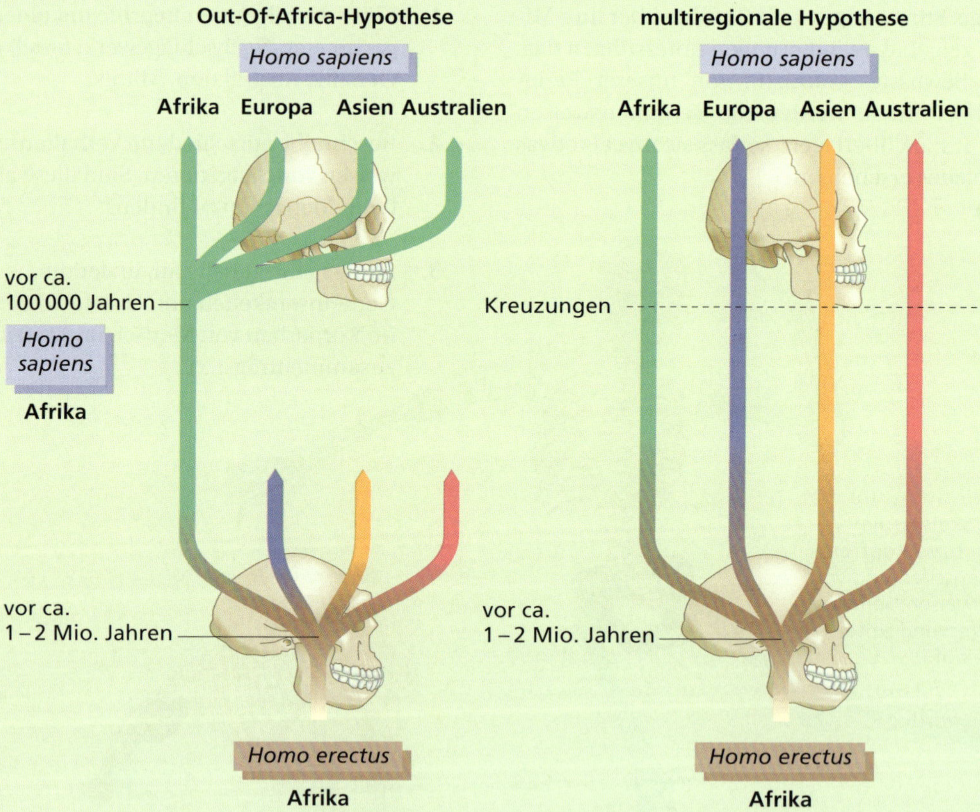

Beide Hypothesen gehen von einem Ursprung in Afrika aus. Worin unterscheiden sie sich? Nenne Stärken und Schwächen der beiden Modelle.

Ursprung des Menschen

Bei der Frage wann und wo der moderne Mensch ursprünglich entstand, werden vor allem zwei Hypothesen diskutiert (S. 254):
Sowohl in der **Out-of-Africa-Hypothese** als auch in der **multiregionalen Hypothese** gehen die Wissenschaftler davon aus, dass der Ursprung des modernen Menschen in Afrika liegt. Unklar ist, ob seine Abstammung ausschließlich auf die afrikanischen Nachfahren des *Homo erectus* zurückzuführen ist und alle anderen regionalen Abkömmlinge ausstarben ohne Einfluss auf den heutigen Genpool zu haben. Es besteht auch die Möglichkeit, dass die große genetische Ähnlichkeit aller modernen Menschen das Ergebnis gelegentlicher Kreuzungen (Genfluss) zwischen benachbarten Populationen darstellt.

Auch das Nebeneinander verschiedener Menschenformen konnte belegt werden: In Europa z. B. lebten Neandertaler, die europäischen Nachfahren des *Homo erectus* und Jetztmenschen für mindestens 10 000 Jahre zeitgleich nebeneinander, vielleicht sogar miteinander. 2003 fanden Forscher auf der indonesischen Insel Flores fossile Überreste zwergwüchsiger Menschen, vermutlich Nachfahren des *Homo erectus*, die erst vor ca. 12 000 Jahren ausstarben. Zu diesem Zeitpunkt war diese Insel vom *Homo sapiens* aber schon besiedelt.
Der **Stammbaum der Menschen** wird in den nächsten Jahren sicher noch oft verändert, da jeder neue Fossilienfund die bisherigen Erkenntnisse wieder auf den Prüfstand stellt.
Erst mit der Kenntnis über die Genetik und den technischen Möglichkeiten für DNA-Analysen können Verwandtschaften zweifelsfrei nachgewiesen werden.

Der italienische Evolutionsbiologe und Genetiker Luigi Luca Cavalli-Sforza (*1922) veröffentlichte zusammen mit seinen Mitarbeitern 1994 den abgebildeten genetischen Stammbaum des **Jetztmenschen** (Abb. 1). Er wurde auf der Basis von weltweiten DNA-Tests erstellt. Dabei wurden jeweils bei Vertretern aus 42 Eingeborenenpopulationen die gleichen 110 Gene untersucht.

Aus dem Stammbaum wird ersichtlich, dass sich die anfangs einheitliche Linie in zwei Hauptlinien trennte. Dies bestätigt die Hypothese vom gemeinsamen Ursprung aller Menschen. Dass diese Wurzeln in Afrika liegen, wird vor allem durch die zahlreichen Fossilfunde bestätigt. Es gibt keine Funde fossiler Menschen außerhalb Afrikas, die älter als 200 000 Jahre sind. Alle älteren Funde hat man nur auf dem afrikanischen Kontinent entdeckt.
Während die eine der beiden neuen Linien auf dem direkten Weg zu den heutigen Afrikanern führt, spaltet sich die andere Linie in zwei Gruppen auf: Zu der einen Gruppe gehören u. a. die Ureinwohner Südasiens, Australiens, Neuguineas und der pazifischen Inseln. Zu der anderen Gruppe die Ureinwohner Nordasiens, die Indianer und die Europäer. Eine Stellung zwischen den beiden Gruppen nehmen die Ureinwohner Ostasiens ein.
Anhand dieser genetischen Untersuchungen lassen sich die Wanderungsbewegungen unserer Vorfahren ableiten. Der Weg aus Afrika führte eine Gruppe über Südostasien bis nach Australien. Die andere Gruppe bewegte sich über den Kaukasus nach Nordasien, von wo aus sowohl die Besiedlung Europas als auch der amerikanischen Kontinente erfolgte.

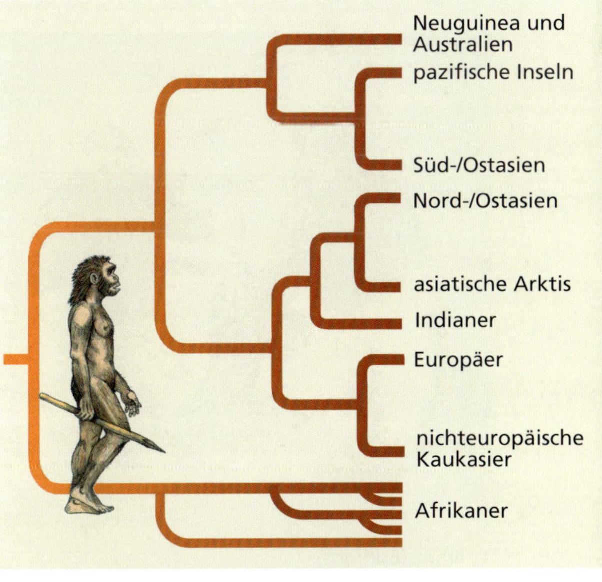

1 Genetischer Stammbaum des Menschen

Mosaik

Klimatische Auslese

Die Unterschiede der Menschen stecken vor allem in den Genen, die für die Gestaltung der Körperoberfläche verantwortlich sind. Hier wirkt die Auslese durch Klimafaktoren. Sichtbare Unterschiede zwischen den Menschen sind demnach die Folge der Evolution des Menschen in unterschiedlichen klimatischen Regionen. Da die Besiedlung der Lebensräume über lange Zeiträume erfolgte, hatten die neuen Varianten die nötige Zeit, um sich durchzusetzen.

In den **kalten asiatischen Steppen** z. B. bildeten sich kompakte, abgerundete Körper, die der Kälte und dem eisigen Wind wenig Angriffsfläche boten.

Im Verhältnis zum Volumen wird die Körperoberfläche verringert. Dadurch treten weniger Wärmeverluste auf. Kleine Nasen und schmale Atemwege verhindern Erfrierungen der Atemwege. Die Augen werden durch fettverstärkte Augenlider vor der Kälte isoliert und die Lidfalten bewirken zusätzlich einen Schutz vor dem Wind bzw. aufgewedeltem Staub. Die Pigmentierung (Färbung) der Haut gewährleistet einen ausreichenden UV-Schutz, lässt aber noch genügend UV-Anteile hindurch, um Vitamin D zu bilden.

Anders sehen die Verhältnisse im **tropischen Regenwald** aus. Bei einer Luftfeuchtigkeit von fast 100 % und Temperaturen von 20 bis 30 °C entsteht das Problem, dass der Schweiß kaum noch für Abkühlung sorgen kann, da zu wenig verdunstet.

In den afrikanischen Regenwäldern leben die kleinwüchsigen Pygmäen. Mit kleinen Körpern steigt das Verhältnis von Oberfläche zu Volumen zugunsten der Oberfläche. Über die größere Körperoberfläche kann mehr Wärme an die Umgebung abgegeben werden. Weiterhin müssen kleine Menschen zur Fortbewegung weniger Energie aufbringen, da sie leichter sind. Die Muskulatur ist weniger belastet, wodurch auch weniger Wärme an die Umgebung abgegeben werden muss. Die Nasen der Pygmäen sind breit und haben große Atemöffnungen, dadurch kann die bereits warme und feuchte Atemluft besser eindringen. Die dunkel gefärbte Haut absorbiert die intensive UV- Strahlung und verhindert Schädigungen der tieferen Hautschichten.

Die Vorfahren der heutigen Schimpansen dagegen blieben in ihren ursprünglichen Lebensräumen. Dadurch fand keine vergleichbare **klimatische Auslese** innerhalb der Schimpansenpopulationen statt.

Die Unterschiede im Erbgut von Schimpansen betreffen deshalb kaum solche Gene, die Informationen für die Gestaltung der Körperoberfläche enthalten.

1 Inuit (Eskimos)

2 Pygmäe

Mosaik

Sexuelle Auslese

Bei der Wahl unserer Partner lassen wir uns sehr stark vom Aussehen leiten. Wir reagieren unbewusst auf **Schlüsselreize,** die uns Informationen über den potenziellen Partner liefern. Insbesondere Haut, Haar und Körperproportionen werden bewertet, da deren Aussehen über den gesundheitlichen Zustand (indirekt auch über den Genbestand) Auskunft gibt.
Aber auch andere Sinne liefern Informationen. Bei Tests mit Mäusen hat man z. B. herausgefunden, dass der **Körpergeruch** verrät, inwieweit ein Tier als Partner infrage kommt. Je näher verwandt die Tiere miteinander sind, desto ähnlicher ist ihr Geruch. Mäuse mit einem attraktiven Geruch werden bei der Partnerwahl Geschwistern gegenüber immer vorgezogen.

Auch beim **Menschen** übermittelt der Geruch **Signale,** die wir unbewusst wahrnehmen. So verändert sich z. B. das Geruchsempfinden der Frauen während der fruchtbaren Tage. In dieser Zeit werden Gerüche von männlichem Schweiß (allerdings nicht von jedem Mann) als attraktiv empfunden, während man sonst darüber sicher die Nase rümpft.
„Jemanden nicht riechen können" bedeutet also biologisch gesehen, dass dieser von seinen Genen her nicht zu einem passt.

Damit ist gewährleistet, dass die Erbanlagen der Nachkommen viele Genvarianten beinhalten und neu kombiniert sind. Die Überlebenschancen der Nachkommen steigen.

Unsere persönlichen Vorstellungen darüber, wie unser „Wunschpartner" aussehen soll, werden sehr stark von den Menschen geprägt, die uns in der Kindheit umgeben. Deshalb wählt man meist Partner aus einer bestimmten Population (z. B. Hautfarbe, Gesichtszüge).
Die **sexuelle Auslese** führt dazu, dass einzelne Merkmale bei der Wahl des Fortpflanzungspartners besonders beachtet werden und deren Träger einen höheren Fortpflanzungserfolg haben. Dadurch können diese Merkmale in der nächsten Generation verstärkt auftreten.

In der Werbung werden genau diese Schlüsselreize zur Überbringung einer Botschaft genutzt, z. B. durchtrainierter muskulöser Mann, der Getränke bringt.
Schlüsselreize, z. B. Körperrundungen bei Frauen oder lange Beine, unterliegen aber auch dem Zeitgeist.

Die sexuelle Auslese ist eine weitere Ursache für die Entstehung verschiedener Menschengruppen.

1 Körperproportionen als Schlüsselreize.

2 Schönheitsideale unterliegen dem Zeitgeist.

Kulturelle Evolution

Die **Stammesgeschichte des Menschen** und der Menschenaffen trennte sich vor ca. 6 bis 7 Millionen Jahren. Ungefähr 4 Millionen Jahre besiedelten dann die frühen Formen des Menschen die afrikanischen Lebensräume, ohne Werkzeuge oder künstlerische Spuren zu hinterlassen.

Erst vor ca. 2 Millionen Jahren entwickelten sich Menschenarten, die sich durch ein vergrößertes Gehirn von den bis dahin auftretenden Arten unterschieden. Das vergrößerte Hirnvolumen war u. a. die Voraussetzung für die Entwicklung einer Sprache. Man geht heute davon aus, dass vor allem die Entwicklung der Sprache die **kulturelle Entwicklung** des Menschen vorangetrieben hat.

Die ältesten Spuren gezielter Handwerkskunst des **Jetztmenschen** wurden in Südafrika gefunden. Man schätzt die Knochenwerkzeuge, kunstvoll behauene Steinspitzen und Symbolzeichnungen in Ocker auf ungefähr 70 000 Jahre. Ähnliche Funde kannte man bis dahin nur aus Europa. Diese hatten allerdings nur ein Alter von bis zu 32 000 Jahren. Der Faustkeil ist ein Beleg der handwerklichen Fertigkeiten (Abb.).

Ältere Funde in Australien (vor etwa 62 000 Jahren) belegen, dass schon der aus Afrika auswandernde Jetztmensch Fertigkeiten in der Werkzeug- und Waffenherstellung sowie kulturelle Fähigkeiten besaß.

Vor ungefähr 40 000 Jahren begann eine bis dahin in Umfang und Geschwindigkeit beispiellose technische und kulturelle Entwicklung der Menschen. In Europa hat man viele modern aussehende Gegenstände eiszeitlicher Menschen gefunden. Man fand sehr fein gearbeitete Klingen und Werkzeuge aus Stein und Knochen sowie zahlreiche Skulpturen von Tieren und Menschen aus den verschiedensten Materialien.

Höhlenmalereien aus dieser Zeit belegen die künstlerischen Fertigkeiten der damaligen Menschen. Eine Ursache dieser Entwicklung sehen Wissenschaftler in der Konkurrenz zwischen unseren Vorfahren und dem *Neandertaler*. Auch von den *Neandertalern* sind hochwertige Werkzeuge und Gebrauchsgegenstände aus dieser Zeit gefunden worden.

Durch die allmähliche Zunahme der Bevölkerungsdichte in Europa waren beide Menschengruppen, sowohl die eingesessenen *Neandertaler* als auch die Neuankömmlinge aus Afrika, gezwungen, ihre Arbeitstechniken weiterzuentwickeln.

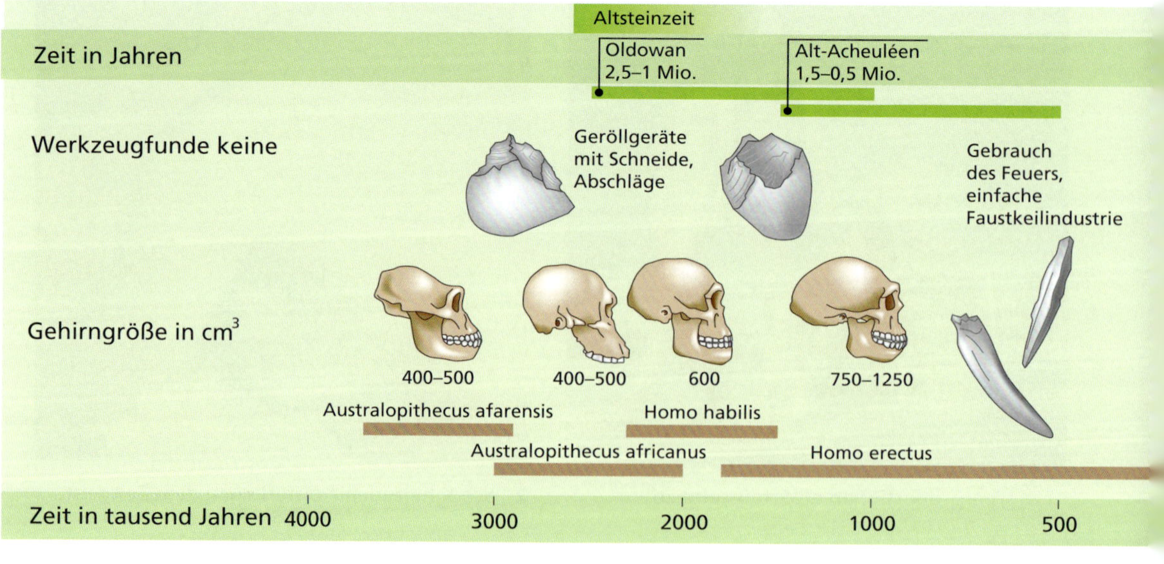

Gleichzeitig mussten die sozialen Verbindungen innerhalb der Gruppen gestärkt werden, wobei kulturelle Rituale und Traditionen einen wichtigen Beitrag leisteten. Durch den Gebrauch einer immer komplexeren Sprache waren unsere Vorfahren in diesem Wettbewerb wahrscheinlich im Vorteil. Sie konnten die vorhandenen Ressourcen der Umwelt besser nutzen als die *Neandertaler*, da sie Erfahrungen differenzierter austauschen und Verbesserungen schneller umsetzen konnten. Hinzu kamen eine geringere Säuglingssterblichkeit, die höhere Lebenserwartung und eine höhere Fruchtbarkeit im Vergleich zu den *Neandertalern.*

Unsere Vorfahren konnten sich daher viel stärker vermehren als die *Neandertaler,* die wahrscheinlich in ungünstigere Lebensräume abgedrängt wurden.

Diesem Druck waren die *Neandertaler* auf Dauer nicht gewachsen. Nachdem sie Zehntausende Jahre den Eiszeiten und klimatischen Verhältnissen getrotzt hatten, verschwanden die *Neandertaler* vor ca. 35 000 Jahren aus Europa. Ihre Lebensräume wurden vom **Jetztmenschen** übernommen. Diese folgten in kleinen Gemeinschaften als Nomaden den wandernden Tierherden und wichen dem immer wieder vordringenden Eis nach Süden aus.

Vor ca. 20 000 Jahren zwang ein Gletschervorstoß der letzten Eiszeit unsere Vorfahren, sich für 5 000 Jahre in den Mittelmeerraum zurückzuziehen.

Die eingeschränkten Jagdmöglichkeiten führten wahrscheinlich zu einer weiteren Verbesserung der Jagd- und Werkzeugtechniken.

Zahlreiche Funde von Schmuck und Kunstgegenständen dieser Periode belegen, dass der Lebensstandard der Menschen für damalige Verhältnisse hoch war. Nach dem Zurückweichen des Eises erfolgte die endgültige Besiedlung Europas.

Mit dem Übergang von der Lebensweise des Jagens und Sammelns zum sesshaften Ackerbau wurde die biologische Evolution verlangsamt und seine kulturelle Evolution weiter beschleunigt. Die Himmelsscheibe von Nebra ist ein Beleg aus der Bronzezeit mit Goldapplikationen (Abb.). Sie gilt als älteste konkrete Sternenabbildung der Menschheitsgeschichte.

Eine gezielte Nutzung und Züchtung von Pflanzen und Tieren verschaffte dem Menschen ausreichend Nahrung am selben Ort.

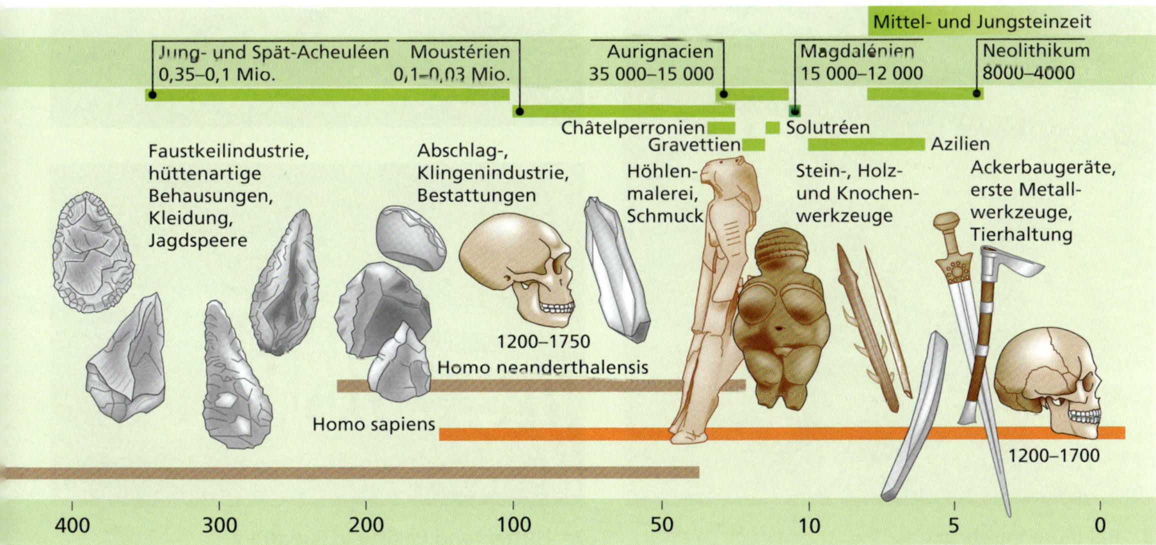

Es kam zu einem beschleunigten Bevölkerungswachstum in den Anbaugebieten, die ständig vergrößert werden mussten, was schließlich zur Herausbildung von Städten und Stadtstaaten führte.

In diesen existierte der alte Stammesverband von maximal 200 Menschen nicht mehr, sodass neue Führungsstrukturen entstanden, um im Kampf um die Ressourcen zu bestehen und die Menschen lenken zu können. Nur so konnten sich einheitliche kulturelle Vorstellungen entwickeln. Begleitet von einem tief greifenden Wandel der ursprünglichen Lebensweise ging damit auch eine weitere Aufteilung der Menschen in Gruppen einher. Der Besitz von materiellen und kulturellen Werten bedeutete dabei hohes Ansehen. Anstelle der sozial gleichgestellten Jäger und Sammler unterteilte sich die Bevölkerung immer mehr in Besitzende und Besitzlose.

In den Städten entwickelten sich verschiedene Religionen und Kultrituale, wobei Feste, Kunst und Handwerk die Verehrung der jeweiligen Gottheiten förderten und andererseits das Regieren u. a. ermöglichten.

Mit dem Entstehen der **Stadtstaaten** nahm die Häufigkeit und Härte der Konflikte zwischen Menschengruppen zu. Konnte man sich zur Zeit der Jäger und Sammler noch ausweichen, war dies kaum noch möglich, da die beanspruchten Gebiete immer größer wurden. Es kam zu Kriegen um Land und Vormachtstellungen. Um die Bevölkerung auf diese Konflikte einzuschwören, war es nötig, sich vom Konkurrenten eindeutig abzugrenzen. Neben religiösen Motiven wurden dabei auch immer äußere Merkmale der Menschen herangezogen.

Der Begriff **Rasse** wird in unserem Sprachgebrauch sehr häufig in unterschiedlichem Sinne verwendet. Dabei kommt es zur Vermengung biologischer und kulturell geschichtlicher Inhalte.

Von Rassen spricht man vor allem im Zusammenhang von Pflanzen- und Tierzüchtungen (z. B. Hunderassen).

1 Religiöse Verehrung

2 Hütten und Paläste in Südafrika

1 Menschen unterschiedlicher geografischer Herkunft

2 Kinderarbeit ist in den Ländern der Dritten Welt an der Tagesordnung.

Alle Individuen einer Art werden dabei bestimmten Gruppen zugeteilt und voneinander abgegrenzt. Die Abgrenzung erfolgt meist anhand sichtbarer, genetisch bedingter Merkmale. Dabei ist die Wahl der Merkmale willkürlich, es kommt also darauf an, **wer** die Auswahl trifft.
Die Einteilung von Hunderassen ist z. B. weltweit uneinheitlich, da weder die Einteilung nach der Aufgabe der Hunde (z. B. Schäferhunde) noch die Einteilung nach der Gestalt immer eine klare Abtrennung ermöglichen. Die Standards für Rassen sind außerdem in jedem Land anders.

Menschen bilden keine aus Züchtung hervorgegangenen Gruppen. Zwischen ihnen kam es von jeher zu genetischen Vermischungen, sodass die genetischen Unterschiede zwischen zwei Menschen gleicher Hautfarbe größer sein können als die zwischen zwei Menschen unterschiedlicher Hautfarbe.

An und für sich wäre die Einteilung in geografisch verschiedene Gruppen beim Menschen nicht problematisch, wenn nicht unzulässigerweise Unterschiede im Aussehen eng mit entsprechenden kulturellen Fähigkeiten verknüpft würden. Daraus wird dann häufig eine Überlegenheit der eigenen „Rasse" abgeleitet, die biologisch in keiner Weise begründbar ist.

Überlegenheiten einzelner Gruppierungen im Verlauf der Menschheitsgeschichte waren meist das Ergebnis von günstigen natürlichen und gesellschaftlichen Bedingungen. Da diese Bedingungen nicht auf Dauer vorhanden waren, ging auch die erlangte Vormachtstellung dieser Gruppen wieder verloren.
Im Verlauf der Geschichte konnte man beobachten, dass viele Weltreiche entstanden und zerfielen. Sie waren der kulturellen Auslese nicht mehr gewachsen.

Vorbereitung auf Prüfungen

Prüfungen sind eine besondere Herausforderung, da sie einen entscheidenden Einfluss auf die Benotung im Fach haben.

Deshalb ist es wichtig, sich so auf die Prüfungen vorzubereiten, dass man mit einem guten „Bauchgefühl" in die Prüfungen gehen kann.
Bei der Vorbereitung auf schriftliche bzw. mündliche Prüfungen gibt es einige Unterschiede.

Schriftliche Prüfung

1. Schritt

Vorbereiten auf die Prüfung
- Zeitig mit der Vorbereitung anfangen
- Inhaltliche Prüfungsschwerpunkte vom Lehrer geben lassen
- Lernstoff in „Portionen" gliedern und öfter wiederholen
- Jemanden zum Zuhören und Abfragen „engagieren"

2. Schritt

Ablauf der schriftlichen Prüfung
- Aufgaben erst durchlesen, nicht sofort mit dem Schreiben beginnen
- Eigene Rangfolge festlegen, nach der man die Aufgaben abarbeitet (Umfang, Schwierigkeitsgrad, Bewertungseinheiten)
- Bearbeiten der Aufgabe
  - Genau durchlesen (die Einleitungstexte der Aufgaben enthalten oft Hinweise für die Beantwortung)
  - Wonach ist gefragt?
  - Welche Tätigkeit ist gefordert? (Nennen, Beschreiben, Erklären ...)
  - Stichpunkte notieren (Schmierzettel)
  - Antwort formulieren
  - Gelöste Aufgabe auf Aufgabenzettel abhaken
- Wenn die Lösung einer Aufgabe nicht sofort möglich ist, nicht zu lange „festbeißen", zwischenzeitlich andere Aufgabe lösen; ungelöste Aufgabe am Schluss nochmals bearbeiten. Immer eine Lösung versuchen, mitunter denkt man richtig, ist sich aber nur nicht sicher.
- Regelmäßige Pausen einlegen
- Bei mehrstündigen Prüfungen ab und zu etwas essen (nicht zu viel, das macht träge) und das Trinken nicht vergessen

3. Schritt

Kontrollieren der Ergebnisse
Wenn man meint, fertig zu sein, nochmals alles in Ruhe durchgehen und dabei prüfen, ob
- alle Aufgaben bearbeitet wurden
- alles lesbar ist
- alle notwendigen Fehlerkorrekturen vorgenommen wurden

Mündliche Prüfung

1. Schritt

Vorbereiten auf die mündliche Prüfung

Bei mündlichen Prüfungen zieht man aus einer Reihe von verdeckten Prüfungsfragen seine Aufgabe. Danach bekommt man Vorbereitungszeit, um die Lösungen in Form eines Vortrags zu erarbeiten.

Neben der inhaltlichen Seite wird auch die Art und Weise des Vortrags bewertet. Deshalb ist es gut, wenn man als Prüfungsvorbereitung vor einer „Person seines Vertrauens" Vorträge zu verschiedenen Themen übt. Dabei hilft es, wenn man eine Abfolge beherrscht, die man auf jedes Thema anwenden kann.

2. Schritt

Ziehen des Themas und Vorbereitungszeit

Zunächst wird das Thema gezogen. Nachdem man den Text durchgelesen hat, geht man in den Vorbereitungsraum.

Hier sollte man sich genau überlegen,

- was alles zum Thema gehört (sind z. B. Experimente gefordert?) und
- wie man das Thema gliedert.

Anschließend werden die Inhalte des Themas stichpunktartig notiert.

3. Schritt

Ablauf der Prüfung

Nach der Vorbereitungszeit wird man in den Prüfungsraum geholt. Der Ablauf ist dann folgender:

- Nennen des Themas
- Angeben der Vortragsgliederung
- Beantworten der Aufgabenstellung entsprechend der Gliederung
- Zusammenfassen der wichtigen Aussagen am Ende des Vortrags (kurz und knapp)
- Beenden des Vortrags

Tipp: Beim Vortrag sollte man versuchen so verständlich wie möglich zu sprechen. Rollbilder, Modelle, Präparate und Skizzen an der Tafel helfen, den Vortrag anschaulich zu gestalten.

An den Vortrag wird sich meist noch ein Gespräch anschließen. Hierbei ist es wichtig, genau auf die Fragen zu achten und bei Unklarheiten nachzufragen.

Besonderheiten

Bei einer mündlichen Prüfung mit Einsprechthema beginnt die Prüfung mit einem Vortrag, der zu Hause vorbereitet werden konnte. Dieser Vortrag soll helfen, Sicherheit für den Rest der Prüfung zu bekommen. Neben dem Inhalt ist es hier besonders wichtig, möglichst gutes Anschauungsmaterial für das Thema einzusetzen.

Nach dem Einsprechvortrag geht die Prüfung mit der Beantwortung der gezogenen Fragestellungen weiter (s. o.).

Wenn Experimente zur Aufgabenstellung gehören, sollte ein Kurzprotokoll angefertigt werden. Diese Punkte sollte das Protokoll auf jeden Fall enthalten:

- Aufgabenstellung
- Vorbereitung (Vorüberlegungen, Geräte und Materialien)
- Durchführung
- Beobachtung
- Auswertung

Das Experiment hat meistens Bezug zur Aufgabenstellung. Beachte deshalb bei der Auswertung des Experiments die Aufgabenstellung.

Wohin führt die Entwicklung?

Die **Evolution der Menschen** im stammesgeschichtlichen Sinn ist weltweit praktisch nicht mehr vorhanden. Reisemöglichkeiten und medizinischer Fortschritt sind nur zwei Gründe dafür, dass die **Evolutionsfaktoren Auslese** und **Isolation** (S. 243) auf Menschen keine artbildende Wirkung mehr haben.
Während die Menschheit Hunderttausende von Jahren benötigte, um etwa im Jahr 1500 n. Chr. ein Anwachsen der Erdbevölkerung auf eine halbe Milliarde Menschen zu erreichen, dauerte es bis zur ersten Milliarde um 1800 nur noch 300 Jahre, für die zweite Milliarde 123 Jahre und für die weiteren 4 Milliarden bis zum heutigen Zeitpunkt sogar nur noch ca. 70 Jahre. Im Augenblick nimmt die Erdbevölkerung pro Jahr um rund 80 Millionen Menschen zu. Setzt sich dieser Trend fort, steigt die Zahl bis zum Ende dieses Jahrhunderts auf ca. 11 Milliarden Menschen.
Da die höchste Bevölkerungszunahme in den strukturell wenig entwickelten Ländern Afrikas, Lateinamerikas und Asiens zu beobachten ist, kann man davon ausgehen, dass eine bessere Ausbildung sowie eine Verbesserung der Gesundheits- und Sozialsysteme sowie der Einkommensverhältnisse in diesen Ländern zu einer Stabilisierung der Zahl der Weltbevölkerung beitragen könnten. Für die **nachhaltige Entwicklung der Umwelt** ist eine solche Stabilisierung auf nicht zu hohem Niveau unbedingt erforderlich. Die Tragfähigkeit der Erde wird u.a. durch die Menge an verfügbarer Nahrung, nutzbaren Energieressourcen und die Möglichkeiten der Schadstoffbeseitigung begrenzt.
Entscheidend für die Menge an Menschen, die die Erde besiedeln können, ist deren **Pro-Kopf-Ressourcenverbrauch.** Zurzeit gibt es hinsichtlich der Nutzung verfügbarer Ressourcen ein starkes Nord-Süd-Gefälle. Etwa 20 % der Weltbevölkerung leben in wirtschaftlich entwickelten Ländern und verbrauchen 80 % aller verfügbaren Ressourcen. Mit deutschen Pro-Kopf-Verbrauchsraten, die gut 15-mal so hoch sind wie die indischen, ist die gesamte Umweltbelastung von 80 Millionen Deutschen höher als die von über einer Milliarde Indern. In Zukunft werden die Ressourcen auf der Erde immer knapper. Deshalb ist eine nachhaltige Lebensweise der Menschen in allen Ländern der Welt erforderlich.

Nachhaltige Entwicklung erfordert eine Organisation des Lebens und Produzierens, die nicht auf Kosten der Natur, anderer Menschen, anderer Regionen und anderer Generationen erfolgt. Insbesondere muss sich bei den Menschen in den industriell entwickelten Ländern die Erkenntnis durchsetzen, dass die Probleme (soziale, ökonomische, politische) der Entwicklungsländer globale Probleme sind. Gelingt es nicht, diese durch internationale Hilfen und Unterstützung zu bewältigen, werden sich die bis dahin regionalen Konflikte in den Krisenregionen ausweiten.

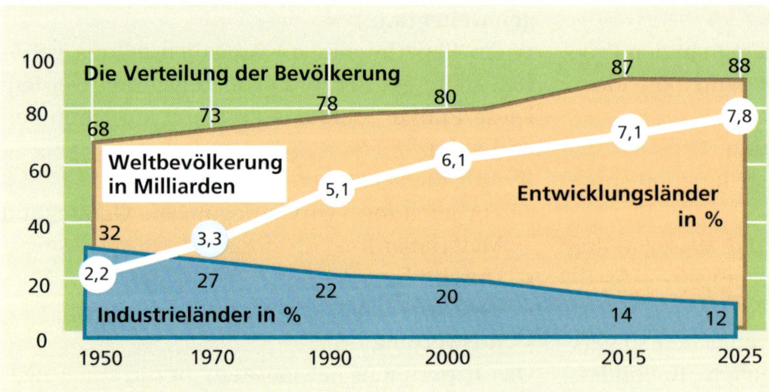

1 Entwicklung der Weltbevölkerung

gewusst · gekonnt

1. Ergänze dein Glossar um folgende Begriffe: Menschenaffe, Jetztmensch, kulturelle Evolution, Rasse.

Glossar

Jetztmensch:
kulturelle Evolution:

2. Menschen gehören zur Klasse der Säugetiere, d. h., wesentliche Merkmale stimmen mit denen der meisten Säugetiere überein.
a) Vergleiche die Körperbedeckung und das Skelett bei Mensch und Schimpanse.
b) Nenne Verhaltensweisen, die bei Menschen und Säugetieren zu finden sind.

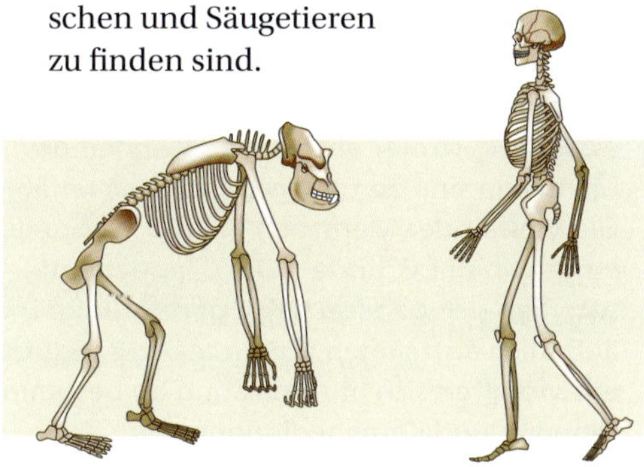

3. Insbesondere die Körperoberfläche von Lebewesen wird durch klimatische Auslese verändert. Auch beim Menschen findet man die meisten Unterschiede zwischen den Populationen in den Genen, die für die Körperoberfläche verantwortlich sind. Interpretiere diese Aussagen.

4. Fossilienfunde und genetische Analysen belegen, dass es im Verlauf der Stammesentwicklung mehrere Menschenarten gab.
a) Erläutere die Bedeutung von Fossilien für die Abstammungslehre.
b) Stelle nach selbst gewählten Kriterien eine Übersicht fossiler Menschenarten zusammen.
c) Nenne Gründe, warum einige Wissenschaftler die *Australopithecinen* als Übergangsform bezeichnen.

5. Die *Neandertaler* und unsere Vorfahren lebten für viele Jahrtausende zusammen in Europa. Dann starben die *Neandertaler* vor ungefähr 35 000 Jahren aus.
a) Vergleiche *Neandertaler* und eiszeitliche *Jetztmenschen* hinsichtlich Körperbau und Lebensweise.
b) Beschreibe, welche Auswirkungen die Entstehung einer Wort- und Zeichensprache auf die Lebensweise unserer Vorfahren hatte.
c) Nenne Gründe, die zum Aussterben der *Neandertaler* geführt haben könnten.

6. Mit dem Ende der Eiszeiten vor ca. 10 000 Jahren veränderten die Menschen ihre Lebensgewohnheiten grundlegend. Sie gingen zur sesshaften Lebensweise der Ackerbauern und Viehzüchter über.
a) Nenne Vor- und Nachteile dieser Umstellung.
b) Erläutere den Zusammenhang zwischen der Umstellung der Lebensweise und der ständigen Zunahme der Weltbevölkerung.
c) Begründe, warum die biologische Evolution des Menschen praktisch kaum noch stattfindet.

7. Die große Zahl an Menschen auf der Erde ist eine der Ursachen für viele unserer heutigen Probleme. Dabei ist nicht die eigentliche Anzahl das Problem, sondern u. a. die unüberbrückbaren Gegensätze zwischen verschiedenen Menschengruppen.
a) Nenne globale Probleme der Menschheit und ihre Ursachen.
b) Bei Konflikten werden sehr häufig die Unterschiede zwischen den Menschengruppen als Argumente verwendet. Erkläre.
c) Begründe, warum die Verwendung des „Rassenbegriffs" auf Menschen genetisch nicht gerechtfertigt ist.

Wechselbeziehungen zwischen biologischer und kultureller Evolution des Menschen

Während der stammesgeschichtlichen Entwicklung des Menschen gab es enge Wechselbeziehungen zwischen der biologischen und der kulturellen Evolution.

Komponenten der biologischen Evolution

- aufrechter Gang und aufrechte Körperhaltung
- Vergrößerung und Differenzierung des Gehirns
- Zunahme geistiger Fähigkeiten

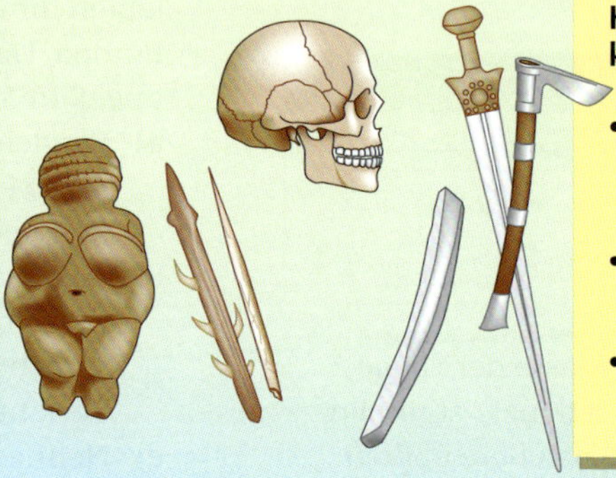

Komponenten der kulturellen Evolution

- planvolle Herstellung von Werkzeugen und deren Gebrauch
- Erzeugung und Gebrauch des Feuers
- Entwicklung der Sprache und der Schrift

Evolution des Menschen

Menschenaffe und Jetztmensch weisen viele ähnliche und übereinstimmende Merkmale auf. Dies lässt auf eine enge Verwandtschaft schließen und deutet auf gemeinsame affenähnliche Vorfahren hin.
Neue Fossilfunde belegen außerdem, dass nicht nur eine Art von kleinhirnigen Vormenschen in Afrika lebte, sondern, dass es sehr viele Arten gewesen sind. Die einzige Art, die sich schließlich durchsetzte, war der *Homo sapiens.* Wer tatsächlich aus wem entstanden ist, kann aufgrund der insgesamt wenigen Funde nicht eindeutig zugeordnet werden, jeder neue Fossilfund kann das bestehende Bild schlagartig verändern. Deshalb verzichten viele Paläoanthropologen mittlerweile im Stammbaum auf mögliche Abstammungslinien.

Variabilität der Menschen in unterschiedlichen Kulturkreisen der Erde

Alle heute auf der Erde lebenden Menschen gehören zur gleichen Art bzw. Unterart *Homo sapiens.* Vertreter aller Kulturgruppen des Menschen sind zu hohen Leistungen befähigt. Die Vielfalt der Menschen zeigt sich vor allem innerhalb der Gruppen. Die Gruppen unterscheiden sich genetisch nur geringfügig. Die äußerlich auffälligen Merkmale (z. B. Hautfarbe) entwickelten sich in Anpassung an bestimmte Umwelt- und Klimabedingungen.

Abstammungslehre

W

Wahlbereich: Entstehung der Erde und des Lebens – wie alles begann

Vom Urknall zu den Sternen

Im Gegensatz zu dem in der Bibel errechenbaren Alter der Welt liegt der Ursprung nach heutigen Erkenntnissen eine unvorstellbar lange Zeit zurück. Kosmologen und Astronomen gehen davon aus, dass dieser Beginn, wegen seines dramatischen Verlaufs auch **„Urknall"** oder **„Big Bang"** genannt, vor etwa 15 Milliarden Jahren stattfand. Die Frage, was davor war, ist aus unserer Vorstellung nicht zu beantworten, weil Zeit und Raum erst beim Urknall entstanden sind.

Beim Urknall wandelte sich teilweise Energie in Materie um. Dadurch konnten zuerst sogenannte Elementarteilchen, etwas später Atome und Moleküle entstehen, aus denen sich die Sterne zusammensetzen. **Sterne** sind die Zusammenballung von Materie. Sie entwickeln sich aus Gas- und Staubwolken (Abb. 1) unter Einwirkung der Schwerkraft. Je dichter sich die Materie aufgrund der Schwerkraft zusammenballt, desto häufiger stoßen die Materieteilchen zusammen und desto heißer wird die Materie.

Dabei kommt es zu Kernreaktionen: Atomkerne zerfallen und bilden sich neu durch Kernverschmelzungen. Bei diesen Kernreaktionen wird ein Teil der Materie wieder in Energie umgewandelt. Das führt zu einer weiteren Temperaturerhöhung. So kann ein relativ stabiler Zustand entstehen, bei dem sich die Schwerkraft und der Gasdruck der enorm aufgeheizten Materie die Waage halten. Dies trifft auf unsere Sonne zu, die einen relativ konstanten Durchmesser hat. Gleichzeitig leuchten die Sterne, d. h., sie geben einen Teil der Energie in den Weltraum ab.
Sterne werden nicht unendlich alt. Sie haben eine Geschichte. Je nachdem, wie massereich ein Stern ist, wie viel Materie sich also bei seiner Entstehung zusammengeballt hat, verläuft diese Geschichte unterschiedlich. Aus großen Sternen entstehen „Schwarze Löcher" aus kleineren „Weiße Zwerge". Unter bestimmten Bedingungen, z. B. bei großen Sternen von mindestens acht Sonnenmassen, kann am Ende der Sternentwicklung eine gewaltige Explosion stehen, die mit der Abgabe von sehr viel Licht verbunden ist. Bei einer solchen Supernova (Abb. 2) wird auch sehr viel Materie in den Weltraum geschleudert. Auf diese Weise entstehen Staub- und Gaswolken, die das Material für neue Sternengenerationen bilden.

1 Sterne entstehen aus Gas- und Staubwolken.

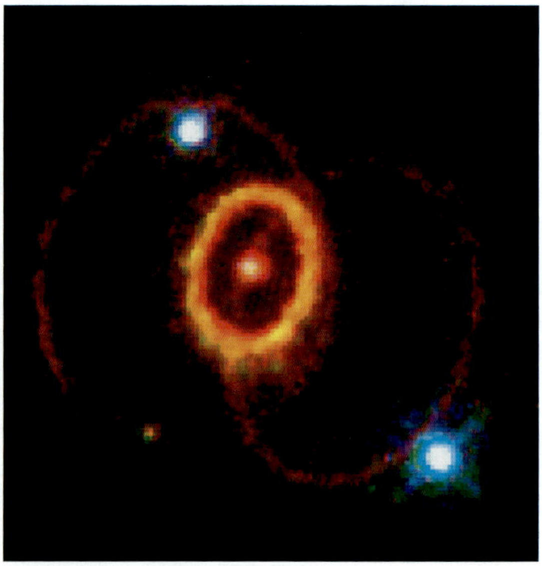

2 Eine Supernova

Das Sonnensystem, die Erde und das Leben

Auch unser **Sonnensystem** ist vor etwa 5 Milliarden Jahren aus solch einer Materiewolke entstanden, die aus Sternenexplosionen stammte. Die meiste Materie ballte sich im Zentralgestirn zusammen. Aber Unregelmäßigkeiten in der Materiedichte führten zu weiteren „Klumpenbildungen". So entstanden nicht nur die Planeten, sondern auch Monde und Materie-Ringe, Kometen und Asteroiden (Kleinplaneten).

Das **Leben auf der Erde** ist vermutlich vor knapp vier Milliarden Jahren entstanden. Entscheidend für seine Entwicklung war das Vorhandensein relativ kompliziert gebauter Moleküle, deren Grundgerüst aus Kohlenstoffatomen besteht. Die Vielfalt resultiert u. a. aus der Vierbindigkeit der Kohlenstoffatome. Sie sind Bestandteil von Kohlenwasserstoffen, Kohlenhydraten, Aminosäuren und den daraus zusammengesetzten Peptiden, Nucleinsäuren und Lipiden (Fetten).

Es ist bis heute strittig, inwieweit die „chemische Evolution", die zur Bildung solcher Moleküle führte, schon in kosmischen Materiewolken oder erst auf der Urerde stattgefunden hat. Ebenfalls ungeklärt ist, wie es schließlich zu der entscheidenden „Kooperation" zwischen Proteinen und Nucleinsäuren gekommen ist, die für alles irdische Leben so charakteristisch ist. Nach einer Hypothese des britischen Astronomen FRED HOYLE (1915 – 2001) wäre auch eine außerirdische Entstehung einfacher Lebewesen in kosmischen Nebeln denkbar. Die bakterienähnlichen Keime in diesen Nebeln würden dann verhältnismäßig schnell zu „Infektionen" geeigneter Himmelskörper führen.
Auch auf der Erde kann es aber unter den „Urerdebedingungen" zur anorganischen Bildung aller wichtigen Lebensmoleküle gekommen sein. Diese Hypothese ließ sich jedenfalls durch zahlreiche Laborexperimente erhärten. Eines der ersten und das bekannteste Experiment wurde 1953 von den US-Amerikanern STANLEY MILLER (*1930) und HAROLD UREY (1893 –1981) durchgeführt.

Mosaik

Experimentanordnung nach MILLER

Ein besonders bekannt gewordenes Experiment zur Frage nach der Lebensentstehung wurde 1953 von STANLEY L. MILLER (*1930) durchgeführt.
MILLER ging von den damals bekannten Vorstellungen von den auf der Urerde herrschenden physikalischen und chemischen Bedingungen aus. Er versuchte, diese Bedingungen in einer Experimentieranordnung nachzustellen. Dazu füllte er eine Glasapparatur mit einem Gasgemisch aus Wasserstoff, Ammoniak, Methan und Wasserdampf, das auch die **Uratmosphäre der Erde** bildete. Durch Heizung und Kühlung erreichte er einen durch Wasserverdampfung und Kondensation in Gang gesetzten Kreislauf. Auf das Gasgemisch ließ er über eingefügte Kohleelektroden elektrische Entladungen einwirken, die den Blitzen in der Uratmosphäre entsprechen sollten. Diese Anordnung ließ MILLER einige Stunden laufen. Anschließend konnte er in dem kondensierten Wasser 20 verschiedene organische Verbindungen wie Essigsäure und Harnstoff und sogar Aminosäuren, die Bausteine der Eiweiße, nachweisen. In der Folge konnten durch vielfältige Modifizierungen dieser Versuchsanordnung eine Vielzahl organischer Moleküle produziert werden.

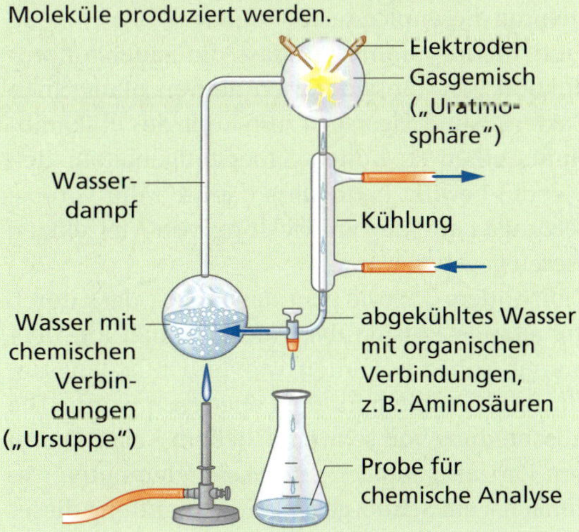

Die Entwicklung der Lebewesen auf der Erde

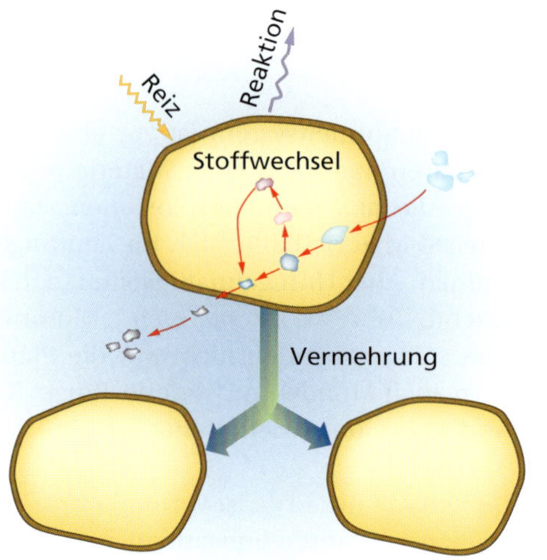

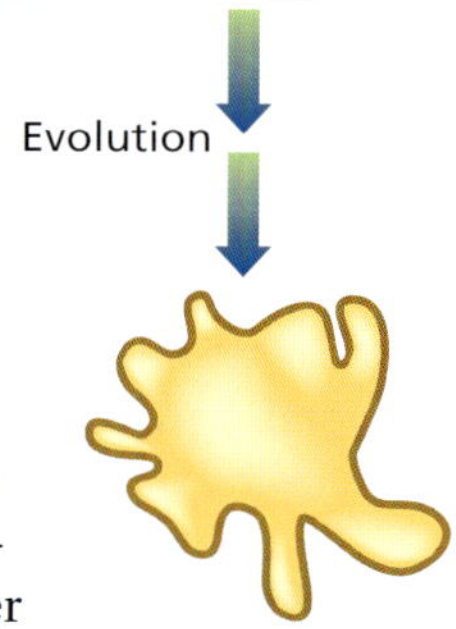

Schon ein ganz einfach gebautes erstes Lebewesen musste folgende Eigenschaften aufweisen:

- Fähigkeit, sich zu vermehren (Selbstreproduktion)
- Fähigkeit zum Stoff- und Energiewechsel
- Fähigkeit, Reize aus der Umgebung aufzunehmen und darauf zu reagieren
- Fähigkeit zur Evolution.

Voraussetzung für dieses Funktionsgefüge ist, dass die einzelnen Lebewesen gegen die Umwelt abgegrenzt sind und dass sie auch in ihrem Inneren gegeneinander abgegrenzte Reaktionsräume enthalten (Abb.).

Die ersten **Lebewesen** lebten **im Wasser** und waren verhältnismäßig einfach aufgebaute, sehr kleine Einzeller ohne Zellkern. Sie sind vergleichbar mit den heute lebenden Archäen (Urbakterien) und Bakterien.

Es dauerte mehr als zwei Milliarden Jahre, bis sich die ersten kernhaltigen Einzeller entwickelten und schließlich auch vielzellige Lebewesen entstanden. Erst vor etwa 550 Millionen Jahren, zu Beginn der erdgeschichtlichen Periode, die Kambrium genannt wird, entwickelten sich innerhalb einer relativ kurzen Zeitspanne die meisten der bis heute bekannten Tierstämme und viele verschiedene Algengruppen.

Es gibt mehrere Erklärungsversuche für die Entstehung dieser plötzlichen Vielfalt.

Eine Theorie nimmt an, dass die Sauerstoffproduktion von fotosynthetisch aktiven blaugrünen Bakterien und Algen erst zum Ende des Präkambriums einen so hohen Sauerstoffgehalt in den Meeren bewirkt hatte, dass dadurch die Voraussetzungen für die Entwicklung von vielzelligen Tieren gegeben waren.

Eine andere Theorie geht davon aus, dass durch anhaltende Erosion der Calciumgehalt im Meer immer höher geworden war und nun langsam zu einem Problem für die Lebewesen wurde. Die Abscheidung von schwer löslichem Kalk in Form von Panzern, Schalen und Skelettelementen war zunächst ein Schutz gegen eine Anhäufung dieses Elements im Organismus, dann aber eine wichtige Voraussetzung für die Stabilisierung größerer Vielzeller.

Weitere Theorien machen die zunehmende Verknappung von Nährmineralien in den Ozeanen für einen starken Evolutionsdruck verantwortlich, der zur Bildung vieler neuer Formen führte.

Eine weitere entscheidende Etappe in der Evolution der Lebewesen war die **Besiedlung der Landflächen** im Silur und Devon, beginnend vor etwa 430 Millionen Jahren. Entscheidend für die Fähigkeit, auch außerhalb des Wassers zu leben, waren neue Strukturen und Funktionen. An Land müssen Lebewesen gegen Verdunstung von Wasser geschützt sein. Durch den fehlenden Auftrieb des Wassers im Luftraum werden Lebewesen schwerer: Sie benötigen deshalb stabilere Bauelemente wie Skelette und Panzer oder verholzte Zellwände.

Die Fortpflanzung muss sich so verändern, dass sie auch außerhalb der Gewässer möglich ist. Auch der notwendige Gasaustausch, insbesondere die Sauerstoffaufnahme aber auch die Kohlenstoffdioxidaufnahme für fotosynthetisch aktive Lebewesen, muss stattfinden können.

Schließlich müssen die Landbewohner auch einen stärkeren Temperaturwechsel zwischen Tag und Nacht und warmen und kalten Jahreszeiten aushalten.

Chronologische Einordnung verschiedener Lebensformen

Zeitalter	Periode	vor Mio. Jahren	Bedeutende Ereignisse in der Geschichte des Lebens auf der Erde
Erdneuzeit	Neogen	23,03	Auftreten und Entwicklung des Menschen, der Pflanzen und Tiere der Gegenwart
	Paläogen	65,5–23,03	Entwicklung und Ausbreitung der Säugetiere; Entwicklung der Affen und Menschenaffen; Ausbreitung von Gräsern; Entfaltung der Vögel
Erdmittelzeit	Kreide	145,5–65,5	letzte Saurier; erste Affen; erste Bedecktsamer (Samen- bzw. Blütenpflanzen); erste Vögel
	Jura	199,6–145,5	Vorherrschaft der Saurier; Urvögel, Nacktsamer (Nadelgehölze, Palmfarne, Ginkgoverwandte)
	Trias	251,0–199,6	erste Säugetiere; Vielfalt von Reptilien; Samen- bzw. Blütenpflanzen (Nacktsamer vorherrschend)
Erdaltzeit	Perm	299,0–251,0	Vielfalt von Reptilien und Insekten; Samen- bzw. Blütenpflanzen werden zahlreicher, Farnpflanzen gehen zurück
	Karbon	359,2–299,0	erste Reptilien; zahlreiche Amphibien; ausgedehnte Feuchtwälder aus Farnpflanzen (Bärlappe, Schachtelhalme, Echte Farne), erste Samen- bzw. Blütenpflanzen
	Devon	416,0–359,2	erste Amphibien, erste Insekten; Vielfalt von Fischen; Quastenflosser; Farnpflanzen (vor allem Urfarne)
	Silur	443,7–416,0	erste Landpflanzen (Moose, Urfarne), Ausbreitung der Fische
	Ordovizium	488,3–443,7	erste Fische; Meeres- und Süßwasseralgen
	Kambrium	542–488,3	Wirbellose im Meer (Schwämme, Hohltiere, Würmer, Gliederfüßer, Stachelhäuter), Algen
Erdfrühzeit und Erdurzeit	Präkambrium	542 2500 3500 3800 4600	Wirbellose mit weichem Körper; Algen Sauerstoffgehalt der Atmosphäre mehr als 1 % des heutigen Wertes älteste Fossilien von Bakterien erste Spuren von Leben Entstehung der Erde

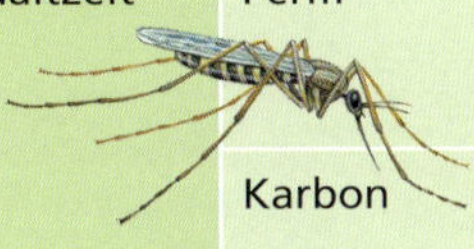

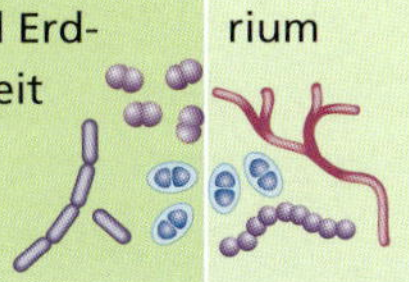

Der lange Weg zum modernen Menschen – Stammbusch statt Stammbaum

Stelle fest, welche Menschenarten vor 2,5 Mio. Jahren, vor 1,5 Mio. Jahren und vor 0,5 Mio. Jahren in Afrika gelebt haben.

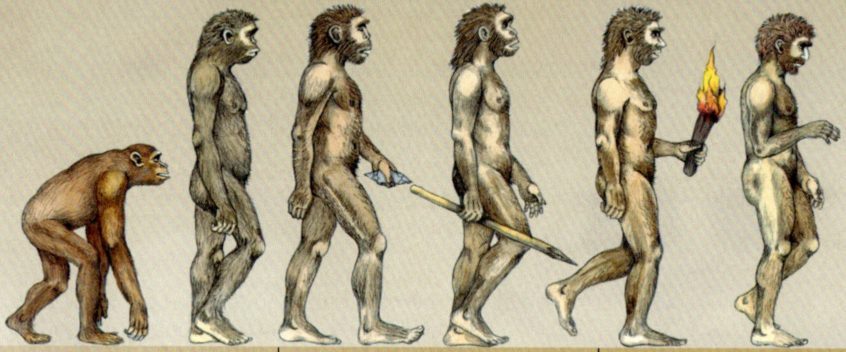

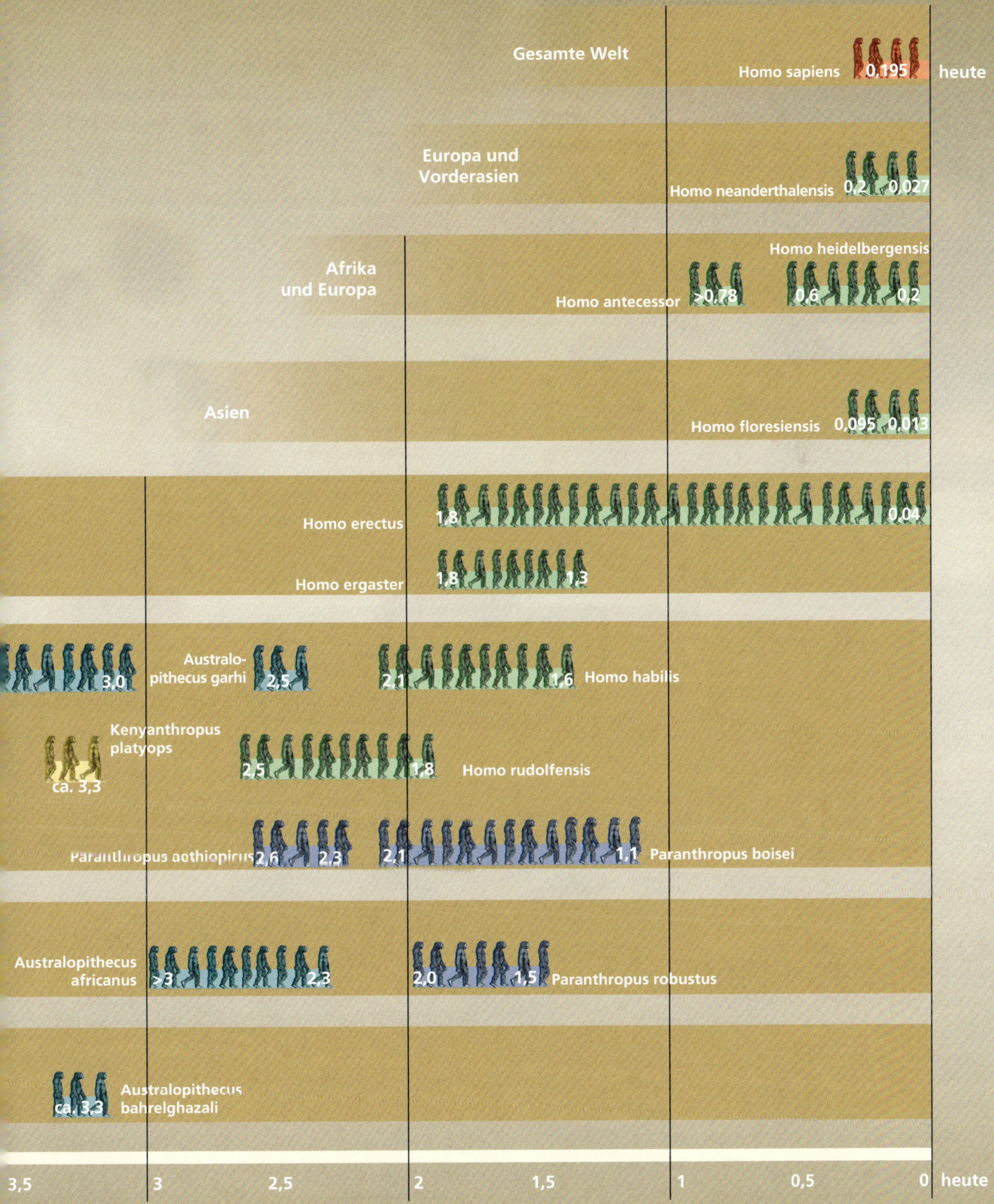
Gesamte Welt
Homo sapiens 0,195
heute
Europa und Vorderasien
Homo neanderthalensis 0,2 0,027
Afrika und Europa
Homo heidelbergensis
Homo antecessor >0,78 0,6 0,2
Asien
Homo floresiensis 0,095 0,013
Homo erectus 1,8 0,04
Homo ergaster 1,8 1,3
3,0
Australopithecus garhi 2,5
2,1 1,6 Homo habilis
Kenyanthropus platyops
ca. 3,3
2,5 1,8 Homo rudolfensis
Paranthropus aethiopicus 2,6 2,3
2,1 1,1 Paranthropus boisei
Australopithecus africanus >3 2,3
2,0 1,5 Paranthropus robustus
ca. 3,3 Australopithecus bahrelghazali
3,5
3
2,5
2
1,5
1
0,5
0 heute

Wahlbereich: Die Hominiden – eine erstaunlich große Vielfalt

Die Entwicklungsgeschichte der Hominiden begann vor ca. 7 Millionen Jahren, als die Menschenaffen anfingen, aufrecht zu gehen. Neue Fossilfunde belegen, dass nicht nur **eine Art** von kleinhirnigen **Vormenschen** in jener Zeit in Afrika lebte, sondern dass es sehr viele Arten gewesen sind. Nur eine von ihnen entwickelte sich zum **Urmenschen** weiter, auch hier gab es eine Vielzahl von Vertretern. Die einzige Art, die sich letztendlich durchsetzte, war der ***Homo sapiens.***
Wer tatsächlich aus wem entstanden ist, kann aufgrund der wenigen Funde nicht genau belegt werden, deshalb wird in dem Stammbaum bzw. Stammbusch (S. 272/273) auf mögliche Abstammungslinien verzichtet.

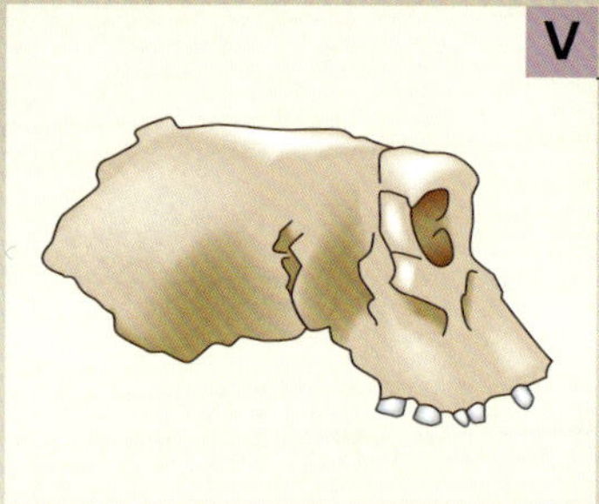

V

Sahelanthropus tchadensis (entdeckt: 2001)

Alter:	ca. 7 Millionen Jahre (nur ein Fund)
Hirnvolumen:	350 cm^3
Körpergröße:	ca. 150 cm
Vorkommen:	Zentralafrika (Tschad)
Lebensraum:	lebte an Flüssen, Seen, in Grasland, Wäldern
Besonderheiten:	bislang ältester Beleg, vermutlich aufrecht gehender Vormensch (nicht gesichert), kurze Schnauze, dicker Zahnschmelz, kleine Eckzähne

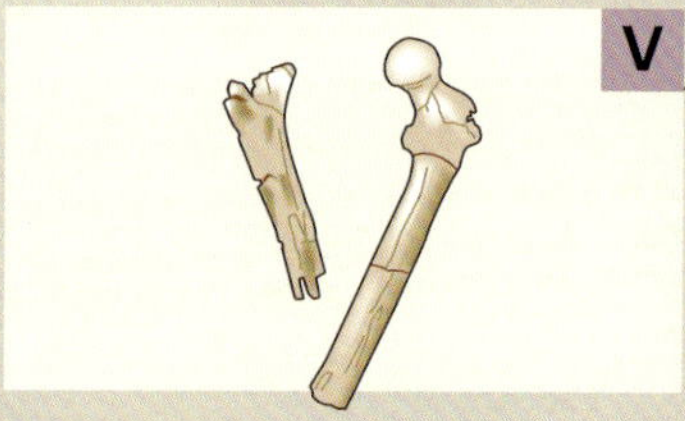

V

Orrorin tugenensis (entdeckt: 2000)

Alter:	6 Millionen Jahre
Körpergröße:	ca. 130 cm
Vorkommen:	Ostafrika (Kenia)
Lebensraum:	lebte im offenen Waldland und in der Savanne
Besonderheiten:	Allesfresser, aufrecht gehender Vormensch

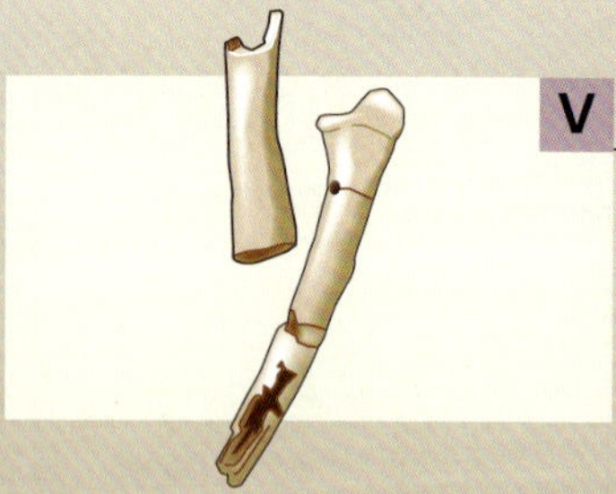

V

Ardipithecus ramidus kadabba (entdeckt: 1997–2001)

Alter:	5,5 Millionen Jahre
Körpergröße:	ca. 150 cm
Vorkommen:	Ostafrika (Äthiopien)
Lebensraum:	lebte in feuchten, bewaldeten Gebieten
Besonderheiten:	ernährte sich v. a. von faserreicher Nahrung

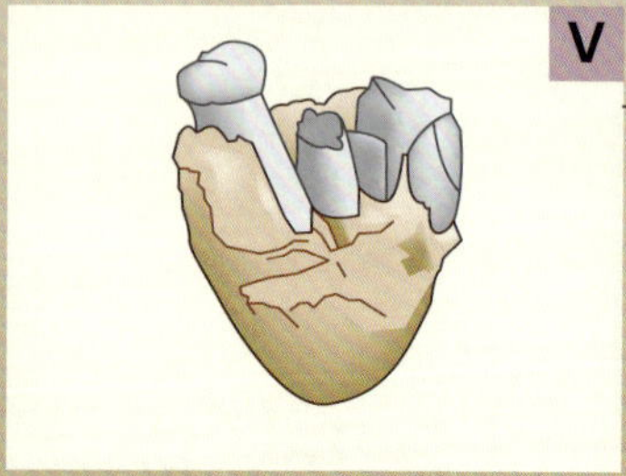

V

Ardipithecus ramidus „Bodenaffe von der Wurzel" (entdeckt: 1992–1993)

Alter:	4,4 Millionen Jahre
Körpergröße:	ca. 120 cm
Vorkommen:	Ostafrika (Äthiopien)
Lebensraum:	lebte in Wäldern
Besonderheiten:	ernährte sich von Waldfrüchten, Knospen, Blättern, aufrechter Gang

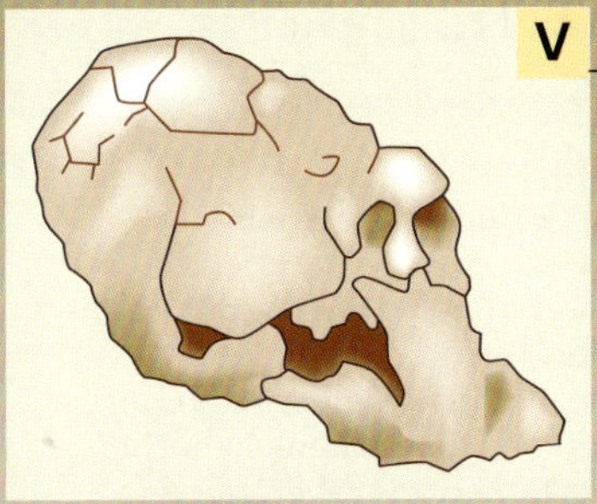

Kenyanthropus platyops (entdeckt: 1999)

Alter:	3,3 Millionen Jahre
Hirnvolumen:	bis 550 cm^3
Vorkommen:	Ostafrika (Kenia)
Lebensraum:	lebte an Seerandgebieten, Überflutungsebenen, im Wald- und Grasland
Besonderheiten:	hat gemeinsame Merkmale mit der Gattung Australopithecus

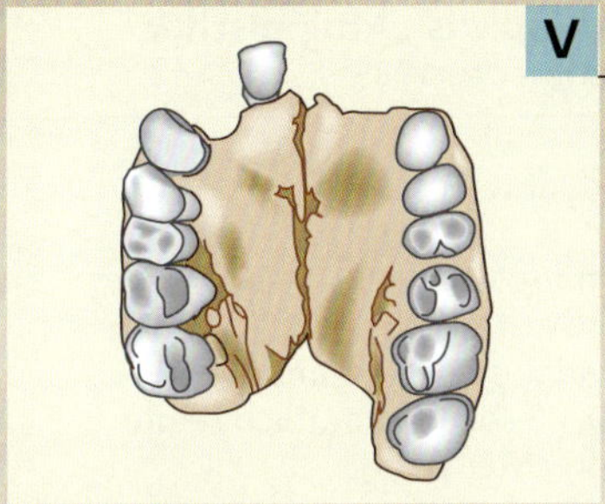

Australopithecus anamensis „erster Südaffe" (entdeckt: 1994)

Alter:	4,2 bis 3,9 Millionen Jahre
Körpergröße:	bis 120 cm
Körpergewicht:	35–55 kg
Vorkommen:	Ostafrika (Turkanasee)
Lebensraum:	lebte in Galeriewäldern und offener, trockener Landschaft (Savanne)
Besonderheiten:	guter Kletterer, aufrechter Gang, menschenähnlicher Oberarmknochen

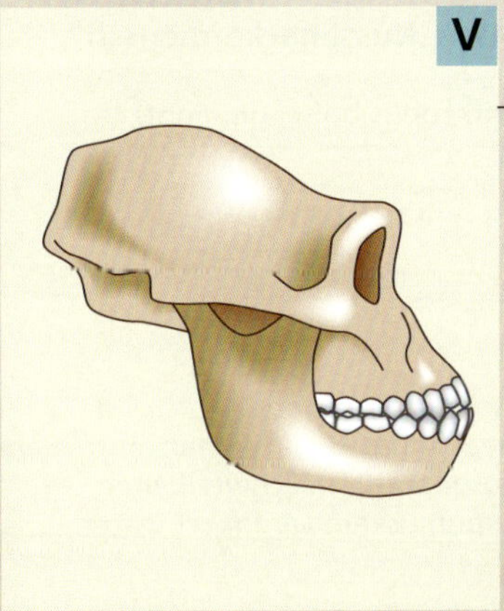

Australopithecus afarensis „Südaffe aus Afar" (entdeckt: 1974)

Alter:	3,9 bis 3,0 Millionen Jahre
Hirnvolumen:	300–550 cm^3
Körpergröße:	100–150 cm
Körpergewicht:	30–70 kg
Vorkommen:	Ostafrika (Äthiopien, Kenia, Tansania)
Lebensraum:	lebte in bewaldeten Graslandschaften und Seerandgebieten
Besonderheiten:	hielt sich häufig (v. a. nachts) auf Bäumen auf, aufrechter watschelnder Gang, kleine Eckzähne, niedrige Stirn, Knochenwulst über den Augen, flache Nase, vorstehender Kiefer, kein Kinn

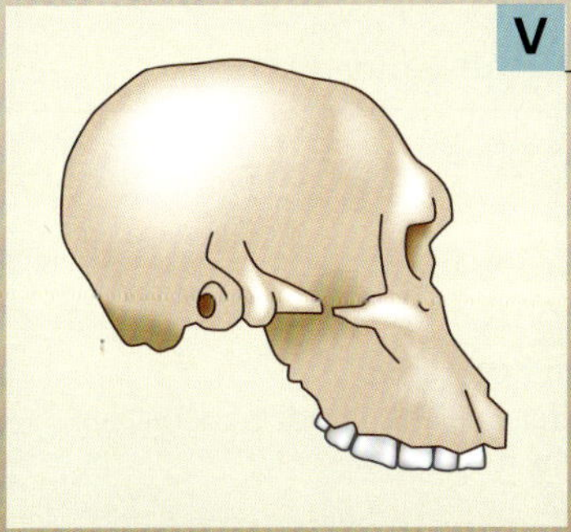

Australopithecus africanus „afrikanischer Südaffe" (entdeckt: 1924)

Alter:	> 3,0 bis 2,3 Millionen Jahre
Hirnvolumen:	420–500 cm^3
Körpergröße:	bis 140 cm
Körpergewicht:	30–60 kg
Vorkommen:	Südafrika
Lebensraum:	bewohnte trockenes Waldland, Grasland und lichte Wälder
Besonderheiten:	ernährte sich von gemischter Kost, menschenähnlicher als die anderen Südaffen, aufrechter Gang, schwach ausgeprägter Überaugenwulst

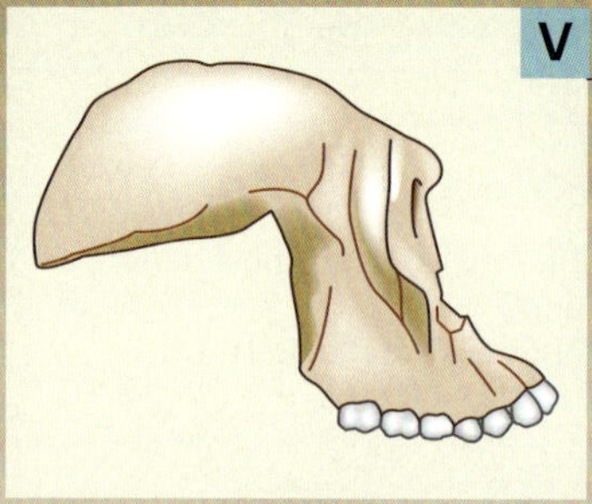

Australopithecus garhi (entdeckt: 1997)

Alter: 2,5 Millionen Jahre
Vorkommen: Ostafrika (Äthiopien)
Lebensraum: lebte in gemischtem, offenem Waldgebiet

Besonderheiten: unterscheidet sich von früheren Australopithecinen durch die Kombination seiner Merkmale; extrem große Zähne, menschenähnliche Proportionen von Oberarm- und Oberschenkelknochen, affenähnliche Proportionen von Oberarm- und Unterarmknochen; aufrechter Gang

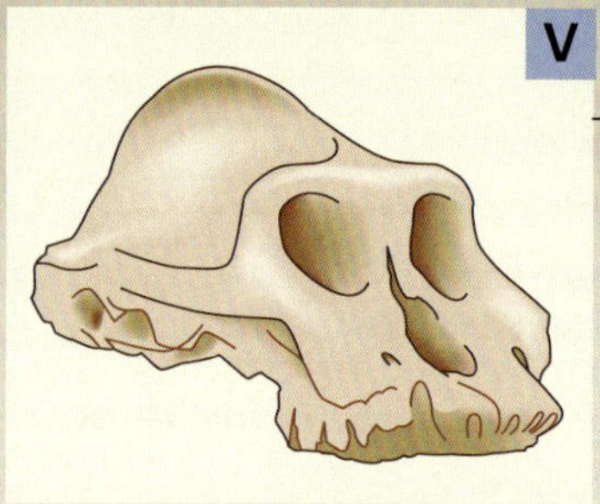

Paranthropus aethiopicus „Äthiopischer Nebenmensch" (entdeckt: 1985)

Alter: 2,6 bis 2,3 Millionen Jahre
Hirnvolumen: 420 cm^3
Vorkommen: Ostafrika (Kenia, Äthiopien)
Besonderheiten: entwickelte sich aus Australopithecus, Knochenkamm auf dem Schädel; starke Kaumuskeln, große Zähne, riesiges Gebiss, vermutlich reiner Pflanzenfresser, aufrechter Gang

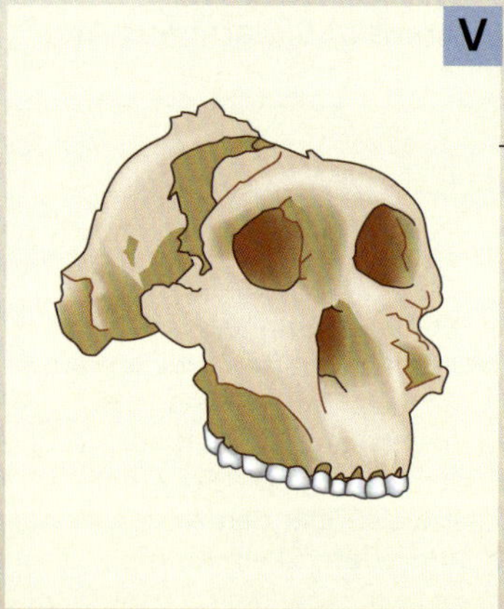

Paranthropus boisei „Nussknackermensch"
(entdeckt: 1959)
(ursprünglich Zinjanthropus boisei genannt)

Alter: 2,1 bis 1,1 Millionen Jahre
Hirnvolumen: 450–545 cm^3
Körpergröße: bis ca. 140 cm
Körpergewicht: 35–50 kg
Vorkommen: Ostafrika
Lebensraum: lebte im Wald-, Busch- und Grasland
Besonderheiten: riesige Backenzähne, kleines Gehirn; Pflanzenfresser; Schädel mit stark ausgeprägtem Scheitelkamm, an dem gewaltige Kaumuskeln verankert waren, kräftiger Kiefer

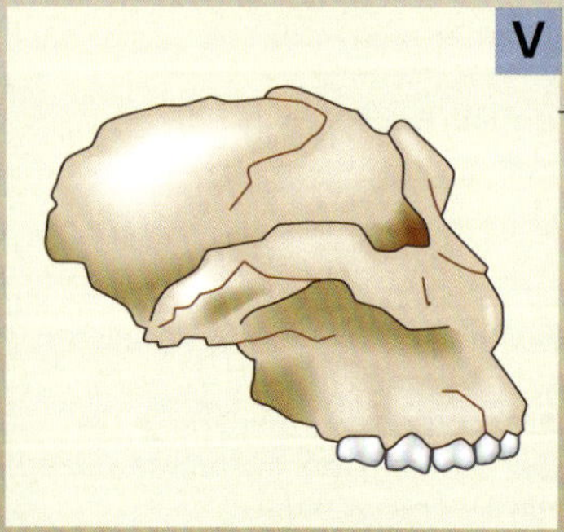

Paranthropus robustus (entdeckt: 1938)

Alter: 2,0 bis 1,5 Millionen Jahre
Hirnvolumen: 475–530 cm^3
Körpergröße: 110–130 cm
Körpergewicht: 30–65 kg
Vorkommen: Südafrika
Lebensraum: bewohnte Busch- und Grasland
Besonderheiten: riesige Zähne; fraß faserreiche Pflanzen, Wurzeln, Knollen; kleines Gehirn

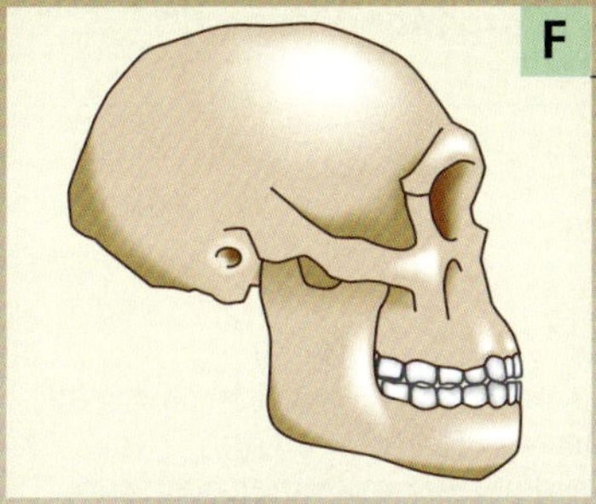

Homo habilis „Geschickter Mensch" (entdeckt: 1960)

Alter:	2,1–1,6 Millionen Jahre
Hirnvolumen:	500–650 cm^3
Körpergröße:	130–145 cm
Körpergewicht:	25–45 kg
Vorkommen:	Ostafrika
Lebensraum:	in offener Savanne, teilweise baumlebend
Besonderheiten:	benutzte Steinwerkzeuge, wird neben dem zeitgleich lebenden Homo rudolfensis als Stammvater des modernen Menschen angesehen

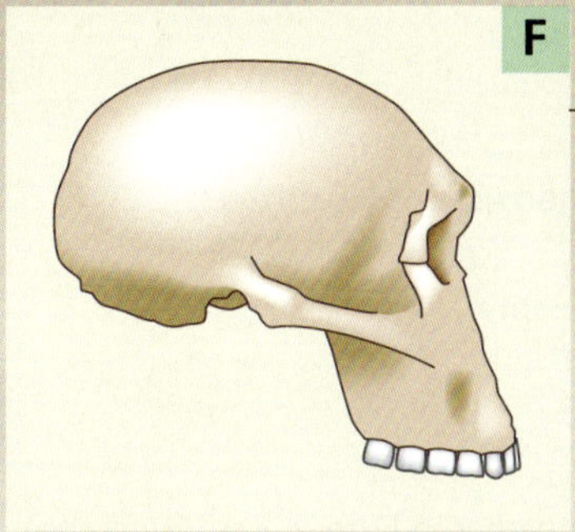

Homo rudolfensis „Mensch vom Rudolfsee" (heute: Turkanasee) (entdeckt: 1972)

Alter:	2,5 bis 1,8 Millionen Jahre
Hirnvolumen:	600–800 cm^3
Körpergröße:	155 cm
Körpergewicht:	ca. 45 kg
Vorkommen:	Ostafrika
Besonderheiten:	entwickelte sich aus Kenyanthropus oder Australopithecus; nutzte primitive Steinwerkzeuge; der erste unbestrittene Vertreter der Gattung Homo, sehr menschenähnlich

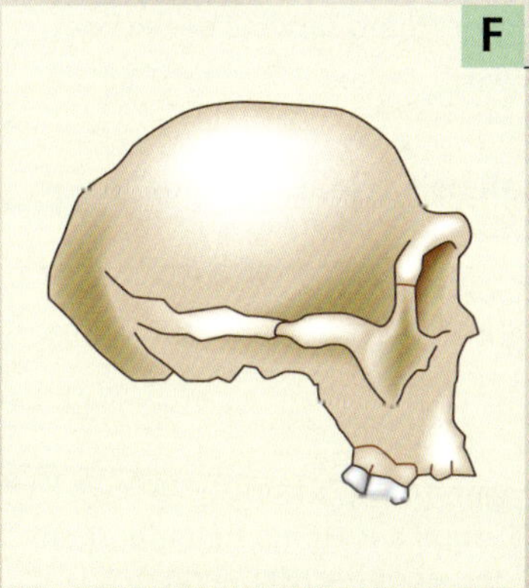

Homo ergaster „Handwerker" (entdeckt: 1975)

Alter:	1,8 bis 1,3 Millionen Jahre
Hirnvolumen:	900 cm^3
Körpergröße:	bis 185 cm
Körpergewicht:	50–70 kg
Vorkommen:	Afrika und Asien
Besonderheiten:	Nachfahr von Homo habilis oder Homo rudolfensis, wird auch „früher afrikanischer Homo erectus" genannt; erfand den Faustkeil vor mehr als 1,4 Mio. Jahren, nutzte das Feuer, anfangs Aasfresser, später wahrscheinlich Jäger und Sammler

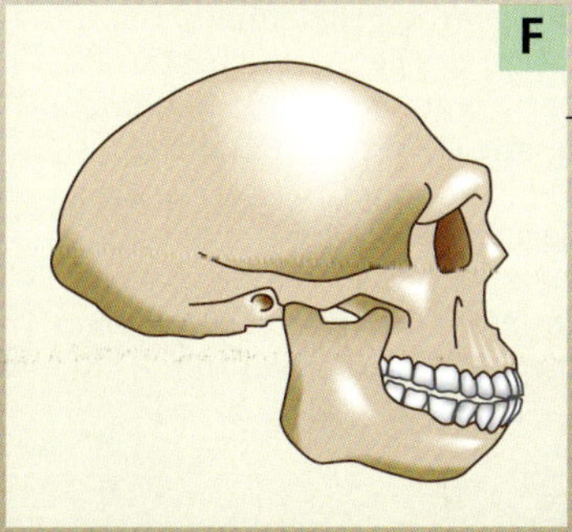

Homo erectus „Aufrecht gehender Mensch" (entdeckt: 1891, 1927, 1984)

Alter:	1,8 Millionen Jahre bis 40 000 Jahre
Hirnvolumen:	750–1 250 cm^3
Körpergröße:	bis 165 cm
Körpergewicht:	bis 65 kg
Vorkommen:	Afrika, Asien, Europa
Besonderheiten:	auch Java- und Peking-Mensch, nutzte das Feuer, anfangs Aasfresser, später Jäger und Sammler, verließ vermutlich als erster Hominide Afrika, verbreitete sich über die ganze Welt

F

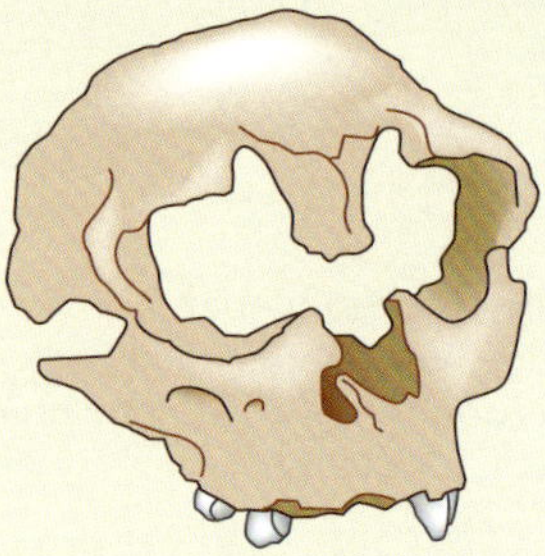

Homo antecessor „Vorgänger-Mensch“
(entdeckt: 1994)

Alter:	> 780 000 Jahre
Hirnvolumen:	ca. 1 100 cm^3
Körpergröße:	bis 170 cm
Körpergewicht:	bis 65 kg
Vorkommen:	Afrika und Europa
Besonderheiten:	der erste Europäer; muskulös, vermutlich Aasfresser und Jäger; Nachfahre von Homo erectus; die Einordnung als eigene Art ist immer noch umstritten, diese Fossilien werden alternativ auch dem Homo erectus oder aber dem frühen Homo heidelbergensis zugeordnet

F

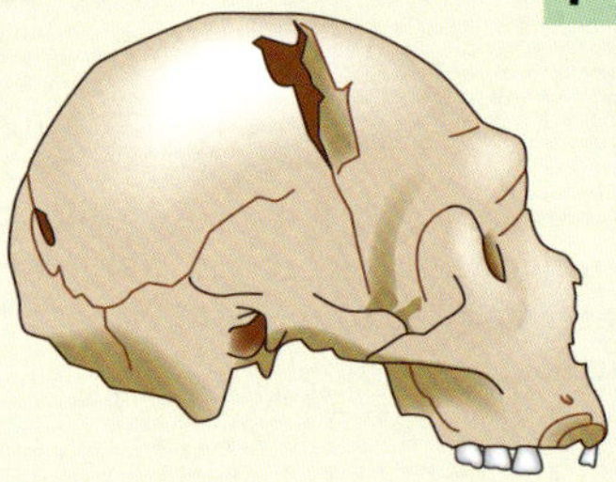

Homo heidelbergensis (entdeckt: 1907)

Alter:	600 000 bis 200 000 Jahre
Hirnvolumen:	ca. 1 200 cm^3
Körpergröße:	140–180 cm
Körpergewicht:	60–75 kg
Vorkommen:	Afrika und Europa
Besonderheiten:	entwickelte sich entweder in Europa aus Homo antecessor oder in Afrika aus Homo erectus; vermutlich Jäger und Sammler; früher wurde er zum Teil auch als archaischer Homo sapiens bezeichnet

F

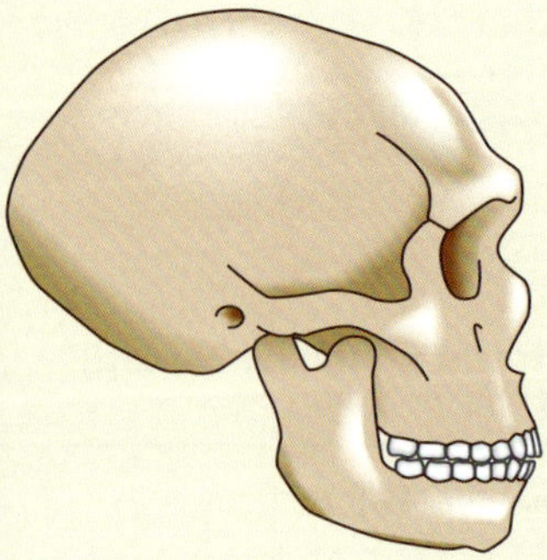

Homo neanderthalensis „Neandertaler“
(entdeckt: 1859)

Alter:	200 000 bis 27 000 Jahre
Hirnvolumen:	1 200–1 750 cm^3
Körpergröße:	166 cm
Körpergewicht:	80 kg
Vorkommen:	Europa und Vorderasien
Besonderheiten:	entwickelte sich in Europa aus Homo heidelbergensis; hauptsächlich Jäger; abgeflachter, lang gezogener Schädel, stark ausgeprägte Überaugenwülste, fliehendes Kinn, kräftiger Knochenbau; stellte Stein- und Holzwerkzeuge her; trug Fellkleidung, baute sich Hütten, beherrschte das Feuer und bestattete seine Toten in Gräbern; lebte in einigen Regionen über 10 000 Jahre zeitgleich mit Homo sapiens; Vermischungen sind nicht ausgeschlossen (S. 258); bisher ist nicht geklärt, ob der Neandertaler als eigene Art (Homo neanderthalensis) oder als biologische Unterart des modernen Menschen (Homo sapiens neanderthalensis) einzuordnen ist

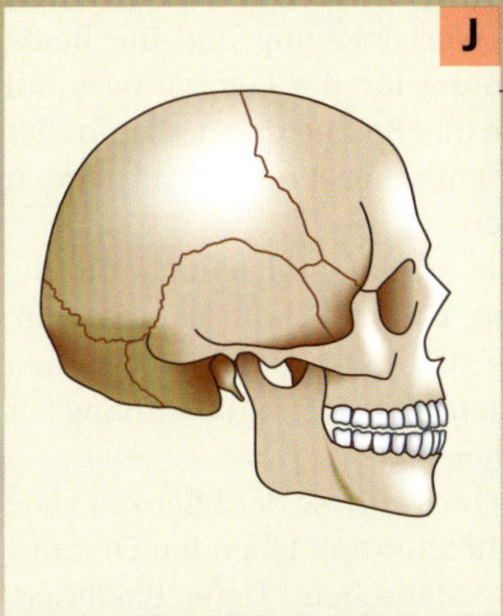

Homo sapiens „Vernunftbegabter Mensch"
(entdeckt: 1868)

Alter:	195 000 Jahre bis heute
Hirnvolumen:	ca. 1 400 cm^3 (im Durchschnitt)
Körpergröße:	150–185 cm
Körpergewicht:	60 kg
Vorkommen:	gesamte Welt
Besonderheiten:	entwickelte sich vermutlich aus afrikanischen Populationen von Homo erectus, breitete sich vor ca. 100 000 Jahren in den Nahen Osten und über die gesamte Erde aus; verdrängte alle älteren Menschenformen; Jäger und Sammler, seit ca. 12 000 Jahren Ackerbau und Viehzucht; im Verhältnis zur Körpergröße größtes Gehirn; seit ca. 40 000 Jahren in Europa

Mosaik

Die Zwergenfrau von Flores (Homo floresiensis)

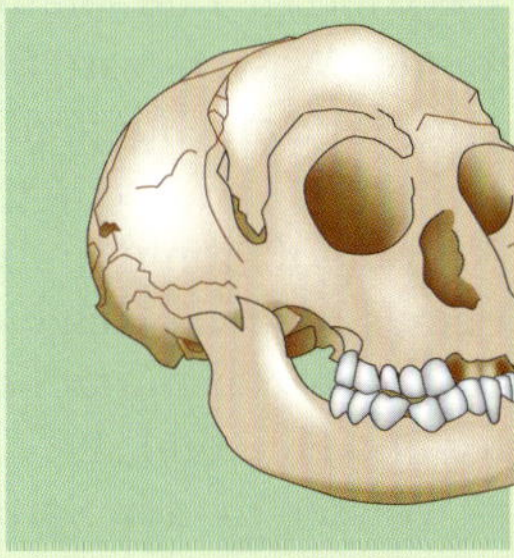

Auf der indonesischen Insel Flores in der Liang-Bua-Höhle haben australische Forscher im September 2003 Überreste einer bisher unbekannten zwergwüchsigen Art der Gattung *Homo* gefunden. Die „Flores-Frau" war nur etwa 1 m groß, ihr Kopf war nicht größer als eine Pampelmuse und hatte ein Hirnvolumen von nur 380 cm^3.
Das Gehirn des Homo erectus, der erstmalig vor 1,8 Mio. Jahren auf der Nachbarinsel Java auftauchte, war doppelt bis viermal so groß.
Da am Fundort Überreste von sechs weiteren Zwergenmenschen gefunden wurden, wird eine einmalige Missbildung ausgeschlossen. Die Datierung der Funde ergab, dass die Flores-Frau vor etwa 18 000 Jahren lebte, für die anderen Überreste stellte man ein Alter zwischen 95 000 und 13 000 Jahren fest.
An der Ausgrabungsstätte fand man außerdem Klingen und Keile, Feuerstellen, verkohlte Knochen, Überreste eines Komodo-Warans und einen Zwergelefanten-Schädel. Deshalb gehen die Entdecker davon aus, dass der Zwergenmensch trotz seines kleinen Gehirns Werkzeuge herstellte, auf die Jagd ging und seine Beutetiere in der Höhle zerlegt und gebraten hat. Sie benannten die Art nach dem Fundort *Homo floresiensis* und vermuten, dass es sich um eine durch Isolation auf der Insel kleinwüchsig gewordene Population aus der *Homo-erectus*-Verwandtschaft handelt.

Ein Vulkanausbruch vor 12 000 Jahren bedeutete vermutlich das Ende der Flores-Menschen. Da bereits seit 40 000 Jahren auch *Homo sapiens* in der Region nachgewiesen ist, wäre aber auch denkbar, dass er für das Verschwinden des Zwergenmenschen verantwortlich ist.

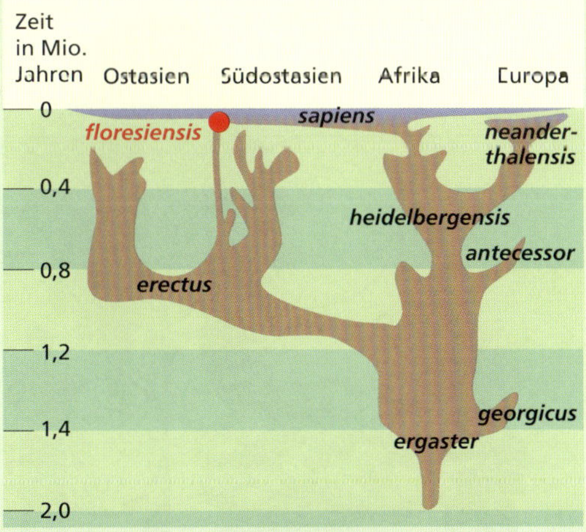

1 Zeitliche Einordnung der Zwergenfrau

Ziel erreicht?

Mit Fachwissen umgehen

1. Zellen sind die Grundbausteine aller Lebewesen. Trotz der Vielfalt an Formen und Größen zeigen alle Zellen grundlegende Übereinstimmungen im Aufbau.

a) Vergleiche die dargestellten Zellen hinsichtlich ihrer Zellbestandteile. Fertige dazu eine Tabelle an.
Ordne die einzelligen Lebewesen den tierlichen bzw. den pflanzlichen Zellen oder den Bakterien zu. Welches sind entscheidende Merkmale für eine eindeutige Zuordnung?

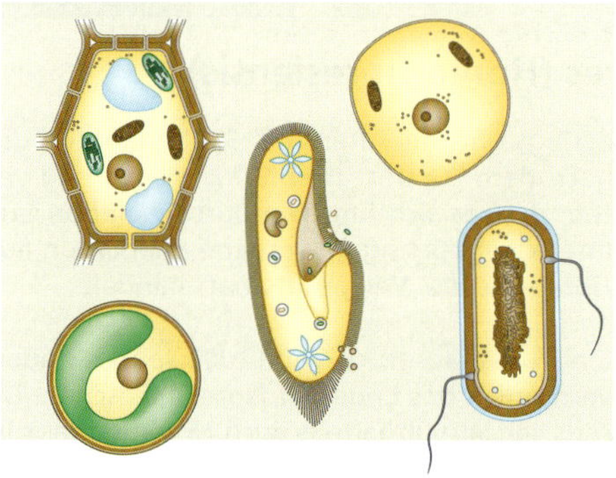

b) Pflanzliche und tierliche Zellen ernähren sich unterschiedlich. Beschreibe beide Ernährungsformen.

c) Stelle die Wortgleichung und die Reaktionsgleichung für die Fotosynthese auf und nenne die Bedingungen, die für diesen biochemischen Prozess vorhanden sein müssen.

d) Notiere die Reaktionsgleichung für die Zellatmung. Gib den Zellbestandteil an, in dem sie stattfindet. Beschreibe seinen Bau und stelle einen Zusammenhang zur Funktion her.

e) Ohne die Fotosynthese der Pflanzen gäbe es für die heterotroph lebenden Organismen (z. B. Menschen, Tiere, Bakterien, Pilze) bald keine Nahrung mehr auf der Erde. Erkläre diesen Sachverhalt.

2. Wasser ist für alle Organismen lebensnotwendig. Pflanzen nehmen Wasser mit den Wurzeln auf. Innerhalb der Pflanze wird es entgegen der Schwerkraft zu den Blättern transportiert. Ein Teil des Wassers wird über die Spaltöffnungen an die Umgebung abgegeben.

a) Erläutere die Wasseraufnahme in der Wurzel anhand eines Modells. Zeige am Beispiel der Wurzel den Zusammenhang zwischen Struktur und Funktion auf.

b) Erkläre, wie das Wasser in der Sprossachse von unten nach oben transportiert werden kann.

c) Beschreibe die Funktionsweise der Spaltöffnungen. Stelle physikalische Grundlagen dar, die bei der Wasserabgabe eine Rolle spielen.

d) Schildere an einem Beispiel die Anpassung pflanzlicher Organe an ihren Standort.

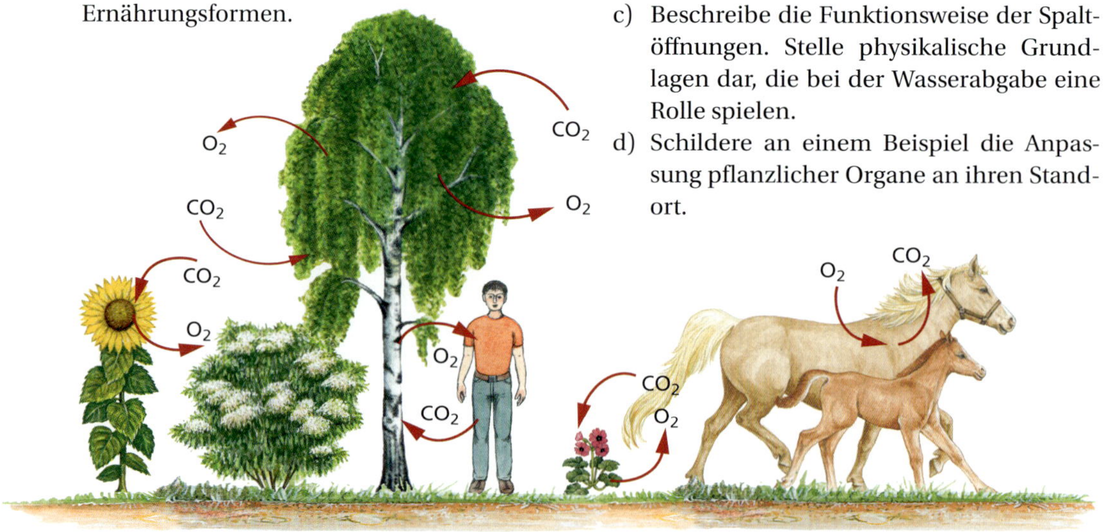

3. Der Mensch nimmt organische Stoffe auf. Im Verdauungssystem werden sie in die kleinsten wasserlöslichen Grundbausteine zerlegt.

a) Der Abbau der Stoffe erfolgt unter der Wirkung von Enzyme. Stelle an einem Beispiel das Funktionsprinzip von Enzymen dar. Erläutere an diesem Beispiel das Schloss-Schlüssel-Prinzip.

b) Die Aufnahme der Grundbausteine in Blut und Lymphe erfolgt im Dünndarm. Erläutere die Resorption. Stelle den Zusammenhang Struktur – Funktion dar.

4. Die Augen und Ohren gehören zu den Sinnesorganen. Mit ihrer Hilfe können Lebewesen Informationen aus der Umwelt aufnehmen und Erregungen an das Nervensystem weiterleiten.

a) Benenne die in den Abbildungen gekennzeichneten Teile des Auges bzw. des Ohrs.

b) Gib von diesen Teilen die jeweiligen Funktionen an.

c) Beschreibe die Bildentstehung oder den Hörvorgang.

d) Entwickle am Beispiel des Auges oder des Ohrs eine mögliche Reiz-Reaktions-Kette.

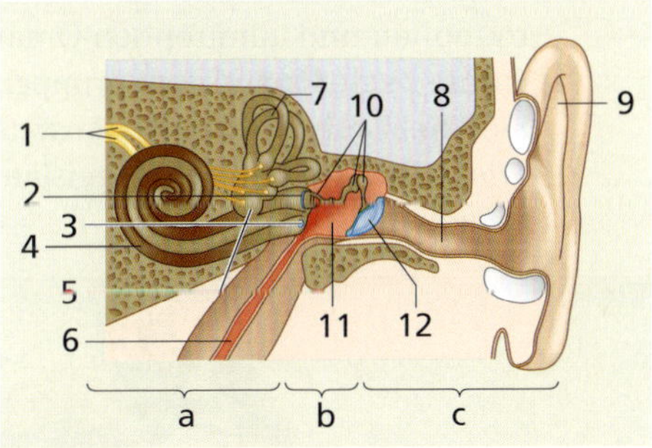

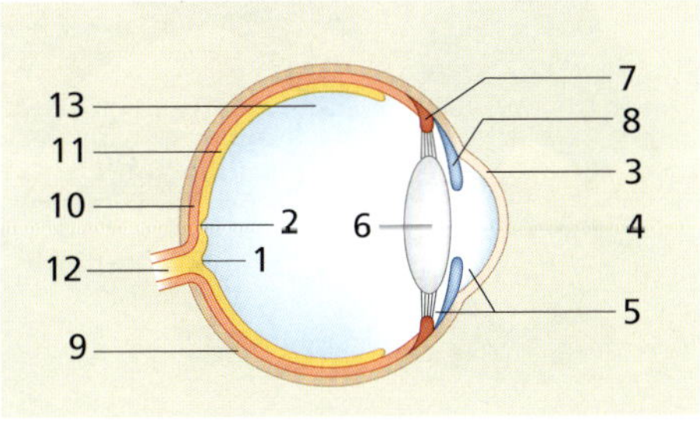

5. In einem **Kreuzungsexperiment** wurden Tiere des Seidenspinners *(Bombyx mori)* aus zwei reinerbigen Rassen gekreuzt.

Rasse A = Raupen gestreift, Kokons rein weiß
Rasse B = Raupen einfarbig weiß; Kokons gelb.

In der F_1-Generation traten einheitlich gestreifte Larven auf, die gelbe Kokons bildeten. Als Ergebnis der Kreuzung der Organismen der F_1-Generation konnten unter anderem 2112 Individuen mit den Merkmalen „gestreifte Larven und weiße Kokons" und 702 Individuen mit den Merkmalen „einfarbige Larven und weiße Kokons" festgestellt werden.

a) Nenne die zur Anwendung kommenden mendelschen Regeln. Begründe den vorliegenden Erbgang.

b) Stelle ein Kreuzungsschema von der P- bis zur F_2-Generation auf und ermittle, in welchem Zahlenverhältnis die verschiedenen phänotypischen Kombinationen auftreten.

6. Die Besiedlung von Inseln mit Organismen wird von Wissenschaftlern besonders untersucht, da sie Aufschlüsse über die Evolution geben können.

a) Madeira ist eine Insel im Mittelatlantik, über die fast ständig stärkere Winde wehen. DARWIN fand auf dieser Insel viele Käferarten, deren Flügel verkümmert waren. Erkläre die Entstehung dieser Käferarten.

b) Die Tierwelt vieler Inseln ist meist individuenreich, aber artenarm. Diskutiere diese Aussage. Welche Folgerungen könnten sich daraus für die Evolution ergeben?

c) Erkläre das Wirken von Auslese und Isolation am Beispiel der Darwinfinken.

Methoden der Biologie nutzen

1. Die Sprossachsen vieler krautiger Pflanzen weisen Strukturen auf, die zur Festigung des Gewebes dienen.
   a) Wähle mithilfe dir zur Verfügung stehender Bestimmungsliteratur ein Lippenblütengewächs aus deiner Umgebung aus und bestimme seine Art.
   b) Fertige einen Steckbrief der Art an, der die Verwandtschaftsverhältnisse, die typischen Merkmale wie den Blütenbau, Umweltansprüche und die Bedeutung für den Menschen beinhaltet.
   c) Fertige ein Frischpräparat der Sprossachse des Lippenblütengewächses an. (Ein repräsentatives dünnes Segment der Sprossachse genügt.) Färbe dein Objekt, um verholzte Strukturen sichtbar zu machen (z. B. mit Safranin-Lichtgrün). Stelle den Ausschnitt in einer **mikroskopischen Zeichnung** dar.

   d) Begründe die Angepasstheit der vierkantigen Sprossachse zum Transport von Nährstoffen, Wasser und Mineralien sowie zur Festigung des pflanzlichen Habituses (Gestalt).

2. Die gezielte Messung von Umweltfaktoren ist eine Voraussetzung für die Einschätzung der Qualität von Lebensräumen.
   a) Ermittle für einen selbst gewählten Standort eine Woche lang die Messwerte (je nach vorhandenen Messgeräten) für verschiedene Umweltfaktoren (z. B. Temperatur, Lichteinfall, Luftfeuchtigkeit, pH-Wert).
   b) Stelle deine Messwerte in geeigneter Form dar.
   c) Leite aus den Messwerten Aussagen über die Qualität des Standorts als Lebensraum für Pflanzen und Tiere ab.

3. In unseren **Nahrungsmitteln** sind Kohlenhydrate, Fette und Eiweiße als wichtige Nährstoffe in sehr unterschiedlichen Mengen enthalten.
   a) Weise in Nahrungsmitteln wie Kartoffeln, Weintrauben, Gurken, Milch, Eiern und Nüssen das Vorhandensein von reduzierenden Zuckern (z. B. Glucose), Stärke, Eiweißen und Fetten nach.
   Fertige ein ausführliches Protokoll an, in dem du die Durchführung der Untersuchungen beschreibst, die Beobachtungsergebnisse notierst und und die Auswertung vornimmst.
   b) Nenne die wichtigsten Funktionen der drei Nährstoffgruppen Fette, Kohlehydrate, Eiweiße.
   c) Beschreibe mithilfe von Modellen den Abbau der Nährstoffe im Verdauungssystem des Menschen. Zeige an deinem Beispiel den Vorteil von Modellen und ihre Grenzen auf.
   d) Vergleiche die Ernährungsweise von heterotrophen und autotrophen Organismen. Ordne beide Organismengruppen in den Stoffkreislauf in einem Ökosystem ein. Wie würdest du den Stoffkreislauf veranschaulichen?

Informationen erschließen und austauschen

1. Unseren **Lebensmitteln** werden bei der industriellen Fertigung Lebensmittelzusatzstoffe zugesetzt.

a) Nenne Gruppen von Lebensmittelzusatzstoffen.

b) Untersuche in einem Lebensmittelcenter einige abgepackte Lebensmittel in Bezug auf ihre Zusatzstoffe.

c) Informiere dich im Internet über die Bedeutung dieser Stoffe und über Pro und Kontra des Einsatzes von Lebensmittelzusatzstoffen. Fertige dazu eine Wandzeitung an.

2. a) Stellt anhand von Nahrungsmitteltabellen ein gesundes Frühstück, Mittagessen und Abendessen zusammen.

b) Errechnet den Energiegehalt der Mahlzeiten.

c) Diskutiert in der Klasse, was man unter einer gesunden Ernährung versteht. Stellt gemeinsam ein Poster her.

d) Die vielen unterschiedlichen Diäten werden vor allem mit dem Ziel durchgeführt, die eigene Körpermasse (das Körpergewicht) zu verringern.
Diskutiert über Vorteile und Nachteile von Diäten.

e) Setzt euch mit Ernährungsstörungen und ihren Folgen auseinander.

3. a) Rauchen ist gesundheitsschädigend. Tragt Informationen und Fakten zusammen, die diese Aussage bestätigen.

b) Auf der Zigarettenschachtel einer bekannten Zigarettenmarke steht:
„Die EG-Gesundheitsminister: Rauchen verursacht tödlichen Lungenkrebs. Rauchen kann tödlich sein. Teer 10 mg, Nikotin 0,8 mg, Kohlenstoffmonooxid 10 mg."
Diskutiert in der Klasse diesen Sachverhalt.

c) Über das Rauchen gibt es viele verschiedene Ansichten.

- Ich rauche, weil meine Freunde in der Clique rauchen.
- Durch Rauchen erreiche ich in der Gruppe eine positive Stellung.
- Ich glaube, Herbert raucht, weil er angeben will.
- Mein Großvater ist 80 Jahre und raucht immer noch. Warum soll ich ihm nicht nacheifern?
- Als mein Vater aufgehört hat zu rauchen, wurde er dick.
- Eine Möglichkeit der Haltbarmachung von Lebensmitteln ist das Einräuchern. Das erreiche ich auch durch das Rauchen für meinen Körper.

Diskutiert in der Klasse diese Ansichten.

d) Erarbeitet eine Präsentation zu euren Ergebnissen.

Sachverhalte erkennen und bewerten

1. Die Energiegewinnung der Menschen durch die Verbrennung von Kohlenstoffverbindungen führt zur Emission von Kohlenstoffdioxid in die Atmosphäre. Dies führt zum **Treibhauseffekt** (Abb.).
Je nach Kulturkreis, Klimazone oder Lebensstandard usw. differieren die Mengen der CO_2-Emissionen je Kopf der Bevölkerung sehr stark (s. Tab., Zahlen von 2001/2004).

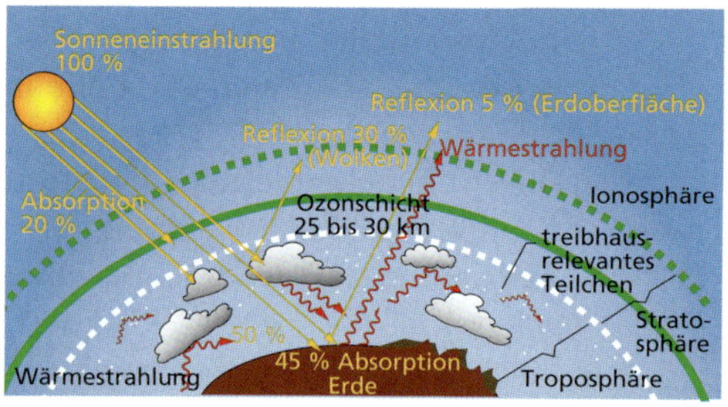

Region	CO_2-Emissionen pro Kopf pro Jahr
Deutschland	10,5 t
Großbritannien	9,2 t
Frankreich	6,7 t
Texas (USA)	35,6 t
Afrika	0,3 t

a) Werte die Tabelle aus, nenne Ursachen für die angegebene Menge der CO_2-Emissionen in den Regionen.
Ziehe Schlussfolgerungen bezüglich der globalen Erwärmung durch den Treibhauseffekt.

b) Stelle Maßnahmen zur Reduktion der CO_2-Emission in Deutschland, eurer Schule und eurer Familie zusammen. Bewerte die Maßnahmen hinsichtlich ihrer Umsetzbarkeit und Wirksamkeit.

c) Der Anteil klimaschädigender Gase am globalen Treibhauseffekt ist unterschiedlich. Werte die Grafik aus.

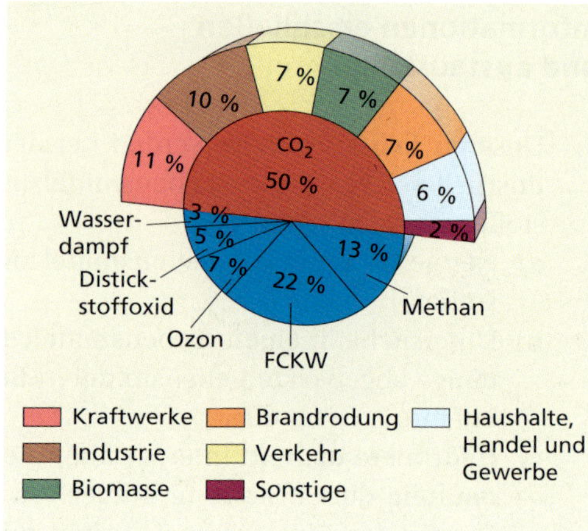

d) Nenne die Positionen des Kyoto-Protokolls von 1997 zum Klimaschutz. Werte die Stellung von dem Protokoll zustimmenden und ablehnenden Staaten.

2. Eingriffe des Menschen in die natürlichen Stoff- und Energiekreisläufe haben z. T. dramatische Auswirkungen auf die betroffenen Ökosysteme.

a) Beschreibe positive und negative Einwirkungen des Menschen auf Ökosysteme. Hat der Mensch das Recht, in Ökosysteme einzugreifen? Lege deinen Standpunkt dar.

b) Erörtere die folgende Aussage aus ökologischer und wirtschaftlicher Sichtweise: „Die Nutzung fossiler Energieträger und der Kernenergie ist auch in den nächsten Jahrzehnten unverzichtbar."

3. Embryonale Stammzellen besitzen im Gegensatz zu den spezialisierten Zellen die Fähigkeit, alle Zellformen eines Lebewesens zu bilden.
Diese Tatsache macht die Stammzellen für die gentechnische Forschung besonders interessant.
Stelle Pro- und Kontra-Argumente der Verwendung von embryonalen Stammzellen in einer Tabelle gegenüber.
Welchen Standpunkt vertrittst du? Begründe deine Auffassung.

Anhang

Wir bestimmen Pflanzen

Mit den folgenden Bestimmungsschlüsseln kannst du die wissenschaftliche Bestimmungsmethode erlernen. Du kannst damit allerdings nur die im Schlüssel berücksichtigten Arten bestimmen. Vor allem bei den Insekten und den Landschnecken ist dies nur eine kleine Auswahl. Ein Bestimmungsversuch mit einer Art, die nicht im Schlüssel berücksichtigt ist, führt zu keinem eindeutigen Ergebnis.

Wir bestimmen einige Kreuzblütengewächse	
1	• Frucht weniger als 3-mal so lang wie breit (Schötchen) 2
1*	• Frucht mehr als 3-mal so lang wie breit (Schote) 8
2	• Kronblätter verschieden groß **Bauernsenf** Blätter in grundständiger Rosette, Schötchen löffelförmig gebogen, schmal geflügelt
2*	• Kronblätter gleich groß 3
3	• Kronblätter violett **Blaukissen** Blätter sitzend, meist behaart, Schötchen kleiner als 1 cm, nicht geflügelt, Pflanze kleiner als 20 cm
3*	• Kronblätter gelb, gelblich weiß oder weiß 4
4	• Kronblätter weiß 5
4*	• Kronblätter gelb oder gelblich weiß **Sumpfkresse** Schötchen kugelig bis länglich, vielsamig, untere Blätter fiederspaltig oder gefiedert
5	• Kronblätter bis zur Mitte gespalten, 2-lappig **Frühlings-Hungerblümchen** Blätter als grundständige Rosette, Pflanze kleiner als 20 cm
5*	• Kronblätter ungespalten 6
6	• Schötchen dreieckig bis verkehrt herzförmig, ungeflügelt **Gemeines Hirtentäschel** Grundblätter kurz gestielt, Rosette bildend, Blätter stängelumfassend
6*	• Schötchen rundlich-eiförmig 7
7	• Schötchen deutlich geflügelt, Flügel oben tief eingeschnitten, vielsamig **Acker-Hellerkraut**
7*	• Schötchen kaum oder nur an der Spitze geflügelt, mit 2 Samen **Kresse**

8	• Blätter alle ungeteilt, gestielt oder sitzend 9
8*	• Blätter mehr oder weniger geteilt . . .10
9	• Kronblätter goldgelb bis braun und stark angenehm duftend • Narben geteilt und nicht aneinanderliegend • Pflanze graufilzig **Goldlack**
9*	• Kronblätter rot bis rotviolett, wohlriechend • Narben geteilt und aneinanderliegend, • Pflanze grün **Gemeine Nachtviole**
10	• Kronblätter rot, violett oder weiß . . .11
10*	• Kronblätter gelb oder gelblich weiß 13
11	• Blätter nicht aus getrennten Blättchen, fiederteilig, zusammengesetzt, dickfleischig und unbehaart **Meersenf** Kronblätter hellviolett, Schoten zweigliedrig, Strandpflanze
11*	• Blätter gefiedert, gefingert, meist aus völlig getrennten Blättchen zusammengesetzt. 12
12	• Schoten mit verlängertem Schnabel • Blattachseln selten mit braunen Zwiebeln (Brutknospen) **Zahnwurz**
12*	• Schoten sehr kurz geschnäbelt • Blattachseln immer ohne Zwiebeln (Brutknospen) **Schaumkraut**
13	• Kelchblätter aufrecht, anliegend • Schote stark gegliedert, perlenschnurartig geschnürt (Gliederschote) **Acker-Hederich**
13*	• Kelchblätter abstehend • Frucht kaum eingeschnürt **Acker-Senf**

9

9*

11

12*

12

13

13*

Wir bestimmen einige Schmetterlingsblütengewächse

1	• Holzgewächse: Baum oder Strauch. . . 2
1*	• Krautige Pflanze. 4
2	• Baum **Weiße Robinie** oder **Falsche Akazie** **Giftig!** Blätter gefiedert, oft Dornen, Blüten weiß, in hängenden Trauben und duftend
2*	• Strauch 3
3	• Obere Blätter klein, einfach, untere 3-zählig • Blüten gelb, einzeln oder zu 2 an den Zweigen **Gelber Besenginster (Besenginster)** Strauch mit langen, aufrecht wachsenden Zweigen, Zweige grün, kantig
3*	• Blätter gefiedert • Blüten gelb, zu 1 bis 3 in den Blattachseln **Gemeiner Erbsenstrauch**
4	• Blätter gefingert 5
4*	• Blätter gefingert 3-zählig oder gefiedert. 6
5	• Blüten violett, selten weiß • Blätter 10- bis 15-zählig gefingert **Vielblättrige Lupine**
5*	• Blüten gelb • Blätter 5- bis 9-zählig gefingert **Gelbe Lupine**
6	• Blätter gefiedert 7
6*	• Blätter 3-zählig 11
7	• Blätter paarig gefiedert 8
7*	• Blätter unpaarig gefiedert. 9
8	• Nebenblätter am Blattgrund meist größer als die Fiederblättchen des Blattes • Blüten weiß **Garten-Erbse**

2

3

3*

5

5*

8

8*	• Nebenblätter am Blattgrund kleiner als die Fiederblättchen des Blattes • Blüten gelb, rot oder rötlich, selten weiß **Platterbse**
9	• Endblättchen des Blattes größer als die anderen Fiederblättchen • Blüten goldgelb, selten rötlich, in Köpfchen • Blütenköpfe von fingerförmigen Deckblättern umgeben **Gemeiner Wundklee**
9*	• Endblättchen des Blattes so groß wie die anderen Fiederblättchen 10
10	• Blüten gelb, außen rötlich, in Blattachseln • Hülsen walzenförmig, ungegliedert • unteres Fiederblättchenpaar dicht am Stängel **Hornklee**
10*	• Blüten rosa • Hülsen walzenförmig, gegliedert • unteres Fiederblättchenpaar nicht dicht am Stängel **Serradella**
11	• Blüten in Köpfchen, Kronblätter der Blüten gelb, rot oder weiß **Klee**
11*	• Blüten in Trauben 12
12	• Blüten in langen, schmalen und lockeren Trauben • Kronblätter der Blüten weiß oder gelb • Frucht eiförmig **Steinklee**
12*	• Blüten in kurzen Trauben • Kronblätter der Blüten gelb, blau oder violett • Frucht nieren-, sichel- oder schneckenförmig **Luzerne** oder **Schneckenklee**

8*

9

10

10*

11

11

12*

12

Wir bestimmen einige Lippenblütengewächse

1	• Krone scheinbar einlippig, Unterlippe mit 3 Lappen 2
1*	• Krone deutlich zweilippig (Ober- und Unterlippe) 3
2	• Pflanze mit Ausläufern • Stängel und Blätter fast kahl oder kurzhaarig **Kriech-Günsel**
2*	• Pflanze ohne Ausläufer • Stängel und Blätter dicht behaart **Heide-Günsel**
3	• Blüten mit 2 Staubblättern 4
3*	• Blüten mit 4 Staubblättern (2 längere, 2 kürzere). 5
4	• Stängel am Grunde holzig • Blätter lanzettlich, schwach gekerbt, stängelständig • Blüten hellviolett **Echter Salbei**
4*	• Stängel am Grunde krautig • Blätter eiförmig zugespitzt, größtenteils grundständig • Blüten dunkelblau **Wiesen-Salbei**
5	• Oberlippe der Blütenkrone flach. 6
5*	• Oberlippe der Blütenkrone helmartig gewölbt 7

2

2*

4

4*

6	• Staubblätter unter der Oberlippe herausragend • Kelch deutlich zweilippig • Blätter elliptisch bis rundlich, kleiner als 1 cm • Blüten hell- bis purpurrot, selten weiß **Thymian**
6*	• Staubblätter nicht unter der Oberlippe herausragend • Kelchblätter gleichmäßig, fünfzähnig • Blätter nierenförmig, gekerbt, größer als 1 cm • Blüten blauviolett **Gundermann**
7	• Kelch zweilippig, oberer Kelchteil mit 3 Zähnen, unterer Kelchteil mit 2 Zähnen • Blüten klein, blauviolett oder rötlich **Braunelle**
7*	• Kelch gleichmäßig fünfzähnig (strahlig) • Blüten größer als 1 cm 8
8	• Seitenzipfel der Unterlippe der Krone spitz, klein oder fehlend • Unterlippe der Krone ohne Höcker **Taubnessel**
8*	• Seitenzipfel der Unterlippe der Krone stumpf und breit • Unterlippe der Krone mit 2 Höckern **Hohlzahn**

6

6*

7

8

8*

Register

A

Abwehrreaktionen 126, 128, 142
Abwehrstoffe 119
Abwehrsystem 126
Adhäsion 34, 35, 36, 46
ADP (Adenosindiphosphat) 62
Adrenalin 111
Aggression 150, 252
Aids 130
Akkommodation 76
Alkohol 181
Allel 193, 200, 205, 207
Allergie 144, 146
Alzheimer 112
Amplitude 85
analoge Organe 240
Angepasstheit 239, 240, 246, 247
– an Lebensweisen 252
Ansteckung 118
Antibiotikum 125
Antigen-Antikörper-Reaktion 127, 128, 145, 176, 208
Antigene 128, 132, 133
Antikörper 128, 132, 133, 145, 180, 185, 208
Art 243, 245
Atmung 59, 61, 62, 64, 68
ATP (Adenosintriphosphat) 53, 62
Auge 72, 73, 74
– Anpassungen 75
– Bau und Funktionen 72
– Gesunderhaltung 81
– Schutz- und Hilfseinrichtungen 72
– Verletzungen 82
Auslese 249, 264
– klimatische 256
– kulturelle 261
– natürliche 244
– sexuelle 257
Autosomen 159, 206
Axon 96, 97

B

B-Lymphzellen 126, 132
Bakterien 118, 125, 221, 225, 226
BARNARD, CHRISTIAAN 143
Befruchtung 176, 177, 178, 206
BEHRING, EMIL VON 133
Bestimmungsschlüssel 12, 286
Bildungsgewebe 27, 32, 33, 37
Blasenkeim (Blastocyste) 178
Blasensprung 184
Blindenschrift 83
blinder Fleck 73, 80
Blüte
– Bau und Funktion 14
Blütendiagramm 15
Blütenpflanzen 9, 14
– ordnen 10, 11
Blutgruppen 159
– vererbung 207
Blutkörperchen, weiße 126, 128, 222
Bluttest 214, 218
Bogengänge 87

C

CAVALLI-SFORZA, LUIGI LUCA 255
Chlorophyll 51, 52, 53, 68
Chloroplasten 39, 51, 52, 53, 68
Chromatiden 159, 164, 170
Chromatin 158, 159
Chromosomen 158, 159, 162, 163, 164, 170, 174, 200, 213
– Fehler bei der Verteilung 171
– homologe 159, 213
Chromosomenanomalie 182, 215
Chromosomenmodelle 172
Chromosomenmutation 212
Chromosomensatz 161, 168, 174
– diploid 160
– haploid 160
CORRENS, CARL ERICH 193, 194, 195
Cortex 101
Crossing over 170
CUVIER, GEORGES BARON DE 235

D

DARWIN, CHARLES ROBERT 190, 211, 234, 236, 237, 249
Dendrit 96
Depression 112
Destruenten 64, 65
Diagnostik, pränatale 183
Dickenwachstum 33, 37
Diffusion 28, 30, 34, 36, 46, 180
diploid 160, 168, 174
Distanzverhalten 153
DNA (Desoxyribonucleinsäure) 163, 224
dominant 193, 205
DOWN, JOHN LANGDON 212
Down-Syndrom 213
Drogen 181, 182

E

einkeimblättrig 26, 32, 38
Eiweiß 56, 163
Eizelle 176, 177
elektromagnetische Wellen 78
Embryo 177, 179
Embryonalstadien 238
Endknöpfchen 96, 97
Endodermis 27
Energie 57
– chemische 52, 61, 62, 64, 68
– für Lebensprozesse 61, 62, 64, 68
– Lichtenergie 49, 52, 53, 68
– thermische 61
Energieumwandlungen 52, 61, 62, 63, 111
Entstehung der Erde 268
Entwicklung
– des Lebens 269
– des Menschen 254, 264
– nachgeburtliche 185, 188
– stammesgeschichtliche 254
– vorgeburtliche 178, 181, 188
Entwicklungsländer 264
Enzyme 52
Epidemie 122
Epidermis 32, 38, 39
Epiphyse 140
Erbgang 194, 195
– dihybrider 198
– dominanter 195, 208
– intermediärer 193, 195, 205
Erbinformation 158, 159, 162, 174, 193, 220, 226, 227
– Organisation 162
– Weitergabe 164
Erbkrankheiten 209, 210, 212, 214, 215, 218
Erregungs- 102
– bildung 74
– leitung 73
– übertragung 97
Evolution 238, 243
– biologische 259, 266
– chemische 269
– der Lebewesen 270
– des Menschen 256, 264, 266
– kulturelle 258, 259, 266
Evolutionsfaktoren 243, 247, 249, 264, 270
Evolutionstheorie 235, 236, 238
Experimentieren 54
Expertenmethode 120

F

Familienberatung 218
Familienstammbaum 209, 210, 214, 218
Farbensehen 78

fetales Alkoholsyndrom 181
Fetus 177, 179
Feuchtpflanzen 42
FLEMING, ALEXANDER 124
Fortpflanzung, geschlechtliche 157, 168, 177, 257
Fossilien 251, 235, 238, 255
Fotosynthese 47, 49, 51, 52, 53, 58, 59, 61, 63, 64, 68
- Bedeutung 57
- Beeinflussung 58
- Teilreaktionen 53
Frequenz 85
Fresszellen 126, 128
Fruchtblase 179
Fruchtblatt 14, 16, 18, 20
Fruchtwasseruntersuchung 182, 215, 218

G
Gasaustausch 39, 40
Geburt 183, 184, 185, 188
Gedächtnis 106, 110
Gedächtniszellen 128
Gehirn 78, 79, 87, 93, 101, 102, 116, 179, 251
Gehörsinn 71, 86
Gemüsepflanzen 17, 21
Gen-Mais 227
Genaustausch 245
Gendrift 244, 245
Gene 159, 163, 174, 193, 200, 226
- Kontrollgene 220
- künstliche Übertragung 225
genetische Beratung 214
genetischer Fingerabdruck 207
Genommutation 212
Genorte 193
Genotyp 194, 195, 205, 212, 243
Genpool 243, 245, 255
Gentechnik 224
- Grundlagen und Anwendung 224
- Medizin 229
- Pflanzenzüchtung 226
Gentherapie 229
Geschlechtschromosomen 159, 206
Geschlechtszellen 160, 168
Gewalt 151, 152
Gewürz- und Gemüsepflanzen 17, 19, 56
Gleichgewichtssinn 71, 84, 90
Glucose 52, 53, 56, 61, 63
Gonosomen 159, 206, 210
Grippe-Viren 122
Guanin 163
GURDON, JOHN B. 157
Guttation 35

H
HAECKEL, ERNST 242
haploid 160, 168, 174
Heilpflanzen 19
Heilserum 133
HELMONT, JOHANN BAPTIST VAN 48
Heroin 98
Heterozygotentest 215
Hirnanhangsdrüse 140, 141
HIV 130, 131
Holzteil 33
Homo erectus 254, 255
homologe Organe 238, 239
Homo neanderthalensis 278
Homo sapiens 254, 255
Hormone 111, 140, 180
Hormondrüsen 140, 141
Hörvorgang 84, 85, 93
HOYLE, FRED 269
Hypophyse 140
Hypothalamus 101, 110, 140
Hypothese
- multiregionale 254, 255
- Out-of-Africa 254, 255

I
identische Verdopplung 163
Immunabwehr
- spezifische 126, 128
unspezifische 126
Immunisierung 132, 138
- aktive 132
- passive 133
Immunität 119, 126
- erworbene 128
- lebenslange 129
Immunreaktionen 128, 145
Immunsystem 126, 142, 180, 221
Impfung 132, 134
Infektionskrankheit 118, 186
- Entstehung 119, 138
- Schutz 134, 138
- Verlauf 118, 138
- Vorbeugen 134
Influenza 122
Informationen 103, 106, 149
- beschaffen 121
Informations
- aufnahme 102
- speicherung 106
- suche 121
- verarbeitung 102, 103, 116
- weiterleitung 102
INGENHOUSZ, JAN 49, 59
Inkubationszeit 119, 122
Instinkt 154
Insulin 225
Intelligenzquotient (IQ) 211
Isolation 245, 249, 264

J
JENNER, EDWARD 132
Jetztmenschen 255, 258, 259
SACHS, JULIUS 50

K
Kapillare 34, 35, 180
Karyogramm 161
Katastrophentheorie 235, 249
Keimdrüsen 141
Keimzellen 176
- Transformationen 229
Kernreaktionen 268
Kleinhirn 101
Klonierung 166
Kohäsion 36, 46
Kohlenstoffdioxid 39, 40, 49, 50, 53, 61, 63, 64, 270
Kohlenstoffkreislauf 65
Konzentrationsausgleich 28, 29
Krankheitserreger 118, 126, 135
Krebs 221, 222, 223
Kreuzblütengewächse
- Bedeutung 17
- Merkmale 16
Kreuzungsexperimente 191, 192, 194, 198, 200, 203
Kreuzungsschema 194, 196, 199
Kurzzeitgedächtnis 106
Kutikula 38

L
LAMARCK, JEAN-BAPTISTE DE 235, 237
Lamarckismus 235, 237, 249
Langzeitgedächtnis 106
Lärm 85
Laubblatt
- Bau und Funktion 38, 40
- Querschnitt 39
Lautstärke 85
Legebild 15, 16
Leitbündel 27, 32, 34, 38
- Querschnitt 33
- 3-D-Modell 33
Lernen 105, 106, 110, 149, 152
- Lernen durch Einsicht 107
Lernformen 107
Lerntyp ermitteln 108
Lernvorgänge 149

Lichtsinneszellen 73
LIEBIG, JUSTUS VON 31
LINNÉ, CARL VON 10
Linse 72, 73, 74, 76
Lippenblütengewächse
- Bedeutung 19
- Merkmale 18

M
Makromoleküle 163
Makrophagen 126
Maulbeerkeim (Morula) 178
MAYER, JULIUS ROBERT 59
Medikamente 181, 183
Meiose 168, 172, 174, 195, 213
Membran, semipermeable 28, 29
MENDEL, GREGOR 190, 191, 192, 193, 194, 195, 198, 203
mendelsche Regeln 194, 198, 203, 207, 208
- 1. mendelsche Regel 194
- 2. mendelschen Regel 195
- 3. mendelsche Regel 198
- Erarbeitung 197
Mensch 251, 272
- Entwicklung 254, 264, 266
- geografische Gruppen 260
- Herkunft 251
- Instinkt 154
- Körperbau 253
- Ursprung 255
- Verhalten 148, 151, 252
- Verwandtschaft 252
- Vorfahren 251
Menschenaffen 252, 253
Menschenpocken 132
Merkfähigkeit 106
Merkmalsträger 193, 209
Milgram-Experiment 151
MILLER, STANLEY L. 269
Mineralstoffe 34, 36, 46
- Aufnahme 26
- Leitung 26
- Mangelerscheinungen 31
- Mineralstoffverluste 31
- Mineralstoffzufuhr 31
mischerbig 193
Mitochondrien 47, 61, 68
Mitose 172, 174
- Phasen 164
Mittelhirn 101
Mobbing 151
Modelle 29, 254
Modifikation 243
Mutationen 212, 218, 243, 244, 246, 247, 249

N
Nabelschnur 179, 180, 184
Nachhirn 101
Nahrungskette 57
natürliche Auslese 246
Neandertaler 258, 259
Nerven 87
- motorische Nerven 102, 112
- sensible Nerven 102
Nervenimpuls 97, 102
Nervensystem 100, 111, 149
- Eingeweidenervensystem 95
- Erkrankung 112
- Gesunderhaltung 112, 113
- peripheres 95, 100
- somatisches 100
- vegetatives 95, 100
- Zentralnervensystem 95
Nervenzelle 112, 116, 185
- Struktur und Funktion 96, 97
Netzhaut 74, 76, 90
Neukombination
- der Erbanlagen 177, 200
- der Gene 198
Neurit 96
Neuron 97
Nikotin 181
Nondisjunction 171
Nucleotid 163
Nutzpflanzen 21, 201
Nutztiere 201

O
Ohr 88
- Bau und Funktion 84
- Schutz und Gesunderhaltung 86
Ökosystem 47
optische Täuschung 79
Organe
- analoge 240
- homologe 238, 239
- rudimentäre 238, 241
Organspende 142, 143
Osmose 29, 30, 36, 40, 46
- Modellexperiment 29
Oxidation 62

P
Palisadengewebe 39, 51
Parasympathikus 95
Penicillin
- Geschichte 124
- Unverträglichkeit 144
Pflanzen
- Angepasstheit 42
- Atmung 59, 60
- bestimmen 12, 14
- historische Betrachtungen 48
- Physiologie 59
- transgene 226
- zentrale Stellung 64
- zweikeimblättrige 26, 32, 38
Phänotyp 190, 195, 205, 212, 243
Phase, sensible 179
Pigmentschicht 73
Plasmide 225, 226, 228
Plazenta 178, 180, 181, 184
Plazentaschranke 180, 181, 182
Populationen 243
Präsentation
- Poster 230
- Vortrag 89
PRIESTLEY, JOSEPH 48
Prinzip der Oberflächenvergrößerung 27
Prion 118
Proteine 163
Prüfung
- mündliche 263
- schriftliche 262
Pupille 72, 75
Pupillenadaptation 75
Pupillenreaktion 104
Pupillenreflex 75

Q
Querschnittslähmung 112

R
ranvierscher Schnürring 96
Raps 16, 200
Rasse 260, 261
räumliches Sehen 78
Reaktionen 102
- endotherme 52
- exotherme 62
Reduktionsteilung 168
Reflexe 116, 185
- bedingte 105, 116
- Eigenreflex 104
- Fremdreflex 104
- unbedingte 104, 116
Reflexbogen 104, 116
Regenbogenhaut 72
reinerbig 193
Reiz-Reaktions-Kette 104, 105, 116
Reize 71, 93, 102
Reizüberflutung 112
Rekombination 244, 249
Replikation, identische 163

Resistenz 119, 125
rezessiv 193, 205, 210
Rhesusfaktor 208
Rhizodermis 27
Rinde 27, 32
Ringmuskulatur 72, 75
Rot-Grün-Blindheit 78, 210
Rückenmark 112, 116
– Struktur und Funktion 100
– verlängertes 101
Rückkopplung
– negative 141
– positive 141
rudimentäre Organe 238, 241

S
SACHS, JULIUS 49
Samenpflanzen 9, 14, 177
Sammellinse 74, 77
Sauerstoff 40, 48, 50, 61, 63, 64
– aufnahme 270
– freisetzung 68
– produktion 270
Schallwellen 84, 93
Schimpanse 252, 253, 256
Schlafphasen 113
Schließzellen 39, 40, 41
Schlüssel-Schloss-Prinzip 127, 140
Schlüsselreize 257
Schmetterlingsblütengewächse
– Bedeutung 21
– Merkmale 20
Schöpfungsgeschichte 233
Schwammgewebe 39, 51
Schwangerschaft 178, 182, 183, 214
Schwangerschaftstest 176
schwannsche Zelle 96
Schwerhörigkeit 186
Sehnerv 73, 74, 93
Sehvorgang 74, 93
Selektion 243, 244, 246
– Anpassungsselektion 244
– Zufallsselektion 244, 245
Selektionstheorie 236
Sinnesleistungen bei Tieren 90
Sinnesorgane 71, 185
Sinnestäuschungen 80
Sinneszellen 71, 74, 87, 90, 93, 102, 104, 112
Spaltöffnungen 39, 40
Spaltungsregel 195, 198, 203
Sprossachse 33, 34
– Bau 32
– Dickenwachstum 37
– Funktion 32
– Querschnitt 32
– Wasser- und Stofftransport 34, 36
Stäbchen 73, 74, 90
Stammbaum 209, 242, 272
– des Menschen 255
– genetischer 255
Stammesgeschichte 251
– des Menschen 258
Stammzellen 142
Stärke 49, 50, 52, 56
Stoffumwandlung 52, 61, 63, 68
Stress 111, 140
Struktur und Funktion 246
– Nervenzelle 96, 97
Sympathikus 95
Synapse 96, 97, 112
Synapsengifte 97

T
T-Helferzellen 128, 130, 132
T-Lymphzellen 126, 142
Thymin 163
Tochtergeneration 192, 193, 195
Transgene Pflanzen 227
Transgene Tiere 228
Transkription 163
Translation 163
Transmitter 97, 112
Transpiration 35, 39, 40, 41, 42, 46
Transpirationssog 35, 36, 46
Transplantation 142
Treibhauseffekt 65
Triplett 163
Trisomie 171, 212, 213
Tumor 223

U
Urknall 268
Ultraschalluntersuchung 176, 182
Unabhängigkeitsregel 198, 199, 203
Uniformitätsregel 194, 195, 198, 203
UREY, HAROLD 269
Utraschallwellen 90

V
Vakuolen 28, 29, 30
Variabilität der Menschen 266
Vaterschaftstest 229
Vererbung 174, 193
– beim Menschen 205
– der Blutgruppen 207
– der Rot-Grün-Blindheit 210
– des Geschlechts 206
– des Rh-Faktors 208
– psychischer Merkmale und der Intelligenz 211
– zelluläre Grundlagen 157
Vererbungsregeln 190, 194
Verhalten
– aggressives 150
– angeborenes 148
Verhaltensweisen
– Mensch 148
– Säugetiere 253
Versuch-Irrtum-Lernen 107
Vielfalt 246, 247, 270, 274
Viren 112, 118, 122, 221
Virusgrippe
– beim Menschen 122
– bei Vögeln 123

W
Wahrnehmung 102
WALLACE, ALFRED R. 236, 237
Wasser 63
– Abgabe 40, 41
– Aufnahme 28, 29, 46
– -strom 35
– Transport 34, 35, 36, 46
– Verdunstung 40
– Verteilung 30
Wasserpflanzen 42
Widerstandsfähigkeit 119, 129
Wildpflanzen 17
Wurzel 26, 28
– -druck 35, 36, 45
– -haar 27, 28, 29, 46
– Längs- und Querschnitt 27
– Zonierung 27
Wurzelsysteme 26

Z
Zapfen 73, 74, 78, 90
Zellatmung 63
Zellkern 158
Zellplasma 29, 30
Zellzwischenräume 39, 40
Zentralnervensystem 97, 116
Zerstreuungslinse 77
Zierpflanzen 21
Ziliarkörper 72, 76
Zucht 167, 200, 259, 261
Zwischenhirn 101
Zygote 157, 176, 178

Bildquellenverzeichnis

ADN/Bildarchiv: 136/1; ADN/Zentralbild: 242/2a; akg-images: 10/1, 132/2, 137/2, 232/2, 235/1, 236/1; Tierbildarchiv Angermayer, Holzkirchen: 246/2, 281/3; Siegel, R./Arco Digital Images: 14/1; argus/Raupach: 119/2; James Balog/Getty Images: 252/1; BASF Agrarzentrum, Limburgerhof: 20/2; Bibliographisches Institut & F. A. Brockhaus, Mannheim: 21/2, 61/1; A. Biedermann, Berlin: 135/1; M. Biere-Mescheder, Schloss Holte-Stukenbrock: 56/1a, 47/1; Bildarchiv Pflanzen: 42/1, 56/1d; Biopix, dk. N. Sloth: 21/3; blickwinkel/H. Schmidbauer: 75/1a, 75/1b; blickwinkel/T. Seitz: 156/1; Dr. S. Brezmann, Hamburg: 9/1, 9/3, 10/2d, 10/2f, 52, 58/2; Joerg Brockstedt/VISUM: 94/3; Burger/PHANIE/SUPERBILD: 138/1; Comstock Images/Fotosearch: 205/1; Corel Photos Inc.: 9/2, 25/2, 32/2, 34/1, 47/2, 70/2, 91/3c, 91/3d, 103/1, 153/1, 231, 246/3, 248/1, 257/2, 266/2, 266/3, 266/4; Cornelsen Experimenta: 86/2; Deutsche Blinden und Sehbehinderten Verband e. V., Berlin: 83/3; Deutsche Homöopathie-Union, Karlsruhe: 147/1; Deutsches Museum, München: 59/2; Duales System Deutschland: 230/1; DUDEN PAETEC GMBH: 91/2a, 91/2b, 125/1, 134/2, 143/1, 159/1, 234/1, 236/2, 241/1a, 247/2; eye of science/Meckes,Ottawa, Reutlingen: 159/3; Firtzlaff, K.-H, Berlin: 25/1, 35/1, 43/3; FloraFoto, Langenhagen/www.botanikus.de: 21/1; Focus/CNRI/SCIENCE PHOTO LIBR: 180/2; Focus/DR G. MOSCOSO/SPL: 179/2; Fotoarchiv Panorama: 242/2b; Comstock Images/Fotosearch: 69, 70/3, 81/1, 86/1, 139/1; Dr. Tilo Geisel: 7, 8/2; James Balog/Getty Images: 267; Goethe-Gymnasium Ludwigsburg: 88/2; Haeckel, Ernst „ Anthropogenie oder Entwicklungsgeschichte des Menschen", 1874: 242/1; M.Harvey/WILDLIFE: 256/2; Hessen Touristik Service e. V., Wiesbaden: 206/1; Horn, F., Rostock: 9/4; IMA, Hannover: 10/2b, 16/3, 58/1; Jahn, Löther, Senglaub „Geschichte der Biologie" (Gustav Fischer Verlag, 1982): 49/3, 59/1, 189/1, 203/1, 235/2; Jonas, R., Alsfeld: 175/2; Silvio Kalmutzki, Neuenhagen: 76/1a, 76/1b; Klafs Saunabau GmbH & Co KG, Schwäbisch Hall: 135/3; Kleinig/Sitte: Zellbiologie, 4. Auflage, 1999 © Elsevier GmbH, Urban & Fischer Verlag München: 51/1; Landesumweltamt Brandenburg: 64/1; Lavendelfoto Pflanzenarchiv: 10/2a; Lavendelfoto/Foto G. Höfer: 17/2; Axel Leschinski: 144/1a; Lichtwer Unternehmensgruppe: 19/1b, 19/1c, 19/1d, 19/2, 56/1c; G. Liesenberg: 23/1, 46, 83/2b, 146/2, 176/1; LSF/OSF/OKAPIA KG, Germany: 158/1a, 158/1b; H. Mahler, Berlin: 67/3, 135/2, 221/1; Martens, Thomas, Großrettbach: 250/3; mauritius images/A. Pöhlmann: 190/1; mauritius images/Cybrstock: 204/3, 213/1; mauritius images/JIRI: 257/1; mauritius images/Julian Cotton: 145/1; mauritius images/K. Paysan: 21/4, 170/1; mauritius images/Ley: 183/1 ; mauritius images/Merten: 149/2; mauritius images/Peter Enzinger: 262/1; mauritius images/Photononstop : 200/1; mauritius images/Phototake: 82/2, 97/1, 137, 216/1; mauritius images/SuperStock: 185/1; mauritius images/Uwe Umstätter: 263/1; mauritius images/Wolfgang Weinhäupl: 112/1; medicalpicture: 94/1; Prof. Lothar Meyer, Potsdam: 66/4, 70/1, 87/3; Meyers Neues Lexikon (VEB Bibliographisches Institut, Leipzig 1962): 48/2; NASA: 268/1, 268/2; Natura 2000/K.-P. Wolf: 117/1; Naturfotografie Frank Hecker: 14/2, 91/3a, 91/3b; www.naturganznah.de/Deuerling: 198/1; Zeynep Neuls, Berlin: 43/2, 75/3, 82/1, 172/1, 172/2, 172/3; Neumann Verlag, Leipzig Radebeul: 247/1; ÖAMTC: 85/1; Pews, H-U., Berlin: 10/2e, 43/1; Photo Disc Inc.: 8/3, 80/1, 81/2, 109/1, 113/1, 115/4, 131/1, 146/1, 149/1, 155, 175/3, 181/1, 186/1, 204/1, 214/1, 219/1, 223/1, 223/2, 246/1, 251/2, 251/4; picture alliance/dpa: 83/1; picture-alliance/akg-images: 48/3, 191/1; picture-alliance/akg-images/Erich Lessing: 233/1; picture-alliance/Bildagentur Huber: 150/1a; picture-alliance/Carl-W. Röhrig/Okapia KG, Germany: 224/1; picture-alliance/dpa: 54, 111/2, 133/2, 149/3, 227/1, 250/2, 251/3; picture-alliance/dpa/dpaweb: 119/1, 260/2a; picture-alliance/dpa/Lehtikuva Oy Vanska: 228/1; picture-alliance/Helga Lade Foto: 144/1b; picture-alliance/KPA/HIP/The British Library: 260/1; picture-alliance/Okapia foto: Hans Reinhard: 56/1b; picture-alliance/OKAPIA KG/A. u. H.-F.Michler: 246/4; picture-alliance/OKAPIA KG/Harald Braun: 150/1b; picture-alliance/OKAPIA KG, Germany: 256/1; picture-alliance/OKAPIA, Frankfurt am Main: 145/2, 128/1; picture-alliance/OKAPIA/Christina Krutz/Harald Braun: 150/1c; picture-alliance/Picture Press/Wartenberg, Frank, P.: 204/2, 261/1; picture-alliance/ZB: 31/1, 77/2, 259/2, 260/2b, 261/2a, 261/2b, 261/2c, 264/1, 266/1, hinteres Vorsatz; Pitopia/Martina Raab: 2006: 25/3; W. Probst, Flensburg: 66/2, 156/3, 165/1, 165/2, 165/3, 165/4, 165/5; Dr. Raum, B, Neuenhagen: 14/3, 147/2; Andreas Reeg/VISUM: 218; Römisch-Germanisches Zentralmuseum, Mainz: 251/1; Thomas Rötting/transit-Archiv: 123/1; Schäfer, P. K. „Entdeckungsfahrt mit der Beagle" (Der Kinderbuch Verlag, Berlin, 1964): 234/2; Erich Schmitt, Berliner Zeitung, 13./14.11.1976: 189/3; Schuchardt, W., Göttingen: 90/1; Schulte, P. J., University of Washington: 40/1; Schünemann, Neubrandenburg: 22/2; von Sengbusch: 49/2; SIEMENS,ERLANGEN U.MANNHEIM HONORAFREI: 182/1; Silvestris GmbH, Kastl: 102/2; Dr. Sonnenfeld, Gerd, Fredersdorf: 82/3; SPL/Agentur Focus: 159/4, 216/2; © 2000 Staatl. Landesbildstelle Südbayern, München: 10/2c; StockFood/Orion Press: 282/2; Gottfried Stoppel, Waiblingen: 222/1; Theuerkauf, H., Gotha: 10/2g, 27/3, 32/1a, 32/1b, 37/1, 37/2, 39/1, 66/1, 282/1; VW AG, Wolfsburg: 210; Bildagentur Waldhäusl: 15; Bildagentur Waldhäusl/Chromorange: 19/1a; Francisco Welter-Schultes/Planet-poster editions: 232/1, 235, 242/3; Wunderling, H., Berlin: 23/2; Zabel, E., Güstrow: 117/3

Was bedeutet eigentlich ...

Sage voraus

Formuliere auf der Grundlage von Fakten, Erkenntnissen, Gesetzen und Modellen eine Aussage über ein wahrscheinlich auftretendes Ereignis, einen Zustand oder eine Entwicklung. Berücksichtige dabei die konkreten Bedingungen.

Experimentiere

Untersuche ein Phänomen der Natur unter ausgewählten, kontrollierten und veränderbaren Bedingungen und werte die Beobachtungsergebnisse aus. Dabei müssen sich die Bedingungen wiederholen lassen.

Beobachte

Ermittle mithilfe von Sinnesorganen oder Hilfsmitteln (z. B. Mikroskop) Eigenschaften und Merkmale, Beziehungen und Abfolgen von Objekten oder Prozessen.

Interpretiere

Finde grundlegende Zusammenhänge, um Aussagen, Beobachtungsergebnissen, Messwerten oder grafischen Darstellungen eine auf die Natur oder Gesellschaft bezogene inhaltliche Bedeutung zu geben. Lege diese Zusammenhänge sprachlich geordnet dar.

Vergleiche

Stelle gemeinsame und unterschiedliche Merkmale von zwei oder mehreren Vergleichsobjekten dar. Wähle die Merkmale nach dem beabsichtigten Zweck des Vergleichs aus und leite eine entsprechende Schlussfolgerung aus den Ergebnissen ab.